제2판

식품화학

강우원 · 김미라 · 송효남 · 하상철 · 현인환 공저

보문각

• 공저자

강우원(경북대학교)
김미라(경북대학교)
송효남(세명대학교)
하상철(대구미래대학교)
현인환(경북전문대학교)

- 저자명은 가나다 순입니다.

제2판
식품화학

2판발행 2014년 2월 20일
초판발행 2013년 8월 20일

지은이 강우원 · 김미라 · 송효남 · 하상철 · 현인환
펴낸이 이호동
발행처 보문각
블로그 http://blog.naver.com/bomungak
e-mail bomungak@naver.com
주소 서울시 광진구 자양로 314 프레빌 201호
등록번호 302-2003-00085
전화 02)468-0457
팩스 02)468-0458

값 20,000원

ISBN 978-89-6220-201-4 93570

머리말

우리는 항상 가까이 있고 흔한 것에 대한 고마움과 귀중함을 곧잘 잊고서 지내곤 한다. 우리 주위의 부모 · 자식 · 동료 · 친구 · 물 · 공기 등은 늘 함께 하면서도 그 소중함을 스스로 부각시키지 않는 존재들이다.

우리 삶의 현장에서 항상 함께하며 또 우리 몸을 구성하고 생명을 영위하는데 필수적인 식품, 또한 그 소중함을 우린 늘 함께한다는 이유로 간혹 간과하고 있는 경우가 있다.

옛날에 식량이 부족한 시절에는 할머니들이 밥을 먹은 후에 젓가락을 머리에 문질러 젓가락에 묻어있는 밥의 미세한 흔적이라도 씻어 버리지 않고 그 소중함을 몸소 간직하였다고 한다. 또 아침에 일어나 부엌에 들어가 밥이나 음식을 하기 전에 얼굴과 손을 깨끗하게 씻어 몸을 정결하게 한 후, 머리를 빗어 단정하게 한 다음 조리를 시작했다고 한다. 먹을거리가 넘쳐 영양과잉시대에 좋은 본보기라고 생각된다.

식품을 과학적으로 접근하는 한 방법인 식품화학은 그 본질을 추구하는 학문이라 말할 수 있지만, 식품의 원료는 대부분 생물이고 그것을 가공 · 저장 할 때 성분이 많이 변화하고 또 식품을 섭취할 때 가공 및 조리하는 방법에 따라 맛이 변화하고 또 우리들 몸에 주는 효과나 영향도 달라진다.

이와 같은 변화에 대한 일반적인 지식을 체계적이고, 효율적으로 습득하며, 이러한 지식을 더욱 발전시켜 새로운 식품의 가공 · 저장 및 조리법 등이 고안되어 국민 건강과 사회에 도움이 되기를 기원하면서 이 책을 집필하였다.

이 책의 출판에 노고를 아끼지 않으신 보문각 여러분들께도 감사드린다.

집필자 일동

목 차

Chapter 01

식품 중의 수분

물은 많은 식품에서 필수 성분으로 존재한다. 물은 세포의 구성성분으로 식품의 맛이나 형태에 영향을 미칠 뿐만 아니라 식품의 가공, 저장에서도 매우 중요한 역할을 한다. 여러 가지 식품에서 수분은 다양한 비율로 분포하고 있다(표 1-1). 물은 식품에서 분산매 혹은 분산상으로 존재하며 화학적, 미생물학적으로 식품의 변패에도 관여하고 있어 물의 성질과 구조를 이해하는 것은 중요하다.

[표 1-1] **식품의 수분함량**

식품	수분함량(%)	식품	수분함량(%)
곡류	8~15	토마토	95
콩류	8~15	오렌지	87
감자류	69~79	닭고기	70
채소류	90~97	잼	28
과실류	80~90	버터, 마가린	16
육류	50~75	쌀	12
난류	74~75	밀가루	12
우유류	82~88	분유	4
어류	60~80	쇼트닝	0

제1절 물의 구조

물분자는 2개의 수소원자와 1개의 산소원자로 구성되어 있다. 그림 1-1에서 볼 수 있듯이 물분자에서 원자들은 105°의 각도로 결합되어 있으며 수소원자핵과 산소원자핵사이의 거리는 0.096 nm이다. 물 분자는 지름이 0.0276 nm인 구형의 사극자를 형성하고 있으며 중심에는 산소원자가 있다. 두 개의 양전하와 두 개의 음전하가 정사면체의 각을 이루고 있다. 이러한 전하의 분리 때문에 이웃한 분자들과의 인력은 반데르발스힘(van der Waals force)보다 크게 나타난다.

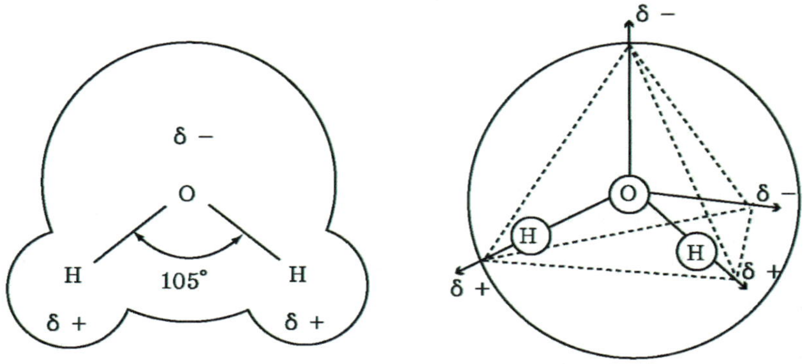

〈그림 1-1〉 물 분자의 구조

물은 비슷한 분자량을 가진 다른 화합물들과 물리적 성질이 다르다. 즉, 비슷한 분자량을 가진 다른 화합물에 비해 비등점, 용융점, 기화열 등이 현저히 높다(표 1-2). 물의 이런 특이한 성질은 수소결합에 기인한다(그림 1-2). 물 분자는 전하의 분리로 쌍극자 모멘트를 가지며 이로 인해 수소결합을 형성함으로써 주위의 물 분자들과 연합하게 된다. 따라서 이러한 다수의 수소결합을 깨뜨리기 위해서 여분의 에너지가 요구된다.

[표 1-2] 수소화합물들의 물리적 성질

화합물	용융점(℃)	비등점(℃)	몰당 기화열(cal/mole)
CH_4	−184	−161	2,200
NH_3	−78	−33	5,550
HF	−92	19	7,220
H_2O	0	100	9,750

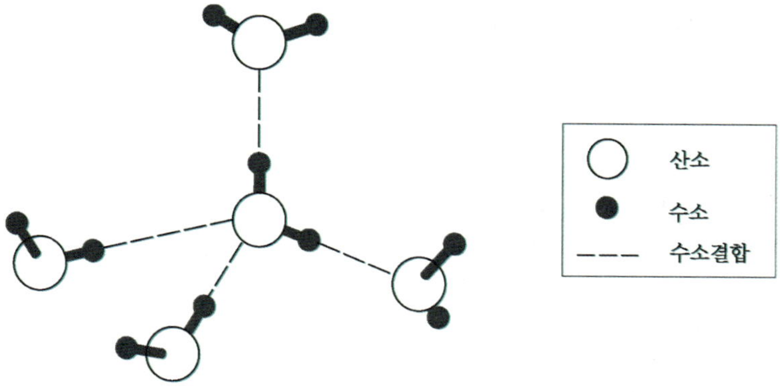

〈그림 1-2〉 물 분자의 수소결합

제2절 식품 중 수분의 존재상태

식품 중의 수분은 자유수(free water)와 결합수(bound water)의 두 가지 형태로 존재한다. 자유수는 염류, 당류, 수용성 단백질 등을 용해하는 용매로서 작용하는 물이며, 결합수는 식품 중의 탄수화물이나 단백질 분자들과 수소결합에 의하여 밀접하게 결합되어 있는 물이다. 결합수는 수화수(water of hydration)로, 자유수는 유리수라고도 한다.

식품 중에서 자유수와 결합수는 각각 독립하여 존재하는 것이 아니고 서로 가역적으로 이동하고 있으며, 그 평형은 온도와 용질의 종류, 용질의 양 등에 의하여 영향을 받는다.

1. 자유수

자유수는 용매로서 작용하는 보통의 물을 말하며 다음과 같은 일반적인 성질을 가지고 있다.

1) 염류, 당류, 수용성 단백질과 같은 용질에 대하여 용매로서 작용한다.
2) 비등점과 용융점이 높으며 비열이 크다.
3) 비중이 4℃에서 가장 크다.
4) 표면에 있는 물분자가 내부에 있는 물분자에 끌려 표면장력이 크다.
5) 물분자는 상호인력이 있기 때문에 점성이 크다.

2. 결합수

결합수는 식품 중의 탄수화물이나 단백질 분자들과 결합되어 있는 물로서 자유수와는 다른 다음과 같은 특성을 가지고 있다.

1) 당류, 염류, 가용성 단백질 등의 용질에 대하여 용매로서 작용하지 않는다.
2) 0℃에서는 물론 그보다 낮은 온도(−18℃∼−30℃)에서도 잘 얼지 않는다.
3) 수증기압이 보통의 물보다 낮기 때문에 식품을 100℃이상으로 가열하여도 제거되지 않는다.
4) 보통의 물보다 밀도가 크다.
5) 식품을 압착하여도 제거되지 않는다.
6) 미생물의 생육에 이용되지 못한다.

결합수의 측정법으로는 빙점강하법, 열량계산법, 염화코발트법, 유전율법, 핵자기공명흡수법 등이 있다.

제3절 수분활성도

식품에 함유된 수분함량을 흔히 %로 나타내지만, 식품의 수분함량은 온도나 대기 중의 수분함량 즉, 상대습도에 따라 변할 수 있다. 즉, 대기 중의 습도가 낮으면 식품 중의 수분이 증발하여 수분함량이 줄어들고, 반대로 식품 주위의 상대습도가 높으면 수분을 흡수한다. 한편, 한 식품을 공기 중에 오래 방치하면 흡습이나 탈습 현상이 평형을 이루게 되어 수분함량에 변동이 없게 되는데, 이때의 상대습도를 평형상대습도(equilibrium relative humidity: ERH)라고 한다.

미생물의 활동과 식품 중의 수분 함량과의 관계를 연구할 때, 미생물의 활동에 영향을 주는 식품의 수분량은 전체 수분함량이 아니며, 미생물이 실제로 이용할 수 있는 수분함량이다. 따라서 식품 전체의 수분함량보다는 그 식품의 수분활성도(water activity: Aw)라는 개념을 채택하는 것이 바람직하다. 수분활성도는 어떤 임의의 온도에서 한 식품의 수증기압(P)에 대한 그 온도에서의 순수한 물의 수증기압(P0)의 비율로 정의한다.

$$A_W = \frac{P}{P_0} \qquad \left[\begin{array}{l} P : \text{식품의 수증기압} \\ P_0 : \text{순수한 물의 수증기압} \end{array}\right]$$

또한 식품의 수증기압은 용매의 종류와 양에 따라 영향을 받게 되므로, 물의 몰(mole)수를 N_w, 용질의 몰수를 N_s라 하면, 다음과 같은 관계식을 얻을 수 있다.

$$A_W = \frac{P}{P_0} = \frac{N_W}{N_W + N_S} \qquad \left[\begin{array}{l} N_W : \text{물의 몰수} \\ N_S : \text{용질의 몰수} \end{array}\right]$$

한편, 평형상대습도(ERH)는 어떤 임의의 온도에서 대기 중의 수증기압을 P, 같은 온도에서의 포화수증기압을 P_0라고 할 때,

$$ERH = \frac{P}{P_0} \times 100$$

으로 표시된다.

일반적으로 식품의 수증기압은 순수한 물의 수증기압보다 낮으므로 수분활성도는 1이하이다. 수분이 적은 곡류의 수분활성도는 0.60~0.64 정도이고, 수분이 많은 어패류, 야채류 등은 0.98~0.99 정도이다. 그리고 수분함량이 50% 이상 되면 수분활성도는 대부분의 경우 0.9 이상을 나타낸다.

[예 1] 5% 포도당(분자량 180) 용액의 수분활성도는 얼마인가?

[해설] 5% 포도당 용액은 포도당 5%와 물 95%로 되어 있으므로

$N_W = \frac{95}{18}$, $N_S = \frac{5}{180}$가 되어

$$A_W = \frac{\frac{95}{18}}{\frac{95}{18} + \frac{5}{180}} = 0.995$$가 된다.

1. 미생물의 성장과 수분활성도

수분활성도는 미생물의 성장 및 증식과 밀접한 관계가 있다. 곰팡이의 성장이 가능한 최저 수분활성도는 0.70~0.95 정도이고, 효모의 경우는 0.88~0.90, 세균의 경우는 0.90~0.94 정도이다. 그러나 일부 미생물들은 이보다 낮은 수분활성도에서도 성장할 수 있다. 즉, 내건성 곰팡이나 내염성 효모들은 0.62~0.64 정도의 수분활성도에서도 발육한다(표 1-3).

수분활성도가 낮아질 경우 미생물의 삼투압은 증가하게 되고 세포의 탈수현상이 일어남으로써 미생물의 정상적인 성장이 방해를 받게 된다.

[표 1-3] 미생물의 성장에 필요한 수분활성도

미생물의 종류	수분활성도(A_w)
일반 세균	0.91
일반 효모	0.88
일반 곰팡이	0.80
내건성 곰팡이(xerophilic molds)	0.65
내삼투압성 효모(osmophilic yeasts)	0.60

2. 효소 작용과 수분활성도

식품 속의 효소 작용은 단순한 수분함량보다는 수분이 어떤 상태로 존재하느냐 즉, 식품의 수분활성도에 크게 의존한다. 수분활성도는 효소작용의 속도에 영향을 줄 뿐만 아니라 효소의 최종 활동단계도 결정하여 준다. 대부분의 효소는 수분활성도가 0.85 이하가 되면 불활성화 되는데 아밀라아제(amylase), 페놀옥시다아제(phenoloxidase), 퍼옥시다아제(peroxidase) 등이 이에 속한다. 그러나 리파아제(lipase)는 수분활성도 0.3에서도 활성을 가진다. 그림 1-3에서 보는 바와 같이 보리가루와 레시틴(lecithin) 혼합물을 저장하였을 때 레시틴 가수분해속도는 수분활성도에 의해 크게 영향을 받는다. 수분활성도가 아주 낮으면 가수분해가 거의 일어나지 않으며 수분활성도가 증가

할수록 가수분해가 증가함을 볼 수 있다. 그리고 각각의 수분활성도에서 일정기간 두었다가 다시 수분활성도를 0.70으로 바꾸어 주면 최종 가수분해도는 처음부터 수분활성도가 0.70이었던 경우와 유사해짐을 볼 수 있다. 이로써 수분활성도가 효소의 작용에 크게 영향을 주고 있음을 알 수 있다.

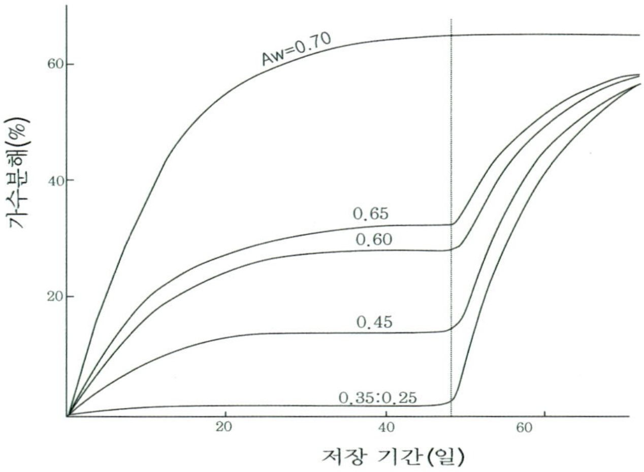

〈그림 1-3〉 저장된 보리가루와 레시틴 혼합물에서 수분활성도에 따른 레시틴의 가수분해도(자료: Acker, 1969)

3. 화학반응과 수분활성도

식품에서 일어나는 여러 화학반응도 수분활성도에 의하여 영향을 받는다. 가수분해와 비효소적 갈변반응은 0.25 이상의 수분활성도에서 일어난다. 비효소적 갈변반응인 메일라드(Maillard) 반응은 수분활성도의 영향을 크게 받으며, 0.6~0.7 정도의 수분활성도에서 최고속도에 이른다.

그림 1-4를 보면 설탕을 주성분으로 하는 식품의 갈변반응이 수분활성도에 의해 크게 영향을 받고 있으며 0.75 또는 0.31의 수분활성도에서도 갈변이 상당히 진행되는 것을 알 수 있다.

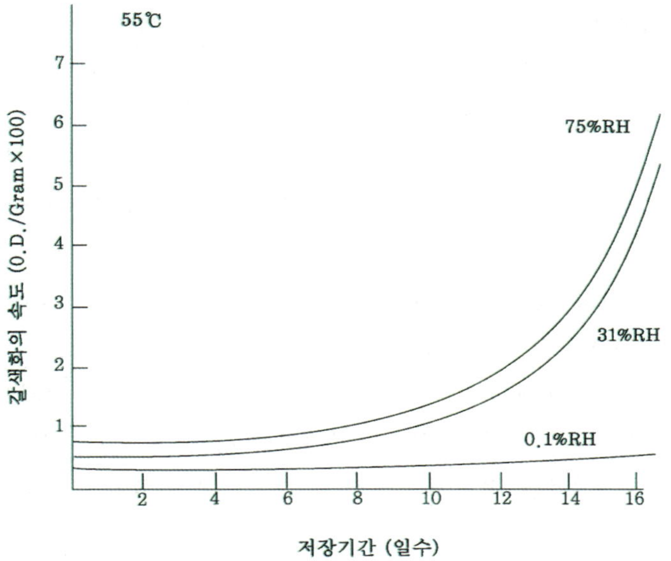

〈그림 1-4〉 설탕을 함유한 모델 시스템에서 상대습도에 따른 갈변반응 속도

4. 지질 산화와 수분활성도

수분활성도는 지질의 산화에도 관여한다. 냉동 건조시킨 연어를 저장하면서 지질의 산화를 관찰한 결과 단분자층 수분함량 이상으로 수분을 보유하고 있는 경우에 지질 산화가 감소하고, 매우 건조한 상태에서는 오히려 지질의 산화가 촉진되는 것을 볼 수 있었다(그림 1-5). 이 경우 단분자층 이상의 수분이 지질의 산화에 대항하는 보호능력을 부여하는 것으로 보인다.

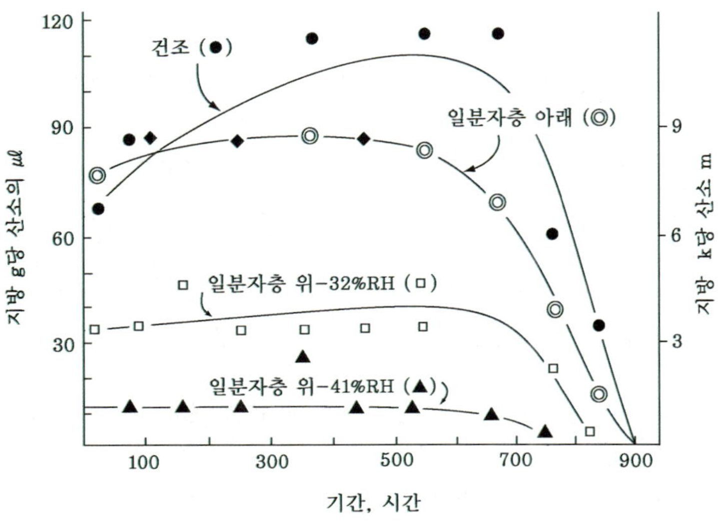

〈그림 1-5〉 상대습도에 따른 냉동건조 연어의 과산화물 생성 정도(자료: Martinez and Labuza, 1968)

제4절 등온흡습곡선과 등온탈습곡선

식품을 대기 중에 방치하면 건조하거나 흡습하여 대기 중의 수분함량 즉, 상대습도와 평형에 이르며, 이때 식품이 갖는 수분함량을 평형수분함량(equilibrium moisture content)이라고 부른다.

어떤 일정 온도에 있어서 식품 주위의 상대습도와 그 식품이 함유하는 평형수분함량과의 관계를 나타낸 곡선을 등온흡습곡선(moisture sorption isotherm) 또는 등온탈습곡선(moisture desorption isotherm)이라고 한다. 즉, 한 식품이 대기 중의 식품을 흡수하여 평형수분함량을 나타내는 곡선을 등온흡습곡선이라 하고, 식품의 수분이 대기 중에 증발하여 평형수분함량에 이르는 경우에 얻어지는 곡선을 등온탈습곡선이라고 한다.

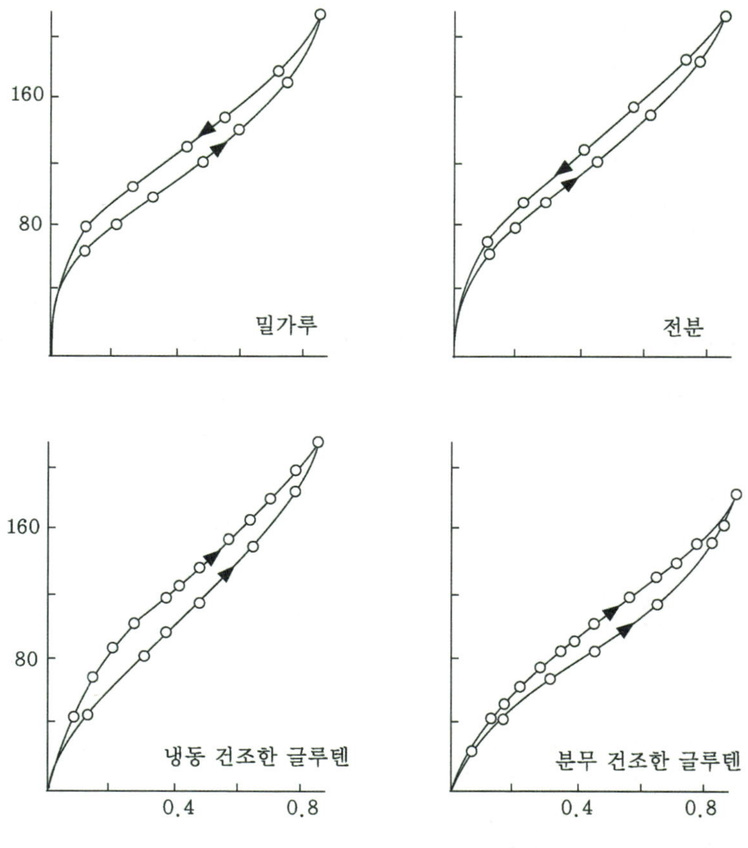

〈그림 1-6〉 밀가루, 전분, 글루텐의 등온흡습곡선과 등온탈습곡선(자료: Bushuk and Winkler 1957)

이들 곡선은 식품의 종류에 따라 다르지만 대개 S자형 곡선을 나타내고 있으며, 보통 식품의 흡습과정과 탈습과정은 완전한 가역반응이 아니기 때문에 등온흡습곡선과 등온탈습곡선이 완전히 일치되지는 않는다(그림 1-6). 이러한 현상을 히스테레시스(hysteresis) 또는 이력현상이라 한다.

히스테레시스 효과는 등온곡선의 굴곡점에서 가장 크며 온도, 탈습속도 등에 의존적이고 다양하게 변화될 수 있다. 일반적으로 주어진 수분활성도에서 식품의 수분함량은 흡습과정에서보다 탈습과정에서 더 높다.

한 식품의 등온흡습곡선은 수분함량이 대단히 적은 곡선부분, 즉 식품 중에서 물 분자들이 단분자층을 이루는 I 영역과 등온곡선에서 상대습도의 증가에 따라 수분함량이 급격하게 증가하는 영역, 즉 그 식품 속의 물분자가 다분자층(multimolecular layer)을 형성하는 II 영역, 그리고 식품 속의 수분이 여러 식품성분에 대해서 용매로서 작용하는 모세관 응축영역(capillary condensation region) 또는 용적수(bulk phase water)라고 부르는 III 영역으로 구분된다(그림 1-7).

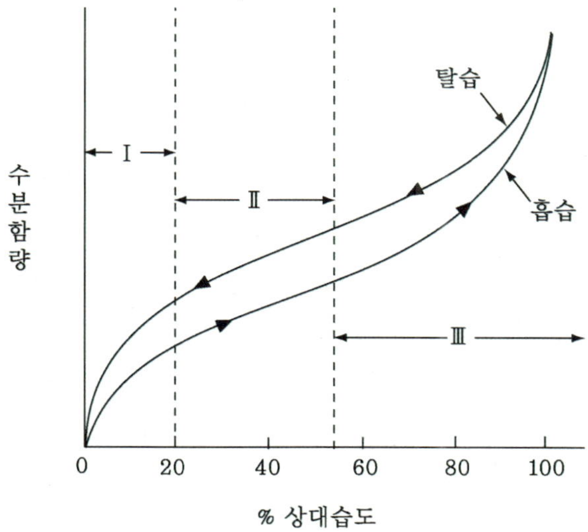

〈그림 1-7〉 식품의 전형적인 등온흡습·탈습곡선

I 영역은 식품의 평형수분함량이 소위 BET 단분자층 수분함량(Brunauer-Emmet -Teller monomolecular layer moisture content)과 그보다 적은 수분함량을 가진 영역으로 물분자들은 주로 식품성분 중의 카르복실기나 아미노기와 같은 이온기와 강한 이온결합을 형성하고 있는 부분이다.

II 영역은 식품의 평형수분함량이 BET 다분자층 형성에 해당하는 수분함량을 나타내는 영역으로 이 영역에서 물분자들은 주로 이온화되지 않고 있는 여러 기능기들과 수소결합, 즉 비극성 결합(non-polar bond)에 의해서 결합되어 있다.

I 영역의 등온흡습곡선으로 표시되는 식품은 매우 낮은 수분 함량을 가진 영역이기 때

문에 II 영역에 해당하는 수분 함량을 가진 식품보다 안정성이나 저장성이 낮은 것으로 알려져 있다.

III 영역은 식품의 평형수분함량이 다분자층 형성에 해당하는 수분함량보다 많은 수분 함량을 가진 영역이다.

이 영역에서는 식품 중의 물분자들이 식품성분에 대한 용매로 작용하며 식품의 모세관에 수분이 자유롭게 응결되고 또 이동이 자유로운 상태를 나타낸다.

그리고 물은 식품의 품질저하를 가져오는 여러 가지 화학반응과 효소에 의한 반응에 이용될 수 있으며 미생물의 증식에도 이용될 수 있다.

제5절 수분활성도와 식품의 안정성

1. 단분자층 수분함량

건조식품에서 그 식품의 흡습곡선 또는 탈습곡선을 구하고 단분자층 형성에 요구되는 수분함량을 결정하는 일은 건조식품의 저장조건을 결정하고 포장조건을 선택할 때 매우 중요하다. 단분자층에 해당하는 수분량은 그 식품을 안정하게 저장할 수 있는 최소의 필요량인 동시에 최대의 허용량이다.

일반적으로 식품 속에서 단분자층을 형성하고 있는 물분자들은 식품 내의 성분들이 대기 중의 산소와 직접 접촉하여 산화되는 것을 방지해 주는 것으로 생각되고 있다.

실제로 식품 속의 수분함량이 단분자층 형성에 필요한 수분함량보다 적을 때에는 유지의 산화, 비효소적 갈변반응의 속도가 오히려 촉진되는 것으로 알려져 있다.

상대습도가 5~35%인 식품의 등온흡습곡선 또는 탈습곡선을 얻을 수 있으면 Brunauer 등이 유도해 낸 BET(Brunauer-Emmet-Teller) 방정식에 의하여 그 식품의 단분자층 형성에 상당하는 수분함량을 구할 수 있다.

Brunauer 등이 유도해 낸 BET 방정식은 다음과 같다.

$$\frac{P}{W(P_0-P)}=\frac{1}{W_1C}+\frac{C-1}{W_1C}\cdot\frac{P}{P_0} \quad (1)$$

W : 수분함량 %

W_1 : 단분자층에 상당하는 수분함량

P : 식품의 수증기압

P_0 : 같은 온도에서 순수한 물의 수증기압

C : 흡착열의 항수

식 (1)의 양변에 100을 곱하면,

$$\frac{P(100)}{W(P_0 - P)} = \frac{100}{W_1C} + \frac{C-1}{W_1C} \cdot 100 \cdot \frac{P}{P_0} \qquad (2)$$

식 (2)에서 $100 \times \frac{P}{P_0}$는 상대습도를 나타내므로, 상대습도를 x축에, $\frac{P(100)}{W(P_0 - P)}$을 y축에 표시한 곡선을 그리면 하나의 직선을 얻는다. 이 때 얻어진 직선의 기울기는 $\frac{C-1}{W_1C}$이며, y절편은 $\frac{100}{W_1C}$이 된다.

이 두 값에서 단분자층에 상당하는 수분함량 W_1을 구할 수 있다.

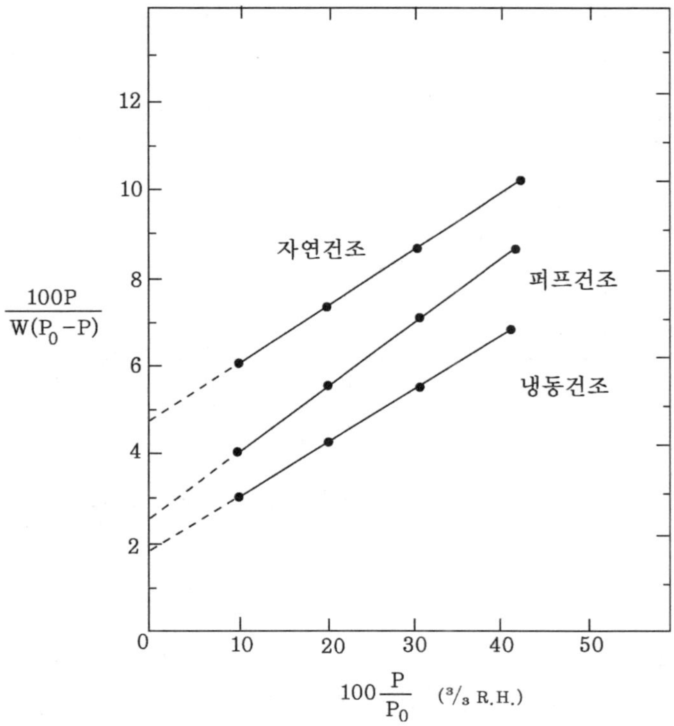

〈그림 1-8〉 BET 그래프(자료: Saravacous, 1967)

Labuza(1968)에 의해 주어진 BET 방정식의 형태는 다음과 같다.

$$\frac{a}{(1-a)V} = \frac{1}{V_m C} + \left[\frac{a(C-1)}{V_m C}\right]$$

a : 수분활성도
C : 흡착열에 관계되는 상수
V : 흡착된 부피
V_m: 단분자층 값

$\frac{a}{(1-a)V}$와 a를 축으로 하여 그린 그래프는 그림 1-9에 나타나 있듯이 직선으로 표시된다. 단분자층 수분함량은 직선의 기울기와 절편으로부터 계산될 수 있다.
BET 등온곡선은 수분활성도의 값이 0.1에서 0.5사이인 경우에만 적용된다.

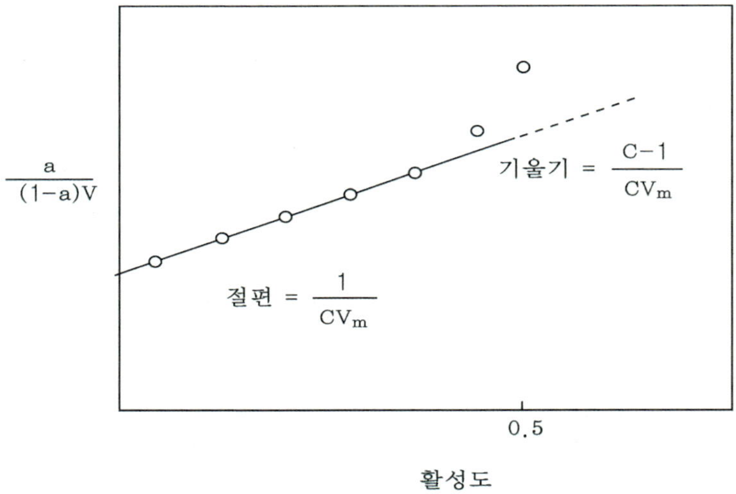

〈그림 1-9〉 Labuza에 의한 BET 단분자층 그래프

2. 수분활성도와 상대반응속도

식품의 수분활성도는 앞에서 설명하였듯이 식품의 품질과 관련된 여러 가지 반응속도에 영향을 미친다. 효소반응, 산화반응, 가수분해 반응, 미생물 성장 등의 상대반응속도와 식품의 수분활성도와의 관계는 그림 1-10과 같다.
비효소적 갈변반응은 일반적으로 수분함량이 증가함에 따라 그 속도도 증가하나 어떤 최대치에 도달한 후에는 수분활성도가 증가되어도 반응의 속도는 증가하지 않는다. 지방 산화의 경우 단분자층까지 수분활성도가 증가함에 따라 산화속도는 감소하며, 단분자층 수분함량에 도달하여 산화속도가 최소로 되고 다시 수분활성도의 증가에 따라 지방의 산화는 증가한다. 곰팡이, 효모, 세균들의 성장도 수분활성도에 의해서 영향을 받으며 제한수분활성도(limiting water activity) 이하에서는 성장이 정지된다.

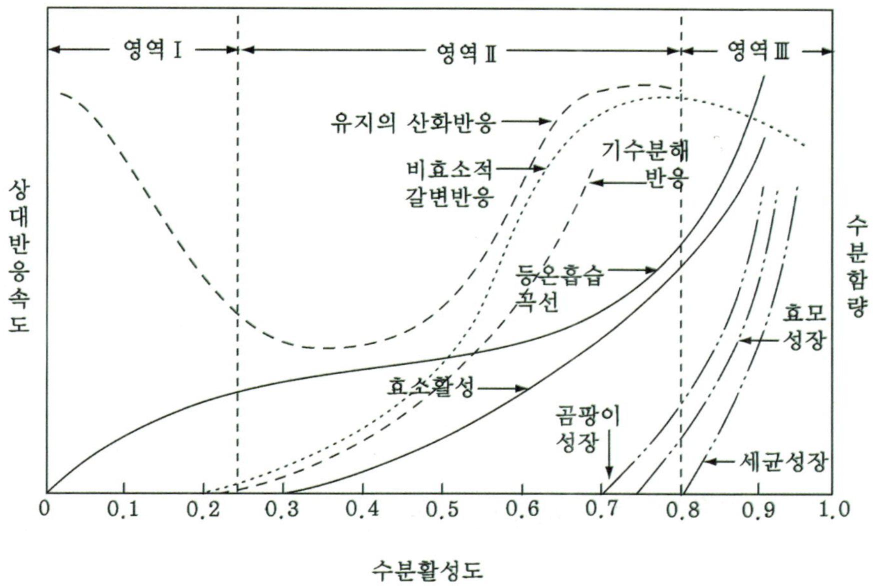

〈그림 1-10〉 식품의 수분활성도와 여러 가지 반응의 상대적인 속도(20℃)

제6절 수분활성도와 식품포장

수분활성도는 식품의 품질유지에 영향을 주는 중요한 요인으로 식품포장은 식품의 저장기간 동안 식품의 수분을 최적조건으로 유지할 수 있어야 한다. 등온흡습곡선의 모양에 따라 식품의 흡습성을 판별할 수 있는데, 흡습성 식품은 등온흡습곡선에서 급한 경사를 나타낸다(그림 1-11). 이런 식품은 방습이 잘 되는 포장재로 밀봉해야 한다. 예를 들면 인스턴트 커피는 상대습도가 약 50% 정도가 되면 굳어져 버리므로 이런 제품들은 폴리에틸렌 용기에 포장하는 것이 좋다. 반대로 식품의 상대습도가 외부보다 높으면 식품이 가지고 있던 수분을 잃게 되므로 이런 제품들의 경우는 수분의 손실을 방지할 수 있는 포장이 필요하다. 빵이나 가공치즈 등의 포장이 이에 해당한다.

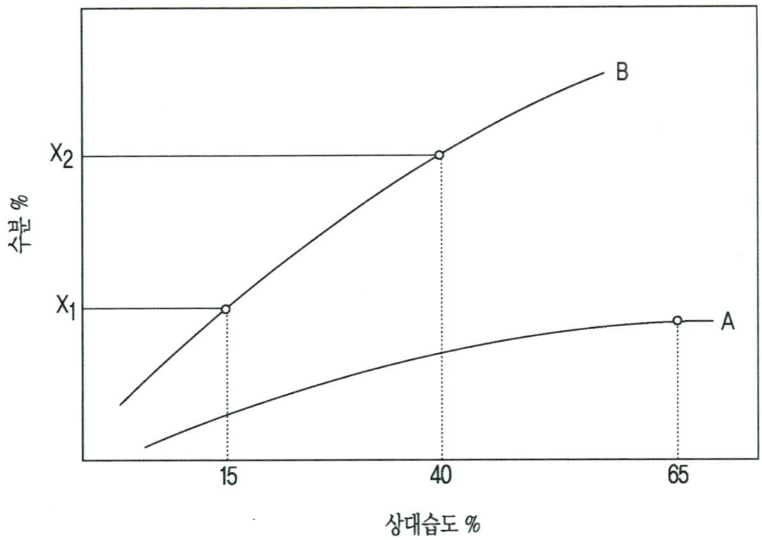

〈그림 1-11〉 흡습성 식품과 비흡습성 식품의 등온흡습곡선

제7절 얼음과 냉동식품

물을 냉각시켜 빙점이하가 되면 얼음이 형성된다. 얼음의 구조는 그림 1-12와 같이 육면체 격자구조로 물 한 분자는 4개의 다른 분자들과 결합되어 있다. 그 격자는 느슨하게 이루어져 비교적 큰 빈 공간을 가지고 있으므로 높은 비용적(specific volume)을 나타낸다.

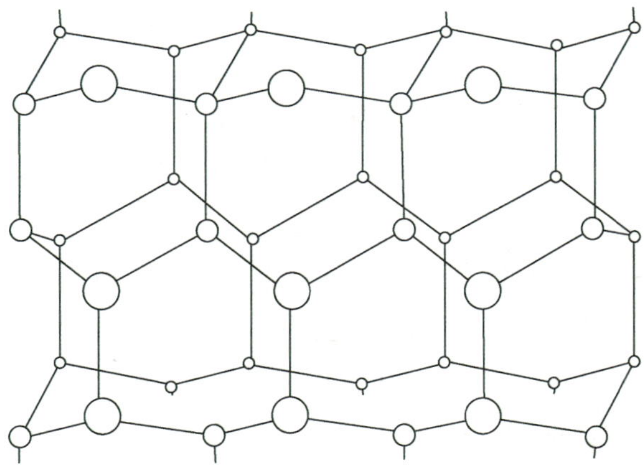

〈그림 1-12〉 얼음의 격자구조

동결시 물분자들은 액체 형태보다는 덜 조밀한 구조를 형성하고 있으며, 얼음구조에서도 원자와 분자들은 계속 운동하고 있다. −10℃에서 얼음분자들은 약 0.044 nm의 폭으로 진동하고 있다.

각 산소원자는 2개의 수소원자들과 공유결합하고 있으며 거리는 0.096 nm이다. 또한 산소원자는 2개의 다른 수소원자들과 수소결합되어 있으며 서로간의 거리는 0.18 nm이다. 산소원자는 인접한 산소원자와 0.276 nm 떨어져 있으며 결합각은 109°이다(그림 1−13).

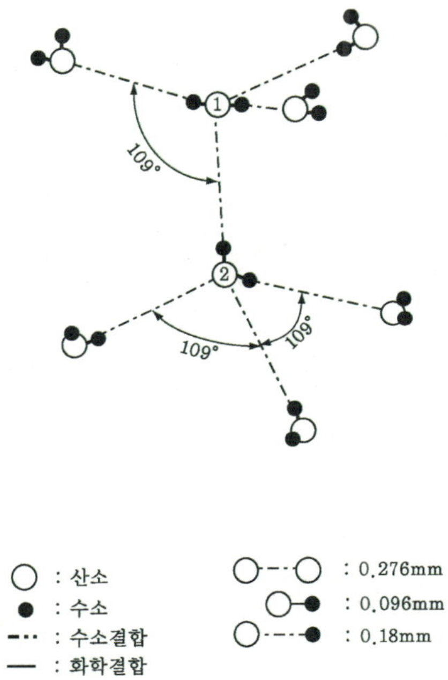

〈그림 1−13〉 얼음에서 물분자의 수소결합 상태

얼음결정의 크기와 수는 냉동조건에 의해 크게 영향 받는데 빙핵 형성 및 결정의 성장 속도에 따라 달라진다. 일반적으로 물이 천천히 냉각될 때에는 빙핵이 형성될 수 있는 충분한 시간이 있기 때문에 빙핵이 큰 결정체로 성장하게 되어 큰 얼음 결정을 만들게 된다. 그러나 물이 빠르게 냉각될 때에는 빙핵이 성장할 수 있는 시간이 충분하지 않기 때문에 작은 빙핵이 다수 생성되어 미세한 얼음 결정을 만들게 된다.

형성된 얼음결정은 냉동저장동안 변하지 않고 있는 것이 아니라 더 커지려는 경향을 가진다. 따라서 저장온도가 변하면 재결정화가 일어나며 작은 결정이 큰 결정으로 성장하게 된다.

식품을 동결하는 동안 물은 얼음으로 변하며 얼지 않고 있는 액체부위의 용질의 농도는 점차 증가한다. 이것은 pH, 이온강도, 점도, 삼투압, 증기압 등의 성질에 변화를 가져온다. 동결되지 않고 남아있는 물의 양은 식품에 따라 다소 차이가 있다. 동물조직의 경우 총 수분함량의 약 8~10%가 동결되지 않는 물로서 육류, 생선, 난백, 난황 등은 건조 단백질 g당 약 0.4g의 동결되지 않는 물을 함유한다. 대부분의 과일과 채소에서 동결되지 않는 물의 양은 약 6% 이하이며 곡류에서는 34% 정도이다.

물이 얼음으로 변할 때 부피가 약 9% 정도 팽창한다. 동결 중인 식품에서 부피의 변화는 물의 함량과 용질의 농도에 의해 결정된다. 동결시 일어나는 부피팽창은 식품의 세포 내 물질에 기계적인 손상을 일으키며, 유화의 불안정화, 단백질의 엉김, 생선살의 질겨짐, 육류의 수분 손실 등을 유발할 수 있다.

Chapter 02 단백질(protein)

동물, 식물, 미생물을 불문하고 모든 생물체는 세포의 구성성분으로서 반드시 단백질을 함유하고 있다. 육류와 난류는 단백질이 주성분이며, 곡류와 종실류와 같이 전분과 지질이 많은 식품에도 단백질이 존재하지 않는 것은 없다.

그것은 생물이 형태를 보존하고 생명을 유지하고 자손을 남기기 위해서 단백질이 중요한 기능을 하기 때문이다. 이미 1838년 G.J.Mulder(네덜란드)가 단백질(protein)은 생물에 있어서 「제일급의(희랍어 proteois)」 중요성을 가진 것이라고 하여 이것이 단백질의 어원의 유래가 되고 있다.

단백질의 대표물질로서는 난백이 알려져 있으나 생물체 또는 식품 중에는 단백질의 종류도 많고 또 형태와 역할이 각각 다르고 다양하다(표 2-1). 그러나 외견상의 다양성에도 불구하고 분자 수준에서 단백질을 보면 다음과 같은 공통성이 있다.

[표 2-1] 단백질의 기능별 분류와 역할

종 류	역 할	소재(괄호안은 단백질의 이름)
구조 단백질	동물체의 조직의 구성	철,양털,새털(keratin);결합조직(collagen,elastin);근육(myosin);견사(fibroin)
저장 단백질	자손의 영양	우유(casein);달걀(ovalbumin);대두(globulin);밀(glutelin);옥수수(zein)
효소	생체물질의 합성반응, 분해반응, 산화반응 등의 촉매작용	소화액(protease,amylase,lipase);TCA cycle;지방의 합성;전분의 합성
호흡 단백질	산소의 운반 및 저장, 전자의 전달	혈액(hemoglobin);근육(myoglobin);세포내(cytochrome)
방어질 단백질	생체의 방어	혈액(globulin);혈액응고(fibrinogen)
핵단백질	유전의 조절	염색체(histone);정자(protamine)
Hormone	대사의 조절	췌장(insulin, glucagon)
독소단백질		병원균(botulinus균 독소);피마자씨(ricin)

첫째, 단백질은 아미노산(amino acid)으로 총칭되는 물질들로 이루어져 있다는 점이다. 단백질을 구성하는 아미노산에는 20여 종이 있으며 단백질의 종류에 따라 이들의 구

성 비율, 즉 아미노산 조성이 다르다.

둘째, 단백질은 아미노산이 쇄상으로 연결된 고분자 화합물이라고 하는 점이다. 단백질은 종류에 따라 아미노산 조성이 다를 뿐만 아니라 아미노산 배열도 다르다.

분자 구조의 면에서 보면 어느 종류의 단백질은 아미노산 이외의 당, 지질, vitamin, 금속류 등을 구성성분으로 하는 경우가 있다. 이것은 단백질을 다양하게 하는 원인이 된다.

단백질을 식품으로 하는 경우 이와 같은 분자 구조의 다양성이 식품의 영양가와 풍미, 물성의 차이를 나타낸다.

또한 공업 제품으로서 특징적인 물성에도 반영된다. 한편, 생물체 내에서 이루어지는 다양한 기능도 단백질이 가지고 있는 다양한 분자 구조에 유래하고 있다.

단백질은 같은 기능을 하는 경우에도 생물이 다르면 그의 특성도 다른 경우가 많다. 예를 들면 쇠고기와 돼지고기는 그 아미노산 조성과 배열이 서로 다르다. 이것은 단백질의 분자구조가 DNA의 지배를 받고 있기 때문이다.

다시 말하면 생물은 각각 DNA가 다르고 이 DNA의 지령에 따라 20종의 아미노산으로부터 그 생물이 생명 활동을 영위하는데 필요한 각각의 고유 단백질을 만들고 있기 때문이다.

식품 영양학적의 측면에서 보면 좋은 단백질이라고 하는 것은 인체를 구성하는 단백질을 만드는 데 있어서 균형이 잡힌 아미노산류를 제공하는 것이라 할 수 있다. 이러한 단백질은 다른 생물도 역시 아미노산으로부터 합성한다.

인간은 이와 같이 만들어진 단백질을 아미노산으로까지 분해하고 이것을 재료로 하여 인체단백질을 재합성하는 것이다.

단백질의 원소 조성은 표 2-2와 같다. 단백질이 C, H, O를 함유하는 것은 당질이나 지질과 마찬가지이나 그 외에 평균 16% 정도의 질소와 약간의 유황을 함유한다. 그 외에 특수한 단백질은 P, Fe, Cu, I 등을 함유하는 것도 있다.

[표 2-2] 단백질의 원소조성

원소	C	H	O	N	S
%	50~55	6.9~7.3	19~24	15~19	0.3~2.4

[표 2-3] 주요 식품의 단백질 함량(%)

식 품	단백질 함량	식 품	단백질 함량
쇠고기	16.5	건조대두	34.1
돼지고기	10.2	가열대두	11.0
닭고기	23.4	완 두	6.3

대 구	17.6	건조 강낭콩	22.3
우 유	3.6	강낭콩(가열)	7.8
달 걀	12.9	쌀	6.7
밀	13.3	쌀(가열)	2.0
빵	8.7	카사바	1.6
옥수수	10.0	감 자	2.0

단백질의 정량은 식품 중의 질소의 대부분이 단백질에서 유래하는 것이므로 시료 중의 질소량을 측정하고 여기에 100/16=6.25(질소 계수, N-factor)를 곱하여 구하며, 이렇게 구한 단백질을 조단백질(crude protein)이라 부른다.

제1절 아미노산

천연의 단백질을 구성하는 아미노산(amino acid)은 약 20여종이 있으며 proline과 hydroxy proline을 제외하고는 모두 α위치의 탄소에 amino기를 갖은 carboxyl산으로서 일반식은 다음과 같이 표시된다.

```
       H                      H
       |                      |
R− Cᵅ −COOH            R− Cᵝ −α
       |                      |
      NH2                    NH2
α−amino acid           β−amino acid
```

```
        CHO                 COOH               COOH
         |                   |                   |
HO−  C  −H         H2N−  C  −H         H−  C  −NH2
         |                   |                   |
        CH2OH               CH3                 CH3
L−glyceraldehyde    L−α−alanine         D−α−alanine
```

R부분이 수소인 glycine을 제외하고는 모두 α위치의 탄소가 부제탄소원자(asmmetric carbon)로 되어 있으므로 광학 이성체가 존재한다. 예를 들면, alanine은 2개의 입체 이성체가 존재하며 당의 경우와 같이 glyceraldehyde를 기준으로 하여 D형과 L형을 결정하고 있다. 일반적으로 단백질을 구성하고 있는 아미노산은 L-α-아미노산이다.

자연계에는 약 200여 종의 아미노산이 알려져 있으나 이들 중 단백질을 구성하는 것은 약 20여 종이며 대부분 특수한 것으로서 식물체에 유리 형태로 존재하는 것이 많다(그림 2-1).

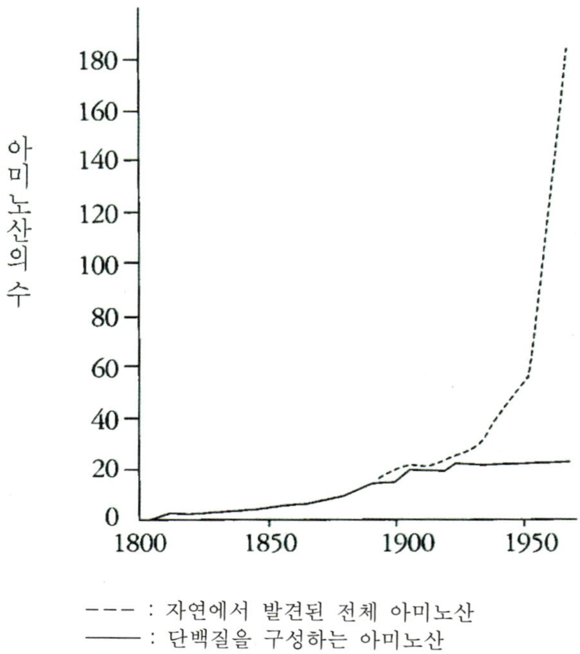

〈그림 2-1〉 자연에 존재하는 아미노산의 발견

1. 아미노산의 종류

1) 단백질을 구성하는 아미노산

식품 단백질을 구성하고 있는 아미노산은 표 2-4와 같이 약 20여 종으로서 그 구조는 매우 다양하다.

이들 아미노산은 측쇄(R부분)의 화학 구조에 따라 분자 내에 탄화수소기를 가진 지방족 아미노산, benzene기를 가진 방향족 아미노산, hetero고리를 가지는 복소환 아미노산으로 분류된다. 또 한 분자 중에 존재하는 carboxyl기와 amino기의 수에 의해 중성 아미노산(1:1), 산성 아미노산(2:1), 염기성 아미노산(1:2)으로 구분한다.

[표 2-4] 단백질을 구성하는 아미노산

분 류	아미노산 명칭 (3문자약호, 1문자기호)	화학구조 (는 측쇄)	비 고
I. 지방족 아미노산 a) 중성 아미노산	glycine (Gly, G)	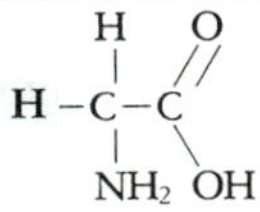	단맛을 가짐. 부제탄소원자가 없다.
	alanine (Ala, A)	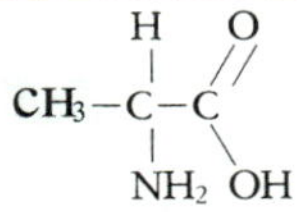	비극성. 탄화수소.
	Valine* (Val, V)	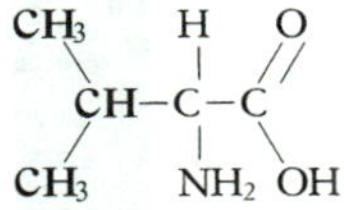	비극성. 탄화수소.
	leucine* (Leu, L)	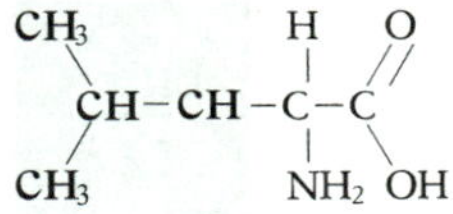	비극성. 탄화수소.
	isoleucine* (Ileu 또는 Ile, I)	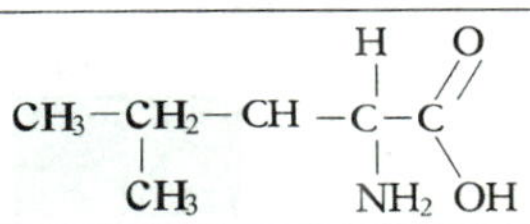	부제탄소원자(2개). 비극성. 탄화수소.
	serine (Ser, S)	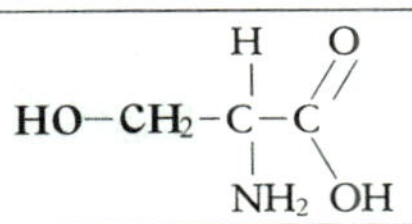	alcohol성 수산기
	threonine* (Thr, T)	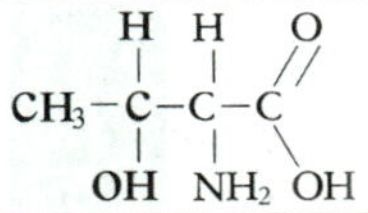	alcohol성 수산기 부제탄소원자(2개)
b) 산성 아미노산 및 그 amide	aspartic acid (Asp, D)	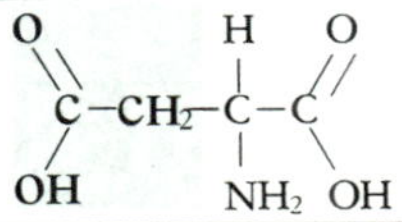	아스파라거스에서 발견.
	glutamic acid (Glu, E)	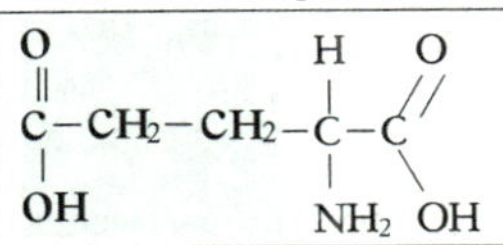	감칠맛을 가짐.
	asparagine ($AspNH_2$ 또는 Asn, N)	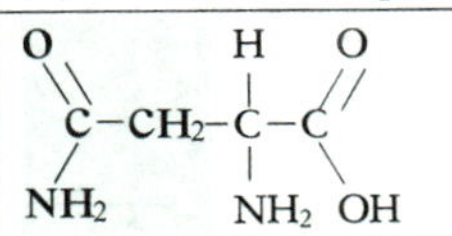	β －amide
	glutamine ($GluNH_2$ 또는 Gln, Q)	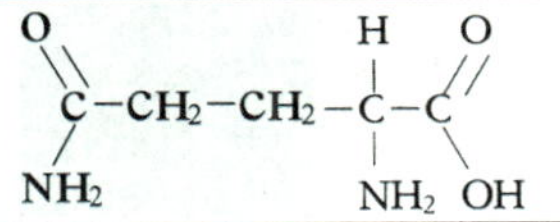	γ －amide

c) 염 기 성 아미노산	lysine* (Lys, K)	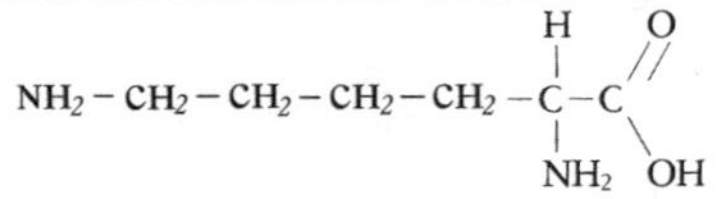	ε −amino기를 가진다
	arginine (Arg, R)	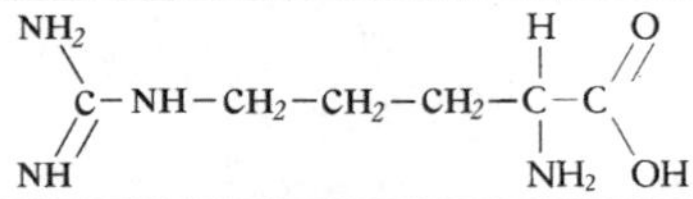	guanidyl기를 가지며 강염기성이다
d) 함 황 아미노산	cysteine (Cys, C)	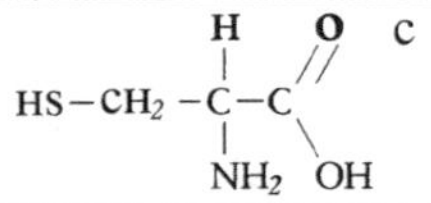	SH기를 가진다 half cystine이라고도 함.
	cystine (Cys Cys, C)	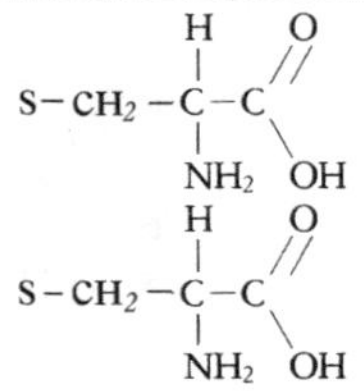	disulfide 결합
	methionine* (Met, M)	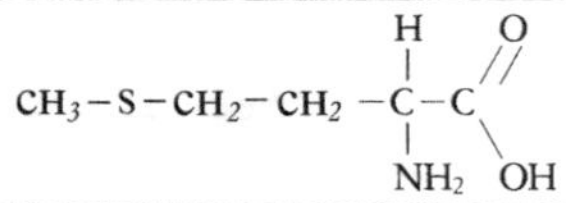	C−S−C 결합
Ⅱ. 방 향 족 아미노산	phenylalanine* (Phe, F)	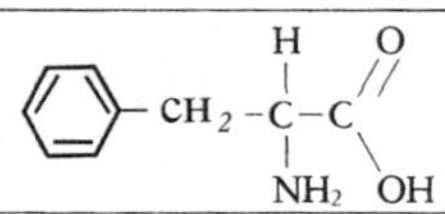	Benzene기를 가진다 비극성
	tyrosine (Tyr, Y)	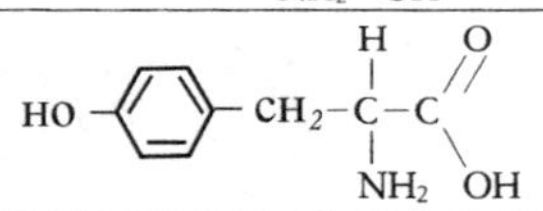	phenol기를 가진다 자외선(260∼280nm)을 흡수한다
Ⅲ. 복 소 환 아미노산	tryptophan* (Trp, W)	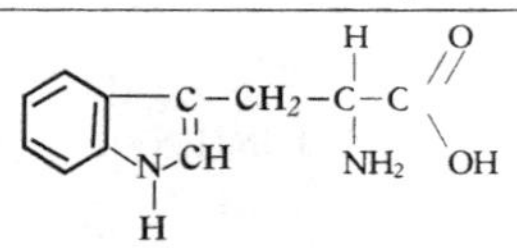	indol기를 가진다 자외선을 강하게 흡수.
	histidine (His, H)	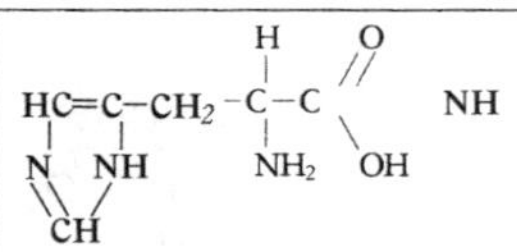	imidazol기를 가진다 염기성
	proline (Pro, P)	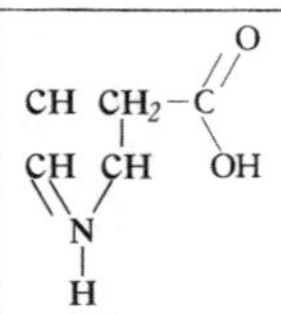	
	hydroxyproline (3−Hyp)	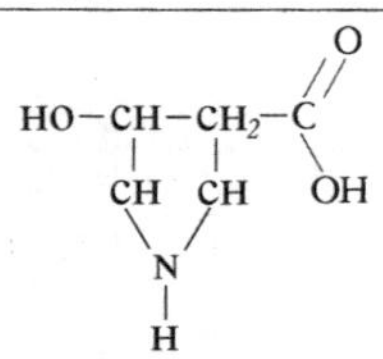	질소는 제2 amine이므로 imino acid라고도 부름.

* ; 필수 아미노산 (8종)

또한 분자 중에 함유된 원자, 원자단의 특징에 의해 즉, 유황 원자를 가지는 함황 아미노산, 수산기(-OH)를 가지는 hydroxy아미노산, imino기(=NH)를 가지는 아미노산 등으로 부르는 경우도 있다.

단백질을 구성하는 여러 종류의 아미노산 중에서 valine, leucine, isoleucine, lysine, methionine, phenylalanine, tryptophan의 8개는 인체의 단백질을 합성하기 위해 불가결한 것이나 체내에서 다른 아미노산으로부터 합성이 되지 않아 식품 성분으로써 반드시 보급하지 않으면 안된다. 이러한 영양상의 특징으로 인해 이들을 필수 아미노산(essential amino acid)이라 한다. 필수 아미노산은 동물의 종류와 성장 시기에 따라 다르다. 성인에서는 8종류이나 유아의 경우는 이들에 histidine을 포함하여 9종류이며, 쥐의 필수 아미노산은 arginine을 더 포함하여 10종류이다. 이들 이외에 인체 내에서 합성되는 아미노산을 비필수 아미노산(nonessential amino acid)이라 한다.

2) 유리 아미노산 및 peptide를 구성하는 아미노산

단백질의 구성 요소는 아니지만 생물에 있어서 의의가 있는 아미노산이 유리형 또는 vitamin 등의 구성 성분으로서 존재하다. 이들도 인간의 영양 또는 식품의 풍미에 있어서 주요한 역할을 한다(표2-5).

Peptide는 아미노산들이 결합한 것이며, 아미노산이 2, 3, 4개 결합하면 각각 dipeptide, tripeptide, tetrapeptide라고 부른다. 소수가 결합한 것을 oligopeptide라고 하며 다수가 결합한 것은 polypeptide라고 부르지만 수십 개 이상 연결되어 있으면 오히려 단백질이라고 부르게 된다. oligopeptide, polypeptide, 단백질이라고 하는 말을 구별하는 것은 분자의 크기, 즉 구성 아미노산의 수이며 그 크기가 명확히 정의되어 있지 않다.

생물체에는 여러 가지 peptide가 있으며, 대사 조절 및 hormone작용 등의 생리활성을 가지고 있는 중요한 역할을 하고 있다(표2-6). 또한 peptide성의 항생 물질과 곰팡이 독 등에는 D-amino산 및 아미노산 관련 화합물이 구성 성분으로 되어 있는 것도 있다.

식품 중에는 생물체가 본래 가지고 있는 peptide외에 가공 처리 과정에서 생성되어 식품의 풍미의 원인이 되는 peptide가 많다. 예를 들면, 발효 식품(주류, 장유류 등), 치즈, 염장품(김치, 젓갈), 홍차 등의 숙성 과정에서 protease가 작용하며 각종의 oligopeptide가 생성된다. 식품에 있어서 peptide의 풍미는 하나의 peptide에서 유래하기보다도 수종의 peptide가 복합하여 좋은 맛을 만들어 내는 경우가 많다.

[표 2-5] 비단백질 형태의 아미노산 및 관련물질

아미노산 명 칭	구 조 식	소재와 역할
ornithine	$H_2N-(CH_2)_3-CH-COOH$ | NH_2 (CH에 결합)	동식물조직, 항생물질(gramicidin 등)에 존재하며, urea cycle 중에서 尿素 생성에 관여한다.
citrulline	$H_2N-C-NH-(CH_2)_3-CH-COOH$ ‖ (C에 =O), | (CH에 NH_2) O　　　　　　NH_2	동식물 조직, 특히 수박 과즙에 들어 있으며, urea cycle 중에서 요소생성에 관여한다.
creatine	H_2N \\ $C-N-CH_2-COOH$ /　| HN　CH_3	척추동물 근육, 근육활동에 중요하다.
β −alanine	$H_2N-CH_2-CH_2-COOH$	pantothenic acid, coenzyme A, carnosine, anserine의 구성 성분이며, 자연계에 존재하는 유일한 β −amino acid이다.
canavanine	H_2N \\ $CNHO(CH_2)_2CHCOOH$ / HN	작두콩(Canavalis ensiformis)에서 추출된 유리아미노산이다.
taurine	$H_2N-CH_2-CH_2-SO_3H$	오징어, 문어, 조갯살의 extracts에 들어 있으며, 말린 오징어의 표면에 하얗게 되는 것은 주로 이것에 의한다. 2−aminoethane sulfon산이다.
alliine	$CH_2=CH-CH_2-S-CH-COOH$ | NH_2 (CH에 결합)	마늘에 함유되어 있으며, 마늘냄새의 전구물질이다.
theanine	$C_2H_5-NH-CO-(CH_2)_2-CH-COOH$ | NH_2 (CH에 결합)	녹차, 차의 감칠맛 성분으로 알려져 있다. glutamic acid의 ethyl amide이다.
thyroxine	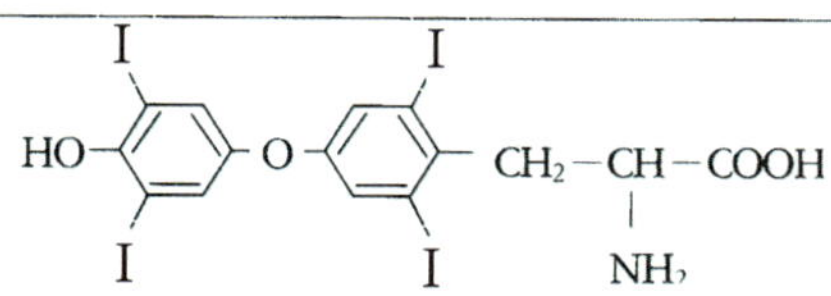	갑상선에 존재하며 갑상선 hormone으로 알려져 있다.

[표 2-6] 생물체 또는 식품에 함유되어 있는 peptide

아미노산 명칭 (화학명)	구 조 식	소재와 역할
carnosine (β−alanyl histidine)	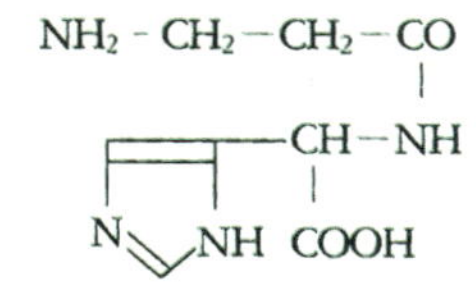	동물의 근육에 존재하며, 근육수축 및 당대사에 관여한다.
anserine (β−alanyl−1−methylhistidine)	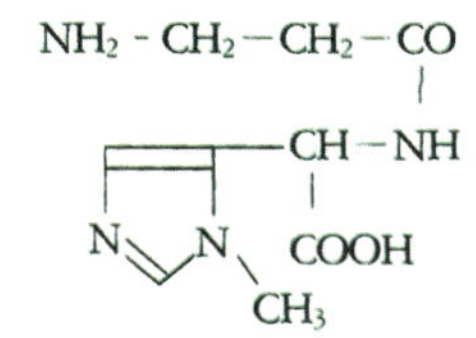	동물의 근육에 존재하며, 근육수축 및 당대사에 관여한다.
glutathione (γ−glutamyl cysteinyl glycine)	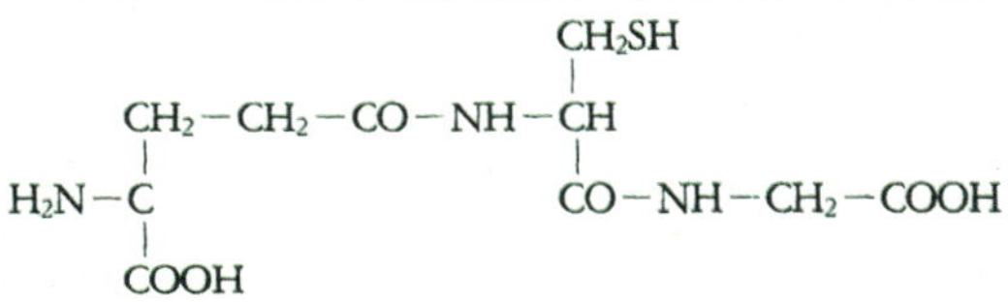	생물체에 널리 분포하며, 세포중의 산화환원전위를 조절한다.
glucagon	29개의 아미노산으로 구성된 polypeptide	췌장에 들어있으며, 혈당을 올려주는 hormone이다.
insulin	51개의 아미노산으로 구성된 polypeptide	췌장에 들어있으며, 혈당을 내려주는 hormone이다.

2. 아미노산의 성질

1) 용해성

아미노산은 일반적으로 물과 같은 극성 용매에는 잘 녹으나 ether, chloroform, acetone 등과 같은 비극성 유기용매에는 전혀 녹지 않는다. 그러나 tyrosine과 cystine은 물에 난용성이며, proline과 hydroxyproline은 alcohol에 잘 녹는다. 한편, 아미노산은 묽은 산이나 알칼리 용액에 잘 녹으나 용액이 pH에 따라 용해도가 다르다.

2) 양성 전해질

아미노산은 수용액 중에서 대부분의 분자 내의 amino기는 ammonium이온으로, carboxyl기는 carboxyl음이온으로 존재하며 이 두 반대 이온이 분자내 염을 형성한다. 이와 같은 구조를 독일의 Bjerrum은 쯔비터이온(Zwitter ion)이라 불렀으나 일반적으로 쌍극자이온(dipolar ion)이라고 한다.

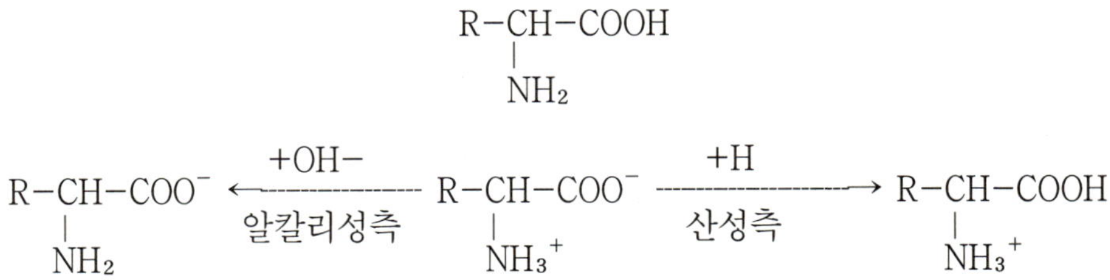

〈양성전해질로서의 아미노산〉

따라서 용액을 산성으로 하면 carboxyl기의 해리가 억제되므로 분자로서는(+)로 하전하고, 알칼리성으로 하면 amino기의 해리가 억지되어 (−)로 하전한다. 이와 같이 용액의 pH에 따라 (+)와 (−)로 하전하는 성질을 갖은 화합물을 양성 전해질(ampholyte)이라 한다. 그러므로 아미노산 용액을 전기 영동 장치에 넣고 전류를 통하면 산성 용액에서는 아미노산 분자가 $RCHNH_3COOH$로 하전되어 음극으로, 알칼리성에서는 $RCHNH_2COO^-$ 의 형태로 하전되어 양극으로 이동한다.

또한 이 용액을 어느 특정 pH로 하면 (+)와 (−)의 하전이 똑같아져 분자 내에서 상쇄되어 0이 되므로 어느 쪽 전극으로도 이동되지 않는다. 이때의 pH를 등전점(isoelectric point)라고 한다.

일반적으로 중성 아미노산은 pH 7 부근의 약산성, 산성 아미노산은 산성 쪽에, 염기성 아미노산은 알칼리성 쪽에 각각의 등전점이 있다.

[표 2-7] 아미노산의 등전점

아미노산	등전점
Glycine	6.1
Alanine	6.1
Tyrosine	5.7
Aspartic acid	3.0
Glutamic acid	3.2
Arginine	10.8
Lysine	9.7

각 아미노산들의 등전점은 구조와 해리 상수가 다른 기능기들의 차이로 인하여 다르다. 아미노산은 수용액 중에서 pH에 따라 양이온, 쌍극자이온, 음이온으로 하전하여 존재하므로 양이온을 $^{\oplus}A$, 쌍극자 이온을 $^{\oplus}A^{\ominus}$, 음이온을 $A^{\ominus}$라 하면 amino기와 carboxyl기의 해리상수는 다음과 같이 표시할 수 있다.

$$K_1 = \frac{[\oplus A\ominus][H\oplus]}{[\oplus A]} \quad , \quad K_2 = \frac{[A\ominus][H\oplus]}{[\oplus A\ominus]}$$

아미노산의 쌍극자이온만으로 존재하는 pH, 즉 등전점(pl)에서 [+A]=[A-}이므로

$$[\oplus A] = \frac{[\oplus A\ominus][H\oplus]}{K_1} \qquad = [A\ominus] = \frac{[\oplus A\ominus]K_2}{[H\oplus]}$$

$$[H\oplus] = (K_1 \cdot K_2)^{1/2}$$

$$\text{pl} = \frac{1}{2}(pK_1 + pK_2)$$ 이다.

예를 들면, alanine의 경우 pK_1(a-COOH)=2.32, pK_2(a-NH_3^+)=9.69이므로 pl=(2.32+ 9.69)/2=6이 된다. 또 세 개의 해리기를 가지는 경우는 우세한 pK만을 고려하여 그의 평균치를 구한다. 즉, lysine의 경우 pK_1(a-COOH)=2.18, pK_2 (ε-NH_3^+)=10.53이므로 전체로서 pK_2 , pK_3가 지배적이므로 pK_2 , pK_3 의 평균치로서 pl=9.74가 구해진다.
등전점에서 아미노산은 불안정하여 침전되기 쉽고, 용해도, 삼투압 및 점도는 가장 작으며 흡착성과 기포성은 가장 크다.

3) 광학적 성질

아미노산은 glycine을 제외하고는 모두 부제탄소원자(asymmetric carbon)를 가지고 있으므로 2개의 광학 이성체가 존재한다. 단백질을 구성하는 아미노산은 거의 모두가 L-형이고, D-형은 일부 세균이 생산하는 항생 물질이나 포자의 세포벽에서 소수 발견되기도 한다.

4) 자외선 흡수성

단백질을 구성하는 아미노산은 가시광선을 흡수한다. 특히 방향족 아미노산인 tyrosine, tryptophan, phenylalanine은 자외선에 흡광되므로 단백질의 측정에 이용되기도 한다. 즉, 거의 모든 단백질에는 tyrosine이 들어 있으므로 spectro-photometer에 의해 280mm의 파장에서의 흡광도를 측정함으로써 수용액 중의 단백질의 양을 알 수 있다(그림2-2).
Cystine은 disulfide(-S-S-)의 존재로 240mm에서 흡광된다.

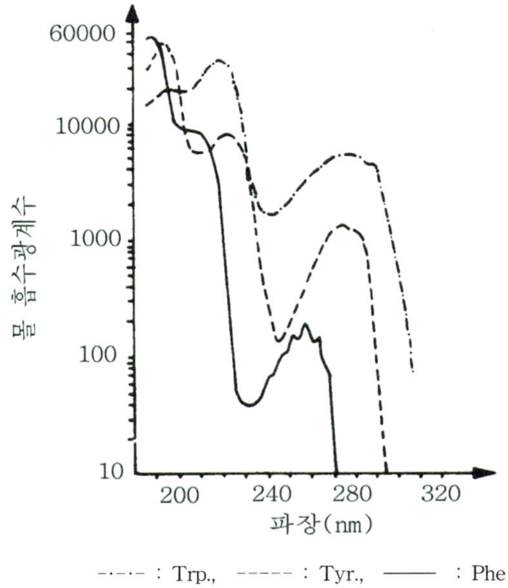

〈그림 2—2〉 일부 아미노산의 자외선 흡수 스펙트럼

5) 맛

일반적으로 단백질은 맛이 없으나 그 분해 생성물인 아미노산은 각각 특유한 맛을 가지고 있어 식품의 맛에 크게 기여한다. 특히 glutamic acid는 맛이 좋아 그의 Na염은 조미료로서 사용되고 있다. 각종 아미노산의 맛을 시험한 결과는 표 2-8과 같다.

[표 2-8] 각종 아미노산의 맛

아미노산의 종류	맛	아미노산이 종류	맛
Glycine	상쾌한 단맛	L-Lysine	온화한 단맛
L-Alanine	강한 단맛	L-Glutamic acid	감칠맛
L-Proline	달고 신맛	D-Glutamic acid	신 맛
DL-Serine	상쾌한 단맛	L-Methionine	약한 쓴맛
DL-valine	단 맛	L-Histidine	~
DL-Threonine	약한 단맛	L-Phenyalalnine	~
L-Hydroxyproline	약한 단맛	L-Arginine	~
L-Leucine	약한 쓴맛	L-Tyrosine	맛이 없음
L-Isoleucine	쓴 맛	DL-Tyrosine	약한 단맛
L-Asparagine	약한 신맛	L-Cystine	맛이 없음
L-Aspartic acid	약한 신맛	DL-Homocystine	맛이 없음

6) 화학적 반응

(1) 염의 형성

아미노산의 ammonium이온은 음이온과 그리고 해리된 carboxylate의 음이온은 양이온과 각각 염을 형성한다. 어떤 종류의 염은 물에 녹기 어려워 아미노산의 분리에 이용된다.

$$H_2N-\underset{|}{\overset{R}{C}}H-COO + Na^+ \rightarrow H_2N-\underset{|}{\overset{R}{C}}H-COO\ Na^+$$

$$H_3N^+-\underset{|}{\overset{R}{C}}H-COO^- + Cl^+ \rightarrow Cl\ H_3N^+-\underset{|}{\overset{R}{C}}H-COO^-$$

(2) 아질산과의 반응

α 아미노산의 amino기는 HNO_2와 반응하여 질소 가스를 정량적으로 발생한다. 이 반응이 Van Slyke 아미노태 질소 정량법의 원리이다.

$$R-\underset{NH_2}{\underset{|}{C}}H-COOH + HNO_2 \rightarrow R-\underset{OH}{\underset{|}{C}}H-COOH + N_2 + H_2O$$

이 반응은 proline과 hydroxyproline에서는 일어나지 않으며, tryptophan의 indole기, histidine의 imidazole기, arginine의 guanidine기 등의 N은 반응하지 않는다.

(3) Formaldehyde와의 반응

아미노산의 amino기는 formaldehyde와 축합하여 schiff 염기를 형성한다.

$$R-\underset{NH_2}{\underset{|}{C}}H-COOH + HCHO \rightarrow R-\underset{N=CH_2}{\underset{|}{C}}H-COOH + H_2O$$

아미노산은 양성물질이나 상온에서 formaline을 가하면 methylene amino유도체가 형성되어 염기성을 잃으므로 알칼리로 적정할 수 있다.

이 반응이 Soerensen의 formol적정법에 의한 아미노태 질소 정량의 원리이다. Proline 이나 hydroxyproline은 반응하지 않으며, tyrosine과 같이 산성의 −OH

기를 가진 것이 나 arginine, lysine과 같이 제 2의 염기성 해리를 하는 것은 종말점이 명료하지 않다.

(4) Ninhydrin과의 반응

아미노산에 ninhydrin 시약을 반응시키면 먼저 아미노산은 ninhydrin으로 산화적 탈amino를 일으켜 amino기가 ammonia로 유리됨과 동시에 −COOH기는 aldehyde로 변한다.

한편, ninhydrin은 환원형의 hydrindantin으로 된다. 이어 생성된 ammonia는 이 반응의 ninhydrin 및 hydrindantin과 반응하여 570mm에 흡수대를 갖는 청자색의 화합물을 형성한다. 단, proline과 hydroxypriline은 예외적으로 440mm에서 최대 흡수를 갖는 분홍색을 띤다.

이 반응은 아미노산의 공통적인 반응이며 정량적으로 진행되므로 아미노산의 정성, 정량에 이용된다.

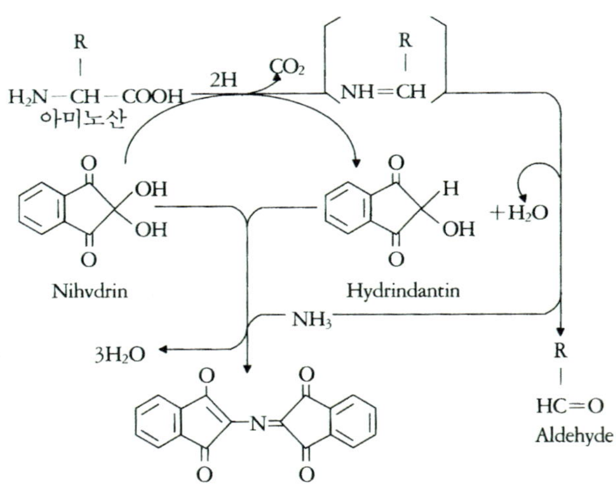

청자색화합물

(5) 탈amino 반응

아미노산의 amino기는 산이나 알칼리에 저항이 크나 산화제($KMnO_4$, H_2O_2, Br_2)에 의해 쉽게 탈amino화 된다.

$$\underset{\displaystyle NH_2}{R-\underset{|}{CH}-COOH} \xrightarrow[-NH_3]{+O} R-CO-COOH$$

(6) 2, 4-dinitrofluorobenzene(DNFB)과의 반응

아미노산에 DNFB시약을 반응시키면 황색의 dinitrophenyl amino acid(DNPamino acid)를 생성한다. DNFB는 polypeptide의 N−말단 amino기와도 반응하므로, Sanger의 DNP법이라 하여 단백질의 N−말단 아미노산 분석에 이용된다.

7) Ester 형성

아미노산은 무수 alcohol에 현탁시켜 건조 HCl가스를 통하면 아미노산의 carboxyl기는 alcohol과 반응하여 ester를 형성한다.

$$\begin{array}{l} R-\underset{\displaystyle NH_2}{\underset{|}{CH}}-COOH + R'OH \rightarrow R-\underset{\displaystyle NH_2}{\underset{|}{CH}}-COOR' + H_2O \end{array}$$

이 ester는 유리 아미노산과 달리 휘발성이며 아미노산의 종류에 따라 용해도와 비점이 다르므로 gas chromatography에 의한 아미노산의 분리 동정에 응용된다.

8) Amine의 생성

아미노산을 Ba(OH)₂와 같이 가열하면 탈탄산되어 amine이 형성된다.

$$R-\underset{\displaystyle NH_2}{\underset{|}{CH}}-COOH \xrightarrow{Ba(OH)_2 \text{ 와 가열}} R-\underset{\displaystyle NH_2}{\underset{|}{CH_2}}+CO_2$$

한편, 이 반응은 미생물 특히 부패 세균의 decarboxylase에 의해서도 쉽게 이루어진다.

예를 들면, 동물체 내에서의 histamine은 histidine의 carboxyl기가 제거되어 형성된 것이다. 이것은 위장의 산 분비를 증진시켜 allergy 반응에 관여한다.

9) Amide 형성

아미노산은 ammonia 또는 amine과 쉽게 반응하지 않으나 alcohol과 반응하여 ester를 만들며 또 ammonia와 반응하여 amide를 형성한다.

$$R-\underset{\displaystyle NH_2}{\underset{|}{CH}}-COOH + R'OH \rightarrow R-\underset{\displaystyle NH_2}{\underset{|}{CH}}-COOR' + H_2O$$

$$R-\underset{\displaystyle NH_2}{\underset{|}{CH}}-COOR' + NH_4OH \rightarrow R-\underset{\displaystyle NH_2}{\underset{|}{CH}}-CONH_2 + R'OH + H_2O$$

Amide결합의 상대가 ammonia가 아니고 하나의 아미노산이라면 peptide결합이 된다. 따라서 peptide 결합도 일종의 amide결합이라 할 수 있다.

10) peptide 형성

한 아미노산의 α위치의 amino기와 다른 아미노산의 α위치의 carboxyl기 사이에서 1분자의 물이 빠져 아미노산끼리 결합한 것을 peptide라 부르며, 이때 이루어지는 -CO-NH-와 같은 amide 결합을 peptide 결합이라 한다.

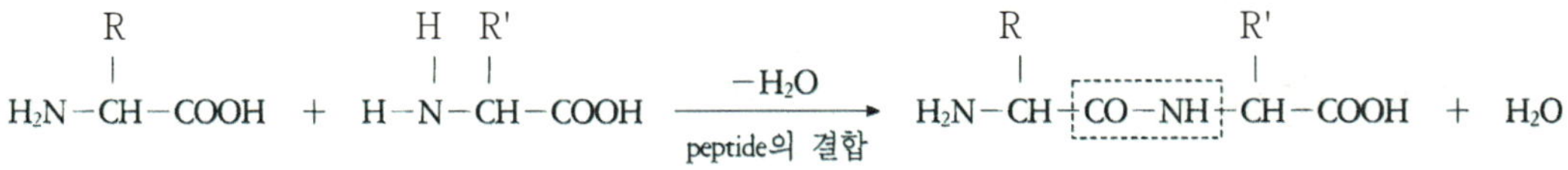

2종의 서로 다른 아미노산이 결합하여 만들어진 peptide에는 amino기와 carboxyl기가 결합하는 방향에 따라서 2종의 dipeptide가 만들어진다.

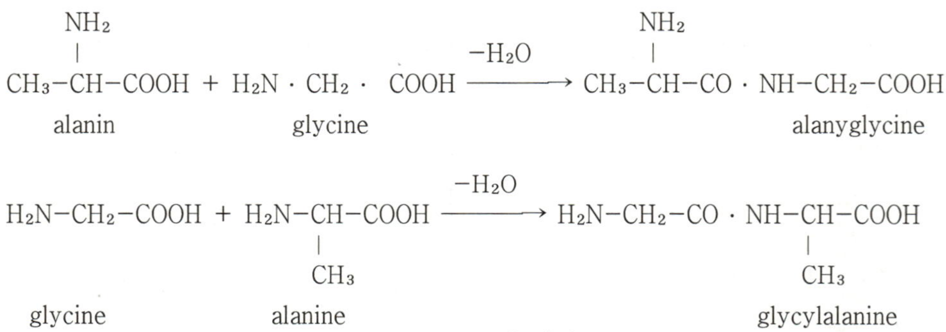

peptide의 생성

제2절 단백질의 분류

단백질은 여러 아미노산으로 된 고분자의 polypeptide로서, 그의 구조 및 형태가 다양하며 여러 가지 관점에서 분류할 수 있다.

일반적으로 편의상 그 조성과 여러 용매에 대한 용해도의 차이, 구조와 형태상의 특징 또는 그 출처 등에 따라 분류하고, 최근 분자 조성과 구조에 관한 보다 많은 지식이 얻어짐에 따라 초원심분리(ultracentrifuge) 및 전기영동적 성질(electrophoretic properties)의 차이가 분류에 이용되기도 한다.

이와 같이 여러 가지 분류 방법이 있으나 일반적으로 그 조성 및 용해도에 따라 단순 단백질, 복합 단백질 및 유도 단백질의 3가지로 크게 분류한다.

1. 단순 단백질

단순 단백질(simple protein)은 아미노산으로만 구성되어 있는 비교적 그 구조가 간단한 단백질이며, 산, 알칼리, 염용액, 유기용매 등에 대한 용해도에 따라서 albumin, globulin, glutelin, prolamin, albuminoid, histone, protamine으로 구분하는데, 용해성이 다른 것은 단백질을 구성하는 아미노산의 종류, 함량과 배열의 차이에 의한 것이다.

1) Albumin

Albumin은 물, 염류용액, 묽은 산, 묽은 알칼리에 잘 녹으며 가열에 의하여 응고된다. 포화 $(NH_4)_2SO_4$로 침전된다.
동물성 albumin으로는 ovalbumin(난백), lactalbumin(젖), serumalbumin(혈청), myogen(근육) 등이 있다. 식물성 albumin으로는 leucosin(밀), legumelin(완두), ricin(피마자) 등이 있으며, 이들은 동물에 주사하면 독성을 나타낸다. 일반적으로 albumin에는 glycine이 부족하며, 유황 함량이 비교적 많아 2%가 된다.

2) Globulin

Globulin은 물에 잘 녹지 않고 염류용액, 묽은 산, 묽은 알칼리에 잘 녹으며 가열에 의하여 응고된다. 반포화 $(NH_4)_2SO_4$로 침전된다. 동 · 식 물계에 널리 분포되어 있고 albumin과 공존하는 경우가 많다. Albumin과 globulin은 물과 $(NH_4)_2SO_4$에 대한 용해도의 차이로 서로 분리된다. Globulin은 각종 아미노산을 함유하고 있다.
동물성 globulin으로는 ovoglobulin(난백), livetin(난황), lactoglobulin(젖), serumglobulin(혈청), myosin(근육), fibrinogen(혈장) 등이 있다. 식물성 globulin으로는 glycinin(대두), legumin(완두), arachin(땅콩), edestin(대마), tuberin(감자), maysin(옥수수), pareolin(밀) 등이 있다.

3) Glutelin

Glutelin은 물, 염류 용액에 잘 녹지 않고 묽은 산, 묽은 알칼리에 잘 녹으며 가열에 의하여 응고되지 않는다. 소량의 $(NH_4)_2SO_4$로 침전된다. Glycine과 glutamic acid를 많이 함유하고 있으나 proline은 적다. 식물성 식품에서 많이 발견되며 특히 곡류의 종자에 많다. 곡류에는 prolamin과 공존하는 경우가 많다. 대표적인 것으로 glutenin(밀), oryzenin(쌀), hordenin(보리) 등이 있다.

4) Prolamin

Prolamin은 그 용해성이 glutelin과 비슷하다. 단 glutelin이 alcohol에 불용인 데 대하여 prolamin은 70~80% alcohol에 녹으므로 구별이 된다. Glutamic acid 와 proline을 많이 함유하고 있으나 lysine이 적다. Glutelin과 같이 식물성 식품에 존

재하며 특히 곡류의 종자에 많다. Gliadin(밀), hordein(보리), zein(옥수수)등이 여기에 속한다.

5) Albuminoid

Albuminoid은 물, 염류 용액, 묽은 산, 묽은 알칼리에 녹지 않으며, 경단백질(scleroprotein)이 라고도 한다. Glycine과 proline은 많이 함유하고 있으나 trypto phan, tyrosine, cystine이 없으므로 영양가가 낮다. 동물의 세포와 조직에 많이 분포 되어 있다.

Collagen(결체조직, 건, 근육, 피부, 연골), keratin(피부, 머리털, 깃털, 뿔, 결합조직), elastin(인대, 건), fibroin(명주실) 등이 여기에 속한다. Collagen을 물과 함께 끓이면 쉽게 gelatin으로 변한다. 또 gelatin을 130℃ 이상으로 가열하면 반대로 collagen으로 변화한다. 이 두 가지를 가수분해하면 같은 종류의 아미노산이 생기므로 collagen은 gelatin의 부수물이라고 생각된다.

6) Histone

Histone은 물, 염류 용액, 묽은 산, 묽은 알칼리에 잘 녹으나 묽은 ammonia로 침전되며 가열에 의해서도 응고되지 않는다. Alkaloid시약에 의하여 산성, 중성, 알칼리성의 어느 것에서나 침전된다. Arginine, lysine, histidine을 많이 함유한 염기성 단백질이다. 식물계에는 분포되어 있지 않고 동물조직 내에서 heme이나 핵산 같은 산성 물질과 결합하여 존재하는 경우가 많다.

Histidine은 함황 아미노산이 많으며 동물의 세포핵이나 정자핵 DNA나 다른 단백질과 공존한다. 흉선 histone, 간장 histone, 적혈구 histone, 정자핵 histone(어류) 등이 있다. 한편, 이전에는 histone 속으로 취급되었으나 현재는 따로 분류되기도 하는 globin이 있다. globin은 염기성을 나타내지 않으며 ammonia로 침전되지 않는다.

7) Protamine

Protamine은 그 용해성이 histone과 비슷하다. 단, alkaloid시약에 의하여 알칼리성에서 침전되지 않는 점이 histone과 다르다. Histone과 같이 염기성 단백질로 arginine을 많이 함유하고 산성 및 함황 아미노산을 함유하지 않는다. 가열로도 응고되지 않고 인텅스텐산으로 알칼리성에서 침전된다. 주로 어류의 정낭 중의 핵산과 결합되어 있다. 어류 이외에서는 거의 발견되지 않는다.

Salmine(연어의 정자), clupeine(청어의 정자), scombrine(고등어의 정자), sturine(상어의 정자) 등이 여기에 속한다.

2. 복합 단백질

복합 단백질(conjugated protein)은 단순 단백질에 비단백성 물질이 결합된 단백질로서 생체의 세포 내에 함유되어 생리적으로 중요한 활성을 가지고 있다.
단백질 분자 중의 비단백성 물질 부분은 접합족(prosthetic group)이라 하며 보결분자단의 종류에 따라 복합 단백질은 인단백질, 핵단백질, 당단백질, 지단백질, 색소단백질, 금속단백질로 구분한다.

1) 인단백질

인단백질(phosphoprotein)은 단순 단백질과 인산으로 이루어져 있는 것으로 보결분자단이 이 인산이다. 핵단백질과 지단백질도 인산을 함유하고 있으나 인산이 보결분자단의 일부를 차지하고 있을 뿐이다. 인단백질의 인산은 약 1% 함유되어 있으며 분자 내에서 hydroxy amino acid의 수산기의 ester결합을 하고 있다.
물에 녹지 않고 알칼리, ammonia에는 녹으나 초산을 가하여 산성으로 하면 침전된다. 과잉의 산으로 염을 만들고 녹는다. 알칼리와 함께 가열하면 인산을 유리한다. 인단백질은 식물성 식품에는 없고 동물성 식품에서 많이 발견된다. 대표적인 것으로 casein(젖), vitellin(난황), ichthulin(물고기의 알) 등이 있다.

2) 핵단백질

핵단백질(nucleoprotein)은 단순 단백질과 핵산으로 이루어진 것이며, 단백질 부분은 염기성의 histone 또는 protamine이다. 핵산은 nucleotide의 종합체로서 분자량이 100만이 넘는 거대한 분자 구조를 이루고 있다. nucleotide는 nucleoside와 인산이 결합한 것이고, nucleoside는 유기염기와 5탄당으로 이루어진 것이다.
Nucleohistone은 흉선, 비장, 정자, 배유, 신장, 적혈구에 있으며 주로 DNA가 결합되어 있다. Nucleoprotamine은 어류 정자에 있으며 역시 DNA가 결합되어 있다.

3) 당단백질

당단백질(glycoprotein, mucoprotein)은 단순 단백질과 다당류의 복합체이다. 다당류로는 mucoitin sulfate, chondroitin, mannose, galactose, glucosamine 등이 중합체이며, 이 당단백질은 당 부분에 아미노당(amino sugar)을 가지는 것이 특징이다. 이들 다당류의 amino기, carboxyl기, 황산기가 단백질의 carboxyl기, amino기와 amide결합, 또는 이온결합에 의하여 당단백질을 형성한다.
당단백질은 동·식물의 세포와 조직의 보호, 보강의 작용을 한다. 당단백질에서 초산으로 침전되는 것을 mucin, 침전되지 않는 것을 mucoid라고 한다. Mucin은 침, 소화액, 난백, 곡류 등에 함유되어 있고, mucoid는 난백, 혈청, 연골, 건 등에 존재한다.

4) 색소단백질

색소단백질((chromoprotein)은 색소와 단순 단백질이 결합한 것이다. 색소 성분은 heme, chlorophyll, carotenoid, flavin 등이며, 이것들을 각각 hemeprotein, chlorophyll protein, carotenoid protein, flavoprotein이라 한다. 이들은 생체 내에서 중요한 생리작용을 나타내며 식품성분으로서는 식품의 색과 밀접한 관계가 있다.

5) 금속단백질

금속단백질(metalloprotein)은 금속을 함유한 단백질로 금속은 Fe, Cu, Zn, Co 등이다. 금속단백질은 효소에 속하는 것이 많다.

철단백질(iron protein)로는 ferritin(간)이 대표적인 것이며, 구리 단백질(copper protein)로는 hemocyanin(연체동물의 혈액)과 식물조직 내의 산화 효소인 polyphenol oxidase, ascorbate oxidase가 있다. 아연단백질(zinc protein)로는 insulin(췌장)이 대표적이다.

한편, 색소단백질인 hemeprotein(Fe), chlorophyll protein(Mg)도 일종의 금속단백질이라 할 수 있다.

6) 지단백질

지단백질(lipoprotein)은 지방질과 단백질의 복합체이다. 지방질 부분은 lecithin과 cephalin 등의 인지질로 이루어진 것이 많다.

대표적인 것으로 lipovitellin(난황)이 있다.

3. 유도 단백질

유도 단백질(derived protein)은 단순 단백질 또는 복합 단백질이 물리적 또는 화학적 요인에 의해 변형된 단백질로서 변형 상태에 따라 제 1차 유도 단백질과 제 2차 유도 단백질로 구분한다.

1) 제1차 유도 단백질

제1차 유도 단백질은 변성 단백질이라고도 하며, 천연의 단백질이 물리적 또는 화학적 요인에 의해 변성된 것으로 분자의 입체 구조의 변화에 따라 성질이 변화한다.

(1) 응고 단백질(coagulated proteins)

Albumin, globulin 등의 단백질이 열, 자외선, alcohol 등에 의해서 변성되어 응고한 것이다. 즉, 요리한 달걀의 albumin이 좋은 예이며, 물, 염류용액, 묽은 산, 묽은 알칼리에 녹지 않는다.

(2) Protean

원래 수용성의 단백질이 효소나 묽은 산 등에 의하여 불용성으로 변한 것이다. Edestin, myosin의 변성물인 edestan, myosan이 여기에 속한다.

(3) Metaprotein

Albumin, globulin 등의 단백질이 열 등에 의하여 변성된 것에 다시 묽은 산이나 알카리를 작용시켜 변성한 것이다. 묽은 산에 의하여 생성된 것을 acid-metaprotein, 묽은 알칼리에 의하여 생성된 것을 alkali-metaprotein이라고 한다. Acid albumin, alkaline albumin은 여기에 속한다.

(4) Gelatin

Collagen을 물로 장시간 끓일 때 생기는 것으로, 온수에는 녹고 찬물에는 녹지 않는 gel상태로 된다.

2) 제2차 유도 단백질

제2차 유도 단백질은 분해 단백질이라고도 하며, 천연의 단백질이 어느 정도 가수분해된 생성물로서 가수분해의 정도에 따라 다음과 같이 세분한다.

(1) Proteose

단백질이 pepsin 등의 효소에 의하여 부분적으로 가수분해된 것이다. 물에 녹으며 열에 의하여 응고되지 않는다. 포화 $(NH_4)_2SO_4$로 침전된다.

(2) Peptone

Proteose보다 가수분해가 더 진행된 것으로 간혹 간단한 polypeptide가 혼합되어 있다.
물에 녹고 열에 의하여 응고되지 않으며 colloid성이 소실된다. 포화 $(NH_4)_2SO_4$로 침전되지 않는다.

(3) Peptide

Peptone보다 더 분해된 것으로 말단 2~3개의 아미노산이 peptide결합을 한 것이다. 물에 녹고 열에 응고되지 않는다. 이상의 논의된 것을 요약하여 정리하면 표 2-9와 같다.

[표 2-9] 단백질의 분류 및 소재

1. 단순 단백질(simple protein)		(+는 가용이고 -는 불용이다)
명 칭	용 해 성 물· 묽은 염류· 묽은 산· 묽은 알칼리	소 재
Albumin	+ + + + 열,alcohol에 의하여 응고$(NH_4)_2SO_4$ 포화로 석출	ovalbumin(난백),myogen(근육), serumalbumin(혈청),α-lactalbumin(유즙) ,legumelin(두류),leucosin(밀), ricin(피마자)
Globulin	− + + + 열에 응고, $(NH_4)_2SO_4$ 반포화로 석출	ovoglobulin(난백),β-lactoglobulin(젖),serumglobulin(혈청),myosin(근육),fibrinogen(혈장),glycinin(콩),legumin(두류),tuberin(감자),arachin(땅콩),edestin(삼씨),
Glutelin	− − + + Glutamic acid많음, alcohol에 불용	Ozyzenin(쌀), glutenin(밀)
Prolamine	− − + + 70~80%alcohol에 가용, glycine을 적게 가지는 점이 glutelin과 다르다.	Hordein(보리), gliadin(밀), zein(옥수수)
Albuminoid(scleroprotein, 경단백질)	− − − − 보통의 용매에 불용, 효소에 의하여 소화되지 않음.	Keratin(피부,머리털),collagen(결체조직, 연골),elastin(심줄), silk fibroin(견사)
Histone	+ + + − 열에 불응고, alkaloid시약에 의하여 산성, 중성, 알칼리성에서 침전된다.	동물의 체세포 핵이나 정자핵에 DNA와 공존, 흉선 histone, 간장 histone, 적혈구histone (포유류,조류),정자핵 histone(어류)
Protamine	+ + + − 열에 불응고, alkaloid시약에 의하여 알칼리성에서 침전되지 않는 것이 histone과 다르다.	Salmine(연어의정자), clupeine(청어의정자),scombrine(고등어) sturine(상어의 정자)

2. 유도 단백질(derived protein)		
명 칭	특 성	소 재
제1차 유도 단백질 (primary derived protein)	천연의 단백질이 약간 변성된 것	Gelatin, protean, metaprotein 응고 단백질
제2차 유도 단백질 (secondary derived protein)	천연 단백질의 가수분해 산물의 총칭	primary proteose, secondary proteose, peptone, peptide

3. 복합단백질(conjugated protein)		
명 칭	**특 성**	**소 재**
인단백질 (phospho protein)	인산을 ester형으로 함유한 단백질	Casein(α,β,우유단백질의 80%), vitellin, vitellenin.phosvitin(5:3:2:의 비로 난황중에 존재)
핵단백질 (mucleo protein)	핵산과 단순단백질이 결합한 것. 단순단백질은 histone, protamine 이다.	흉선 nucleohistone(DNA), nucleoprotamine (DNA),효모 단백질(RNA),담배mosasic virus (RNA)
당단백질 (glyco protein)	당의 유도체를 함유한 단백질	Chondroitin황산 +collagen(연골),hyaluronic acid+단백질(눈,관절), seromucoid, ovomu-coid, ovomucin(난백), avidin(난백, biotin과 결합)
색소단백질 (chromo protein) 금속단백질 (metallo protein)	Fe, Cu 등의 금속을 함유한 색소단백질 Flavin, carotenoid색소 등을 함유한 단백질	Heme단백질(Fe), 구리단백질, 엽록소단백질, phyco색소단백질, flavin단백질, carotenoid 단백질
지단백질 (lipop rotein)	Lipid(지방산과 그 유도체 특히 인지질)와 단백질과의 복합체	Thromboplastin, α_1-, β_1-, lipoprotein (혈청), lipovitellin, lipovitelleniin(난황), mitochondria 막

제3절 단백질의 구조

아미노산의 peptide 결합으로 연결된 polypeptide를 물에 녹이면 일정한 입체 구조를 취한다. 천연의 단백질은 이와 같은 입체 구조를 취했을 때 비로소 다양한 기능을 발휘하고 식품으로서의 다양한 물성을 나타내게 된다.

단백질의 구조는 4가지 구성 요소로 나눌 수 있다(그림 2-3). 1차 구조는 아미노산의 배열이다. 이것은 DNA에 기록된 암호에 의해 결정된다. 2차 구조는 3차 구조의 부분 구조이며, α-helix, β-구조, 불규칙 구조의 3가지를 말한다. 3차 구조는 하나의 peptide쇄가 형성한 전체의 입체 구조이다.

일정한 3차 구조를 가진 단백질 분자가 회합하여 전체로서 하나의 기능을 발휘하게 되는 경우가 있다. 이것을 4차 구조라고 하며 이것을 형성한 개개의 단백질 분자를 monomer 또는 subunit라고 한다.

예를 들면, 적혈구 중에 있는 hemoglobin은 2종의 monomer(α쇄와 β쇄)가 각각 2개씩 회합한 tetramer이다. 우유의 casein도 4차 구조를 취하고 있다. 2차 구조 이상을 고차 구조 또는 입체 구조라고 한다.

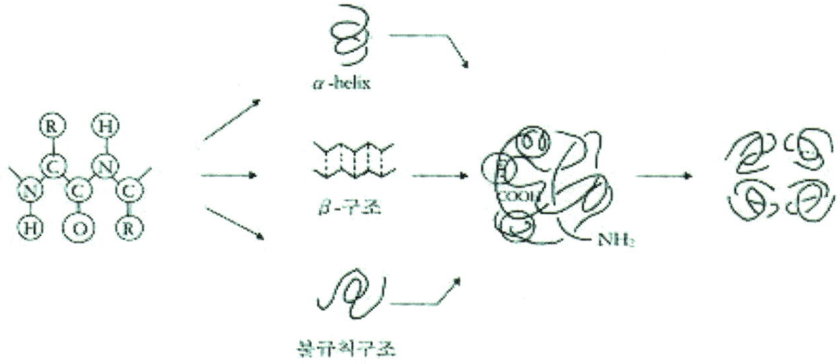

1차 구조 2차 구조 3차 구조 4차 구조

〈그림 2-3〉 단백질의 입체 구조 구성요소

1. 1차 구조(Primary structure)

1) Peptide 결합

단백질의 1차 구조를 만드는 결합은 아미노산들을 연결하는 peptide 결합이다. 이것은 C와 N이 서로 전자를 공유하고 있는 공유결합이며 더욱이 결합은 이중결합을 띠고 있기 때문에 가열 및 묽은 산 또는 묽은 알칼리 처리로는 절단되지 않을 정도로 강하다.

R_1, R_2, R_3······는 각각의 아미노산의 고유의 곁사슬이나 peptide결합의 기본인 [−CO−NH−]의 연속체를 주사슬이라고 한다. 주된 사슬의 한쪽은 −COOH기가 유리되어 carboxyl기 말달(C−말단), 또 한쪽은 $-NH_2$기가 유리되어 amino기 말단이라고 한다(그림 2-4).

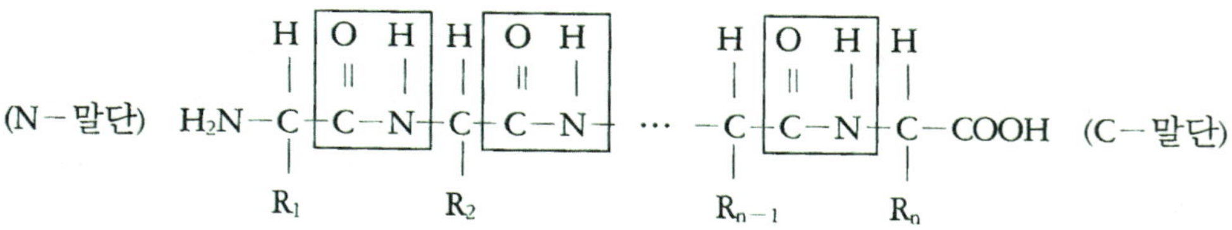

〈그림 2-4〉 아미노산의 peptide 결합

2) 아미노산의 배열순서

단백질의 1차 구조를 알기 위해서는 구성 아미노산의 종류와 양 및 서열을 구명해야 한다. 한 종류의 단백질은 보통 일정한 1차 구조, 즉 일정한 아미노산 배열을 가지고 있다.

영양 화학적으로는 구성 아미노산, 특히 필수 아미노산의 종류와 그 양이 문제되지만 단백질의 물리화학적 성질 및 생리적 기능에 대하여는 아미노산의 결합서열이 결정적인 역할을 한다.

단백질의 성질과 기능은 그의 입체 구조에 의존되고 입체구조는 1차 구조에 의해 규정되기 때문이다.

같은 효소나 혈색소일지라도 동물의 종류가 다르면 1차 구조인 아미노산 배열에 있어서 약간의 차이가 있다.

단백질의 1차구조의 해석(그림 2-5)은 1955년 영국의 천재적인 학자 Sanger 가 최초로 성공하였고 다음에 미국의 Stein과 Moore가 효소 ribonuclease의 구조를 해석하였다.

그들 방법의 원리는 먼저 단백질을 작은 peptide로 단편화하여 이들의 구조를 하나씩 해석하고 나중에 다시 이들의 peptide를 재구성하여 원래의 구조를 추정하는 것이다.

단백질을 적당한 크기의 peptide로 단편화하기 위해서는 protease(pepsin, trypsin, chymotrypsin등)에 의한 제한분해를 행하든가 화학적 절단법으로 특수한 peptide 결합만을 절단한다.

이렇게 하여 만들어진 peptide 혼합물로부터 각각의 peptide를 분리하여 그들의 구조를 해석한다. Peptide의 아미노산 배열순서의 해석에는 Edman 분해법을 적용하는 경우가 많다.

이것은 N-말단으로부터 하나씩 아미노산을 절단하여 phenyl thiohydantonate로 변화시켜 동정해가는 방법으로 극히 교묘하게 화학 반응을 이용하는 것이다. 이것을 자동적으로 행하기 위해 「Sequencer」 라고 불리는 기계가 만들어져 있다.

C-말단 측으로부터 아미노산 배열을 분석하기 위해서는 carboxy peptidase법을 이용하는 경우가 많다.

단백질의 1차 구조의 해석을 완성하기 위해선 다른 2종의 제한 분해로 peptide단편을 만들어야 한다(그림2-5).

모든 peptide 단편의 구조가 판명되면 마지막으로 조합을 고려하여 각 peptide를 모순되지 않도록 배열한다.

현재 1.000개 이상의 단백질의 1차 구조가 판명되어 있으나 식품으로서 중요한 쌀, 밀, 육류, 난류 등의 주요한 단백질 1차 구조는 완전히 해석되어 있지 않다. 한 예로서 우유 중에 함유된 casein의 1차 구조를 그림 2-6에 나타낸다.

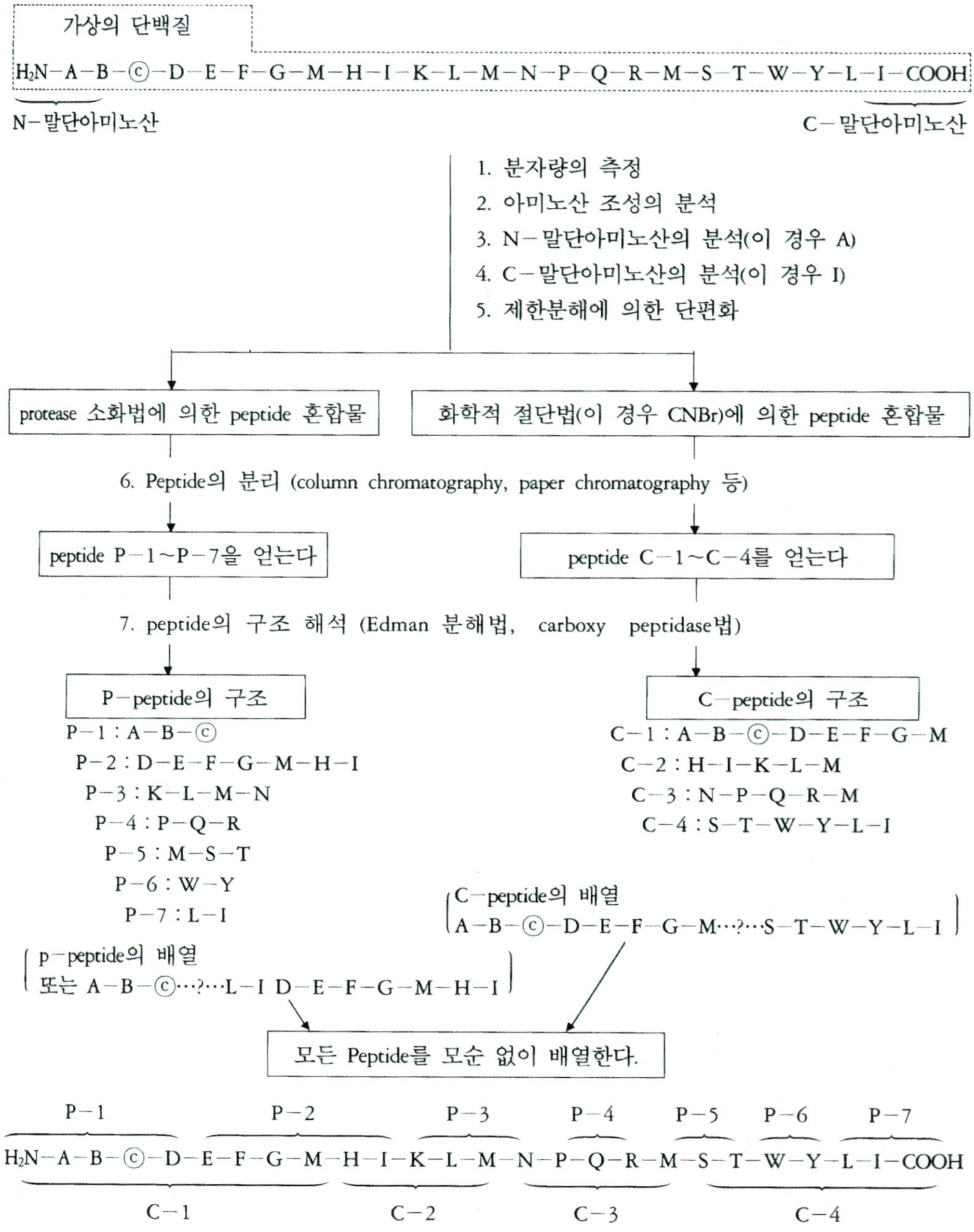

주 : cysteine과 cystine은 그대로는 불안정하기 때문에 해석을 시작하기 전에 적당한 유도체(ⓒ)로 한다. 예를 들면, SH기에 iodoacetic acid를 작용시켜 carboxy methyl cysteine으로 한다.

〈그림 2−5〉 단백질의 아미노산 배열의 해석법

1 ... 10 ... 20
H_2N−Arg−Pro−Lys−His−Pro−Ile−Lys−His−Gln−Gly−Leu−Pro−Gln−[Glu−Val−Leu−Asn−Glu−Asn−Leu−
변이체 A에는 결손

30 ... 40
Leu−Arg−Phe−Phe−Val−Ala]−Pro−Phe−Pro−Gln−Val−Phe−Gly−Lys−Glu−Lys−Val−Asn−Glu−Leu−

50 ... 60
Ser−Lys−Asp−Ile−Gly−Ser(P)−Glu−Ser(P)−Thr−Glu−Asp−Gln−[Ala]−Met−Glu−Asp−Ile−Lys−Glu−Met−
Thr-P(변이체 D)

70 ... 80
Glu−Ala−Glu−Ser(P)−Ile−Ser(P)−Ser(P)−Ser(P)−Glu−Glu−Ile−Val−Pro−Asn−Ser(P)−Val−Gln−Glu−Lis−His−

90 ... 100
Ile−Gln−Lys−Glu−Asp−Val−Pro−Ser−Glu−Arg−Tyr−Leu−Gly−Tyr−Leu−Glu−Gln−Leu− − Arg

110 ... 120
Leu−Lys−Lys−Tyr−Lys−Val−Pro−Gln−Leu−Glu−Ile−Val−Pro−Asn−Ser(P)−Ala−Glu−Glu−Arg−Leu−

130 ... 140
His−Ser−Met−Lys−Glu−Gly−Ile−His−Ala−Gln−Gln−Lys−Glu−Pro−Met−Ile−Gly−Val−Asn−Gln−

150 ... 160
Glu−Leu−Ala−Tyr−Phe−Tyr−Pro−Glu−Leu−Phe−Arg−Gln−Phe−Tyr−Gln−Leu−Asp−Ala−Tyr−Pro−

170 ... 180
Ser−Gly−Ala−Trp−Tyr−Tyr−Val−Pro−Leu−Gly−Thr−Gln−Tyr−Thr−Asp−Ala−Pro−Ser−Phe−Ser−

190 ... 199
Asp−Ile−Pro−Asn−Pro−Ile−Gly−Ser−Glu−Asn−Ser−[Glu]−Lys−Thr−Thr−Met−Pro−Leu−Trp−COOH
Gly(변이체 C)

(□한 것의 아미노산 잔기는 유전변이체 A, B, C, D와 다른 부분을 표시한다. Ser(P)는 phosphoserine을 나타낸다)

〈그림 2-6〉 α S1-casein B의 1차 구조

2. 2차 구조(secondary structure)

1) 수소결합(hydrogen bond)

2차 단백질의 구조는 주로 수소결합으로 이루어져 있다. 단백질의 주 사슬인 peptide결합에 있어서 >C=O와 >N-H는 같은 수로 포함되어 있다. >C=O의 산소는 탄소에서 전자를 잡아 당겨 (−δ)로 대전되고 ($>C^{+\delta}=O^{+\delta}$), 또한 >N-H의 수소는 질소에 전자를 잡아 당겨져 (+δ)로 대전된다($>N^{-\delta}-H^{-\delta}$). 이 수소는 산소에 의해서도 잡아 당겨진다.

따라서 $>C^{+\delta}=O^{-\delta}\cdots H^{+\delta}-N^{-\delta}<$ 와 같이 수소결합을 하게 된다.

수소결합은 그림 2-7과 같이 −C=O・H・N−의 선이 구부러지지 않고 직선에 가까운 방향이 안정하다.

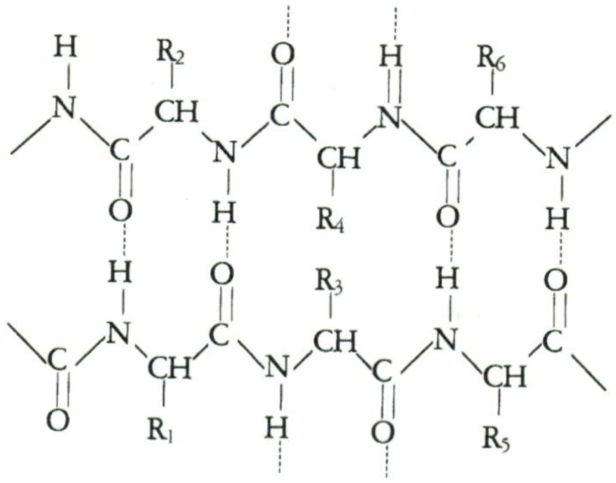

〈그림 2-7〉 peptide 결합사이의 수소결합

2) α – 나선구조(α – helix structure)

Polypeptide 사슬에 있어서 약간 떨어진 아미노산 사이에 carbonyl기(>C=O)와 imino기(>N–H)간의 수소결합에 의하여 서로 끌어당기기 때문에 주 사슬이 나사 모양으로 오른쪽으로 감는 구조를 갖게 된다(그림 2–8).

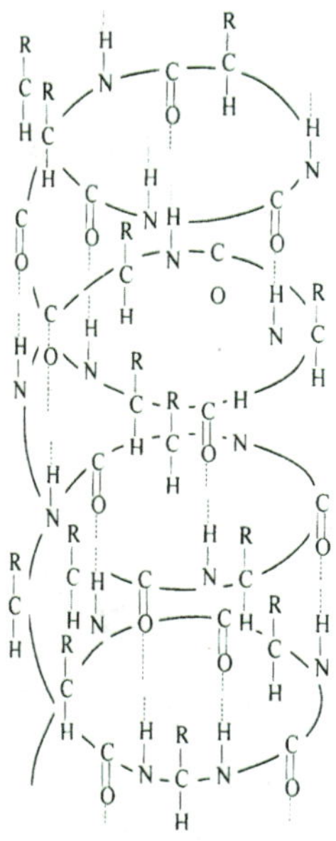

〈그림 2-8〉 α –helix 구조

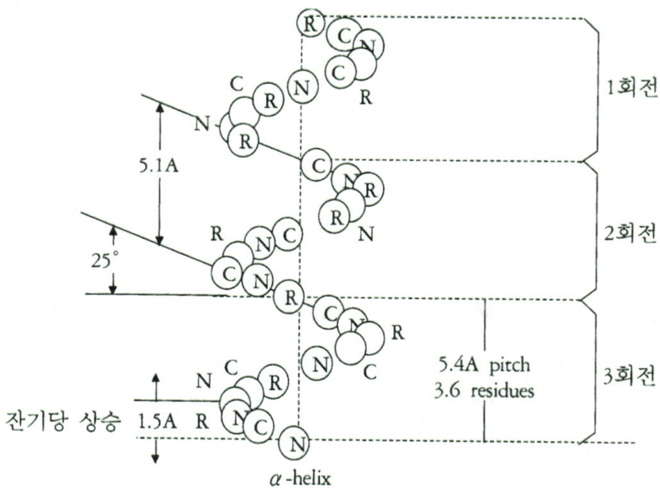

〈그림 2-9〉 단백질의 2차 구조(α –helix)

이것을 α–나선구조라고 하며, 나선구조의 최대 안정을 위해서는 축을 중심으로 한 번 회전하는데 아미노산 잔기(residues)의 수는 3.6개, 간격은 5.3Å이 필요하다(그림 2–9).

3) β-구조(pleated sheet structure)

Polypeptide사슬이 그림 2-10과 같이 입체적으로 주름을 잡으며 늘어진 구조를 병풍구조(pleated sheet structure) 혹은 β-구조라고 부른다. 즉, 두 줄의 polypeptide사슬이 평행하여 또는 역평행으로 병행할 때 주 사슬 사이에 안정한 수많은 수소결합에 의하여 지그재그 형태의 β-구조를 이룬다.

N-말단에서 C-말단의 방향이 역 평행으로 병행하는 polypeptide 사슬 사이에는 수소결합의 형성이 매우 쉬워지기 때문에 그만큼 peptide 사슬 사이에 작용이 강해진다.

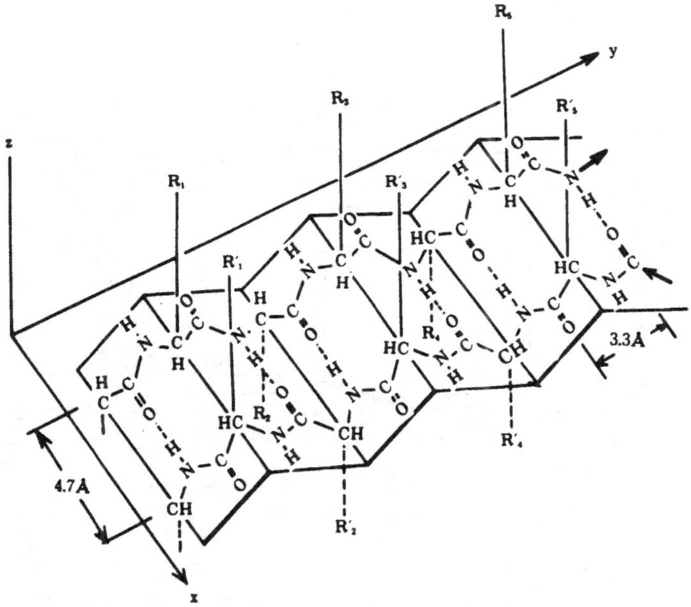

〈그림 2-10〉 β-구조(pleated sheet structure)

4) 불규칙 구조

불규칙 구조는 램덤구조(random coil)라고도 한다. 이 구조는 순간순간 형태가 변화한다고하는 의미가 아니라 α-helix와 β-구조와 같은 규칙성이 인정되지 않는 구조다.

단백질마다 이것도 일정불변의 구조를 하고 있다. 불규칙 구조의 성립은 오히려 3차 구조의 성립과 같다고 해도 좋다. 이것은 polypeptide 사슬이 흐트러진 실처럼 복잡하게 구부러지고 휘어져 있다. 구상단백질이 완전히 변성되었을 때 볼 수 있다.

α-helix와 β-구조는 규칙성이 있기 때문에 유명하다. 그러나 단백질 분자의 전체 구조 중에서 차지하는 비율은 오히려 낮아서 발견해 내는 것이 쉽지 않다. 예로서

myoglobin에는 α-helix가 상당히 많다.

이와 같은 2차 구조는 단백질의 결정을 X선으로 해석할 때 확실히 알 수 있다.

3. 3차 구조(tertiary structure)

3차 구조의 주역은 소수결합이다. 3차 구조는 polypeptide 사슬이 실뭉치 모양으로 된 상태를 생각해 내면 좋다. 그 일부에 α-helix와 β-구조가 있다. 2차 구조를 포함하여 polypeptide사슬이 입체적으로 안정하게 유지하기 위해 R기 사이에 이온결합, 수소결합, 소수결합 등이 형성된다.

수소결합은 수소 공여기를 가진 serine 및 tyrosine 등과 수소 수용기를 가진 aspartic acid 및 glutamic acid와의 R기 사이에 형성된다.

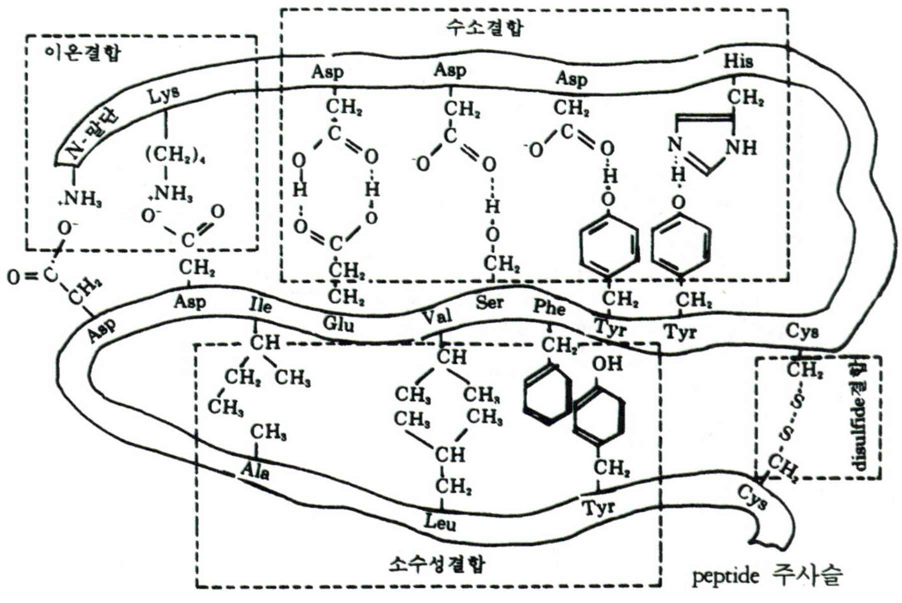

(단, disulfide 결합은 2차구조의 일부로 알려져 있다.)

〈그림 2-11〉 단백질의 3차 구조를 형성하는 결합

이온결합은 다른 종류의 전하를 가진 R기 사이에 형성되기 쉽다. 예를 들면 lysine 의 α-amino기와 aspartic acid 및 glutamic acid β-및 γ-carboxyl기와의 사이에 형성된다. 또한 N-말단 및 C-말단 아미노산도 이온결합을 만든다. 물론 같은 종류의 전하를 가진 R기는 서로 반발한다.

소수결합은 비극성의 탄화수소 사슬(alanine, valine, leucine 등의 측쇄)과 benzene핵(tyrosine 및 phenylalanine의 측쇄)을 가진 R기 사이에 형성된다. 이것은 비극성 상호작용이라고도 하며 극성을 가진 물에 비극성의 기름방울을 넣으면 기름방울들이 모이는 현상과 비슷하다. 비극성의 R기가 주위의 물로부터 떨어져 서로 모이려고 하는 작용을 일반적으로 소수결합이라고 하고 있다. 또한, polypeptide 사슬상에 서로 떨어진 위치에 있는 두 개의 cystine 잔기가 S-S결합(disulfide bond)을 형성하여 cystine 잔기로 되는 경우가 있다.

단백질의 3차 구조는 비극성의 곁사슬을 중심 부분으로 집어넣듯이 하고 외측에는 극성의 R기가 덮은 것 같은 형태를 취하고 있다. 이 때문에 소수결합은 입체 구조의 유지에 상당히 중요한 역할을 하게 된다. 또한 단백질이 물에 녹는 것은 단백질 분자 표면에 물과 친화하기 쉬운 극성기가 나와 있기 때문이다.

4. 4차 구조(quaternary structure)

3차 구조를 가진 단백질 분자가 회합하여 전체로서 하나의 생리 기능을 발휘하는 단백질이 monomer의 단백질보다 많다. 이때 개개의 단백질을 monomer 또는 subunit라고 한다.

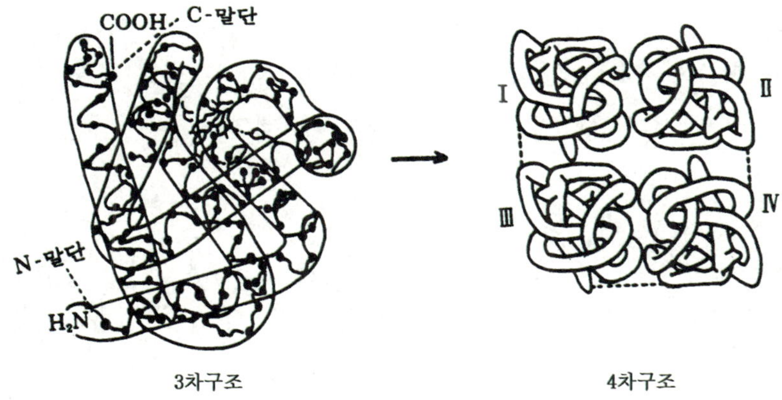

〈그림 2-12〉 Hemoglobin의 4차구조

4차 구조에는 dimer, tetramer로부터 subunit가 1.000 이상의 것도 있다. 예를 들면 hemoglobin은 tetramer이다.

같은 종류의 subunit가 회합한 것을 균질 4차 구조라 하고 서로 다른 것을 불균질 4차 구조라고 한다. 이들 subunit가 회합하기 위해서는 2차, 3차 구조를 형성하는 결합이 모두 관여하고 있으며 또한 pH, 염농도, 단백질 농도, 계면활성제, 금속이온, 온도 등의 여러 인자에 의해 영향을 받는다.

제4절 단백질의 형태

단백질의 구조와 형태에 따라 섬유상 단백질(fibrous protein)과 구상 단백질(globular protein)로 분류된다.

1. 섬유상 단백질

섬유상 단백질의 구조는 X선 혹은 전자현미경에 의해 해명된다. 즉, 섬유상 단백질은 긴 섬유상의 polypeptide 사슬이 −S−S− 결합 또는 수소결합에 의해 일정한 방향으로 규칙적인 배열을 하여 섬유 모양의 구조를 취한 단백질이다. 대표적인 것으로 collagen, elastin, keratin 등이 있다.

Keratin은 건조 상태에 있을 때는 α-keratin(Ⅰ)의 상태이며 수소결합에 의해 서로 당겨져서 수축되어 있다. 그러나 α-keratin에 증기를 쪼이면 수분 흡수에 의해 수소결합이 끊어지고 β-keratin(Ⅱ)으로 변하여 길이가 2배로 늘어난다. 예를 들어, 머리카락에 수분을 주면 늘어나는 것은 이와 같은 분자 구조의 변화가 생기기 때문이다.

한편, 양털을 더운물에 넣으면 keratin은 수축되어 원상태로 되돌아가지 않는 불가역적 과수축 현상이 일어난다. 이것은 사슬 사이의 견고한 결합인 −S−S−결합을 남긴 채 그림 2−13과 같이 사슬의 배치가 달라지기 때문이다.

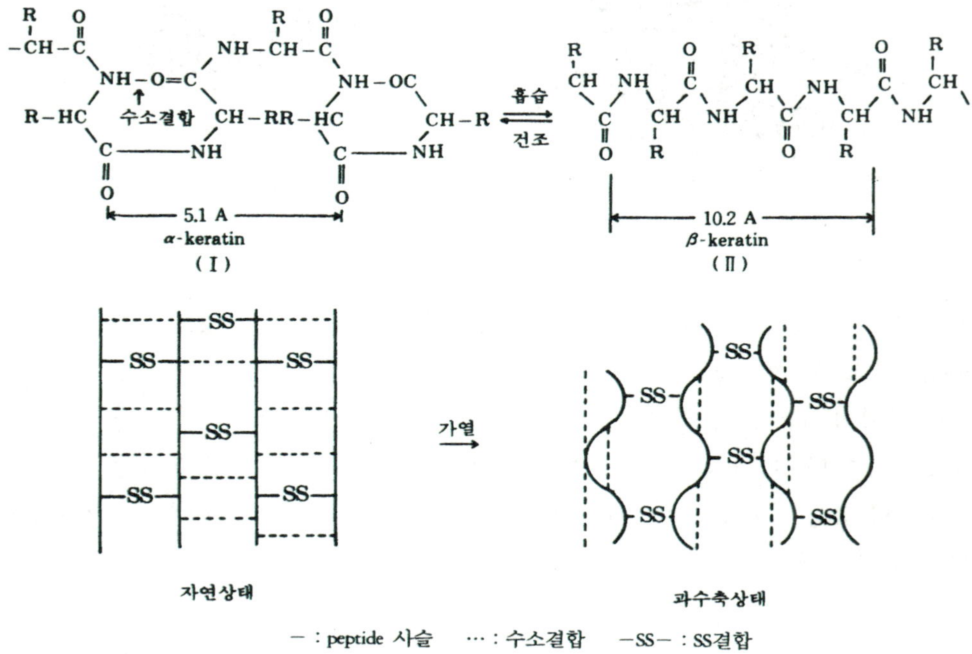

〈그림 2−13〉 Keratin의 가열에 의한 과수축 현상

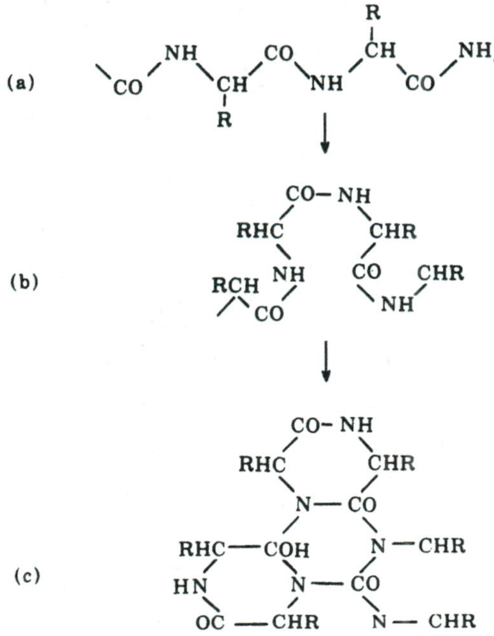

〈그림 2-14〉 구상단백질의 형성과정

2. 구상 단백질

구상 단백질은 polypeptide 사슬이 이온결합, 수소결합, 소수결합 등에 의해 적당히 구부러지고 휘어져서 구상을 이루고 있는 단백질이다. 이 결합 형식의 한 예로서 그림 2-14의 (a)~(c)에 이르기까지 polypeptide 사슬이 구부러져서 원형의 공간을 차지하여 구상이 되는 것으로 생각된다.

식품중의 영양과 관련된 단백질은 거의 구상 단백질이며, lactalbumin, ovalbumin, insulin, hemoglobin 등이 여기에 속한다.

제5절 단백질의 일반적 성질

1. 분자의 크기

단백질은 분자의 크기가 대체로 10~70μl정도이며 분자량이 수만~수백만에 이르는 거대한 고분자 화합물이다. 표 2-10과 그림 2-15에 표시한 바와 같이 단백질의 종류에 따라 분자의 크기와 분자량이 매우 다양하다.

단백질 분자는 용액 상태에서 친수성 colloid로서의 성질을 띠어 동식물의 세포막이나 cellophane 등의 반투막을 통과하지 못한다.
이 성질은 단백질 용액 중에 공존하는 무기염과 같은 저분자 물질을 제거하여 단백질을 정제하는 데 이용된다. 이 방법을 투석(dialysis)이라 한다.

[표 2-10] 일부 단백질의 분자량

단백질	분자량	단백질	분자량
Cytochrome	11,600	β−lactoglobulin	35,400
Liponuclease	13,395	Pepsin	35,700
Myoglobin	16,900	Insulin	36,000
Lactalbumin	17,500	Egg albumin	44,900
Tryptophan	24,000	Hemoglobin	68,000
Gliadin	27,000	Serum globulin	167,000
Zein	35,000	Urease	473,000

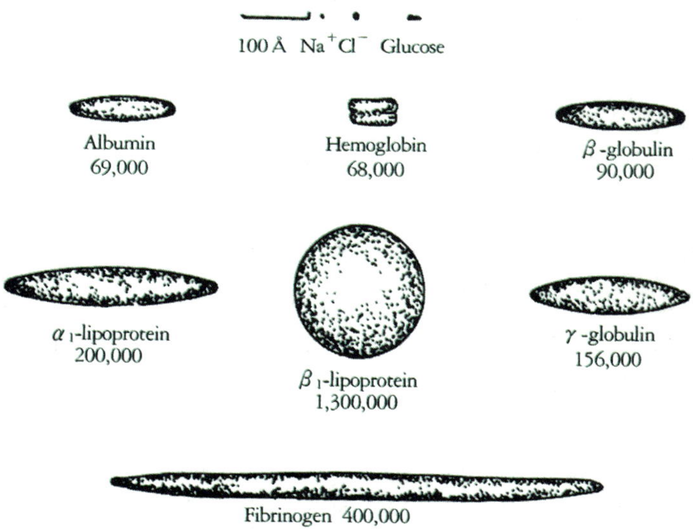

〈그림 2-15〉 일부 단백질의 크기와 분자량의 비교

단백질 용액에 빛을 쪼여 광산란에 의한 단백질 입자량을 측정할 수 있으며, 삼투압 측정, 초원심분리에 의한 침강, 전기영동 분석, gel filtration chromatography 등을 이용하여 단백질 분자량을 추정할 수 있다.

2. 용해성

단백질이 용매에 녹는다는 것은 설탕이나 소금이 물에 녹아 진정 용액(true solution)을 만드는 것과는 달리 용매 중에 분산되어 점조성의 colloid용액을 만드는 것을 의미한다.

단백질은 분자 중에 −COOH, $-NH_2$, −NH−, =CO 등과 같은 친수성기를 가지고 있으므로 물속에서 물 분자들이 수소결합을 통하여 표면에 결합하여 수화(hydration)됨으로써 안정한 colloid용액이 된다.

수화에 부가하여 단백질 분자들이 전하를 가질 때는 colloid분산은 더욱 촉진된다.

단백질의 용해도는 pH와 염류의 존재 등에 의하여 현저하게 영향을 받는다. 등전점에서 용해도가 가장 낮고 산성이나 알칼리 쪽으로 pH가 변함에 따라 증가한다.

등전점에서는 단백질 분자의 양전하와 음전하가 상쇄되어 전하가 0이 되므로 단백질 분자 사이의 정전기적인 반발력이 가장 적으므로 용해도가 가장 적다.

Globulin은 순수한 물에는 잘 안 녹으나 중성 염류 용액에는 잘 녹는다. globulin 외에도 대부분의 단백질은 묽은 중성 염류 용액에 잘 녹는데 이 현상을 염용(salting in)효과라고 한다.

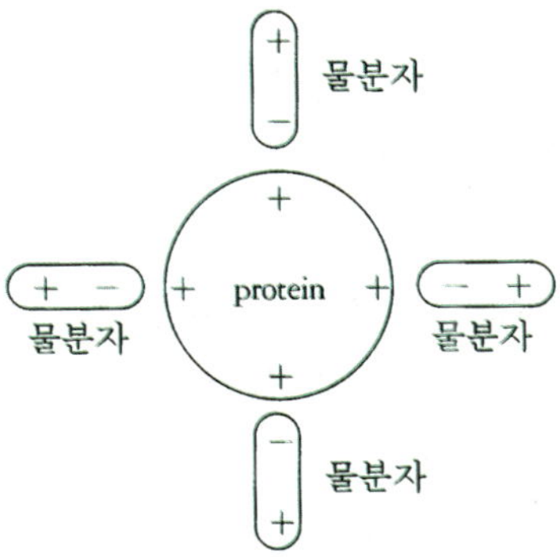

〈그림 2-16〉 단백질의 수화에 의한 용해

단백질이 일반적으로 중성 염류 용액에 용해도가 증가되는 것은 중성염의 해리로 생성된 이온이 단백질 분자의 이온화된 기능기와 작용함으로써 단백질 분자 사이의 인력을 감소시키기 때문이다.

그리고 이에 부가하여 중성염 이온에 의한 물의 유전항수의 증대로 단백질 분자의 수화를 증가시키기 때문이기도 하다.

그림 2-17에서 보는 바와 같이 용액의 pH와 소금 농도의 차이에 따라 lactoglobulin의 용해도가 다름을 알 수 있다.

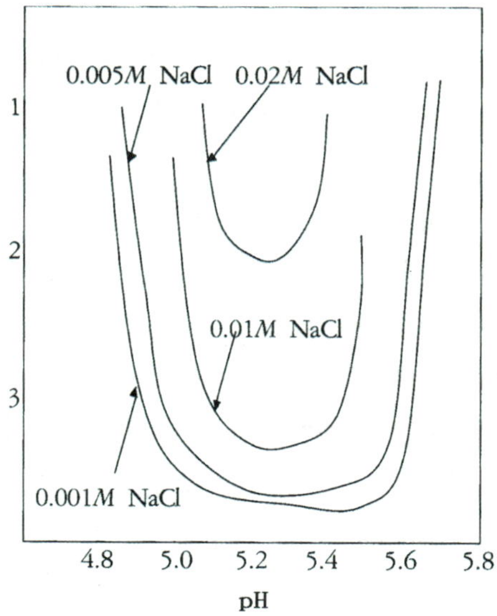

〈그림 2-17〉 pH와 소금 농도의 차이에 따른 lactoglobulin의 용해도

그러나 농도가 높은 중성 염류 용액에서는 오히려 용해도가 감소되어 단백질은 침전되는 데 이 현상을 염석(salting out)효과라고 한다.

중성 염류 중에서도 2가 또는 3가 이온은 1가 이온보다 염석 효과가 크다. 황산암모늄이나 황산나트륨 등이 일반적으로 사용되는 중성염인데, 이것들이 물속에서 해리되어 생성된 이온도 수화된다.

따라서 단백질 분자의 수화에 필요한 물 분자가 염 이온의 수화에 의하여 경쟁적으로 빼앗기기 때문에 단백질이 침전되는 것이다. 이와 같은 단백질의 염석 현상은 단백질의 정제 방법으로 이용되고 있다.

한편, 단백질 용액에 alcohol 이나 acetone과 같이 물과 자유로이 섞이는 유기용매를 가하면 중성 염류에 의해 염석되는 것과 같이 단백질이 침전된다.

이것은 유기용매에 의하여 단백질이 변성되어 침전이 생성되는 것이 아니라 용액의 유전항수의 감소로 인하여 용해도가 감소되기 때문이다.

3. 양성반응

단백질도 아미노산과 같이 산이나 알칼리로 작용하는 양성화합물(ampholyte)이다.

단백질의 사슬을 구성하는 아미노산의 α-탄소에 결합된 amino기와 carboxyl기는 peptide 결합을 형성하고 있으므로 proton을 받아들이거나 내어주지 못한다.

따라서 단백질이 양성반응을 갖는 근원은 사슬 중에 있는 아미노산 잔기들이 가지고 있는 산성 또는 염기성 기능기들에 있다. aspartic acid, glutamic acid와 같은 산성 아미노산의 제2의 carboxyl기, lysine의 ε-amino기, arginine의 guanidino기, histidine의 imidazol 고리의 imino기들은 다음과 같이 Brönsted의 산이나 염기로 작용한다.
이 외에도 단백질 사슬의 양단에 유리 상태로 존재하는 α-amino기와 α-carboxyl기도 같은 작용을 한다.

$$(H_3N^+)m-R-(COO^-)_n \xrightarrow{nH^+} (H_3N^+)m-R-(COOH)_n$$

$$(H_3N^+)m-R-(COO^-)_n \xrightarrow{mOH} (H_2N)m-R-(COO^-)_n \quad + \quad mH_2O$$

4. 등전점

단백질은 중성 아미노산 이외에 여러 염기성 아미노산이나 산성 아미노산이 구성단위로 존재하므로 peptide결합에 참여하지 않고 해리될 수 있는 유리 amino기나 carboxyl기를 다수 갖고 있다. 따라서 용해의 pH가 산성에서는 양전하인 $-NH_3^+$기의 수가 증가하고 반대로 알칼리성에서는 음전하인 $-COO^-$ 기의 수가 증가한다.
그러나 어떤 특정 pH에서는 단백질 분자 중에 양전하의 양이 같게 되어 분자 전체로서는 전기적으로 중성이 된다. 이때의 pH를 그 단백질의 등전점(isoelectric point)이라고 한다.
이 등전점에서 용해도가 가장 적어 침전되기 쉽다. 일부 단백질의 등전점은 표 2-11과 같다.

[표 2-11] 각종 식품단백질의 소재 및 등전점

단백질	소 재	등전점	단백질	소 재	등전점
Egg albumin	달걀	4.5~4.7	Edestin	대마의 열매	5.5~6.0
Lactalbumin	우유	5.1	Glutenin	밀	5.2~5.4
Casein	우유	4.6	Gliadin	밀	6.5
Myogen	육류	6.3	Zein	옥수수	5.8
Myosin	육류	5.4	Glycinin	콩	4~5

5. 전기 영동

용액중의 단백질은 등전점보다 산성 쪽에서는 양(+)으로, 알칼리성 쪽에서는 음(−)으로 하전한다. 따라서 이들은 각각 음극과 양극으로 이동된다.
등전점에서의 하전은 상쇄되어 0으로 되어 이동하지 않는다. 이러한 현상을 전기 영동(electropforesis)이라고 한다.

전기 영동의 이동 정도는 전하의 대소, 분자의 크기, 모양, 수화 등에 관계가 있다. 이를 이용하여 단백질의 등전점 측정, 단백질의 분리. 정제와 순도의 검정 등을 할 수 있다.

6. 염 형성

단백질은 양성화합물로서 양이온이나 음이온과 염을 형성한다. 많은 양이온과 음이온이 단백질과 불용성의 염을 형성하므로 이들이 단백질의 침전제로 이용되고 있다. Phosphotungusticacid, trichloroacetic acid, picric acid, perchloric acid 등의 음이온은 단백질의 등전점보다 산성 쪽에서 양이온 상태의 단백질과 불용성의 염을 형성한다. 또한 등전점보다 알칼리성 쪽에서 Zn^{2+}, Cd^{2+}, Mg^{2+}, Fe^{2+}, Cu^{2+} 등의 중금속 양이온도 단백질과 불용성의 염을 형성한다.

한편 단백질은 종류가 다른 단백질 상호간의 작용으로도 염이 형성되어 침전된다. 어떤 용액의 pH가 두 종류의 단백질의 등전점으로부터 반대쪽에 있다면 두 단백질의 전하는 상반되므로 서로 결합하게 된다. 항원(antigen)과 항체(antibody)의 반응은 이와 같은 예의 하나이다.

7. 결정성

Hemoglobin과 식물성 단백질은 쉽게 결정이 된다. 일반적으로 동물성 단백질은 결정이 잘 되지 않으나 serum albumin, egg albumin 등은 결정이 된다. 지금까지 약 100여 종의 단백질이 결정상으로 단리 되었다.

8. 단백질의 정색 반응

1) Biuret 반응

단백질 용액에 1~2N NaOH용액을 가하여 알칼리성으로 하고 여기에 1% $CuSO_4$ 용액 1~2방울을 가하면 적색~적자색을 나타낸다.

이 반응은 2개 이상의 peptide결합을 가진 화합물에서 일어나는 반응으로서 단백질뿐만 아니라 polypeptide에서도 일어난다.

요소(urea)를 가열해서 얻는 biuret가 이와 같은 반응을 하기 때문에 이상의 이름이 붙여졌다.

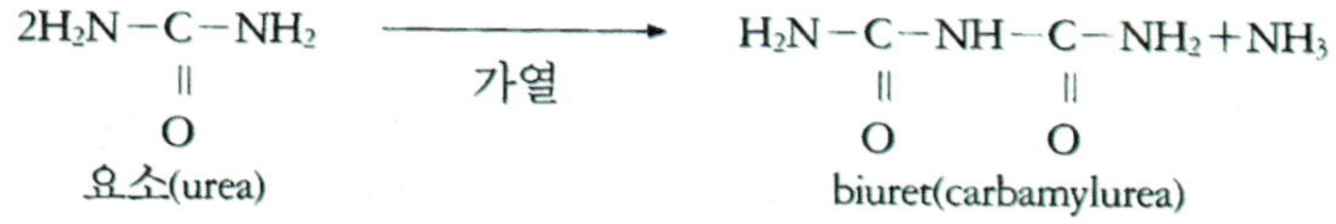

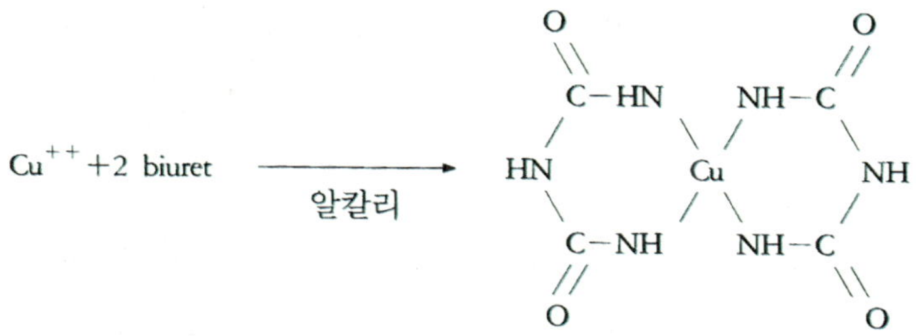

적자색(violet pink)의 착화합물(coordinate complex)

2) Xanthoprotein 반응

단백질 용액에 진한 질산(C−HNO_3) 몇 방울을 가하면 백색 침전이 생기고, 이것을 다시 가열하면 용해되어 황색을 나타낸다.

이 반응은 단백질 분자 내의 tyrosine 또는 tryptophan 등의 방향족 아미노산에 존재하는 benzene기가 nitration되어 nitrophenol 유도체가 형성되기 때문에 일어난다.

3) Millon 반응

단백질 용액에 Millon 시약을 가하면 백색 침전이 되고 가열하면 적색을 나타낸다. 이 반응은 단백질 분자 내에 tyrosine과 같은 phenol기를 가진 아미노산 존재에 의해서 일어난다.

4) Ninhydrin 반응

단백질 용액에 1%의 ninhydrin용액을 가한 후 중성에서 가열하면 적자색을 나타낸다. 이 반응은 α−amino기를 가진 화합물이 나타내는 정색반응으로서 아미노산으로 구성된 peptides, 단백질뿐만 아니라 amines, ammonia 등도 이와 같은 반응을 나타낸다.

5) Hopkins−Cole 반응

단백질 용액에 glyoxalic acid(O=CH · COOH), 또는 무수초산(anhydrous acetic acid)을 가한 다음 다시 진환 황산(C − H_2SO_4)을 가할 때 그 경계면에서 적자색의 환이 형성된다.

이 반응은 단백질 분자 내에 tryptophan이 존재할 때 일어난다. Adamkievitz반응이라고도 불려진다.

6) 유황 반응

단백질 용액에 40% NaOH 용액을 가하여 2분간 끓인 후 초산납[$(CH_3COO)_2Pb$] 용액을 가하면 흑색의 황화납(PbS)의 침전이 형성된다.
이 반응은 cysteine 또는 cystine과 같은 유황 함유 아미노산을 함유하고 있는 단백질에서 볼 수 있는 정색 반응이다. 그러나 유황을 함유하는 아미노산의 하나인 methionine을 함유하고 있는 단백질에서는 이와 같은 반응이 일어나지 않는다.

7) Sakaguchi 반응

단백질 용액 2~3ml를 NaOH로 알칼리성으로 한 후, 여기에 0.1%의 α-naphthol의 70% ethanol용액 소량과 NaOCl의 5% 수용액 소량을 가할 때 적색을 나타낸다.
이 반응은 단백질 분자 내의 arginine의 guanidine기($H_2N-C(=NH)-NH-$)에 기인한 것이며, 따라서 arginine을 함유한 단백질에서만 일어난다.

제6절 식품 단백질

식품 단백질은 그 출처에 따라 식물성 단백질(plant protein)과 동물성 단백질(animal protein)로 크게 분류하며, 식물성 단백질은 곡류 단백질과 두류 단백질로, 동물성 단백질은 육류 단백질, 달걀 단백질, 우유 단백질로 다시 분류한다.

1. 식물성 단백질

1) 곡류 단백질

(1) 쌀 단백질

현미에는 7~11%의 단백질이 함유되어 있으나 도정에 의해 비교적 단백질 함량이 높은 배종이 제거되므로 백미의 단백질 함량은 6~10% 정도로 감소한다.
쌀의 단백질은 glutelin, globulin, albumin, prolamin으로 구성되어 있다.
이 중 가장 중요한 단백질은 glutelin으로서 전체 단백질량의 46~77%에 달하며 oryzenin이라고 한다.

[표 2-12] **일부 대표적인 식품중의 필수 아미노산 함량** (질소분 1g 중의 각 아미노산의 mg수)

	백 미	밀가루	식 빵	감 자	대 두	쇠고기	달 걀	우 유
Isoleucine	280	260	220	240	300	300	330	320
Leucine	520	440	390	390	450	50	530	50
Lysine	210	150	120	330	430	570	440	480
Methionine	140	100	72	70	71	140	210	10
Phenylalanine	290	280	270	210	330	280	320	280
Threonine	220	170	160	240	270	280	290	270
Tryptophan	80	69	67	91	92	81	100	92
Valine	370	270	260	360	310	340	410	410

쌀을 비롯한 일부 곡류 단백질의 아미노산 조성은 표 2-12와 같다. 쌀의 단백질은 식물성 단백질 중에서는 우수한 것에 속하지만 동물성 단백질에 비교하면 lysine의 함량이 극히 낮은 것이 특징이다.

(2) 밀 단백질

밀 단백질은 식물성 단백질 중 특이하며 빵을 만들 수 있는 특성을 지닌다. 밀의 단백질 함량은 10~18%에 달하지만 실제 밀가루의 단백질 함량은 8~16% 정도이다.

밀가루 단백질은 그림 2-18과 같이 주로 4종으로 구분된다. 이들 중 가장 중요한 단백질은 prolamin에 속하는 gliadin과 glutelin에 속하는 glutenin이며 전체 단백질량의 50% 이상을 점유하고 있다.

이 두 단백질의 혼합물을 gluten이라고 하며, 이 gluten의 양과 성질은 밀가루 제품, 즉 빵, 케이크, 국수, 과자류 등의 성질에 큰 영향을 미친다.

Gluten 단백질은 glutamine 함량이 높으나 필수 아미노산인 lysine, methionine 및 tryptophan함량이 적다. 따라서 밀의 단백질은 쌀의 단백질에 비교하여 단백질 함량은 더 많으나, 필수 아미노산의 절대량과 그 균형에 있어서는 쌀의 단백질이 월등히 우수하다.

밀가루단백질

- 비 gluten(15%) 반죽형성 작용 없음
  - ↓ Albumins(60%) Globulins(40%)
  - ↓ Peptides Amino acids
  - ↓ 밀가루 효소 / 가용성, 기포형성 단백질 / 응고성 단백질
- Gluten(85%) 반죽형성 작용
  - 저분자량 (25,000 ~ 100,000)
    - ↓ Gliadin
    - ↓ gliadin species
    - 연 성 / 탄성약함 / 산, 염기, 수소결합 / 용매에 녹음
  - 고분자량 (100,000이상)
    - ↓ Glutenin
    - ↓ Glutenin species
    - ↓ 연성약함 / 탄 성 / 산, 염기, 수소결합, / 용매에 현탁가능함 / 지방질과 결합

〈그림 2-18〉 밀가루의 주요 단백질 획분

Gluten이 아닌 albumin과 globulin 단백질은 전체 단백질의 13~35%를 차지한다. 이 단백 부분은 당단백질, 핵단백질, 지단백질 및 각종 효소를 포함한다.

2) 두류 단백질

(1) 대두 단백질

대두는 35% 정도의 단백질을 함유하고 있어 식물성 식품으로서는 단백질 함량이 매우 크다.

일반적으로 대두 단백질은 초원심분리에 의해서 분획한다. 수용성 단백질은 침전특성에 따라 2, 7, 11 및 15S의 4부분으로 구분한다. 이들의 비율은 표 2-13과 같으며, 11S globulin을 일반적으로 glycinin이라 한다.

대두 단백질은 methionine과 tryptophan을 제외한 모든 필수 아미노산의 좋은 급원이다.

lysine함량이 높기 때문에 곡류 단백질 강화에 적합하다. 그러나 대두에 함유된 일부 albumin단백질은 단백질 분해 효소인 trypsin의 작용을 억제하는 trypsin 저해 물질로서 작용하여 단백질의 소화 흡수를 어렵게 한다. 따라서 적당한 가열 처리는 대두 속의 trypsin 저해 물질을 불활성화하여 대두 단백질의 영양가를 높여준다.

[표 2-13] **초원심분리에 의해 분획된 대두 단백질 성분**

단백질 획분	함량비율(%)	성 분	분자량
2S	22	Trypsin 저해제	8,000
			21,500
		Cytochrome	12,000
		2.3S Globulin	18,200
		2.8S Globulin	32,000
		Allantoinase	50,000
7S	37	Beta-amylase	61,700
		Hemagglutinins	110,000
		Lipoxygenases	108,000
		7S Globulin	186,000~210,000
11S	31	11S Globulin	350,000
15S	11	-	600,000

2. 동물성 단백질

1) 육류 단백질

(1) 결체 조직의 단백질

육류 조직은 결체 조직(connective tissues)과 근육 섬유 조직(muscle fiber tissues)으로 분류되며, 결체 조직의 함량이 상대적으로 커짐에 따라 육질이 질겨지고 소화율도 떨어진다.

결체 조직을 형성하는 주요 단백질 성분은 collagen과 elastin이다. Collagen 단백질은 collagen 분자 세 개가 나선상으로 결합하여 tropocollagen분자를 형성하고 이 분자들이 다시 모여서 micelle을 형성하며, 이들이 다시 모여서 collagen 섬유를 형성하고 있다(그림 2-19). 분자와 분자 사이는 구성 아미노산의 유리상태의 carboxyl기(-COOH) 등과 수산기(-OH)사이에 ester 결합을 통해서 결합되고 있다.

Collagen은 glycine, proline과 기타의 아미노산들로 구성되어 있으며 이 중 glycine과 proline이 각각 전체 아미노산 함량의 1/3 정도를 차지하고 있다.

Elastin은 그 분자 형태가 coil상으로 불규칙하게 서로 엉켜진 구조를 갖고 있으며 고무와 같이 탄력성을 가지고 있다. 이 elastin은 collagen과 함께 주로 인대 조직(ligament tissue), 동맥 혈관의 벽에 존재하며, 산, 알칼리 또는 trypsin과 같은 단백질 분해 효소에 의해 잘 가수분해 되지 않는 특성을 갖고 있다.

Elastin의 구성 아미노산들은 주로 비극성의 중성 아미노산인 glycine, leucine, valine, phenylalanine, proline 등으로서 이들이 전체 아미노산 함량의 80% 정도에 달한다.

(a) 유리 아미노산

(b) 분자상의 사슬

(d) 1개의 사슬의 분자상 helix (X17,500,000)

(d) 1개의 사슬의 코일상 helix (X17,500,000)

(e) 3개의 사슬의 코일상 helix (X17,500,000)

(f) Tropocollagen분자 (X330,000)

(g) Collagen 섬유 (X120,000)

(h) 결체조직(x50,000)

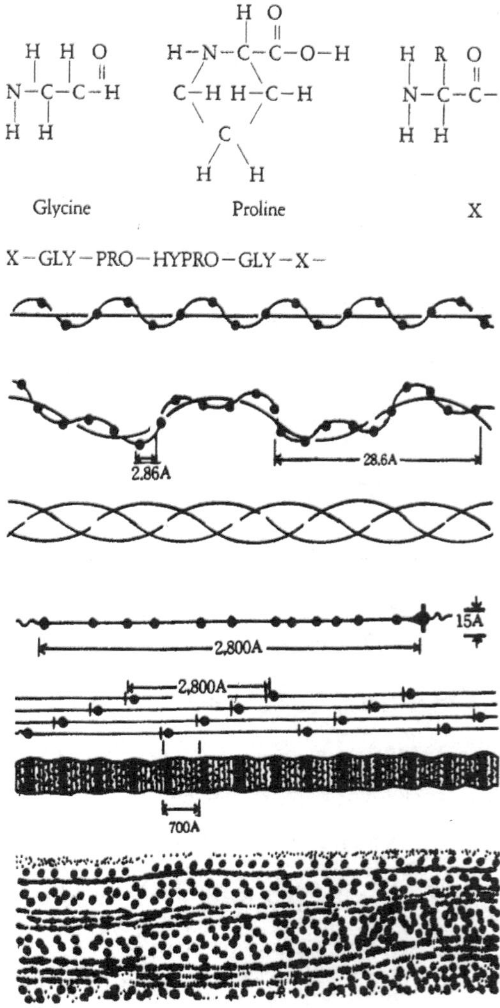

〈그림 2-19〉 Collagen 섬유형성의 연속단계

(2) 근육 섬유 조직의 단백질

근육 섬유 조직을 구성하고 있는 단백질로서는 albumin에 속하는 myogen과 globulin에 속하는 myosin 복합체가 가장 중요하다.

Myogen은 황산암모늄의 포화 용액에 의해서 침전되는 구상 단백질이며, 육류 조직내에서는 myogen 섬유제로서 불용성의 섬유상으로 존재한다.

Myosin 복합체는 구상 단백질인 myosin, actin 및 기타 구상 단백질로 구성되어 있다. Actin은 근육 단백질에 약 13% 정도 들어있어 myosin과의 비는 약 1 : 3이다. Actin은 구상 actin(globularactin)인 G-actin과 섬유상 actin(fibrous actin)인 F-actin의 두 가지 형태가 있으며 가역적으로 변화한다.

F-actin과 myosin의 복합체인 actomyosin은 ATP를 ADP로 분해하면서 수축된 형태를 갖는다.

ATP가 ADP로 분해될 때 발생하는 에너지는 actomyosin의 대폭적인 수축을 가져오는 일을 하는 데 소비된다. 이 근육 조직의 수축을 가져오는 actomyosin은 다른 단백질과 결합하여 actomyosin복합체를 형성하며, 다시 이들이 모여 micelle이 되어 섬유를 형성한다.

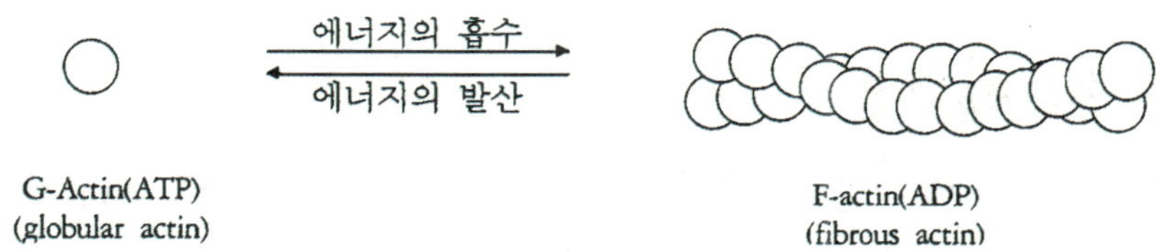

〈그림 2-20〉 G-actin과 F-actin의 가역적인 전환

[표 2-14] 근섬유 조직 세포 내의 가용성 단백질

단백질 그룹명	단백질명	등전점(pH)	열에 대한 반응
Albumins	myogen	6.5 ~6.7	열에 의해서 응고
물에 녹음	myoalbumin	3.0 ~ 3.5	60℃ 이하의 온도에서 응고
Globulins	myosin complex	5.5	열에 의해서 응고
염용액에 녹음	globulin X	5.2	60℃ 이하의 온도에서 응고

2) 달걀 단백질

(1) 난백 단백질

달걀 단백질은 난백(egg white) 및 난황(egg yolk) 단백질로 구분되며 높은 생물가를 가진 우수 단백질 식품 중의 하나이다. 난백은 10~11%의 단백질을 함유하며 건조 상태에서는 83%에 이른다. 그 중에서 가장 많은 것이 ovalbumin으로 54% 그리고 conalbumin이 13%, ovomucoid가 11% 정도를 각각 점유하고 있다.

Ovalbumin은 분자량이 45,000 정도이며, 가열에 의해서 쉽게 응고되는 인단백질이다.

Conalbumin은 분자량이 70,000정도이고 역시 가열에 의해서 쉽게 응고된다. 이 단백질은 Fe 또는 vitamin B_{12}와 결합하여 이들을 생체가 이용할 수 없는 형태의 복합체를 만든다. 그러나 이와 같은 성질은 약간의 열을 가하여 변성시킴으로써 제거할 수 있다. ovomucoid 는 그 분자 내에 20% 가량의 당류를 함유하고 있는 당단백질이다. 이 단백질은 trypsin의 작용을 억제하는 작용을 갖고 있다. 그러나 이와 같은 작용은 약간의 가열에 의해서 단백질을 변성시킴으로써 제거할 수 있다. 난백에는 이 외에도 세균을 용해시켜서 살균하는 작용을 가진 Iysozyme과 vitamin의 하나인 biotin과 강하게 결합하여 그 이용을 막는, 즉 항비타민 작용(antivitamin activity)을 가진 avidin등의 단백질이 존재한다.

[표 2-15] 난백의 단백질 조성

성 분	함량(%)	등전점(pH)	특 성
Ovalbumin	54	4.6	쉽게 변성, SH기 함유
Conalbumin	13	6.0	철분을 봉쇄, 항미생물작용
Ovomucoid	11	4.3	trypsin을 저해
Lysozyme	3.5	10.7	다당류의 분해효소, 항미생물작용
Ovomucin	1.5	?	점성, 다량의 sialic acid 함유, virus와 반응
Flavoproteinapoprotein	0.8	4.1	riboflavin과 결합
Proteinase inhibitor	0.1	5.2	세균단백분해효소 저해
Avidin	0.05	9.5	biotin 봉쇄 항미생물작용
미확인 단백질	8	5.5, 7.5 8.0, 9.0	주로 globulin류
비단백성 물질	8		잘 밝혀지지 않음

(2) 난황 단백질

난황에 존재하는 단백질로서는 인단백질인 동시에 지단백질인 lipovitellin과 lipovitellinin 이 중요하다(표 2-16).

Lipovitellin은 17% 정도의 지방질과 1% 정도의 인을 함유하고 있는 인단백질인 동시에 지단백질이다. Lipovitellinin도 인지질을 주성분으로 하는 지방질을 38%정도 함유하고 있는 지단백질인 동시에 인단백질이기도 하다. 그러나 인의 함량은 lipovitellin에 비해서 적은 0.3% 정도이다.

[표 2-16] 난황의 단백질 조성

성 분	함 량(%)	특 성
Livetin	5	효소함유, 잘 밝혀지지 않음
Phosvitin	7	10%인 함유
Lipoprotein	21	유화제
total protein	33	

3) 우유 단백질

우유는 약 3%의 단백질을 함유하고 있다. 수분을 제외한 전체 고형 성분에 대해서는 단백질 함량이 25~30%에 달하며 달걀 및 육류 단백질과 함께 가장 품질이 우수한 식품단백질로 알려져 있다. 우유 단백질 중의 80% 정도가 casein이며 그 외에 lactalbumin, lactoglobulin이 각각 14%와 2%정도 함유되어 있다(표 2-17).

[표 2-17] 우유의 주요 단백질 조성

성 분	Total Protein중의 비율(%)	유전적 변이체
Casein	76 ~ 86	
α − Casein	45 ~63	
αs −Casein	~42	A,B,C
κ − Casein	~11	(A,B)
λ − Casein	3~4	
β − Casein	19 ~28	A,B,C
ϒ − Casein	3~7	
유청단백질(whey protein)	14 ~24	
β − lactoglobulin	7~12	A,B,C
α − lactoalbumin	2~5	A,B
Serum albumin	0.7 ~ 1.3	
Euglobulin(면역)	0.8 ~ 1.7	
Pseudoglobulin(면역)	0.6 ~ 1.4	
Proteose pepton	2~6	

Casein은 그 분자 내에 인을 함유하고 있는 인단백질의 하나이며 pH 4.7에서 침전된다. Casein에 효소 rennin을 pH 4.7부근에서 작용시키면 casein의 응고가 일어난다. 즉, 수용성 casein이 rennin에 의해서 다시 수용성인 para-casein이 되었다

가 이 para-casein이 다시 Ca^{2+}이온과 결합하여 불용성인 para-casein의 Ca염을 형성하여 응고하게 된다.

$$\text{수용성 casein} \xrightarrow{\text{rennin}} \text{수용성 para-casein}$$

$$\text{수용성 para-casein} + Ca^{2+} \xrightarrow[\text{pH4,7}]{} \text{불용성 calcium para-casein}$$

이 반응은 우유에서 rennin 효소를 이용하여 치즈를 만들 때 사용되는 응고 반응이다. Casein은 전기영동적으로 α-casein(45~55%), κ-casein(8~15%), β-casein(25~35%), γ-casein(3~7%) 등으로 분류된다.

αs-casein은 침전하기 쉽지만 κ-casein은 침전하기 어렵다. 또 κ-casein에는 αs-casein의 Ca^{2+}에 의한 응고를 저지하는 작용이 있다. 유즙 중의 거대분자인 casein이 침전하지 않고 colloid상태로 분산되는 것은 κ-casein의 작용에 의한 것이라고 한다.

우유의 pH를 4.7로 조절하였을 때 침전되지 않는 단백질들을 유청단백질(whey protein)이라고 부르며 lactalbumin, lactoglobulin 등이 여기에 속한다.

제7절 새로운 식품단백질 자원

오늘날 세계 인구의 약 65% 정도가 단백질 섭취 부족 상태에 있다고 한다. 따라서 새로운 형태의 식품단백질 자원의 개발은 시급한 과제이며, 현재까지 연구 개발된 새로운 단백질 자원으로는 미생물 단백질, 녹엽 단백질 농축물, 어류단백질 농축물 등이 있다.

1. 미생물 단백질(microbial protein)

미생물 단백질, 즉 단세포 단백질(single cell protein)은 효모, 곰팡이, 세균 등을 배양, 증식시킨 후 살균하여 그 미생물 자체의 단백질을 추출한 새로운 단백질 자원으로서, 그 미생물의 종류에 따라 효모 단백질, 곰팡이 단백질, 세균 단백질, 조류 단백질 등으로 분류할 수 있다.

미생물 단백질을 생산하기 위한 탄소원의 기질과 배양에 이용되는 미생물은 각 회사마다 다르다. 미생물 단백질 생산 현황을 보면 표 2-18과 같으며 이와 같이 해서 얻은 미생물 단백질은 현재 가축 사료 중의 단백질 자원으로서 다른 사료들과 혼합하여 사용되고 있다. 식품 단백질로서 실제적인 응용에 대해서는 아직 연구 단계에 있다.

[표 2-18] **세계 각국의 SCP(single cell protein) 생산현황**

나 라	회 사	규모(톤/년)	기 질	미생물
베네주엘라	Bioproteinas de Benezuela	100,000	n-paraffin	yeast
불가리아		100,000	n-paraffin	yeast
체 코	Slovanaft Kojetin	100,000	n-paraffin	yeast
이탈리아	Italproteine	100,000	n-paraffin	Condida lipolytica
	Liqui chimica	100,000	n-paraffin	Candida novelus
일 본	Sumitomo	100,000	methanol	Bacteria
사우디아라비아	Petromin	100,000	n-paraffin	yeast
영 국	BP	100,000	n-paraffin	Candida lipolytica
미 국	LSU/Bechte	100,000	Cellulose	Cellulomonas sp.
소 련		300,000	n-paraffin	yeast
		500,000	n-paraffin	yeast
한 국	KIST	시험규모	n-paraffin	Candida tropicalis Trichosporon sp.

2. 녹엽 단백질 농축물(leaf protein concentrate, LPC)

녹엽 단백질 농축물은 목초, alphalpha 등의 녹엽식물의 잎의 단백질을 추출하여 만든 새로운 단백질 자원이다.

이 농축물중에는 60~70%의 단백질과 20~30%의 불포화 지방질을 함유하고 있다. 식품단백질로서의 이용에 대해서는 아직 연구 단계에 있다.

3. 어류 단백질 농축물(fish protein concentrate, FPC)

상품 가치가 별로 없는 잡어류에서 isopropyl alcohol 등으로 단백질을 추출한 후 용매를 제거하여 농축시킨 단백질 자원이다. 이 어류 단백질 농축물은 이미 동물사료 등에 실제적으로 널리 사용되고 있다.

각종 식품 단백질 자원의 아미노산 조성은 표 2-19와 같다.

[표 2-19] 각종 단백질 자원의 아미노산 조성(g/100g 단백질)

아미노산	FAO기준 단백질	육 류 단백질	밀가루 단백질	섬 유 단백질	녹 엽 단백질	어 분 단백질
Arginine		7.5		5.0		5.0
Histidine		2.1	2.2	2.1		2.3
Isoleucine	4.2	3.3	4.2	5.3	4.5~5.5	4.6
Leucine	4.8	12.5	7.0	7.8	8.8~10.2	7.3
Lysine	4.2	8.3	1.9	7.8	5.6~7.3	7.0
Methionine	2.2	4.2	1.5	1.6	1.6 ~2.6	2.6
Phenylalanine	2.8	4.6	5.5	4.8	5.5 ~6.8	4.0
Threonine	2.8	4.6	2.7	5.4	4.7 ~ 5.8	4.2
Tryptophan	1.4	1.3	1.4	1.3	1.2 ~2.3	1.2
Valine	4.2	3.3	4.5	5.8	5.9 ~6.9	5.2
Cystine	2.0		1.9	0.1		1.0
Tyrosine					3.7 ~4.9	

제8절 단백질의 품질

1. 필수 아미노산의 분포

필수 아미노산은 체내에서 합성할 수 없거나 그 합성 속도가 느려 외부에서 공급해 주어야 하는 아미노산을 말한다. 사람에게 필요한 필수 아미노산의 종류와 각 아미노산의 하루의 필요량은 표 2-20과 같다.

필수 아미노산은 표 2-20과 같은 비율로 함께 존재할 때 가장 효율적으로 이용된다. 그러나 실제로 한 식품에 존재하는 필수 아미노산들의 비율은 그와 같이 이상적이지 못하다. 따라서 동시에 섭취된 필수 아미노산의 전체의 효율은 가장 적게 섭취된 아미노산의 섭취량에 의해서 결정된다.

이와 같이 그 함량이 가장 적으며 섭취한 아미노산의 전체적인 효율을 정하여 주는 필수 아미노산을 제한 아미노산(limitting amino acid)이라고 부른다. 일반적으로 식품 단백질 중에 분포되어 있는 필수 아미노산 중에서 가장 함량이 낮고 그 비율이 낮은 아미노산은 tryptophan으로서 tryptoph an이 제한 아미노산 역할을 하는 경우가 많다.

[표 2-20] **사람에게 필요한 필수 아미노산의 종류와 하루의 소요량**

필수 아미노산	하루의 소요량 (N gm/day)	tryptophan의 소요량을 1로 할 때의 비율	전체소요량에 대한 % 비율
Leucine	1.10	4.4	17.3
Phenylalanine	1.10	4.4	17.3
Methionine	1.10	4.4	17.3
Lysine	0.80	3.2	12.6
Valine	0.80	3.2	12.6
Isoleucine	0.70	2.8	11.0
Threonine	0.50	2.0	7.9
Tryptophan	0.25	1.0	4.0

식품 단백질의 영양가는 그 소화율도 중요하나, 그보다는 필수 아미노산의 함량과 비율에 의하여 결정되는 것이 일반적이다. 그리하여 1957년 FAO에서는 식품 단백질 중에서 영양가가 높은 우유 단백질을 기준으로 하여 필수 아미노산의 이상적인 분포도, 즉 기준 아미노산 분포도(reference amino acid pattern)를 정하였다.
이 분포도는 tryptophan 함량을 기준으로 한 것인데 현재는 어느 특정 아미노산을 기준으로 할 것이 아니라 전체 필수 아미노산의 함량 1g에 대한 각 필수 아미노산의 함량 mg수를 그대로 표시하는 것이 더욱 타당하다 하여 다시 산출한 결과 그 분포는 달걀 단백질 중의 필수 아미노산 분포와 비슷하였다.

1965년 FAO와 WHO에서는 달걀 단백질에 함유된 전체 필수 아미노산 1g에 대한 각 필수 아미노산의 mg 수로 표시된 새로운 필수 아미노산의 기준 분포도를 제정하였다. 그 이상적인 필수 아미노산 분포도는 표 2-21과 같으며, 이것이 현재 널리 사용되고 있다.

[표 2-21] FAO/WHO(1965)가 제정한 기준 필수 아미노산 분포도

(총 필수 아미노산 1g에 대한 각 필수 아미노산의 mg)

필수 아미노산	FAO/WHO기준 필수 아미노산 분포도 (mg수)	우유 단백질의 필수 아미노산 분포도 (mg수)	달걀 단백질의 필수 아미노산 분포도 (mg수)
Isoleucine	134	127	129
Lecuine	152	169	172
Lysine	134	155	125
Phenylalanine	89	97	114
Methionine	71	48	61
Threonine	89	91	99
Tryptophan	45	28	31
Valine	134	137	141

이와 같이 FAO에서 제안한 이상적 필수 아미노산 분포도에 가까운 아미노산 분포를 가진 달걀, 우유, 육류 등의 동물성 단백질을 고품질 단백질이라고 한다. 한편, 필수 아미노산의 분포가 균형이 잡혀 있지 않거나 그 함량이 절대적으로 부족한 단백질, 즉 gelatin 또는 대부분의 식물성 단백질을 저품질 단백질이라고 한다.

2. 단백질 품질의 평가

일반적으로 단백질의 품질 즉 영양가는 실험동물에 일정량의 순수한 단백질을 섭취시킨 후 그 성장 반응을 조사하여 결정하거나 필수 아미노산의 함량과 이상적인 필수 아미노산 분포도와 조성을 비교하여 추정한다.

단백질의 품질을 평가하는 주요 방법은 다음과 같다.

1) 생물학적 평가

(1) 생물가(biological value, BV)

생물가는 실험 동물이 체내에 흡수된 질소량과 체내에 유지된 질소량의 비율을 말한다.

$$\text{생물가} = \frac{\text{체내에 유지된 질소분}}{\text{체내에 흡수된 질소분}} \times 100$$

- 체내에 흡수된 질소분=섭취된 질소분−(단백질 식품을 섭취할 때 변 중의 질소분−단백질이 들어있지 않은 식품을 섭취할 때의 변 중의 질소분)
- 체내에 유지된 질소분=흡수된 질소분−(단백질 식품을 섭취할 때의 뇨 중의

질소분–단백질이 들어있지 않은 식품을 섭취할 때의 뇨중의 질소분)
섭취한 단백질의 아미노산 조성이 인체가 필요로 하는 아미노산 조성에 가까울수록 이용률은 높아지고 조성의 차이가 커질수록 이용률이 낮아져서 분해되어 뇨 중에 나오는 질소가 증가한다. 따라서 생물가를 구하면 단백질의 영양가를 판정할 수 있다.

(2) 단백질 효율비(protein efficiency ratio, PER)

단백질 효율비는 품질을 평가하고자 하는 어떤 단백질을 이유기에 있는 실험쥐에정해진 기간 동안 매일 일정한 양을 먹인 후 그 체중 증가량에 대해서 다음과 같은식에 의해 구한다.

$$\text{PER} = \frac{\text{이유기의 실험동물의 체중증가량(g수)}}{\text{단백질 섭취량(g수)}}$$

(3) 성장률(growth index)

성장률은 다른 영양 성분은 완전하나 단백질 성분만이 제외된 시료에 그 영양가를 측정 하고자 하는 단백질을 가하여 이 시료로서 흰쥐를 3, 4주간 기르면서 그간의 단백질 섭취량과 체중 증가량 사이의 관계를 본다. 이때의 단백질 섭취량에 대한 체중 증가량이 곧 성장률이다.

2) 화학적평가

(1) 단백가(Protein score)

단백가는 품질을 평가하고자 하는 단백질 중의 각 아미노산의 함량을 FAO에서 제정한 이상적인 필수 아미노산 분포도와 비교하여 그 함량이 가장 적은 필수 아미노산, 즉 제한 필수 아미노산에 대해서 해당하는 이상적인 아미노산의 양과의 비율을 말한다.

$$\text{단백가} = \frac{\text{제1제한 아미노산 함량(mg/N 1g)}}{\text{기준 단백질 중의 식품중 제1제한 아미노산에 상당하는 아미노산량(mg/N 1g)}} \times 100$$

[표 2-22] 단백가 계산의 예(아미노산량은 mg/N1g)

	Ileu	Leu	Lys	Met+Cys	Phe+Tyr	Thr	Trp	Val
FAO기준 단백질	270	306	270	270	360 (180+180)	180	90	270
쌀 단백질	280	520	210	270	670 (290+380)	220	80	370
쌀 단백질의 FAO의 기준 단백질에 대한 비율	$\frac{280}{270}\times100$ =104	$\frac{520}{306}\times100$ =170	$\frac{210}{270}\times100$ =78	$\frac{270}{270}\times100$ =100	$\frac{670}{180}\times100$ =186	$\frac{220}{180}\times100$ =122	$\frac{80}{90}\times100$ =89	$\frac{370}{270}\times100$ =137

쌀 단백질의 단백가는 표 2-22의 계산 예에서와 같이 78이 된다.

(2) A/T(Amino acid/Total N)비에 의한 화학가(chemical score)

A/T비 화학가는 기준 및 식품 중의 필수 아미노산의 N 1g 당의 양(amino acid/total N)을 이용하여 그 비율을 산출한 것이며, 계산방법은 FAO의 단백가와 다. 보통 기준으로는 영양가가 높은 단백질로서 달걀 단백질이 사용되나 그 이외의 기준 아미노산 분포도를 사용하였을 때도 화학가라고 한다(표 2-23).

[표 2-23] 달걀과 인유의 기준 아미노산의 분포도(mg/N1g)

기준 아미노산	달 걀	인 유
Isoleucine	330	320
Leucine	530	610
Lysine	440	420
Methionine Cystine	380	220
Phenylalanine Tyrosine	560	580
Threonine	290	420
Tryptophan	100	100
Valine	410	370
Total	3,040	2,890

(3) 필수 아미노산 지수(essential amino acid index, EAA index)

단백질의 영양가는 제1제한 아미노산뿐만 아니라 전체 필수 아미노산을 통하여 고려하여야 한다는 생각에 의한 것으로서, 기준으로 하는 달걀 단백질의 각 필수 아미노산에 대한 식품중의 필수 아미노산의 비율을 구하고 그 기하 평균을 취한 것이다.

[표 2-24] 각종 식품의 생물가, 단백가, 화학가 및 필수 아미노산 지수

식 품 명	생물가	단백가	A/T비에 의한 화학가		필수 아미노산 지수	
			달 걀	인 유	달 걀	인 유
밀가루(박력분)	52	56	34(Ly)	38(Ly)	64	69
빵	46	44	27(Ly)	29(Ly)	58	63
쌀	71	78	48(Ly)	50(Ly)	79	84
감자	71	78	48(Ly)	50(Ly)	79	84
콩	73	56	40(S)	68(S)	82	88
전갱이	89	89	63(S)	69(P)	81	86
연어	81	86	61(S)	69(P)	86	89
쇠고기	74	80	57(S)	81(Tr)	86	92
닭고기	74	87	71(S)	75(Le)	86	90
돼지고기	74	90	64(S)	83(P)	89	94
달걀(전체)	96	100	100	87(Le)	100	98
우유	85	74	53(S)	91(S)	90	97
양배추	40	47	41(S)	41(Le)	53	57
완두	64	36	25(S)	44(S)	75	78

주 1. 각 화학가의 달걀의 수치는 달걀을 기준아미노산 분포도로 한 것이고, 인유의 수치는 인유를 기준아미노산분포도로 한 것이다.
2. 괄호 안은 제1 제한 아미노산을 표시한 것이다.
(ILe: Ilue, Le: Leu, Ly: Lys, S: Met+Cys, P: Phe+Tyr, Th: Thr, Tr: Try, V: Val)

$$\text{필수 아미노산지수} = \sqrt[n]{\frac{100a}{a'} \times \frac{100b}{b'} \times \frac{100c}{c'} \times \times \cdots}$$

여기서, a, b, c : 식품중의 각 필수 아미노산 함량(%)
a' , b' , c' : 달걀 단백질중의 필수 아미노산 함량(%)
n : 필수 아미노산의 수

식품 중의 필수 아미노산 함량이 달걀 단백질의 함량보다 많은 경우에는 같은 양으로 하고, 식품 중에 전혀 함유되어 있지 않은 경우에는 1%로 해서 계산한다. 단백질의 영양 가치를 각 방법에 의해서 평가한 수치를 정리하면 표 2-24와 같다.

3. 필수 아미노산의 보완

필수 아미노산이 체내 조직의 합성 등에 가장 효율적으로 이용되기 위해서는 가급적 일정한 비율로 동시에 공급하는 것이 바람직하다. 한 식품에 존재하는 필수 아미노산이 전체적으로 그 함량이 낮은 경우도 있겠으나 어느 특정 필수 아미노산의 함량이 특히 부족하기 때문에 전체 효율이 떨어지는 경우가 대부분이다.

따라서 각 식품에 존재하는 단백질을 효율적으로 이용하기 위해서는 가능한 한 여러 단백질 자원을 혼합하는 것이 바람직하며, 특히 어느 필수 아미노산 함량이 낮은 식품과 그 해당 필수 아미노산의 함량이 큰 다른 식품을 혼합하여 동시에 섭취하도록 하면 가장 큰 효과를 얻을 수 있다.

이와 같이 혼식에 의해서 서로의 부족한 필수 아미노산을 보완할 수 있는 식품의 예를 표 2-25에 나타내었다.

즉, 표의 왼쪽에 있는 식품들과 오른쪽에 있는 식품들이 필수 아미노산의 부족함을 서로 보완할 수 있기 때문에 예로 곡류와 두류 또는 곡류와 감자류를 혼합하여 동시에 섭취할 경우에 전체적인 단백질의 이용 효율을 크게 증가시킬 수 있다.

[표 2-25] 혼식에 위한 부족한 필수 아미노산의 상호보완

주식속의 과잉 또는 부족한 필수 아미노산		왼쪽의 주식과 상호 보완할 수 있는 식품의 필수 아미노산	
쌀, 밀	+ methionine + tryptophan − lysine	완 두 강낭콩	− methionine − tryptophan + lysine
곡 류	+ methionine + tryptophan − lysine	감 자	− methionine + lysine
옥수수	−− lysine −−− tryptophan	감 자	− methionine + lysine + tryptophan

주 : +; 풍부한 경우, −; 부족한 경우, −−; 매우 부족한 경우

한편, 부족한 필수 아미노산만을 직접 첨가하여 보충하는 경우에도 실험 동물의 단백질 효율비를 측정하여 보면 표 2-26과 같이 전체 단백질의 이용도가 크게 증가하는 것을 알 수 있다.

그러나 이와 같이 필수 아미노산을 부족되는 식품에 직접 첨가하는 방법은 전체 아미노산 대사에 일시적이고 인위적인 불균형을 가져오거나 또는 첨가된 아미노산이 다른 아미노산의 신진대사에 대해서 억제 작용을 갖는 등의 경우가 종종 있기 때문에 앞으로 보다 많은 연구를 필요로 한다.

[표 2-26] 실험쥐의 먹이에 부족한 필수 아미노산을 첨가할 때 단백질 효율비의 % 증가율

실험쥐의 먹이	첨가한 필수 아미노산	단백질 효율비의 % 증가율
정제된 밀가루	0.6% L-lysine	11%
옥수수 가루	0.2% L-lysine 0.1% L-tryptophan	74%
정백미	0.2% L-lysine 0.12 % L-tryptophan	130%
삶은 대두	1.27 D, L-methionine	74%

Chapter 03 단백질의 변화(derivation from proteins)

제1절 단백질의 변성

1. 단백질의 변성과 그 메카니즘

식품 조직중의 천연 단백질은 각각 입체적 구조를 가지고 있는 고분자 화합물이다. 이러한 단백질 분자는 여러 가지 물리적 또는 화학적 작용에 의하여 공유결합은 그대로 존재하나 비교적 약한 결합으로 유지되고 있는 고차구조가 변형되기 쉽다. 이와 같이 단백질의 고차구조가 변화하는 현상을 변성(denaturation)이라고 하며 단백질이 가지고 있는 본래의 성질이 크게 변화한다. 이 변화는 peptide 결합이 분해되어 일어나는 것과 같은 현저한 변화가 아니고 대부분의 경우 용해도가 감소하고 효소 작용, 독성, 면역성 등의 단백질의 특유한 생물학적 특성을 상실하게 된다.

단백질의 변성은 비교적 가벼운 조건에 기인해서도 일어나며, 그 주요 요인으로는 가열, 동결, 건조, 초음파, 표면장력, 고압 등의 물리적 작용과 산, 알칼리, 염류, alcohol, 계면활성제 등의 화학적 작용 및 효소적 작용 등이 있다.

단백질의 변성은 1차 구조의 변화를 가져오지 않고 그림 3-1에서 보는 바와 같이 coil이 풀어져 분자 형태가 붕괴하는 등의 입체 구조가 변화하는 현상을 말하며, 4차 구조만의 변화는 sub-unit의 해리 또는 회합이라고 한다.

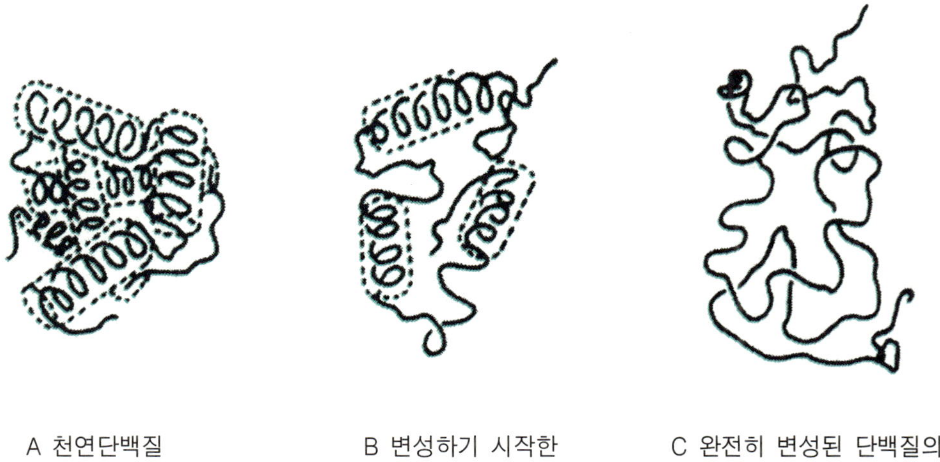

A 천연단백질

B 변성하기 시작한 단백질

C 완전히 변성된 단백질의 무질서한 peptiede 사슬

〈그림 3-1〉 단백질의 변성과정

다시 말해서 변성이란 수소결합이나 소수결합과 같은 단백질의 2차, 3차 구조를 유지하는 결합이 끊어져 그 구조가 변성 전의 상태와는 다른 구조로 변형되어 단백질이 가지는 특성을 잃어버리는 현상이라고 할 수 있다.

변성 단백질(denaturated protein)에서는 천연 단백질의 형태가 풀려서 -OH기, -SH기, -COOH기, $-NH_2$기 등의 활성기의 수가 급증하게 되며 이들 활성기들은 다시 서로 2차적인 결합을 하여 불용성 단백질을 형성하는 경우가 많다. 변성된 단백질은 효소 작용을 받기 쉬워 소화가 잘 되며 반대로 지나치게 변성되면 효소 작용을 받기 어려우므로 소화가 나빠진다. 생달걀이나 완숙한 것보다 반숙한 것이 더 소화가 잘 되는 것은 바로 이 때문이다.

한편, 단백질의 변성은 대부분이 비가역적이나 조건이나 정도에 따라 가역적인 경우도 있다. 예를 들면 순수하게 정제한 단백질을 요소 등으로 변성시킨 후에 다시 주의하여 이 요소를 제거하면 단백질의 고차 구조가 복원하는 경우가 있다. 현재의 생화학에서는 단백질의 고차 구조의 변화는 가역 과정이라고 생각되고 있다. 그러나 다성분으로 이루어진 식품을 가열 조리할 경우에는 복잡한 변화가 일어나 복원이 불가능하다.

2. 변성 단백질의 성질

1) 생물학적 특성을 상실

천연 단백질이 변성되면 본래 단백질이 가지고 있는 효소 활성이나 독성, 면역성 등의 생물학적 특성을 상실하게 된다. 예를 들면 효소는 단백질로 구성되어 있기 때문에 열을 받으면 효소 단백질의 분자 형태가 변하여 변성하게 된다. 따라서 효소는 불활성화 된다. 한편, 항원과 항체의 결합 능력도 변성에 의해 상실된다.

2) 단백질 분해 효소에 의해 분해

단백질이 열에 의하여 변성되면 응고되어 굳은 것과 같이 보이지만 오히려 소화가 잘 된다. 이것은 구상을 이루고 있던 polypeptide사슬이 열에 의하여 풀어져서 효소 작용에 의해 분해될 수 있는 반응 장소가 증가하기 때문이다.

한편, 지나친 가열은 단백질의 소화를 나쁘게 한다. 이것은 과열로 인하여 생긴 새로운 2차적인 결합으로 응고물의 구조가 빽빽해지므로 효소가 작용할 수 있는 반응 장소가 다시 구조 내부로 묻혀 버리기 때문이다.

3) 반응성이 증가

단백질이 변성되면 본래의 단백질에서는 보이지 않던 -OH기, -SH기, -COOH기, $-NH_2$기 등과 같은 활성기가 표면에 나타나 반응성이 증가한다. 이것은 polypetide 사슬이 구부러지고 휘어진 입체 구조의 내부에 묻혀서 결합에 관여했던 활성기가 변성으로 인하여 구조가 풀려 표면에 나타나 반응에 관여하는 것이라 설명할 수 있다.

4) 용해도가 변화

단백질이 물에 용해되어 있는 경우, 소수성기는 물에서 멀어지고자 구조 내부에 들어가 있지만 단백질이 변성되며 구조가 풀려서 소수성기가 분자 표면에 나타나게 되므로 단백질의 친수성이 감소하고 따라서 용해도가 감소하게 되어 불용화, 응고 또는 gel화 한다.

5) 기타 물리적 및 화학적 성질의 변화

구상 단백질이 변성하여 풀린 구조를 취하기 때문에 점도, 확산계수 등이 크게 된다. 또 단백질 분자 내부에 묻혀 있는 여러 아미노산 잔기가 표면에 노출하기 때문에 자외선에 대한 흡광도가 단파장 방향으로 이동하여 증가하기도 하고(변성 청색이동, denatured blue shift), −SH잔기도 시약과 반응하기 쉽게 된다.

3. 가열에 의한 변성

1) 열변성의 의의

식품 가공 및 조리 과정에 있어서 열처리는 가장 중요한 조작의 하나이므로 단백질의 변성 중에서 열변성은 대단히 중요하다.

단백질 분자는 가열에 의하여 peptide사슬이 입체 구조가 늘어지고 결합력이 약한 분자내 결합이 풀리어 유리 활성기의 수가 증가한다. 이 유리기의 일부는 다시 분자내 결합을 하지만 다른 분자와 새로운 분자 간 결합을 형성하기 때문에 화합이 일어나고 화합의 정도가 커지면 침전이 일어난다. 이것이 단백질의 열응고(heat coagulation)이다. 육류, 어패류 및 달걀 등은 60~70°C로 가열하면 응고한다. 이 변화는 이들의 주요 단백질인 albumin과 globulin이 가열에 의해 변성하여 불용화되는 것이다.

한편, 육류의 결체 조직의 주성분인 collagen은 불용성의 섬유상 단백질이지만 물과 함께 가열하면 gelatin으로 액화되어 용출한다. 따라서 collagen함량이 많아서 질긴 고기는 물을 가하여 가열하면 점차로 연해지고 그 국물을 냉각하면 jelly화한다(그림 3−2).

우유 단백질(casein)은 육류나 달걀의 단백질에 비하여 열에 대하여 안정하여 140°C 정도로 가열하여야만 응고한다.

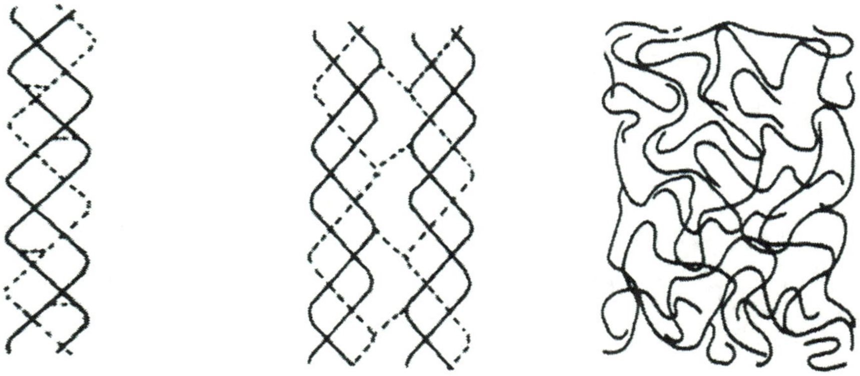

〈그림 3-2〉 Collagen 단백질의 가열에 의한 변성

2) 열변성에 영향을 주는 요인

(1) 온도

단백질의 열변성 온도는 단백질의 종류와 조건에 따라 다르나 일반적으로 60~70°C 부근에서 변성이 일어나며 온도가 높아지면 변성 속도가 매우 빨라진다. 예를 들면, 달걀 단백질인 ovalbumin은 가열하여 58°C에 이르면 응고하기 시작하여 62~65°C에서 유동성이 없어지고 70°C에서 완전히 응고된다. 또한 albumin의 온도가 10°C 높아지면 열에 의한 변성 속도가 20배나 빨라진다. 그리고 가열 방법도 열변성에 영향을 미친다. 즉, 온도를 급속히 올리면 응고 온도가 높아지는 경우가 많다.

(2) 수분

단백질의 열변성에 수분이 큰 영향을 미친다. 단백질에 수분이 많으면 비교적 낮은 온도에서 열변성이 일어나나 수분이 적으면 높은 온도에서 변성이 일어난다(표 3-1).

[표 3-1] 난백 ovalbumin의 수분과 응고온도와의 관계

수분함량	응고온도(° C)
albumin+50% 물	56
albumin+25% 물	74~80
albumin+16% 물	80~90
albumin+6% 물	145
albumin+0% 물	160~170

이것은 가열에 의하여 물의 분자 운동이 왕성하여져서 단백질의 polypeptide 사슬간의 수소결합을 끊고 물분자에 의해 둘러싸여 사슬이 풀리게 하거나 새로운 결합의 형성을 돕기 때문이다.

(3) pH

단백질의 열변성은 pH와도 관계가 깊다. 일반적으로 등전점에서 가장 잘 일어난다. 대부분의 단백질은 등전점이 산성쪽에 있으므로 용액을 적당히 산성으로 하면 열변성 온도가 낮아진다.

예를 들면, ovalbumin의 등전점이 pH 4.8이므로 산을 가해 pH 4.8로 하면 비교적 낮은 온도에서도 잘 응고되며 또한 생선을 조릴 때 식초를 넣어주면 살이 빨리 단단해지는 것도 이 때문이다.

(4) 전해질

단백질에 염화물, 황산염, 젖산염 등의 소량의 전해질을 가해주면 열변성이 촉진된다. 이 효과는 이온의 전하가 큰 전해질일수록 크다. 이것은 중성 부근의 pH에서 단백질 분자가 가지고 있는 (−)전하를 전해질의 양이온이 중화하여 단백질의 등전점에 가깝도록 하기 때문이다.

예를 들면, 두부 제조시 두유중의 단백질인 glycinin은 가열만으로 응고되지 않으나 70°C 이상에서 $MgCl_2$또는 $CaSO_4$를 가하면 잘 응고한다.

(5) 기타

단백질의 열변성은 기타 당, 지방, 염류 등과 같은 물질의 존재에 의해서도 영향을 받는다. 지방산염, 당, 당alcohol은 egg albumin이나 serum albumin의 열응고를 방해한다. 지방산염 중에서 탄소수가 7~8의 것이 특히 유효하며 당에 있어서는 glucose, fructose, sucrose가 방지 효과가 크다.

실제로 식품의 단백질은 당, 지방, 염류 등과 공존하고 있으므로 육류나 달걀 등의 열변성 온도와 이들로부터 분리된 각각의 단백질의 응고 온도는 매우 다르다.

4. 물리적 요인에 의한 변성

1) 동결에 의한 변성

식육, 어육, 채소와 같이 비교적 수분이 많고 부패하기 쉬운 식품의 저장법으로서 가장 중요한 것은 동결 저장이다. 식품을 동결하여 오래 저장하면 단백질은 변성하여 불용성으로 된다. 특히, 어육 단백질은 변성되기 쉬우며, 동결 및 저장 조건, 원료어의 성상 등에 따라 다르다.

육류의 동결에 의한 변성의 원인은 두 가지 견해가 있다. 즉, 육류를 동결하면 결합력이 약한 수분부터 빙결정으로 석출하므로 액상 부분이 농축되어 용존하는 염류의 농도가 증가하게 된다.

따라서 단백질 분자는 염석(salting out)에 의해 변성이 일어나게 된다. 동결육의 저장 온도가 변동하면 빙결정은 더욱 성장하게 되고 따라서 무기 성분의 농축이 조장되어 단백질 변성이 촉진 된다고 한다.

원료육을 충분히 수세하여 무기 성분을 제거하여 동결하면 변성이 억제되는 것은 이와 같은 현상이라 할 수 있다.

한편, 분산매인 수분이 동결에 의해 빙결정으로 석출하고 또 그것이 성장하게 되면 결과적으로 단백질 분자는 탈수형이 되어 단백질 분자가 서로 접근하게 되므로 분자 간 결합이 이루어져 응집 변성하게 된다.

이와 같은 변성은 어육에서는 −1~−5°C, 쇠고기에서는 −1.5~−3°C에서 현저하고 −20°C에서는 변성이 최소로 된다고 한다. 따라서 변성을 줄이기 위해서는 변성이 가장 현저한 −1~−5°C의 최대 빙결정대를 빨리 통과시키는 급속 동결(quick freezing)이 필요하다.

동결 식품을 해동시키면 변성된 단백질은 그 peptide결합이 절단되어 다시 배열되는 것으로 생각된다. 그러나 물과의 친화성을 잃은 단백질은 원상태 때와 같이 물에 분산되기 어려워서 식품의 보수성은 저하되고 수분은 drip이 되어 유출된다.

따라서 일단 동결된 식품을 다시 해동시킬 때는 단백질의 변성을 고려하여 일반적으로 10°C 부근의 공기 중에서 완만하게 해동시키는 건식 해동의 방법을 취하는 것이 좋다.

이렇게 하면 동결 식품의 표면이나 내부가 비교적 균일하게 녹아서 부분적인 변질이 일어나지 않고 동결에 의해 문란하게 된 세포조직이 재배열되기에 필요한 시간적 여유가 생기기 때문에 drip을 적게 할 수 있는 효과가 있다.

2) 건조에 의한 변성

건조는 예부터 대표적인 식품 저장법의 하나이다. 육류를 보통 방법으로 건조하면 외관, 수분량, 경도, 맛 등이 달라지고 물에 담구어 흡수시켜도 건조 전의 생육 상태로 되돌아가지 않는다. 이렇게 되는 것은 주로 단백질이 변성되기 때문이다.

육류의 건조에 의한 변성은 가열에 의한 변성과는 크게 다르다. 건조에 의해 육섬유를 형성하는 직쇄상의 polypeptide 사슬 사이의 수분이 제거되고 인접한 polypeptide 사슬이 서로 접근하여 결합을 이루고 견고한 구조로 된다.

어육을 건조하면 탈수 정도에 비례하여 육단백질의 불용화가 진행되는데, 이때 불용성으로 되는 것은 대부분이 myosin구 단백질이고, 비myosin구 단백질의 용해성의 변화는 거의 없다(그림 3-3).

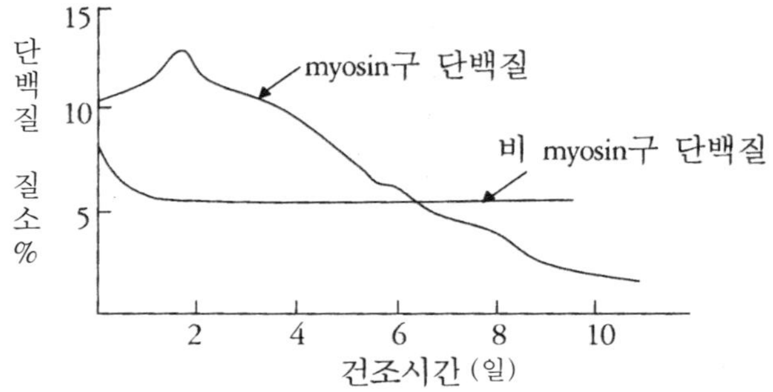

〈그림 3-3〉 넙치어육을 건조하였을 때의 단백질의 불용화

한편, 진공 동결 건조에 의해 만들어진 제품은 수분을 흡수시켰을 때 원래의 식품의 성상으로 되돌아가는 복원성이 크다. 진공 동결 건조에 있어서는 급속한 동결과 초감압하(1~0.01mmHg)에서 수분이 급속히 제거되기 때문에 근섬유가 이동하지 않고 조직에 미세한 공간은 많이 생기지만 거의 원상태로 건조된다.

어육의 동결 건조의 경우 단백질의 변성은 크게 억제되어 myosin구 단백질의 용해성은 거의 변화하지 않는다. 동결 건조에 의해 육단백질의 응집 변성이 억제되는 것은 단백질분자가 공간적으로 고정되어 서로 일정한 거리를 유지한 채로 물분자가 승화 탈수되므로 응집이 일어나지 않는 것이다.

3) 표면장력에 의한 변성

단백질이 단일 분자막의 상태로 얇은 막을 형성하게 되면 변성하여 응고한다. 예를 들면, 난백을 세게 저어서 거품을 형성시켰을 때 거품의 표면에 얇게 퍼진 ovalbumin이 표면장력에 의하여 변성되어 점성을 띠게 된다. 한편, 빵을 제조할 때 발효에 의하여 생긴 탄산가스의 기포 표면에 gluten이 얇게 퍼지면 표면장력에 의하여 변성되어 점탄성이 높아지고 빵이 부풀어져서 고정이 된다.

4) 광선에 의한 변성

단백질은 광선의 조사에 의해 3차 구조의 결합을 절단시켜 변성을 일으킨다. 단백질은 α−, β−, γ− 및 χ선 조사에 의하여도 변성하며 특히 자외선을 단백질에 조사하면 상온에서도 등전점에서 불용성이 된다. 이때 공기 중의 산소에 의한 산화 작용을 수반하는 경우가 보통이다.

예를 들면, 소금에 절인 생선을 대기 중에서 일광에 의해 건조시킬 때 그 단백질은 산화와 광선에 의하여 일부 변성된다고 볼 수 있다.

5) 기타 물리적 요인에 의한 변성

단백질에 5,000~10,000기압의 고압력을 가하거나 빈도가 심한 음파나 초음파에 의해서도 변성하여 응고한다. 한편, 가용성 단백질을 건조 분쇄하면 변성하여 불용성 물질로 되기도 한다.

5. 화학적 요인에 의한 변성

1) 산·알칼리에 의한 변성

단백질 용액에 산 또는 알칼리를 가하면 pH의 변화에 따라서 하전이 변화하므로 고차구조 형성에 관여하는 이온 결합에 변화를 일으켜 변성한다.

산이나 알칼리에 의한 단백질의 변성은 단백질을 등전점에 이르게 하여 응고시키는 것이라 할 수 있다. 예를 들면, 우유를 유산발효시켰을 때 응고하는 것은 생성한 유산에 의하여 pH가 저하하여 casein이 등전점(pH 4.7)에 이르게 되어 변성 침전했기 때문이며 요구르트, 치즈 등을 제조할 때 볼 수 있다. 한편, 생선의 초절임은 산으로 그 단백질을 응고시켜 연한 살을 굳히는 것이다.

2) 중성염에 의한 변성

단백질 용액에 소량의 중성염을 넣으면 등전점은 변하지 않으나 일반적으로 단백질 분자 사이의 인력을 약화시키기 때문에 단백질이 용해되기 쉽다. 그러나 다량의 중성염을 넣으면 물이 염을 녹이는 데 사용되므로 단백질을 녹이는 데 부족하게 된다. 따라서 단백질은 침전하게 되는데 이것을 염석(salting out)이라 한다. 중성염으로서는 $(NH_4)_2SO_4$, NaCl, Na_2SO_4, $(NH_4)_2CO$ 등이 사용되며, 염석된 단백질 중의 무기염은 투석(dialysis)에 의하여 제거된다.

3) 염장에 의한 변성

염장법은 예부터 전해오는 식품 저장법의 하나로, 특히 어육의 저장법으로 많이 사용되고 있다. 어육은 염장 중에 단백질이 변성되어 불용성이 된다.

대구고기를 염장하였을 때는 그림 3-4에서 보는 바와 같이 actomyosin은 변성되나 비 actomyosin은 변성되지 않는다.

actomyosin의 변성은 수분이 육질 외로 손실되고 염분이 침입되어 일어난다. 또한 식염뿐만 아니라 각종 무기 염류에 의해서도 단백질의 변성이 일어난다.

이 변성은 actomyosin이 고농도의 무기 염류에 의하여 염석이 되면서부터 시작된다고 하지만, actomyosin은 0.8~1.5M 정도의 염농도에서 actomyosin $\rightleftarrows$ actin+myosin과 같이 해리되며, myosin은 응집 또는 구조가 풀려 변성되는 성질이 있으므로 염장에 의한 변성 메카니즘은 상당히 복잡한 것으로 추정된다.

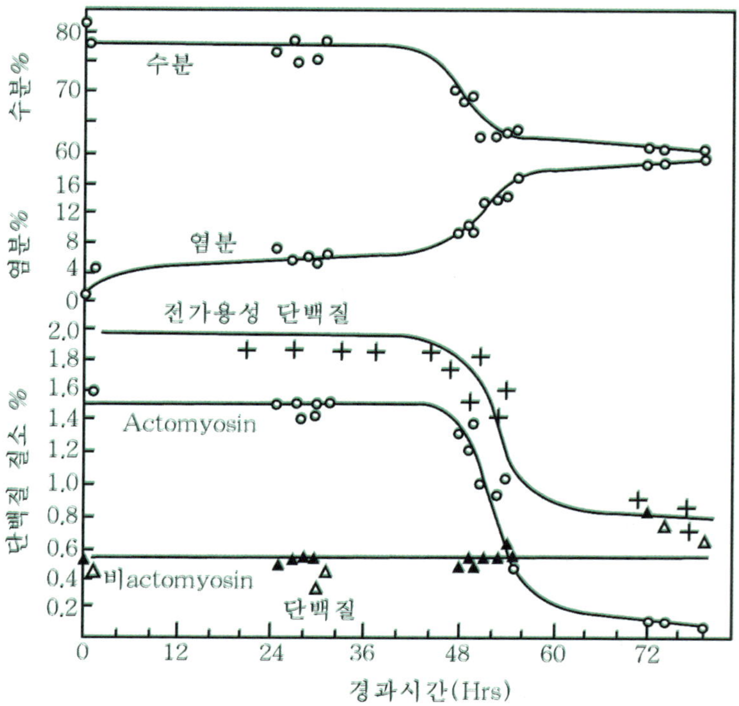

〈그림 3-4〉 대구어육의 염장 중 단백질의 변성

4) 금속 이온에 의한 변성

가용성의 2가 또는 3가의 금속 이온은 단백질이 변성되어 응고하는 데 큰 영향을 미친다. 예를 들면, 두부 제조시 두유에 Ca^{2+}이나 Mg^{2+}염을 넣으면 응고하지만 K^{+} 등의 1가 이온으로는 응고하지 않는다.

Ca^{2+}이나 Mg^{2+}이온은 대두 단백질인 glycinin의 분자 사이에 $-\overset{\overset{O}{\|}}{C}-Ca-\overset{\overset{O}{\|}}{C}-$ 와 결합된 Ca은 투석에 의하여 쉽게 제거되지 않는다. 3가의 Al이온은 응고시키는 효과가 더욱 크다. 과일의 설탕조림에서 백반(alum)을 넣으면 Al^{3+}가 재료 중의 단백질을 응고시켜 조릴 때 형태가 잘 유지된다.

5) Alcohol, acetone에 의한 변성

단백질 수용액에 유기용매인 alcohol이나 acetone을 넣으면 단백질이 변성되어 침전한다.

alcohol에 의한 침전은 친수성이 강한 alcohol의 탈수 작용에 의하여 단백질 분자의 수화가 대단히 적어지기 때문인 것으로 생각된다. 이 반응은 등전점 부근에서 가장 잘 일어난다.

alcohol 첨가에 의하여 우유의 침전 반응의 유무를 보는 alcohol test는 우유의 신선도 판정에 이용된다. 이것은 우유가 변질되면 산이 증가되므로 등전점 부근의 pH로 되기 때문이다.

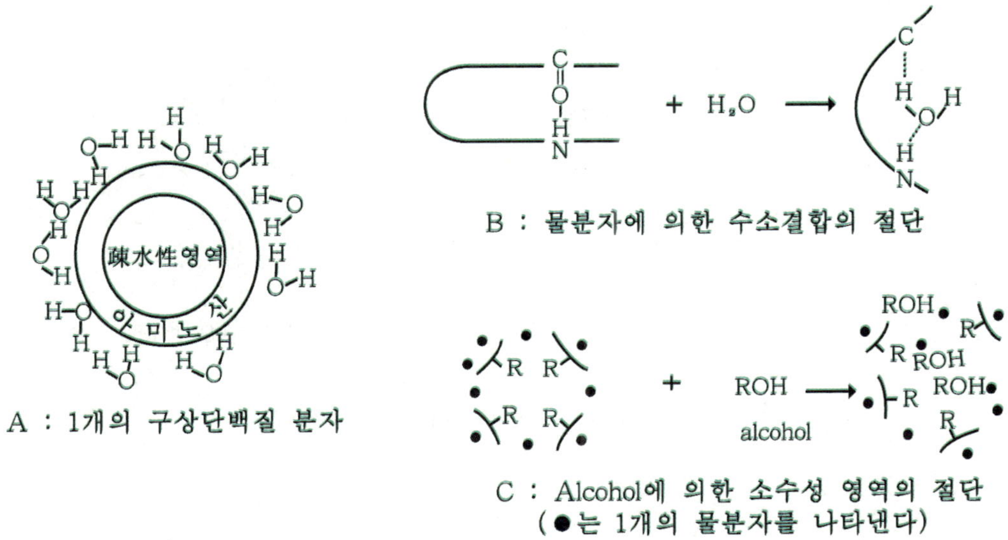

〈그림 3-5〉 물 및 alcohol에 의한 단백질의 변성

6) 기타 화학 물질에 의한 변성

Hg, Ag, Cu, Fe, Pb 등의 중금속은 단백질과 착화합물을 만들어 침전한다. 또한 단백질 용액에 phosphowolframic acid, phosphomolybdic acid, tannic acid, picric acid, sulfosalicylic acid, trichloroacetic acid시약을 넣으면 단백질이 침전된다. 이들은 단백질의 amino 잔기의 극성기에 결합하기 때문이다.

6. 효소에 의한 변성

응유효소인 rennin은 송아지의 제4위에 존재하고 우유의 응고에 관여하는 효소이다. 적당한 pH에서 우유에 효소 rennin을 작용시키면 우유 단백질의 응고가 일어난다. 이것은 우유 단백질의 약 80%를 차지하는 수용성의 casein이 효소 rennin에 의하여 가벼운 분해를 받아 그 질소의 4~10%를 잃어 역시 수용성의 paracasein이 된다. 이 수용성의 paracasein이 우유 속의 Ca^{2+} 이온과 결합하여 불용성의 calcium paracaseinate를 형성하기 때문이다.

이와 같이 우유 단백질의 변성에 의하여 생긴 응고물을 curd라고 하며 치즈 제조에 이용된다.

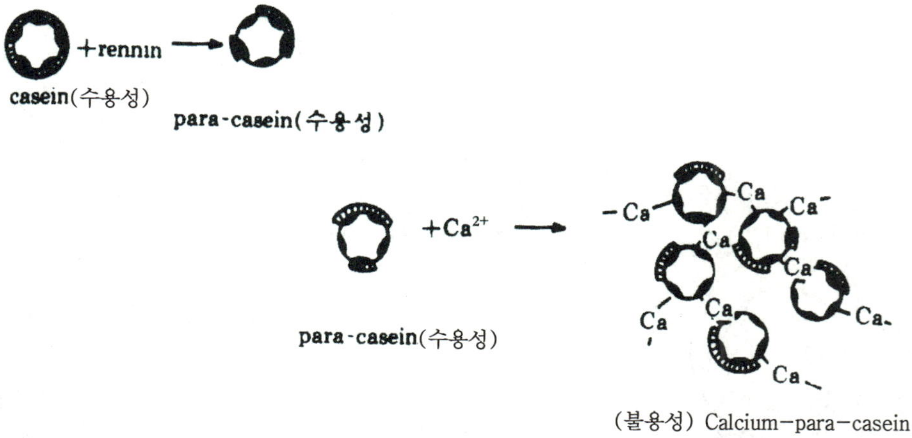

〈그림 3-6〉 Casein 단백질의 rennin 효소에 의한 변성

제2절 단백질의 분해

1. 광선에 의한 단백질 및 아미노산의 분해

단백질 및 아미노산 중에는 광선에 의하여 분해되는 것이 있다.

Pepsin, trypsin, papain과 같은 protease에 자외선을 쪼이면 단백질이 변화되어 단백질 분해 능력이 없어진다.

casein은 형광 물질(vitamin B_2, eosin, lumiflavin)의 존재하에서 햇빛을 받으면 casein 중의 tryptophan이 분해되어 영양가가 현저하게 떨어진다.

또 egg albumin은 자외선 조사에 의하여 점도는 거의 변화하지 않으나 표면장력이 감소한다.

이에 반하여 가열한 것은 점도가 증가하고 표면장력이 감소하므로 열변성과 다른 일종의 변성이라 생각된다(표 3-2).

[표 3-2] 광선 및 가열에 의하여 변화된 egg albumin액의 比粘度와 표면장력

egg albumin	비점도(18° C)	표면장력(dyne/cm²)
무처리액	1.05	75
광선을 조사한 액	1.05	61
가열한 액	1.20	72

한편, tryptophan, methionine, tyrosine, alanine 등의 아미노산도 광선에 의하여 분해된다. 즉, tryptophan 용액에 빛을 쪼이면 분해되어 갈색으로 착색하고 자외선을 조사하면 alanine, aspartic acid 및 hydroxyanthranilic acid가 생성된다. 또한 형광 물질이 공존하면 tryptophan을 비롯하여 cystine, methionine 및 tyrosine도 분해된다.

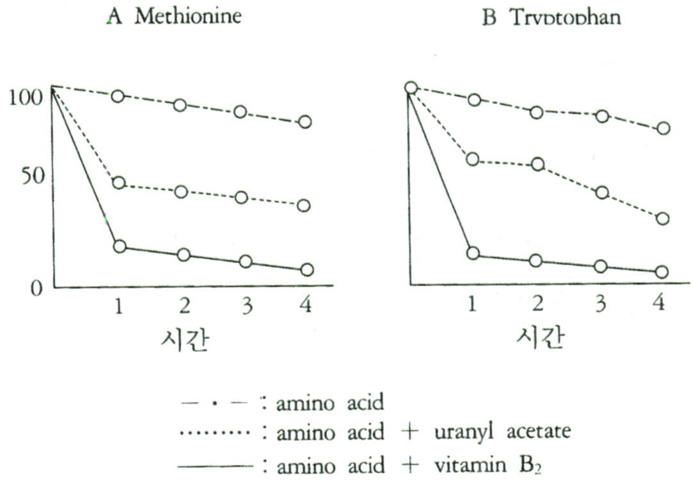

〈그림 3-7〉 형광물질이 공존할 때의 아미노산의 광분해

Alanine은 질소기류 속에서 석영 등을 쪼이면 분해하여 ammonia, lactic acid 및 pyruvic acid를 생성한다.

2. 산 · 알칼리에 의한 분해

1) 산분해

단백질에 적당한 농도의 산을 작용시키면 구성 아미노산으로 가수분해 된다.

단백질의 산 가수분해에는 보통 6N-HCl이 사용되며 진공 상태에서 105°C로 24시간 분해한다. 산으로 단백질을 가수분해하면 tryptophan은 완전히 분해되고

cysteine, serine 및 threonine 등도 약간 분해된다. 따라서 식품중의 tryptophan을 정량하기 위해서는 염산 가수분해 대신에 알칼리 가수분해를 실시하며, 함황 아미노산량을 정확히 구하기 위해서는 performic acid로 산화하고 나서 염산으로 가수분해하는 방법이 이용된다.

2) 알칼리 분해

단백질에 적당한 농도의 알칼리를 작용시켜도 구성 아미노산으로 가수분해 된다. 단백질의 알칼리 가수분해에는 보통 25%의 NaOH 또는 $Ba(OH)_2$가 사용되며 약 6시간 가열하여 분해한다. 알칼리로 단백질을 가수분해하면 구성 아미노산이 racemic화 되고 또한 arginine, cysteine 및 lysine 등이 파괴된다.

3. 자기소화

단백질은 단백질 분해 효소인 각종 protease에 의하여 구성 아미노산 및 peptide로 가수분해된다. 식품 중의 단백질이 그 식품 자신이 가지고 있는 protease에 의하여 가수분해되는 것을 자기소화(autolysis)라 한다.

육류 및 생선은 신선한 것에 비하여 어느 정도 시간이 경과한 것이 자기소화에 의하여 아미노산 등이 유리되므로 오히려 맛이 더 좋다. 그러나 자기 소화도 단백질은 미생물이 번식하기 쉬워 부패가 빠르다.

Chapter 04

탄수화물(Carbohydrates)

제1절 탄수화물의 뜻과 분류

1. 탄수화물의 뜻

탄수화물은 지구상에 가장 널리 분포되어 있는 유기물질로 동·식물의 신진대사에 핵심적인 역할을 하며 녹색식물의 광합성에 의해 물과 이산화탄소로부터 생합성된다. 탄수화물은 인간이 가장 많이 섭취하는 기본적인 식품이며, 중요한 에너지원인 곡류 및 서류와 같은 각종 식품의 주요 구성성분을 이루고 있다.

또한 탄수화물은 식품중에서 감미제, 겔 또는 페이스트 형성제, 증점제, 안정제의 역할을 하며, 조리가공 과정 중에 일어나는 일련의 반응에 의해 향기와 색소의 전구체로서도 작용한다.

탄수화물이란 명칭은 포도당이 $C_6H1_2O_6$(6C + $6H_2O$)로 표기되는 것과 같이 탄소의 수화물이라는 개념에서 유래되었는데, 마치 탄소와 물의 결합물처럼 보이기 때문에 이러한 범주의 화합물을 탄수화물(carbohydrate)이라고 하였다.

탄소(carbon), 수소(hydrogen), 산소(oxygen)의 3원소만으로 이루어지고 질소(nitrogen)를 함유하고 있지 않는 것이 특징이며, 수소와 산소의 비율은 2:1 즉, 물과 같은 비율로서 $C_n(H_2O)_m$이란 일반식으로 표시된다(n=m 또는 n=m+1).

그러나 오늘날 수많은 화합물들이 발견되면서 $C_n(H_2O)_m$이란 일반식으로 표현할 수 없는 것도 많게 되었지만, 명칭은 그대로 남았으며 한편으로는 단백질 · 지질에 대응하여 탄수화물을 당질(glucoside)이라고도 한다.

탄수화물의 화학적인 특징은 분자 내에 한 개 이상의 hydroxyl(−OH)기와 한 개의 carbonyl(−CHO 또는>CO)기를 가지고 있다는 점이며 이러한 화합물이 몇 개 또는 다수가 결합한 형태로 구성되어 있다.

또한 탄수화물이 산화 또는 환원된 것이나 C·H·O이외에 N나 S를 품는 기(원자단)와 결합한 것, 우리 식생활에 중요한 각종 당류(sugars), 전분(starch) 등 이외에도 식물체의 주요 구성성분인 셀룰로오즈(cellulose), 헤미셀룰로오즈(hemicellulose), 펙틴(pectin), 리그닌(lignin), 그리고 각종 검질(gums) 등도 탄수화물에 포함된다.

2. 탄수화물의 분류

탄수화물은 일반적으로 단당류, 소당류 및 다당류로 분류된다. 단당류는 가지가 없는 탄소사슬에 다수의 -OH기를 갖는 aldehydes 또는 ketones 화합물로 그 구조를 변형하지 않고서는 더 이상 가수분해되지 않는다.

Glucose, fructose, galactose 등이 대표적인 단당류이다. 소당류는 몇 개의 단당류들이 물 분자가 제거되는 반응에 의해 결합된 탄수화물로 두 개의 단당류가 결합된 이당류 및 수개의 단당류가 결합된 소당류로 세분된다.

Sucrose, maltose, lactose, raffinose 등이 대표적인 소당류이다. 다당류는 n개의 단당류로 구성되어 있으며 이때 n은 수 개에서 수백만 개에 이르는 고분자량의 중합체이다.

따라서 다당류의 특성은 다른 탄수화물과는 크게 달라 단당류나 소당류와는 달리 대부분 물에 불용성이거나 쉽게 녹지 않으며, 단맛도 지니지 않는다. Starch, cellulose 및 pectin 등이 대표적인 다당류이며, 산, 알칼리, 효소 등에 의해 분해된다.

- **단당류(monosaccharides)**
  - 5탄당(pentose) : xylose, arabinose, ribose 등
  - 6탄당(hexose) : glucose, fructose, galactose, mannose, fucose 등
- **이당류(disaccharides)** : sucrose, maltose, lactose, gentibiose, cellobiose 등
- **소당류(oligosaccharides)** : 3~10개의 단당류의 축합체
- **다당류(polysaccharides)**
  - 단순다당류(simple polysaccharides) : 단일종 단당류의 축합체
starch, glycogen, cellulose 등
  - 복합다당류(complex polysaccharides) : 2종 이상 단당류의 축합체
pectin, hemicellulose

제2절 단당류

1. 단당류의 구조와 명명법

단당류는 2개 이상의 수산기(-OH)와 aldehyde기(-CHO)나 ketone기(C=O)를 반드

시 가지고 있으며, aldehyde기를 가지는 것을 aldose, ketone기를 가지는 것을 ketose 라 한다. Aldose 계열의 화합물은 탄수화물의 조건을 갖추는 가장 간단한 화합물인 탄소수 3개의 glyceraldehyde(triose)로부터 시작하여 탄소의 총갯수로서 tetrose, pentose, 및 hexose 등과 같이 명명한다.

Ketose계열의 화합물은 가장 기본인 dihydroxyacetone(triulose)에서 시작하여 tetrulose, pentulose 및 hexulose 등과 같이 명명한다. 이때 keto group의 위치를 숫자로 표기하여 2-pentulose, 3-hexulose 등과 같이 표현한다. 단당류의 OHgroup이 H원자로 치환된다면 deoxy sugar가 되며 NH_2 group이 치환되면 amino-deoxy 화합물이라 한다.

3탄당(triose)인 glyceraldehyde에 있는 중앙의 탄소는 4개의 서로 다른 원자 또는 원자단과 결합되어 있어 비대칭인 “부제탄소(asymmetric carbon)”이므로 D-와 L-형의 2개의 입체이성질체(거울이성질체)가 존재한다.

그림 4-1과 같이 부제탄소원자를 중심으로 한 사면체구조로 나타내는데 OH기가 오른쪽에 붙는 것을 D-형, 왼쪽에 붙는 것은 L-형이라 한다. 단당류의 D-형과 L-형은 3탄당인 glyceraldehyde의 형태에 의해 결정된다.

즉 D-glyceraldehyde에서 유도된 단당류는 모두 D-형, L-glyceraldehyde로부터 유도된 것은 모두 L-형이라고 한다. 이러한 규칙은 그림4-2와 같은 Fischer 구조식을 살펴보면 좀 더 명확히 이해할 수 있는데, Fischer 구조식에서 가장 숫자가 높은, 즉, aldehyde나 ketone기에서 가장 먼 곳의 부제탄소의 -OH가 오른쪽에 있으면 D-형, 왼쪽에 있으면 L-형이 된다.

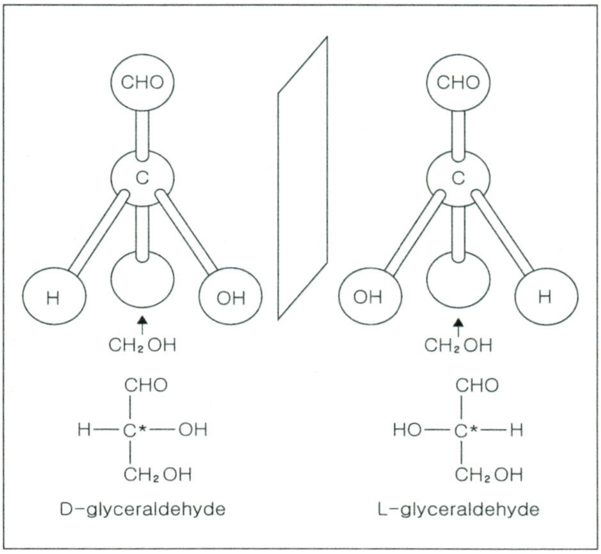

〈그림 4-1〉 Glyceraldehyde의 입체구조

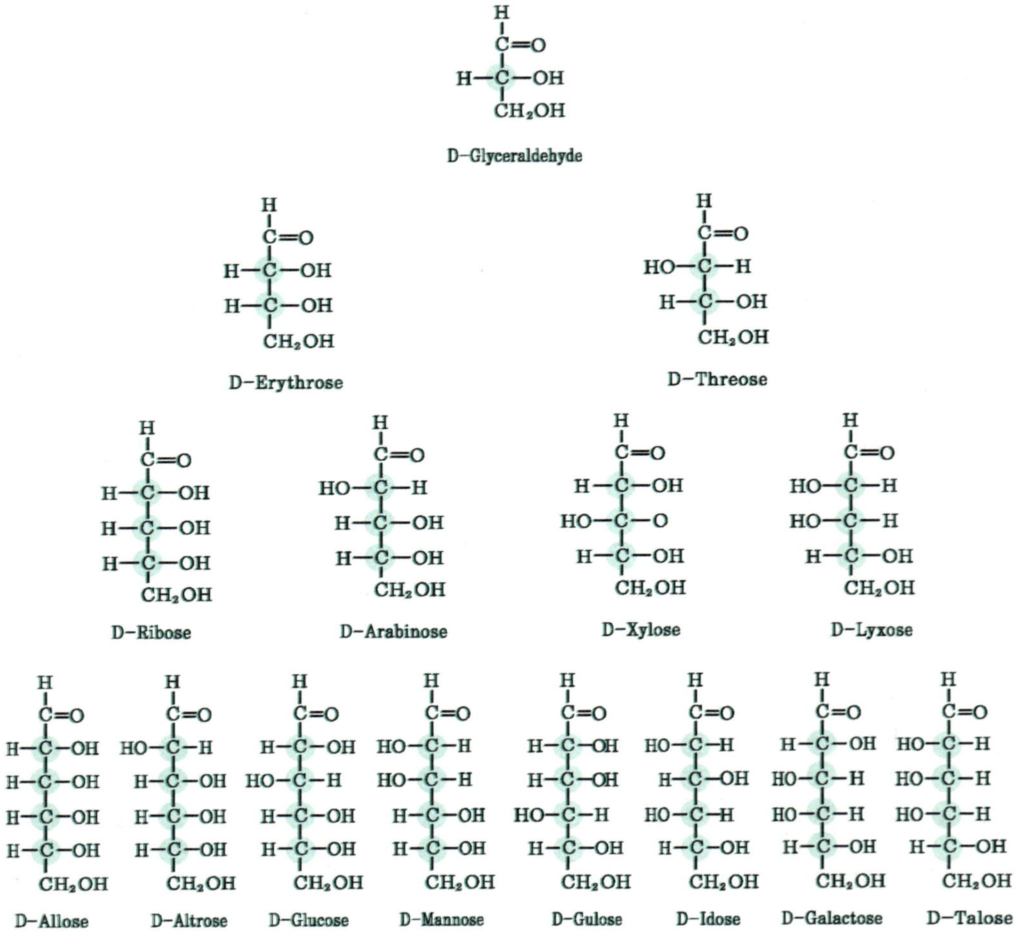

〈그림 4-2〉 Aldose의 종류와 구조

Glyceraldehyde에 탄소가 1개 더 붙으면 4탄당(tetrose)이 되며 부제탄소가 2개 존재하므로 4개의 입체이성질체가 존재한다. 이와 같이 부제탄소수가 늘어남에 따라 이성체의 수는 차례로 많아져서 2^n개(n은 부제탄소수)의 이성체가 존재하게 된다.
이들의 이름과 구조는 그림 4-2, 4-3과 같다. 천연에 존재하는 단당류는 주로 5탄당과 6탄당이고, 단당류에는 여러 가지 유도체가 있다.

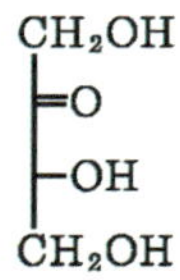

D- Tetrulose

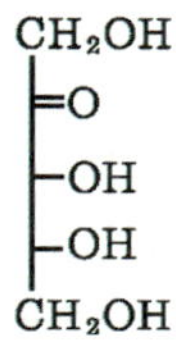

D- Ribulose

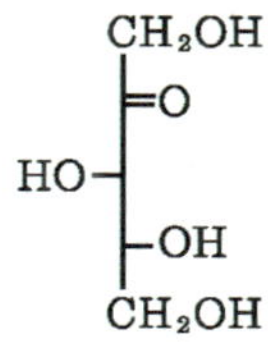

D- Xylulose

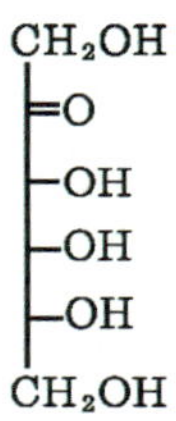

D- Psicose

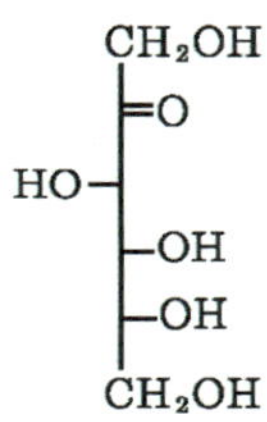

D- Fructose

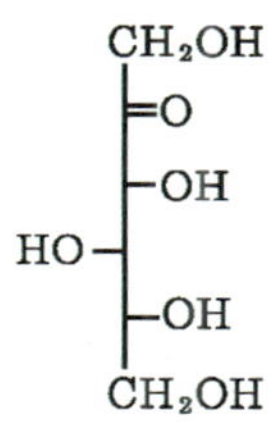

D- Sorbose

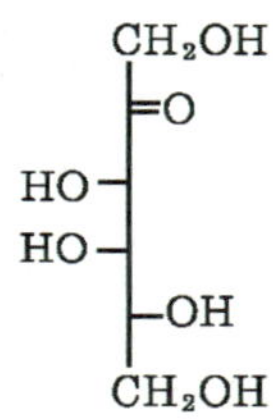

D- Tagatose

〈그림 4-3〉 Ketose의 종류와 구조

2. 단당류의 환상구조

Fischer 구조식 이후 분자의 공간적인 형태를 좀더 정확하게 나타내고자 Haworth 구조식이 도입되었다.

D-glucose의 pyranose형은 5번 탄소의 -OH와 1번 탄소의 aldehyde기가 반응하는 aldehyde와 alcohol의 반응으로 6각의 환상구조가 형성되며 이를 hemiacetal이라고 불리우는 유도체의 형성에 의한 pyran의 유도체라고 생각하여 pyranose형이라 한다. 이때 비대칭인 부제탄소 한 개가 생성되며 서로 다른 두 개의 입체이성질체가 존재하게 된다.

이들에 그리스어의 접두사를 붙여 α-와 β-형으로 구분하며, α-D-glucose나 β-D-glucose로 명명한다. D-glucose의 수용액은 36%의 α-형과 64%의 β-형으로 존재하며 평형상태를 이룬다.

이처럼 hemiacetal 탄소원자 주위의 배열만이 서로 다른 단당류의 이성질체를 anomer라고 부르고, hemia cetal을 형성하는 carbonyl기의 탄소를 anomeric carbon이라고 하며 수산기를 anome ric 수산기 또는 glycosidic 수산기라고 한다.

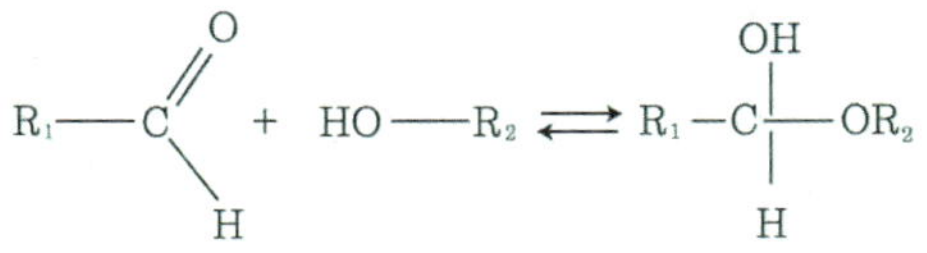

Aldehyde　　Alcohol　　Hemiacetal

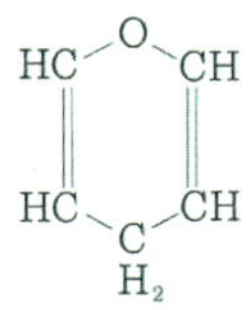

pyran

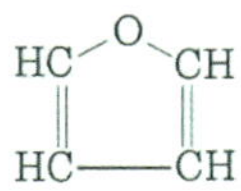

furan

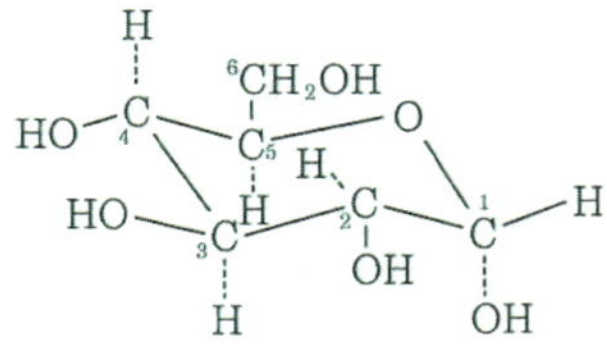

glucose의 의자형 구조

탄소원자가 5개 이상인 aldose만이 안정한 pyranose 고리를 형성하며, aldohexose도 5원자로 되는 환상구조로도 존재한다. 이와 같은 환상구조는 furan구조와도 유사하여 furanose라고도 부른다.

Haworth는 당의 5각 또는 6각의 환상구조를 가리키기 위하여 당의 결정을 X선상으로 고찰하여 그림 4-4와 같은 표시법을 도입하였으며 오늘날 널리 쓰이고 있다.

그러나 glucose의 구조는 실제로는 열역학적으로 가장 안정한 의자형(chair conformation)이다.

D-glucose의 예를 들어 Fischer 구조식의 직선구조를 Haworth의 환상구조로 전환하는 방법은 다음과 같다.

(a) C-6이 있는 $-CH_2OH$를 원래 결합해 있던 C-5의 고리평면의 위로 위치하게 그린다.

(b) Fischer 구조식에서 오른쪽에 위치한 -OH/-H는 Haworth 환상구조식의 고리평면 아래 위치로, 왼쪽에 위치한 -OH/-H는 위로 배치한다. 이때 C-5의 -H는 90°이상 회전되므로 예외적으로 아래로 배치한다.

(c) aldose의 hemiacetal에서 C-1도 부제탄소가 되므로 2개의 이성체가 생긴다. C-1의 -OH기는 당의 D, L을 결정하는 -OH와 동일한 방향이면 α-형, 반대방향이면 β-형이 된다. D-glucose의 경우 α-형은 -OH가 아래로, β-형이면 -OH가 위로 위치한다.

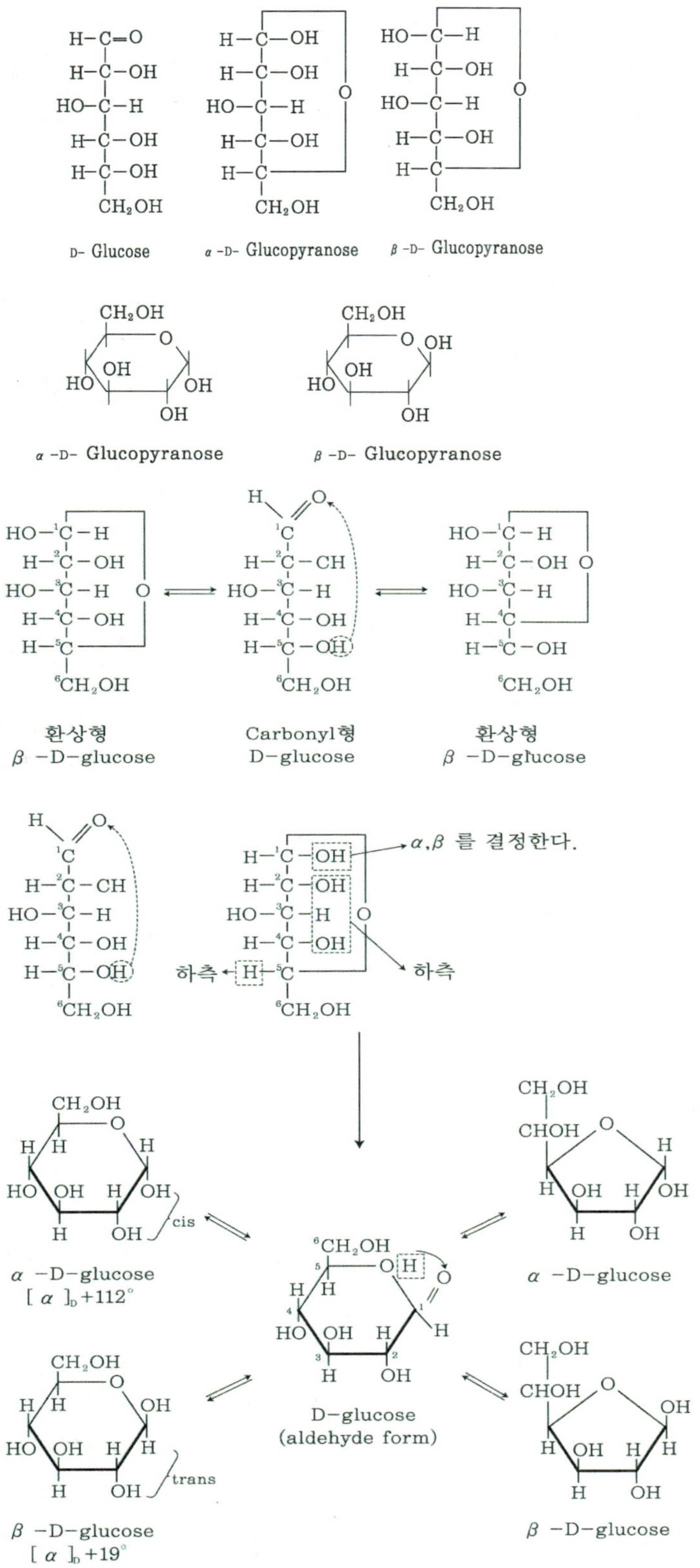

〈그림 4-4〉 D-Glucose의 Fischer 및 Haworth구조

ketose도 역시 α-와 β-의 anomer형으로 존재한다. ketose는 5번 탄소의 수산기와 2번 탄소의 카르보닐기와 반응하여 hemiketal이 결합하여 5원자 환상구조인 furanose를 형성한다. 따라서 D-furanoketose도 α-및 β-가 존재할 수 있으나 β-형이 일반적인 형태로 존재한다.

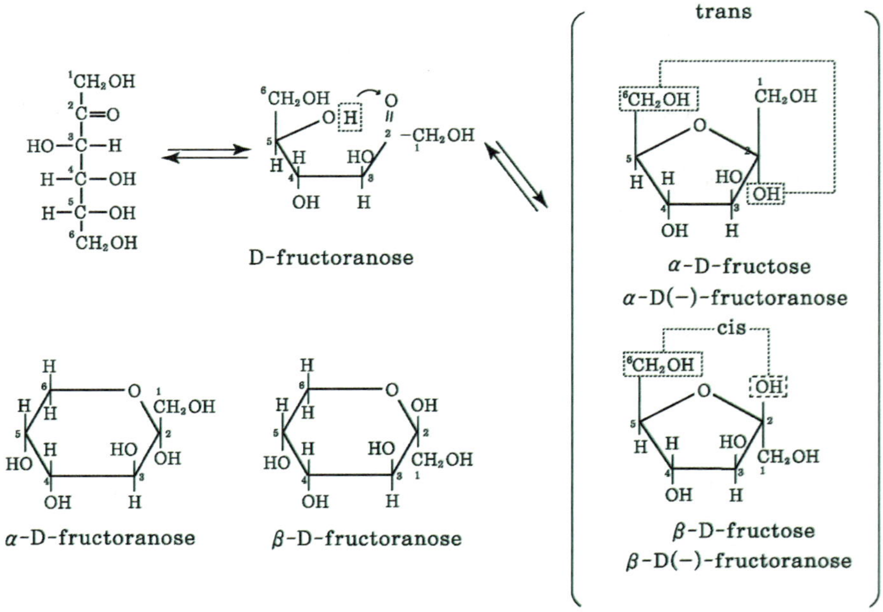

〈그림 4-5〉 D-Fructose의 구조

한편 fructose는 자연계에서 결합상태로 존재할 때는 언제나 ²C와 ⁵C 사이에 O가 들어간 5각환구조(2·5환)를 이루는데, 이것은 furan의 유도체라 생각하여 furanose형이라 한다. Fructose가 유리상태로 있을 때는 pyranose형으로 존재한다.

3. 이화학적 특성

1) 선광성

그림 4-6과 같이 거울이성질체인 당은 각각의 수용액에 편광(polarized light)을 비추면 편광을 회전시킬 수 있는 광학활성(optical activity) 물질이며, 이러한 광학활성을 선광성이라고도 한다.

당은 좌우 같은 각도만큼 편광을 회전시키므로 광학이성질체(optical isomer)라고도 하며 선광방향은 거울이성질체와 관계없이 편광의 회전방향에 따라 오른쪽으로 회전시키는 이성체를 우선성(dextrorotatory), 왼쪽으로 회전시키는 것을 좌선성(levorotatory)이라 하고, 우선성이면(+), 좌선성이면(-)로 표시한다.

따라서 D-또는 L-의 기호 다음에 (+) 또는 (-)를 더하여 D(+)-glucose,

D(−)−fructose 등과 같이 표시하며 이들의 물리·화학적인 성질은 모두 같다. Fructose처럼 D−계열이면서 선광성이 (−)인 것도 있다.

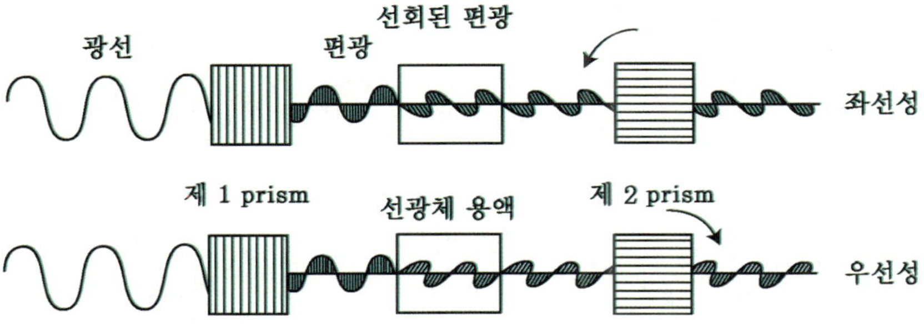

〈그림 4−6〉 편광계의 원리

2) 변선광

단당류나 소당류의 20−25℃에서 나트륨광의 D−선에 대한 회전상수를 고유광회전도(specific roation)라고 하며 $[\alpha]_{\lambda}^{t}$(λ=파장, t=온도)로 표기한다.

D−glucose를 수중에서 결정시킨 *α*−D−glucose는 물에 용해시킨 직후의 고유광회전도가 $[\alpha]_{D}^{20}$= +112.2° 이지만 보통의 glucose를 고온(98°C 이상)에서 결정시켜서 얻은 *β*−D−glucose의 용해직후의 고유광회전도는 $[\alpha]_{D}^{20}$=+18.7°이다.

그러나 *α*− 및 *β*−glucose의 용액은 시간의 경과에 따라 고유광회전도가 점차 변화하여 +52.7°에서 일정한 평형상태를 유지하게 되며 이 현상을 변선광(mutarotation)이라 한다.

$$\alpha\text{-D-glucose} \leftrightarrows \text{평형상태} \leftrightarrows \beta\text{-D-glucose}$$
$$+112.2^{\circ} \qquad +52.7^{\circ} \qquad +18.7^{\circ}$$

이는 *α*−D−glucose의 ether형태의 결합이 수용액에서 분해되어 aldehyde형을 거쳐서 *β*−D−glucose로 전환되어 결과적으로 *α*−형과 *β*−형이 37:63의 비율로 평형에 도달하기 때문이다.

3) 환원성

환원성(reducing property)은 유리상태의 aldehyde기 또는 ketone기를 갖고 있는 당의 대표적인 특성이다.

aldose와 ketose가 환상구조를 이루기 위해 aldose의 C_1과 ketose의 C_2에서 생긴 −OH는 다른 탄소에 결합된 −OH와 달리 반응성이 크며, 이것을 glycoside성 OH

또는 hemiacetal OH 또는 anomer성 OH라 한다. 이 glycoside성 OH는 aldehyde 또는 ketono의 성질을 강하게 띠고 있어 환원성이 있다.

이러한 환원력은 단당류의 정성 및 정량반응에 이용되고 있고, Fehling reaction, silver mirror reaction등이 대표적이다.

4) 산과의 반응

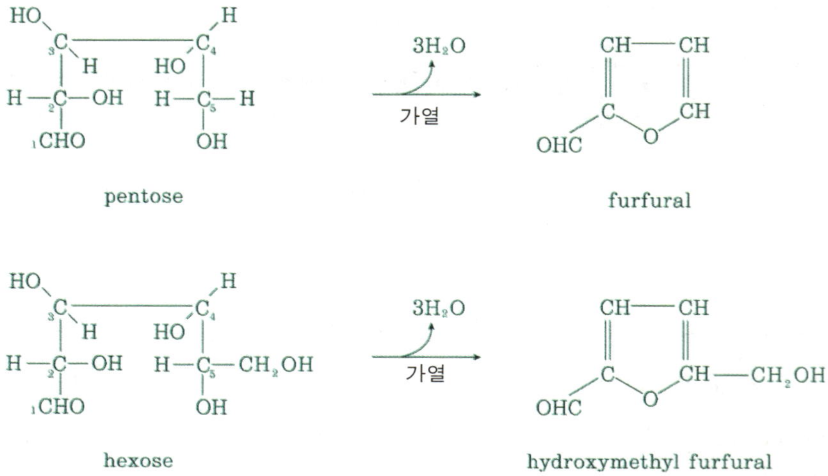

〈그림 4-7〉 강산성에서 단당류의 반응

단당류는 pH 3-7 정도의 범위에서는 매우 안정하지만, 양극단의 pH에서는 매우 극심한 변화가 일어난다. 기본적으로 물이 제거되고 산성에서는 탄소골격이 유지되지만, 알칼리의 경우는 심하게는 골격의 분열과 절단이 일어난다.

강산성에서 가열하면 탈수되어 pentose에서는 furfural이, hexose에서는 5-hydro xymethyl furfural(HMF)이 생성된다. 당을 융점 이상으로 가열하면 산과 가열하였을 때와 마찬가지로 furfural이 생성되는데 이것이 다시 중합하여 적갈색으로 변한다. 이것을 카라멜화(carmelization)라 한다. Fructose는 카라멜화하기 쉽지만 glucose는 어렵다. 이 착색물은 식품가공에서 식품의 착색에 이용되고 있다.

5) 알칼리와의 반응

단당류는 약알칼리성에서 이성화(epimerization)를 일으킨다. Glucose를 약알칼리성에서 일정온도로 방치하면 1,2-endiol을 통해 fructose, mannose가 생겨서 3가지의 혼합물이 얻어지는데, 예를 들면 glucose를 $Ca(OH)_2$용액에서 저온방치하면 glucose 63.5%, fructose 31%, 및 mannose 2.5% 가 생성된다.

이들 3가지의 당류처럼 부제탄소원자에 붙는 -OH 및 -H의 입체배치가 서로 다른 물질을 서로 epimer라 한다.

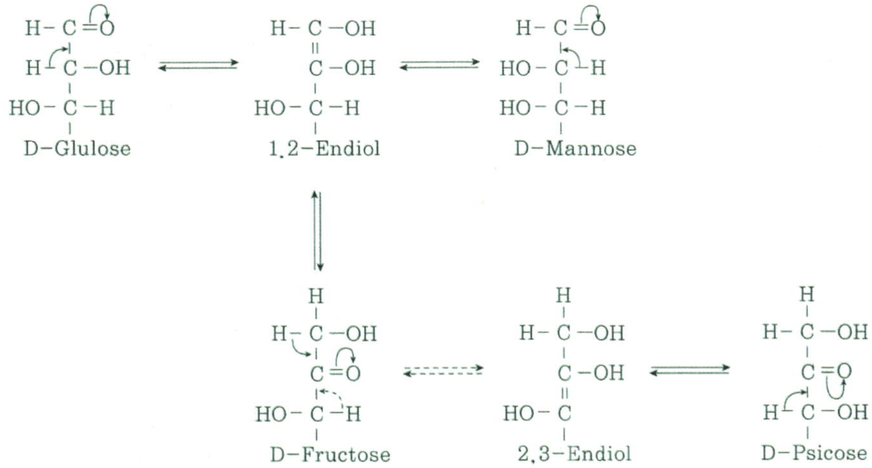

〈그림 4-8〉 알칼리성에서의 단당류의 이성화

4. 단당류의 종류

1) 3탄당(triose)과 4탄당(tetrose)

3탄당은 생리상의 뜻을 가지는 가장 간단한 당으로서 glyceraldehyde(or glycerose)와 dihydroxyacetone이 여기에 속한다. 이들은 근육 또는 효모 중에서 당이 분해할 때 인산 ester로서 존재하고, 유리상태로는 존재하지 않는다. 유리형, 인산형은 다같이 매우 불안정하여 음식물 중에는 없다. 4탄당도 유리상태로는 천연에 존재하지 않는다.

2) 5탄당(pentose)

5탄당($C_5H_{10}O_5$)은 3개의 부제탄소원자를 가지기 때문에 이론상 8개의 이성체가 존재할 수 있으나 자연에 널리 분포하는 것은 L-arabinose, D-ribose등이다.

(1) D-Xylose

Xylose($C_5H_8O_4$)는 생물체에 유리상태로 존재하는 일은 거의 없고, xylan의 구성단위가 되며, 식물세포벽의 구성물질을 이루고 있어 나무에서 얻어지는 당이라는 뜻의 목당(木糖, wood sugar)이라고도 한다. 초식동물은 xylan을 소화하여 영양소로 이용할 수 있으나 사람은 이를 소화할 능력이 없어 인체에는 특별한 생리작용을 하지 않는다. Xylose의 융점은 144-145℃이며, 비교적 단맛이 강하여(설탕의 약 60% 정도) 당뇨병환자의 감미료로 이용되며 대부분의 일반적인 효모에 의해서 발효되지 않는다.

(2) L-Arabinose

식물의 gum, hemicellulose, pectin, 및 arabinose의 축합체인 araban 등의 구성 성분으로 식물체에 존재하며, 유리상태로는 거의 존재하지 않는다. 융점은 약 160℃이며, 설탕보다는 낮은 단맛을 지니고 있으며, 효모에 의하여 발효되지 않는다.

(3) D-Ribose와 D-Deoxyribose

D-Ribose는 동식물세포에 존재하는 핵산(RNA), ATP 등의 구성성분으로 조미료로도 이용되는 일부 5'-mononucleotides의 성분이기도 하다. 융점은 87℃이며, 여러 화합물의 구성단위로 결합한 상태일 때는 furanose형으로 존재한다. 한편, D-deoxyribose는 유리상태로 존재하지 않고 역시 동식물의 세포에 존재하는 핵산의 구성성분으로 중요하다.

3) 6탄당(hexose)

6탄당은 식품 중에 광범위하게 분포되어 있고 각종 식품의 가공 및 저장 중에 중요한 역할을 할 뿐만 아니라 자연에 존재하는 많은 고분자 탄수화물들의 주요한 구성 성분이다.

6탄당은 분자중에 4개의 부제탄소원자가 있어 16개의 입체이성체가 있다. 이들 중 식품학 및 영양학적으로 중요한 것은 aldose인 glucose, galactose 및 mannose와 ketose인 fructose이다. D-Galactose이외는 ^{3}C 이하의 구조가 모두 같다.

이 4종의 단당류는 대체로 강한 단맛을 갖고 있어 중요한 감미원으로서 식품가공에 널리 이용되고 있다.

(1) 포도당

포도당(glucose, grape sugar, dextrose)은 자연계에 매우 널리 분포하는 단당류로서 aldohexose에 속하며, 특히 단맛이 있는 과일에 많고 포도과즙의 5%를 차지하며, 동물의 혈액에도 약 0.1%정도 존재한다. 또한 α-D-glucose는 설탕, 젖당, 덱스트린, 전분, 글리코겐 등 이당류와 oligosaccharide 및 다당류의 주요한 구성 성분이며 β-D-glucose는 셀룰로오스의 구성 성분이다.

자연계의 것은 D-계이고 우선성이다. 시판 glucose는 starch의 가수분해에 의하여 공업적으로 만들어진 것이며 효모에 의하여 쉽게 발효된다.

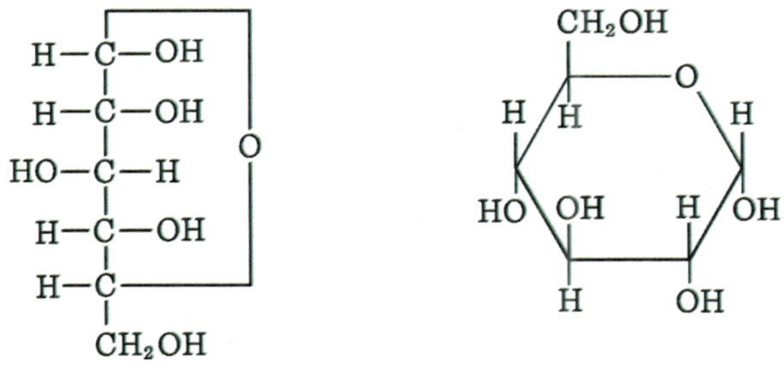

〈그림 4-9〉 α-D-glucose

포도당은 α-형과 β-형의 두 개의 이성질체가 있고, 융점은 각각 146°C와 150°C이며, α-형이 β-형보다 단맛이 강하다. 선광도는 α-형은 [α]=+112.2°이고, β-형은 [α]=18.7°으로 큰 차이가 있다.

인체에서 포도당은 생체 내의 에너지원으로서 영양학 및 생리적으로 매우 중요한데, 정상인의 혈액 중 포도당의 농도는 약 80~120mg/100ml이나 그 농도가 70mg/100ml 이하의 경우는 저혈당증(hypoglyemia), 반대로 120mg/100ml 이상일 때는 고혈당증을 일으키게 된다.

(2) 과당

과당(fructose, levulose, fruit sugar)은 분자내에 keto group을 갖고 있는 ketohexose에 속하며, 천연산의 것은 D-계, 좌선성인 β-D-fructofuranose이며, 융점이 104°C, 선광도는 $[\alpha]_D^{20}=-132.2°$이다.

자연계에 널리 존재하며, 특히 과즙, 벌꿀에 많이 존재하며 설탕과 전화당의 주성분이다. 돼지감자나 다알리아의 뿌리는 inulin이 주성분인데, inulin은 fructose의 중합체로서 fructose의 제조원료로 많이 이용된다.

동물체에는 유리상태로 존재하지 않는다. 유리상태의 fructose는 주로 안정한 pyranose형을 이루나 소·다당류를 형성할 때는 불안정한 furanose형을 이룬다.

과당은 감미료로 사용하고 있는 glucose, sucrose, lactose에 비해 독특한 성질을 갖고 있다.

천연당 중에서 가장 단맛이 강하고 용해도가 크며, 과포화되기 쉬우며 점도가 glucose나 sucrose 보다 적다. 또한 흡습성이 강하기 때문에 결정화하기 어려우며 벌꿀의 끈적끈적한 물성도 과당에 기인한다.

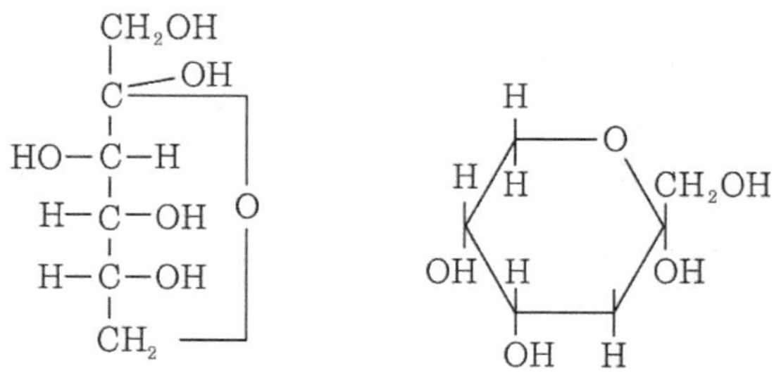

α−D−fructose　　α−D−fructopyranose

(3) Galactose

Galactose는 소당류의 유당, melibiose, 및 raffinose나 다당류인 galactan, 식물성검, hemicellulose, 및 한천 등의 성분으로 자연계에 널리 분포되어 있다. 융점은 167℃이고 α−, β−형의 비선광도는 각각 +150.7, +52.8°이다. Galactose의 단맛은 glucose보다 약하고, β−형의 단맛은 α−형의 1/2 이하이다.
Galactose의 축합체인 다당류를 galactan이라 하는데, 조류 및 콩과식물 세포벽의 점질물의 구성성분이다. 소당류의 구성성분으로서 D−galactose가 대부분이지만 한천이나 식물성검 등에서는 L−형으로 존재한다.

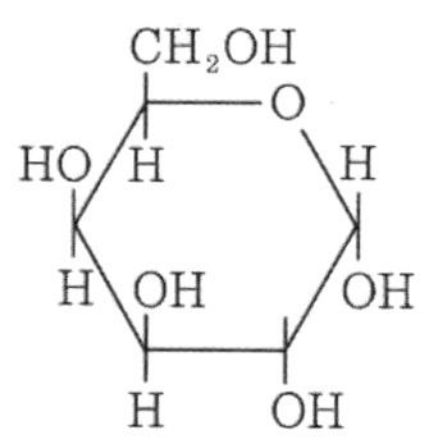

α−D−galactose

(4) Mannose

Mannose는 자연계에 존재하는 것은 D−계, 우선성이며 유리상태로는 거의 존재하지 않고 식물 세포벽의 hemicellulose 및 mannan 성분으로서 자연계에 널리 존재한다. Mannose의 융점은 132℃이고 α−, β−형의 비선광도는 각각 −17.0°, +29.3이다. β−형은 약간 단맛이 있으나 쓴 뒷맛을 갖고 있다.

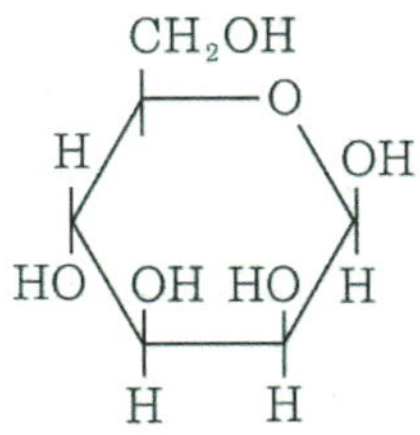

β-D-mannose

(5) Sorbose

Sorbose는 ketohexose에 속하고 L-계, 좌선성이다. 마가목 등의 sorbus속의 과즙에서 발견되었는데, 이것은 마가목속에 있는 D-sorbitol에서 미생물의 작용으로 생성된 것이다.

Vitamin C의 합성원료로 쓰이는데, 이때는 D-sorbitol에 Bacterium xylinum을 작용시켜 대량으로 만든다.

5. 단당류의 유도체

단당류는 산화 또는 환원시키면 산화정도에 따라 다양한 당유도체가 생긴다. 산화제에 의해 ^{1}C의 -OH가 산화되어 -COOH로 된 것을 saccharic acid라 하고, ^{1}C의 aldehyde기나 keto기의 carbonyl은 그대로 있고, CH_2OH group이 산화된 것은 uronic acid라 하며, 환원제에 의해 수소화된 것은 당알콜이라 한다.

1) Aldonic acid

Aldose를 중성이나 약알칼리 조건에서 산화하면 C_1의 aldehyde기가 산화되어 aldonic acid가 된다. 예를 들어 glucose를 산화하면 aldonic acid인 gluconic acid까지 산화되며, 이들의 명명은 당의 어미인 -ose대신에 -onic acid를 붙인다. Gluconic acid는 천연에 존재하지 않는 aldohexose의 일종인 glucose의 aldonic acid로서, 합성에 의하여 얻은 glucose에서 만들어진다.

Ketose는 약한 산화제로는 변화하지 않으나 강한 산화제로 산화시키면 ketone기의 탄소사슬이 절단된다.

2) Uronic acid

Glucose의 aldehyde기를 적당한 치환기로 보호한 후, $KMnO_4$로 산화하면 ^{6}C의 CH_2OH가 산화되어 glucose의 uronic acid인 glucuronic acid가 생기며, 명명은 어미에 -uronic acid를 붙인다.

자연계에는 glucose, mannose, 및 galactose에서 유도된 uronic acid로 glucuronic acid, mannuronic acid, 및 galacturonic acid가 풍부하다.

Glucuronic acid는 생체내에서 glucose로부터 생성된 후 간에서 독성이 강한 −OH 화합물과 결합하여 이른바 포합된 glucuronic acid를 형성하여 오줌으로 배설된다. Galacturonic acid는 pectin, alginic acid, 식물 gum 등을 구성하는 성분이다.

3) Saccharic acid

^{1}C의 aldehyde기와 ^{6}C의 CH_2OH가 질산과 같은 강한 산화제에 의하여 모두 산화되어 −COOH로 된 것을 saccharic acid이라 하며, 명명은 당의 어미에 −aric acid를 붙인다(예; aldose → aldaric acid). Galactose가 산화되면 galactaric acid(관용명 mucic acid)가 된다.

4) 당알콜

단당류는 $NaBH_4$ 등에 의해 환원되어 그에 상응하는 알코올이 생성되는데, 이들을 당알콜(sugar alcohol)이라 하고 해당하는 당 이름끝의 −ose 대신 −itol(또는 −it)을 붙인다. 예를 들면 glucose에서 sorbitol, mannose에서 mannitol이 생성된다.

Ketose인 fructose의 경우는 새로운 부제탄소가 만들어지므로 sorbitol과 mannitol의 두 가지 알콜이 생성된다. 즉, fructose의 ^{2}C에 수소가 부가하면 ^{2}C epimer(^{2}C)위치에서의 이성체인 glucose와 mannose의 당 alcohol이 생성되는 것이다.

Xylose가 환원된 xylitol을 비롯하여 이당류인 maltose에서는 온화한 감미를 갖는 maltitol을 얻을 수 있고, tetrose인 erythrose의 환원체인 erythritol(해조류, 이끼)과 pentose인 ribose의 환원체인 ribitol(vitamin B_2의 구성단위) 등의 당알콜이 있다.

식품산업에서 중요한 당알콜로는 sorbitol, xylitol, 및 mannitol 등인데, sorbitol (glucitol)은 자연계에서 과실류 즉, 배, 사과, 자두 등에 많이 함유되어 있고, mannitol은 갈조류에 함유되어 있다.

당알콜은 대개 체내에서 소화·흡수되지 않아서 혈당을 높이지 않기 때문에 설탕대체 저열량 감미료나 당뇨환자용으로 이용되고 있다.

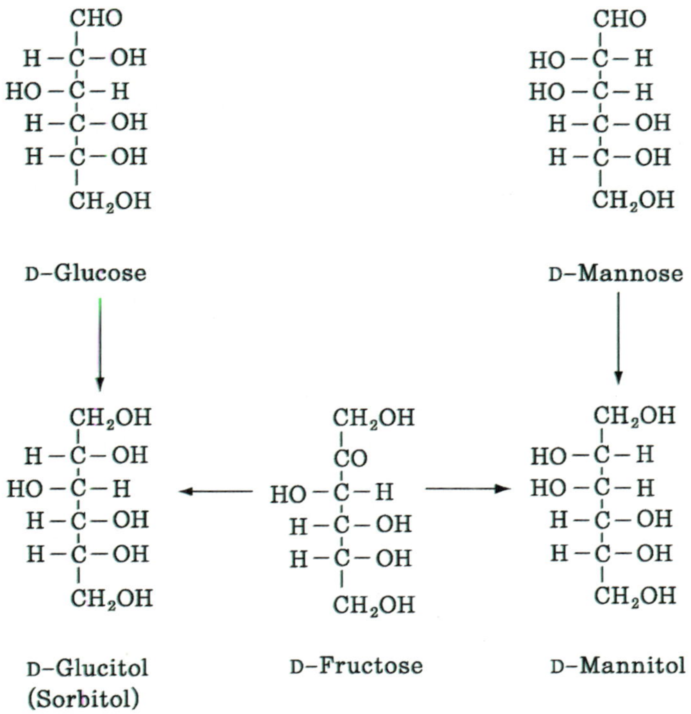

〈그림 4-10〉 당알콜의 생성

5) Inositol · Phytic acid · Phytin

당의 직접적인 유도체는 아니지만, 당 alcohol과 구조가 비슷한 것에 inositol이 있다. Inositol은 입체구조의 차이에 의하여 많은 이성체가 있는데, 그 중 하나인 meso-inositol은 동식물계에 널리 존재한다. Meso-inositol은 vitamin의 일종이다. 곡류 종자에 존재하는 인산의 대부분은 meso-inositol의 6인산 ester의 형으로 존재하는데 이것을 phytic acid라 한다. 또 phytic acid는 Ca 이나 Mg과 결합하여 식물체내에 존재하는데 이것을 phytin이라 한다.

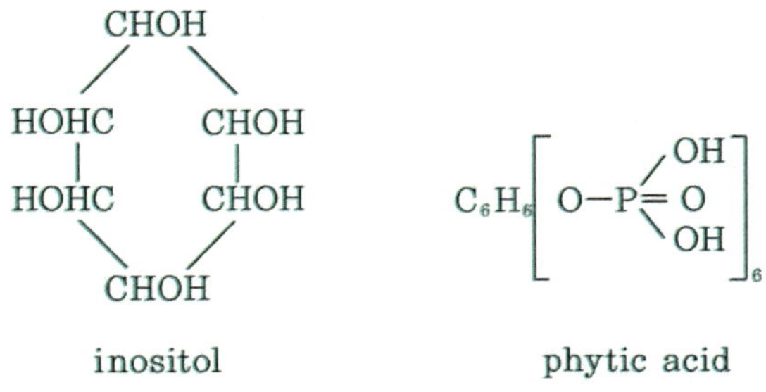

6) Deoxysugar와 Methylpentose

Deoxysugar는 >CHOH가 환원되어 >CH_2로 된 것으로 접두어 deoxy를 붙인다. D-2-deoxyribose는 핵산인 DNA의 구성성분이다. Methylpentose는 hexose의 $-CH_2OH$가 환원되어 $-CH_3$로 된 것이다.

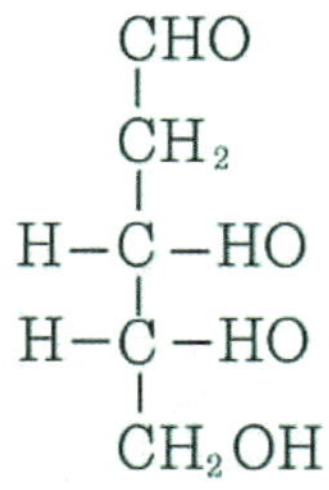

D-2-deoxyribose

7) Amino sugar

당류의 알콜성 -OH가 $-NH_2$로 치환된 것이다. D-Glucosamine은 곤충, 갑각류의 외골격(chitin)과 그 밖의 여러 뮤코다당류의 구성성분이며, 자연계에 존재하는 것은 ²C위에 N가 붙는 것에 한정되어 있다. D-Galactosamin(chondrosamin)은 chond roitin sulfate(연골), 당단백질, 당지질(뇌· 신경), mucoid 등에 함유되어 있다.

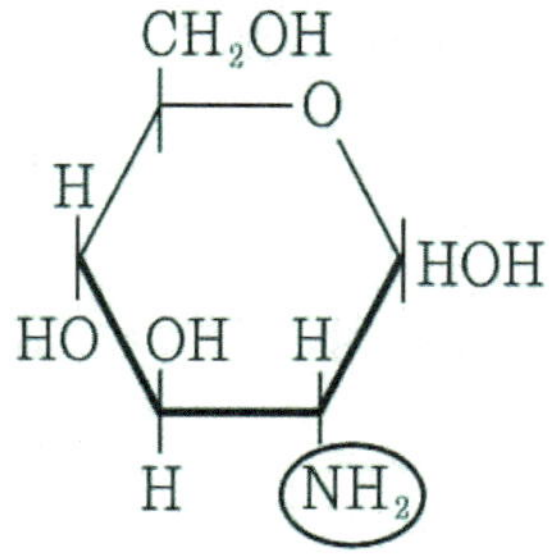

D-glucosamine

8) Thio sugar

Carbonyl기의 =O가 =S으로 바뀐 것으로, α-D-thioglucose는 무나 고추냉이의 매운맛 성분인 sinigrin의 구성성분이다.

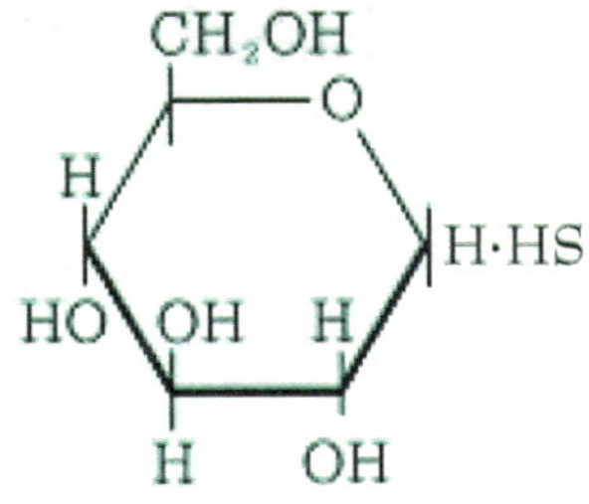

thioglucose

6. 배당체

당의 환상구조를 이루기 위하여 −CHO 또는 >CO에서 생긴 −OH기는 다른 탄소원자에 결합되어 있는 −OH기와는 성질이 달라서 반응성이 크다. 이것을 glycoside성 −OH 또는 anomer성 −OH라 하는데, 이것은 다른 −OH 화합물의 −OH기와 물 분자를 잃고 ether모양으로 oxygen bridge를 만들어 결합하기 쉽다. 이와 같이 당류의 glycoside성 −OH가 비당질의 −OH와 ether 모양으로 결합한 것을 배당체(glycoside)라 하며, 비당질 부분을 aglycone 또는 genin(aglycone이 steroid 또는 triterpene인 때)이라 하는데, aglycone의 종류에 따라 여러 배당체가 생긴다. 대표적인 배당체 화합물은 tannin, saponin, anthocyanin, sinigrin 등으로 식물계에 널리 분포되어 있으며 당끼리의 결합인 이당류, 소당류, 및 다당류의 결합도 이 결합이 대부분이다.

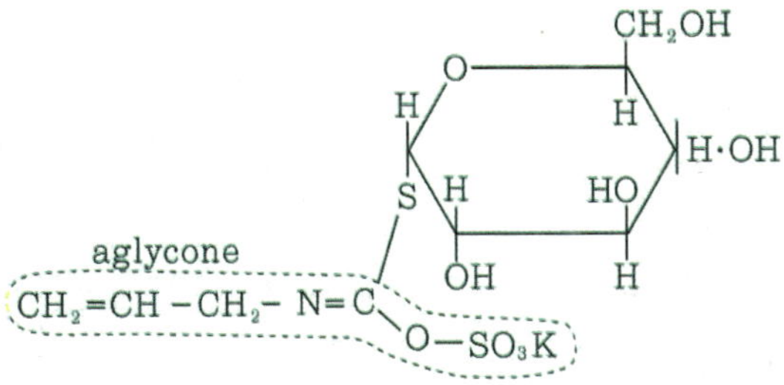

단당류가 glucose일 때는 glucoside, galactose일 때 galactoside, ribose일 때 riboside라 하는데 이 가운데서 glucoside가 가장 많다. 또 α형의 −OH에 결합한 배당체는 α−glycoside, β형의 OH에 결합한 것을 β−glycoside라 하는데, 천연의 glycoside에는 β형이 많다. Glycoside성 OH가 glycoside 결합을 할 때에는 변선광을 나타내지 않는다.

한편, 배당체에는 당과 aglycone이 결합한 O−glycoside이외에 N−glycoside, S−glycoside 등이 있다. N−glycoside의 예로는 nucleotide와 riboflavin, S−glycoside의 경우는 sinigrin 등이 있다.

제3절 이당류(Disaccharide)

단당류는 glycosides를 형성할 수 있어 한 분자의 lactol group과 다른 단당류 분자의 −OH group이 결합하면 이당류가 되고, 약 10개까지의 단당류가 결합한 것을 소당류라고 한다.

단당류 두 분자가 배당체 결합한 이당류는 유리상태 또는 배당체로서 널리 식물계에 존재한다.

이당류는 산, 알칼리, 효소로 가수분해하면 2 분자의 단당류가 생성되며, hexose로 구성된 경우가 많다. 이당류는 구성 단당류의 결합하는 형태에 따라 환원당과 비환원당이 있다.

환원성 이당류는 하나의 단당류의 glycoside성 OH(lactol group)가 다른 당류의 glycoside성 OH를 제외한 다른 OH와 결합하였을 때 후자의 단당류의 glycoside성 OH가 존재함으로서 환원성을 나타내며, maltose, lactose, cellobiose, gentiobiose 등이 있다.

비환원성 이당류는 2개의 단당류가 glycoside성 OH끼리 결합하여 glycoside성 OH기가 존재하지 않으므로 환원성이 없는 것으로 sucrose, trehalose 등이 있다.

전자의 경우를 glycosylglycose 라고 하고, 후자를 glycosylglycoside 라고 하며, 비환원당은 free lactol group이 없어 환원성, 변선광 및 다른 알코올 또는 아민과의 반응성이 떨어지는 특징이 있다.

1. 설탕(Sucrose)

설탕(saccharose; sucrose; cane sugar)은 과실, 종자 등 식물계에서 널리 분포하고, 사탕수수, 사탕무우 등에 각각 13~17%, 10~16% 정도 함유하고 있으며, 보통 자당, 서당 또는 운당이라고도 한다.

Sucrose는 α−glucopyranose의 ^{1}C에 결합한 OH과 β−fructofuranose의 ^{2}C에 결합한 OH, 즉 2개의 단당류가 glycoside성 OH로 서로 배당체결합을 함으로써 glycoside성 OH의 작용이 나타나지 않게 되었기 때문에 maltose나 lactose와 달리 환원성이 없다. 따라서 다른 당에서 볼 수 있는 α, β의 이성체가 존재하지 않고, 온도에 따른 단맛의 변화가 없기 때문에 감미도의 표준물질로 이용된다.

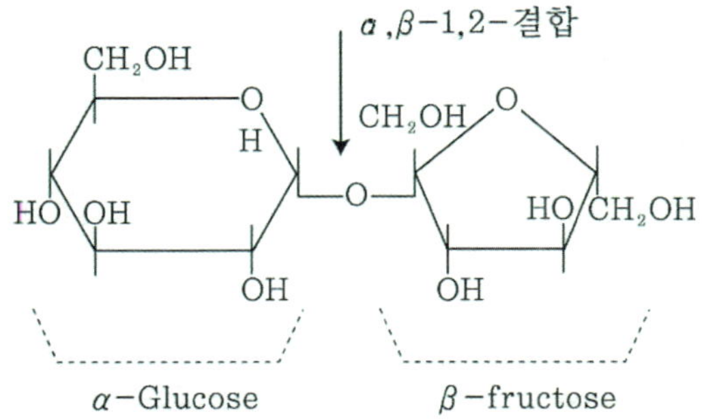

Sucrose

Sucrose는 산, 알칼리 또는 효소 invertase(sucrase, saccharase)에 의해 가수분해를 하면 등량의 glucose와 fructose가 생성되며 이를 전화(inversion)라고 하는데, 이는 가수분해 도중 비선광도가 변화하기 때문에 붙여진 이름이다.

즉, 설탕은 비선광도($[\alpha]_D^{20}$=+66.5)인 우선성 화합물인데 가수분해에 따라 glucose ($[\beta]_D^{20}$=+52.7)와 fructose($[\alpha]_D^{20}$=−92.4)의 등량의 혼합물을 생성됨으로서 비선광도는 좌선성인 −19. 84로 변화한다.

이때 생성된 glucose와 fructose의 등량화합물을 전화당(invert sugar)이라 한다. 전화당은 벌꿀의 주요 당성분이며 꿀벌의 타액에 있는 효소(invertase)에 의해 설탕이 가수분해 되어 생성된 것으로 알려지고 있으며, 설탕보다 단맛이 강하기 때문에 candy 및 제과에 널리 이용되고 있다.

D - Glucose + D - Fructose

$[\alpha]_D$ = + 52,7° $[\alpha]_D$ = − 92

$[\alpha]_D$ = − 19,8°

2. 맥아당(Maltose, malt sugar)

맥아당은 식물의 잎이나 발아 종자에 널리 존재하며, 특히 맥아 중에 다량 함유되어 맥아당이라 하며, starch의 기본 구성단위이다.

맥아당은 starch를 산이나 맥아의 amylase로 가수분해하면 생성되며, 물에 녹기 쉽고, 산 또는 효소(maltase)로 가수분해시 두 분자의 glucose가 생성된다.

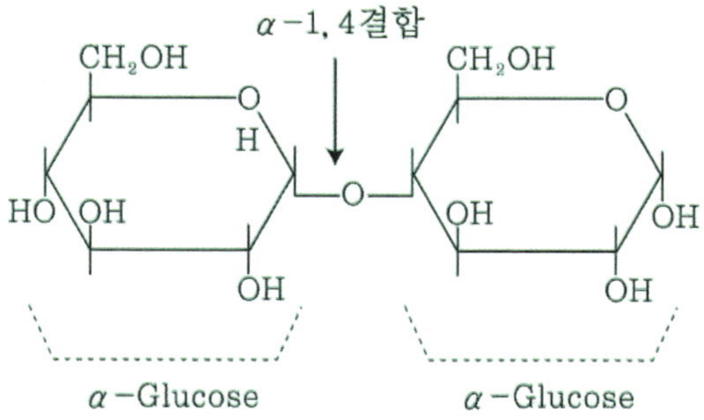

α-Maltose

α-Glucose의 ¹C의 -OH기(glycoside성 OH)와, α- 또는 β-glucose의 C_4의 OH기가 α-1,4-glycoside 결합한 것으로서 하나의 유리 glycoside OH를 갖고 있기 때문에 각각 α-maltose($[\alpha]_D^{20}$=137.5°)와 β-maltose($[\alpha]_D^{20}$=+112.0)의 이성질체가 존재하고 환원성을 갖고 있다.

맥아당은 효모에 의해 발효되며 감미도는 설탕을 100으로 했을 때 60정도이다.

3. 유당(Lactose, milk sugar)

유당은 포유동물의 수유기간 중에 유선에서 만들어져서 분비되는 유즙속에 존재하고, 모유에 약 6.7%, 우유에는 약 4.5%가 함유되어 있다.

유당은 β-galactose ¹C과 glucose의 ⁴C가 결합한 것으로 유리 glycoside성 OH가 존재하는 glucose가 α-형이면 α-lactose, β-형이면 β-lactose가 된다.

성숙유에는 α:β = 2:3이며, β-lactose는 감미가 α-lactose보다 강하고 용해도도 크다. 산 또는 효소인 lactase로 가수분해하면 glucose와 galactose가 생성되고, 보통의 효모로는 발효되지 않으며, 비선광도는 [α]=+55.3°이다.

유당은 소장에서 효소 lactase(β-galactosidase)에 의해 분해되어 glucose와 galac tose로 분해되어 흡수된다.

음식물 속에 적당한 양의 유당이 함유되어 있으면 유용한 젖산균의 발육을 왕성하게 하여 다른 유해세균의 번식을 억제하고 정장작용의 구실을 한다. 또 젖산균의 왕성한 번식으로 젖산균이 산을 만들어 장내의 pH가 산성 쪽으로 기울어지면, 칼슘의 흡수를 촉진하고 영·유아의 장내 악성 발효나 설사를 막는다.

하지만 유당을 분해하는 효소인 β-galactosidase가 분비되지 않거나 부족시에는 유당을 함유한 유제품을 섭취시 복통과 설사를 동반하는 유당 과민증(lactose intolerance)이 일어나는 경우도 있다.

4. Cellobiose

Cellobiose는 cellulose를 가수분해하면 생성되는 이당류로서 β-1,4-glycoside 결합을 가져서 maltose의 α-1,4-glycoside 결합과는 차이가 있다.

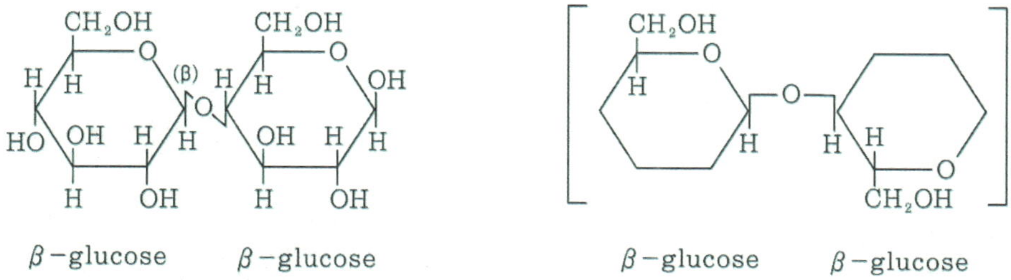

cellobiose

Cellobiose는 자연에 유리상태로 존재하지 않고 cellulose의 구성단위로 존재한다. 비선광도는 [α]=+14.2°이고, 단맛은 없다.

5. Rutinose

Rutinose는 β-rhanmnose와 β-glucose가 β-1, 6 결합한 것으로 rutin, hesperidin, naringin 등의 구성성분을 이룬다.

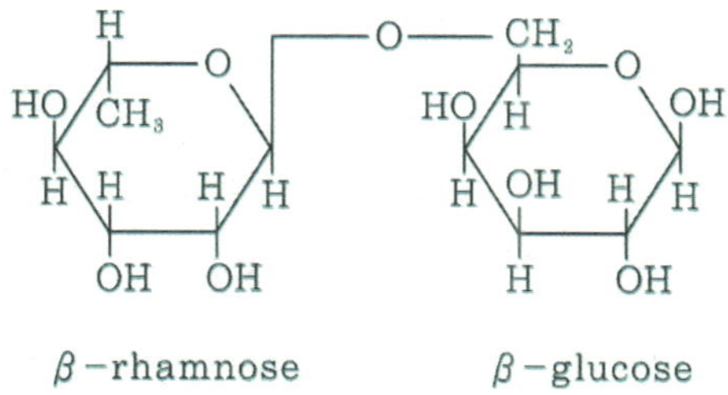

rutinose(β형)

제4절 소당류(Oligosaccharide)

일반적으로 3개 이상 5~6개의 단당류로 구성된 당류를 소당류라 한다. 자연식품 중에 분포하는 소당류의 종류는 많지 않으며, 그 구성단위가 되는 단당류의 종류도 glucose, galactose, fructose 등의 세 종류가 대부분이다.

1. Raffinose

Raffinose는 식물의 종자, 뿌리, 및 지하경 등에 광범위하게 분포되어 있으며, 두과식물의 종자 중에 특히 많고, 면실, 사탕무 등에도 함유되어 있는 3당류로서, galactose, glucose 및 fructose로 이루어졌으며, 효모에 의해 melibiose로 분해된다.

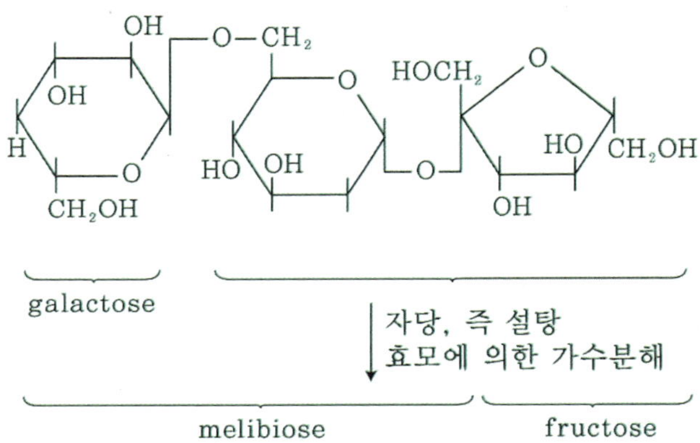

Raffinose는 보통 수화물 ($C_{18}H_{32} \cdot 5H_2O$)의 결정으로 얻어지며, 융점은 80℃ 정도, 비선광도는 $[\alpha]_D^{20} = +105.2^\circ$ 이며 설탕의 단맛이 100일 때 23 정도의 단맛을 가지고 있다. Raffinose와 stachyose 등은 소화흡수가 잘 안되어 대장에서 발효되어 가스를 생성하기 때문에 식품으로 이용하는데 장애 요소가 된다. 각 품종별 대두에는 평균적으로 1.21%의 stachyose, 0.38%의 raffinose, 3.47%의 sucrose, 및 미량의 melibiose가 함유된 것으로 알려져 있다.

2. Gentianose

Gentianose는 용담속(屬)에 속하는 식물의 뿌리(gentian roots)에서 얻어지는 3당류로서, gentiobiose의 C1과 fructose가 *α*, *β*-1, 2결합으로 축합된 것이다.
한편 식물체에 존재하는 효소 incertin이나 산에 의해 가수분해되면 gentiobiose와 fructose가 생성된다. 단맛이 없고, 비환원성이며, 융점은 209℃, 비선광도는

$[\alpha]_D^{20} = +31.5°$ 이다.

3. Stachyose

Stachyose는 raffinose의 galactose기의 C6에 또 하나의 galactose가 α−1, 6− glycosidic linkage를 통해서 결합된 4당류이다.

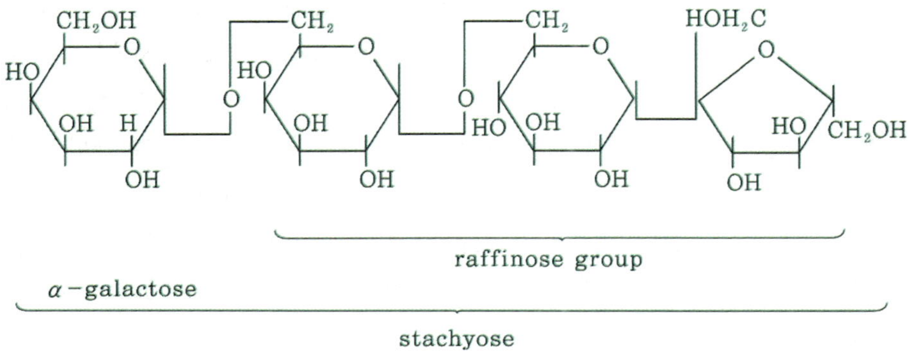

Stachyose의 출처는 raffinose와 대체로 같은데, 특히 면실(cottonseeds)과 대두(soybean)에 그 함량이 비교적 많다. 융점은 167℃ 정도, 비선광도는 $[\alpha]_D^{20} = +148°$이다. 효모에 의하여 부분적으로 가수분해되며, 비환원성이다.

제5절 다당류

다당류(polysaccharide, glycans)는 단당류 또는 그 유도체(특히 uronic acid)가 glycoside 결합을 한 분자량이 매우 큰 탄수화물로 동물, 식물, 미생물 등에 매우 널리 분포되어 있다. 동식물체에서 energy 저장(식물체의 starch, dextrins, inulin; 동물체의 glycogen), 골격 및 세포벽 구성(식물체의 cellulose, pectin; 동물체의 chitin, mucopoly− saccharides), 및 보호물질(식물체의 gum, agar, alginate; 동물체의 mucopoly saccha− rides) 등의 역할을 한다.

식품가공에서는 다당류를 분리·정제하여 점증제, 겔형성 물질, 유화안정제, 필름형성제, 코팅물질 등으로도 광범위하게 이용한다.

대부분의 다당류는 물에 녹지 않고 colloid 모양으로 녹으며, 단맛이 없고 비환원성이다. 다당류를 산가수분해 하면 단당류가 생성되고, 효소로 가수분해하면 소당류를 생성하며, 이를 분석함으로써 단당류의 배열, 결합의 위치 및 종류를 알아낼 수 있다.

1. 다당류의 분류 및 명명법

다당류는 한 종류만의 단당류로 이루어지는 단순다당류(simple polysaccharide, homo-polysaccharide, homoglycans)와 두 종류 이상의 단당류로 이루어지는 복합다당류(complex polysaccharide, heteropolysaccharide, heteroglycans)로 나누어진다.

다당류를 구성하는 단당류는 직선형(linear pattern)으로 결합하거나 가지 친 모양(branching)으로 결합하며, 전자에는 cellulose와 amylose가 있고 후자에는 amylopectin, glycogen 등이 있다.

단당류 잔기의 배열은 주기적이어서 한 개 또는 여러 개의 구조적 기본단위가 반복되는 경우도 있고, 중간에 다른 구조가 끼어들기도 하며, 전혀 주기적이지 못한 경우도 있다.

단당류의 결합수 곧 중합도(degree of polymerization, DP)는 수백에서 수천 이상의 것이 많다. 다당류의 glycoside 결합은 α와 β가 있으며 결합 위치도 $1 \rightarrow 2$, $1 \rightarrow 3$, $1 \rightarrow 4$, $1 \rightarrow 6$ 등 여러 가지 경우가 있다.

또 분자의 모양도 여러 가지로 직쇄상의 것, 분지상의 것, 나사모양의 것 등이 있다.

단순다당류는 구성 단당류의 어미 -ose 대신에 -an을 붙여서 부른다. 예를 들면 mannose만으로 구성될 때는 mannan이 된다.

복합다당류의 경우, 예를 들어 D-mannose와 L-galactose로써 구성될 때는 알파벳 순서로 늘어놓고 L-galacto-D-mannoglycan이라 한다.

또 그 다당류의 급원의 이름 뒤에 -an을 붙여 부르기도 하며 예를 들면 asparagus에서 발견된 다당류를 asparagan이라 한다.

- 다당류
  - 단순다당류
    - 식물성 : starch, inulin, cellulose, dextran
    - 동물성 : glycogen
  - 복합다당류
    - 식물성 : hemicellulose, lignin, pectin, glucomannan
    - 동물성 : chitin, mucopolysaccharides
    - 식물성 Gum : gum agar, gum locust bean, gum tamarind, gum arabic, gum ragacanth, alginic acid, carrageenan

1) 완전선형 다당류(Perfectly-Linear Polysaccharides)

완전선형 다당류란 기본구조단위가 단일한 단당류이고, 한 가지 타입의 결합만을 지닌 다당류를 의미하며 amylose나 cellulose가 포함된다. 대개 물에 불용성이고 고온이나 알칼리와 같은 격렬한 조건에서 용해되며, 노화된 전분과 같이 용액에서 쉽게 침전되는 성질이 있다.

이러한 성질은 선형다당류가 규칙적인 배열의 사슬(chain)구조로 되어 있고 이 사슬사이의 강한 상호작용으로 인해 최적인 상태로 존재하기 때문이며, 때로는 지나친 질서정연한 배열로 인해 부분적으로 결정성(crystallinity)이 생기기도 한다.

구조적 기본단위와 결합의 종류, 및 분자량 등에 변화가 생기면 완전선형 다당류의 성질에 큰 차이가 생기는데, cellulose, amylose 및 β-1,3-glucan 사이의 성질이 다른 것이 그 예이다.

2) 가지형 다당류(Branched Polysaccharides)

가지형 다당류는 완전선형 다당류에 비해 사슬사이의 상호작용이 더 적어서 물에 잘 녹으며 amylopectin, glycogen 등이 속한다.

가지형 다당류 용액은 한번 건조된 상태에서도 물에 의해 다시 수화될 수 있는 성질이 있다.

또한 가지형에 대응되는 선형인 다당류와 분자량이나 농도가 동일하다면 가지형 다당류의 점도가 더 낮다. 점도가 유효부피에 영향을 받는다고 한다면 일반적으로 가지형보다 선형분자의 유효부피가 더 크기 때문이다.

여기서 '유효부피(effective volume)'란 거대분자를 가장 길게 펼쳤을 때를 지름으로 하는 구체가 이루는 부피를 말한다. 단, 수많은 주름형태로 접힌 선형구조는 예외이다.

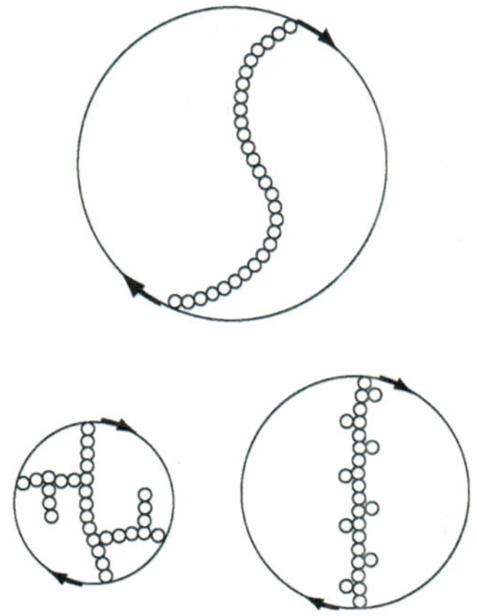

〈그림 4-11〉 유효부피

한편, 가지형 다당류는 침전하는 경향은 낮고, 고농도에서는 점착성의 풀을 형성하는 특성이 있어 접착제나 바인더로 적합하다.

3) 선형-가지형 다당류(Linearly-Branched Polysaccharides)

선형-가지형 다당류는 긴 골격(backbone)이 되는 사슬에 수많은 짧은 곁가지(short side chain)가 있는 형태로 마치 완전선형과 가지형 분자의 조합형과 같은 다당류로 guaran이나 alkyl cellulose 등이 속한다.

골격사슬이 길어서 용액의 점도가 높으며, 수많은 짧은 곁가지 때문에 분자사이의 상호작용이 크게 약화되어 용해도가 높고, 재수화되는 속도가 빠르며, 고농도의 용액에서도 매우 안정한 특징을 보인다.

4) Carboxyl groups을 지닌 다당류

Pectin이나 alginate, carboxymethyl cellulose 등과 같이 carboxyl groups을 갖고 있는 다당류는 중성이나 알칼리성 pH 범위에서 매우 잘 녹는다.

분자내의 carboxylate 음이온 때문에 분자전체로 음전하를 띠고 있으며, 이러한 전하의 반발력 때문에 분자가 비교적 길게 뻗쳐 있어 분자간 회합이 어렵고, 용액의 점도는 높은 편이다.

pH 3 이하에서는 정전기적 반발력이 상실되어 겔이 형성되거나 침전한다. 뿐만 아니라 carboxyl group이 해리되지 않으므로 수소결합을 통해 이중체가 되기도 한다.

5) 변형다당류(Modified Polysaccharides)

다당류의 변형은 약간의 치환에 의해서도 그 특성이 크게 변한다. 선형다당류에 중성의 치환체를 결합시키면 물에의 용해도, 점도, 안정성이 크게 향상되며, methyl-, ethyl-cellulose등이 그 예이다.

이러한 효과는 알킬기가 치환됨으로써 사슬간의 상호작용을 방해하여 물에 의한 수화를 촉진시키기 때문인 것으로 알려져 있다. Carboxymethyl과 같이 산성기가 치환된 경우에도 유사하다.

2. 단순 다당류

1) Starch

전분은 식물세포내에 있는 엽록체의 chloroplast, leucoplast에서 광합성에 의하여 만들어지는 저장성 탄수화물로 입자의 형태로서 세포안에 저장된다.

전분은 수많은 식품의 재료로 이용될 뿐 아니라 인체영양에 있어서도 가장 중요한 탄수화물 급원으로 이용되며, 공업적으로도 전분과 그 유도체들은 종이나 섬유산업에서 중요한 역할을 하고 있다. 전분에 대한 상세내용은 5장에서 다루기로 한다.

2) Inulin

이눌린은 국화과 식물인 돼지감자(*Jerusalem artichoke,* 일명 뚱딴지), 다알리아 뿌리 및 우엉 등에 함유되어 있는 다당류로서 돼지감자의 경우 건조물기준 60%나 함유되어 있다.

이눌린은 28–38개의 β–D–fructose가 β–1,2–결합으로 연결된 분자량 약 5,000정도인 중합체이고, 말단에 2개의 glucose가 결합된 것으로 알려져 있다.

묽은 산이나 효소인 inulinase에 의해 쉽게 가수분해 되어 과당을 생성하므로, 순수과당 제조의 원료로 가장 적합하다.

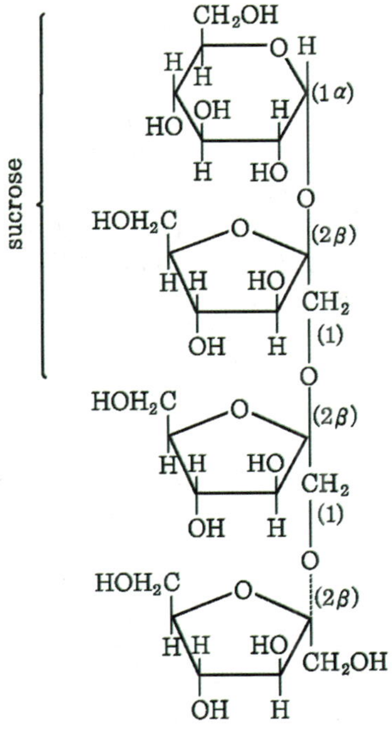

inulin

〈그림 4–12〉 이눌린의 구조

3) Laminarin

다시마 등 갈조류에 함유되어 있는 다당류로서 glucose의 β–1,3–결합으로 이루어져 있다. 중합도는 20~100 정도이다.

4) Cellulose

(1) Cellulose의 구조 및 성질

Cellulose(섬유소)는 식물 세포벽의 주성분을 이루는 직쇄상의 고분자 다당류로 전분이나 glycogen과 같이 수 천개의 glucose가 중합된 탄수화물이다.

Cellulose는 고등식물의 세포벽의 주요구성 성분이며, 그 함량은 식물의 종류와 상태에 따라 달라서 어린잎에는 건물량의 10% 정도이지만 늙으면 20%에 이른다. 목재는 약 50%, 솜·삼·모시 등은 90% 이상의 cellulose를 함유하고 있다.

Cellulose의 결합방법은 starch와는 달리 glucose 분자간에 β-1,4-glycoside 결합을 하고 있으며, 가수분해하면 cellobiose를 거쳐 glucose가 된다. Cellulose의 분자의 크기는 그 급원에 따라 차이가 있으나 대개 3,000~10,000개의 β-glucose가 중합되어 형성된 것으로 추정하며 분자량은 4.6×10^5에서 1.62×10^6 정도이다.

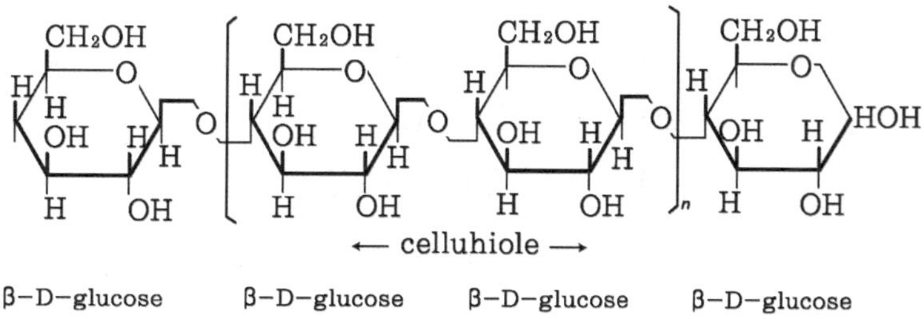

〈그림 4-13〉 Cellulose의 구조

Cellulose분자는 직쇄상분자이고 수많은 -OH기를 함유하고 있기 때문에 수소결합에 의해 규칙성을 갖고 매우 단단하게 결합되어 직경 200Å 정도의 미세섬유(microfibril)들을 형성하며 이들이 모여서 섬유소를 형성하고 있다. 이러한 cellulose는 인체내 소화기관 내에서는 소화되지 않고 미생물이나 효소에 의해서도 쉽게 분해되지 않는다.

한편, 식물의 세포벽은 거의 모든 경우 cellulose를 비롯한 여러 가지 다당류와 다당류유도체로 구성되는데, 이들 세포벽에는 다당류 외에도 lignin 등이 함유되어 있다.

각 세포는 1차 세포벽에 싸여 있고, 세포와 세포사이에는 이른바 중층이 존재한다. 이와 같은 세포가 어느 정도 성장하다가 길이성장이 정지되면 1차 세포벽의 안쪽에 다시 2차 세포벽의 두꺼운 층이 형성된다. 또한 2차 세포벽은 다시 셋 또는 그 이상의 층으로 이루어지는 경우가 많다.

1차 세포벽과 2차 세포벽은 항상 동일한 화학적 조성을 갖는 것은 아니며 2차 세포벽의 화학성분이 보다 복잡하다.

(2) Cellulose의 분해

Cellulose는 강산으로 분해하거나 묽은 산과 고압하에서 가열하면 가수분해되어 glucose로 분해되는데 이를 목재당화라고 하며 공업적으로 이용되고 있다. Cellulose를 분해하는 효소로는 cellulase가 있는데, Aspergillus, Rizopus, Neuropora, Penicillum 등과 같은 미생물이나 달팽이, 흰개미 등과 같은 하등동물에 많이 존재하며, 소나 양과 같은 반추동물의 경우 제1위에 기생하는 세균이 cellulase를 분비하기도 한다.

Cellulase는 cellulose의 β-1,4-결합을 절단하여 cellobiose를 거쳐 glucose로 분해하는 효소이다. 포유동물은 cellulase를 갖고 있지 않기 때문에 cellulose를 소화하여 에너지원으로서 이용할 수 없다.

곡류 및 두류의 탈피, 또는 통조림 제조를 위한 밀감의 박피 등에 이용되고 있다.

(3) Cellulose의 이용과 식이섬유(dietary fiber)

Cellulose는 이용목적에 따라 carboxymethyl cellulose(CMC), methyl cellulose (MC)등을 만들어 증점제(호료)로 식품가공에 이용된다. 인체는 본래 cellulose를 분해하는 효소가 없기 때문에 직접적으로 cellulose를 소화하지 못하며 따라서 영양학적으로도 가치가 없는 것으로 알려져 왔다.

그러나, 최근에는 현대인의 cellulose 섭취부족이 많은 성인병을 유발하는 것으로 알려지면서 cellulose의 중요성을 인식하게 되었다.

첫째, 섬유소는 식품의 부피를 증가시켜 장을 자극하여 연동작용을 활발하게 해주고 장내에서 소화중인 식품의 이동을 촉진한다.

둘째, 섬유소중의 수많은 -OH기는 수화능력이 커서 많은 양의 수분을 함유할 수 있고 이는 배설물의 부피를 증가시켜 변비를 예방할 수 있다.

셋째, 섬유질은 흡착작용이 강하여 콜레스테롤을 비롯한 노폐물을 흡착, 배설을 촉진함으로써 정장작용을 하고 장내의 이상발효나 대장암을 예방하는 것으로 알려져 있다.

넷째, 식이섬유는 혈청콜레스테롤의 농도를 감소시키고 비만, 장 질환, 동맥경화, 담석증 등의 성인병 예방에 효과적이다.

5) Glycogen

일반적으로 동물조직에 함유한 탄수화물은 대부분이 단백질, 지방질 또는 기타의 성분들과 결합된 복잡한 형태로 존재하므로, 분해하지 않고 분리 · 정제하는 것은 매우 어려운 일이다.

따라서 이들 다당류에 대한 연구는 일부를 제외하고 잘 연구되어 있지 않으며 glycogen이 비교적 잘 연구되어 있다.

Glucose의 중합체인 glycogen은 식물체의 저장 다당류와 같이 에너지원으로 이용할 수 있는 저장용 탄수화물로서 간이나 근유조직에 저장되어 있고 해조류, 세균류, 효모류에도 존재하는 것으로 알려져 있다.

동물의 저장 다당류인 glycogen의 구조는 α-1,4결합과 α-1,6결합을 통하여 결합된 중합체로서 amylopectin과 매우 비슷하며, amylpectin보다는 중합도가 적은 가지(branch)가 보다 더 많다.

즉, amylopectin 가지의 glucose는 24～30개 정도인데 비해 glycogen의 경우에는 8～12의 glucose로 구성되어 있고, 그 분자형태는 구형인 것으로 생각된다.

Glycogen은 백색 무정형의 분말로서 무미, 무취이고 냉수에 녹아서 colloid 용액을 형성하며, 요오드 반응은 amylopectin과 같이 적갈색을 띤다. 또한 glycogen은 전분과 같이 호화나 노화현상이 일어나지 않는다.

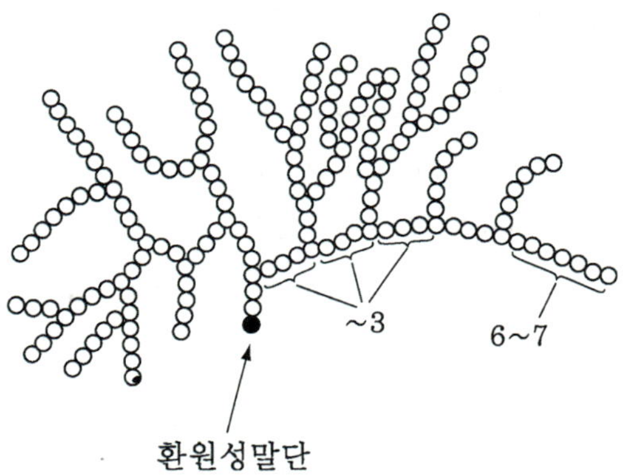

〈그림 4-14〉 Glycogen의 입체구조

3. 복합 다당류

1) Hemicellulose

Hemicellulose는 식물의 세포벽에 cellulose와 함께 존재하는 다당류로서 cellulose와 달리 단순다당류가 아닌 복합다당류이며, 구성단위가 일정하지 않고 그 출처에 따라 구성단위의 종류나 비율이 차이가 있다.

또한 cellulose가 결정성인데 비하여 hemicellulose는 비결정성이다. Hemicellulose는 D-xylose와 D-glucuronic acid, uronic acid의 유도체인 4-methyl-D-glucuronic acid 등이 주요 구성성분이고, D-glucose, L-arabinose, D-mannose,

L-rhamnose, L-fucose 등으로 구성되어 있다. 일반적으로 hemicellulose는 알칼리에 녹고, 산에 쉽게 가수분해 된다. 또 온수에도 잘 용출되는 비교적 중합도가 낮은 다당류이다.

가열조리 중 cellulose와 hemicellulose는 가수분해되지 않으나 알칼리나 탄산수소나트륨($NaHCO_3$)과 같은 알칼리염이 존재할 경우에는 그 일부분이 가수분해된다.

한편 야채류나 두류를 탄산나트륨이나 탄산수소나트륨 등과 같은 알칼리염이 소량 첨가된 물에서 가열하면 보통의 물에서보다 조직이 쉽게 연화된다. 알칼리염의 연화작용은 일반적으로 cellulose와 hemicellulose 및 펙틴질의 부분적인 가수분해 때문이다.

2) Lignin

Lignin은 목재, 대나무, 짚 등 목질화한 식물체의 주성분의 하나로서 세포벽과 세포 중간층에 존재하여 cellulose나 hemicellulose와 강하게 결합하고 있다.

Lignin의 구조는 충분히 밝혀져 있지 않으나 3종(Ⅰ~Ⅲ)의 propylphenol(phenyl propanoid)을 구성 기본물질로 삼고 있다. 따라서 lignin은 다른 세포벽 성분과 달라서 탄수화물 또는 그 유도체가 아니다. 묽은 산이나 묽은 알칼리에 녹지 않아서 식품분석시에는 조섬유로서 cellulose와 섞여서 정량된다.

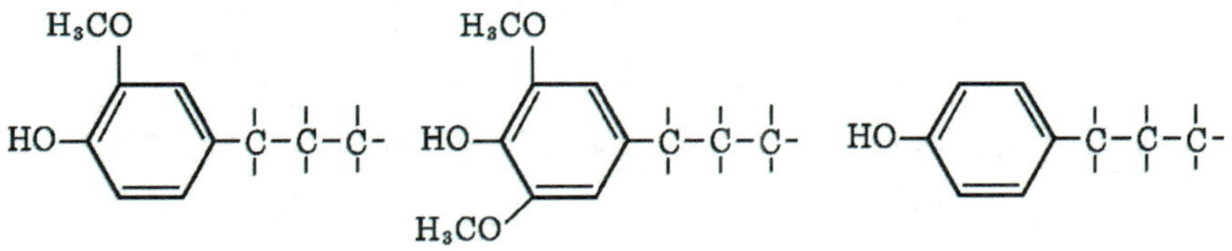

(Ⅰ) (Ⅱ) (Ⅲ)

Propylphenol (phenyl propanoid)

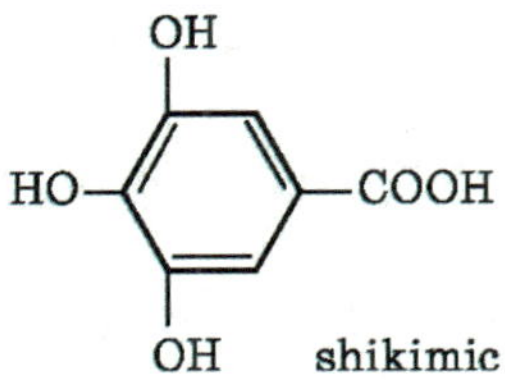

shikimic acid

〈그림 4-15〉 Lignin의 구조

3) Glucomannan

글루코만난은 곤약감자의 근경에 함유되는 특수한 다당류로서 mannose와 glucose

로 이루어지며 그 비율은 2:1~3:2 이다. 주사슬은 β-1,4 결합의 연쇄이지만 β-1,3 결합으로 짧은 측쇄가 가지처럼 붙어 있는 분자구조이다.
물을 흡수하면 팽윤하여 부피가 크게 늘어나서 점조한 액체가 되지만 여기에 석탄수나 alkali를 넣고 가열하면 응고하여 반투명의 탄력있는 덩어리가 되는 특성이 있다. 이것을konjak mannan이라고도 한다.

4) 펙틴

자연계내 식물체에 널리 분포되어 있는 펙틴물질들(pectin substances)은 세포벽 사이의 중층(middle lamella)에 존재하며, 이들을 서로 결착시켜 주는 한 무리의 다당류들을 펙틴(pectin)이라 하고 마치 벽돌 사이사이에 바르는 시멘트와 같이 각 세포벽을 결착시켜 주는 역할을 한다.
광의의 펙틴에는 pectic acid, pectinic acid, 및 protopecin 등이 모두 포함된다.

(1) 펙틴의 분류

① Pectic acid

펙틴은 α-D-galacturonic acid 100~800분자 정도가 α-1,4-결합으로 구성된 사슬형 중합체이다. 주된 사슬에는 rhamnose가 풍부하며, 소량의 arabinan과 galactan이 곁사슬(side chain)에 존재한다.
Galacturonic acid의 carboxyl group은 methanol과 결합하여 methyl ester화 ($-OCH_3$를 methoxyl기라 함) 되며, 칼슘 또는 그 밖의 양이온과도 결합물을 만들어 산성염 및 중성염 또는 그의 혼합물로 존재한다.

② Pectinic acid

Pectic acid의 free carboxyl기의 10~20%에 상당하는 부분이 methyl ester의 형태로 되어 있는 것을 pectinic acid라 한다.
Pectinic acid에서 methylester화 되어 있지 않는 free carboxyl기 모두가 완전히 염의 형태를 이루고 있는 중성염의 형태나 free carboxyl기의 일부만 염의 형태를 이룬 산성염의 형태 또는 이들의 혼합물도 존재한다.

③ Protopectin

Protopectin은 pectin의 모체가 되는 물질이며, 식물조직 중에도 유연조직이나 덜 익은 과실에 많이 함유되어 있고, 펙틴 사슬 사이에 Ca이나 Mg과 이온결합을 하거나 cellulose, hemicellulose 등과 결합하여 3차원의 망상구조를 이루고 있다. Protopectin은 물에는 전혀 녹지 않으나 높은 온도에서 오랜 시간 가열하면 수용성 pectin으로 분해된다.

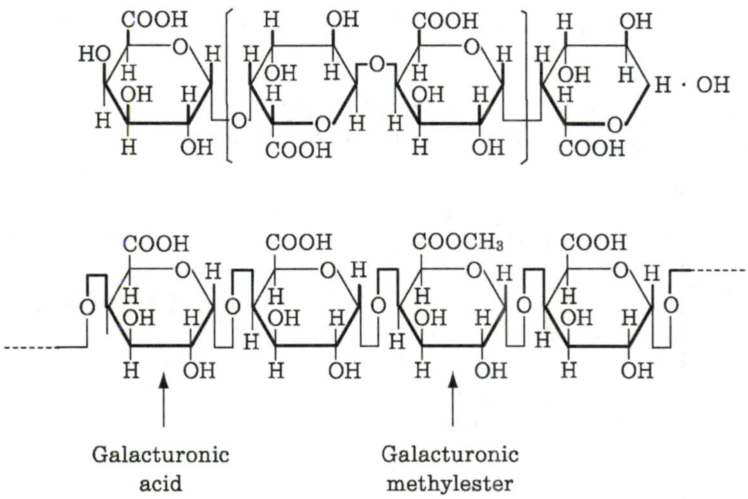

〈그림 4-16〉 Pectic acid의 구조

(2) 펙틴의 이화학적 성질

펙틴은 다수의 -OH와 -COOH 기를 갖고 있기 때문에 매우 수화되기 쉽고 강한 흡습성이 있다. 물에서는 친수성 교질용액(colloid solution)을 형성하고 외관상 점도도 매우 크다.

또한 펙틴은 적당한 pH와 적당량의 당이 존재하거나 칼슘이온과 같은 다가 금속이온이 존재하면 반고체인 특징적인 겔(gel)을 형성한다.

펙틴은 알콜이나 아세톤에는 녹지 않고 흰 솜털 같은 침전을 형성하며 이와같이 알콜에 녹지 않는 성질은 식품으로부터 펙틴의 추출 및 분리 방법으로 이용되고 있다.

(3) 펙틴의 겔 형성능

① 펙틴과 메톡실함량

만일 펙틴 분자의 모든 carboxyl group이 methylester화 되어 있다면, 전체 펙틴분자에 대한 methoxyl group의 중량비는 약 16.32%이다.

반대로 펙틴분자에 methoxyl group이 전혀 없다면 methoxyl group의 함량은 0%이다. 이와 같이 이론적으로 펙틴내 메톡실 함량은 최대 16.32%가 될 수 있지만 실제로 자연에 존재하는 펙틴에서의 그 최대함량은 약 14%정도이다.

따라서 상하한선의 중간값인 7%를 기준하여 7%이상의 methoxyl group을 함유한 펙틴은 고메톡실펙틴(high-methoxyl pectin)이라 하고, 반면에 7% 이하인 것은 저메톡실펙틴(low-methoxyl pectin)이라고 한다.

일반적으로 식품가공에 이용되는 펙틴은 고메톡실펙틴이다.

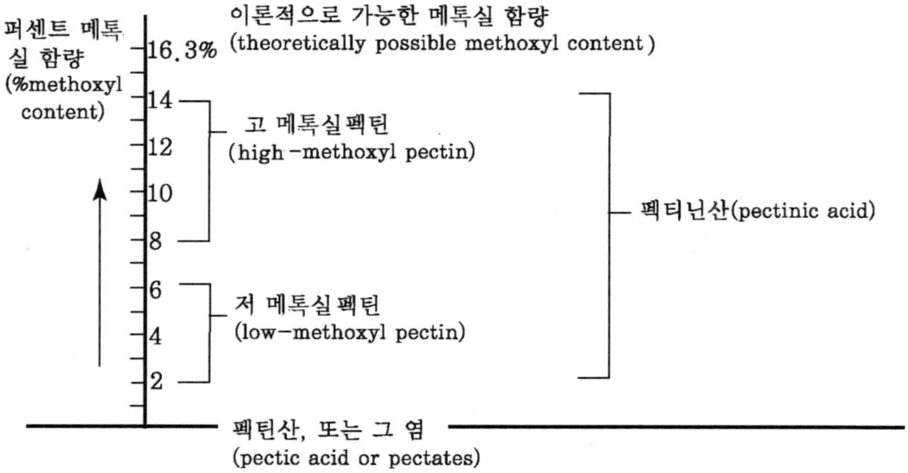

〈그림 4-17〉 메톡실함량에 따른 펙틴물질의 명칭

② 펙틴겔

펙틴의 겔 형성은 메톡실함량에 따라 뚜렷한 차이가 있다. 저메톡실펙틴의 경우는 매우 낮은 pH 조건에 칼슘과 같은 다가이온이 필요하나 비교적 당의 농도는 낮아도 겔이 형성되고, 고메톡실펙틴은 메톡실함량이 증가함에 따라 당의 함량도 많아야 하나 pH 2.7~6.5 사이의 넓은 영역에서 겔을 형성할 수 있고 겔형성 시간이 짧다.

㉠ 고메톡실펙틴의 겔형성 원리

고메톡실펙틴은 pH 2.0~3.6에서 당함량이 50% 이상이면 겔이 잘 형성된다. 펙틴분자들은 산성 pH하에서는 분자내 free carboxyl기가 해리하여 음의 전하를 갖고 있기 때문에 물 분자들에 의해 강하게 수화되고 또 펙틴 분자들 상호간의 음전하에 의한 반발로 비교적 안정화되어 있다.

그러나, 이러한 펙틴용액에 산을 더 가하면 H+ 이온이 많아지고 따라서 carboxyl기의 해리는 감소되므로 전기적으로 중화된다.

이는 분자간 반발력을 감소시켜 불안정해진 펙틴분자들이 서로 상호결합하면서 쉽게 3차원 망상구조가 형성된다.

이때 첨가된 설탕은 펙틴분자를 수화하고 있던 물 분자를 빼앗아 자신이 수화됨으로써 펙틴에 대한 탈수제로 작용하여 펙틴의 불안정화를 가속화시킨다.

㉡ 저메톡실펙틴의 겔형성 원리

저메톡실펙틴은 고메톡실펙틴과는 달리 설탕보다는 칼슘이온과 같은 다가의 양이온들을 첨가하면 겔이 잘 형성된다.

즉, 저메톡실펙틴 분자들은 메톡실기가 결합되지 않은 free carboxyl가 상대적으로 많아 이들이 양이온들과 결합함으로써 양이온을 매개로 한 펙틴 분자사이의 결합을 유도하여 3차원 망상구조의 겔이 형성된다.

따라서 저메톡실펙틴을 이용한 겔은 설탕함량을 감소시킬 수 있어 저열량 식품으로 유용하다.

단, 나트륨 이온과 같은 단가 양이온들은 오히려 이온결합을 약화시켜 겔 형성을 억제한다.

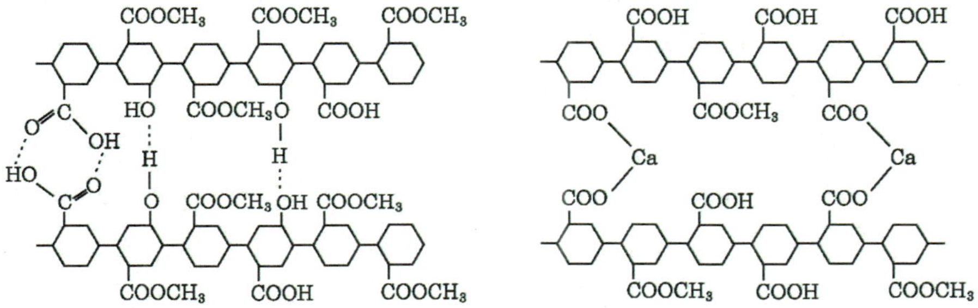

〈그림 4-18〉 Pectin의 gel형성 원리

(4) 펙틴분해효소

펙틴은 과채류의 세포벽 결착물질이기 때문에 과채류의 조직이나 과실 및 과채류 가공품의 품질에도 중요한 역할을 한다. 따라서 펙틴을 분해할 수 있는 효소들은 연화작용과 관련하여 과채류 가공품의 품질에 큰 영향을 줄 수 있다.

즉, 펙틴분해효소들은 과즙내 펙틴질을 분해함으로써 과즙의 청징화에 중요한 역할을 하기도 하며, 반면에 종자의 발육, 과채류의 성숙 및 저장 중에 조직의 연화를 초래하기도 한다.

이와같이 펙틴의 분해에 관여하는 효소를 펙틴분해효소(pectic enzyme)라 한다.

주요 펙틴분해효소는 다음과 같다.

① Protopectinase

Protopectinase는 식물조직의 세포벽사이에 존재하며, 결착물질로 작용하고 있는 protopectin에 작용하여 수용성의 펙틴과 다른 성분으로 분해하며 그 결과 조직의 연화를 가져온다.

$$\text{불용성 pectin} \xrightarrow{\text{protopectinase}} \text{수용성 pectin}$$

② Pectinesterase

Pectinesterase는 펙틴의 methylester 부분을 가수분해하여 methylalcohol을 유리시키는 효소로 pectase라고도 하며, 과실, 야채류나 곰팡이 등에 널리 존재한다. 이 효소는 과실이나 야채류에 존재하는 펙틴의 메톡실기를 제거하기 때문에 polygalacturonase의 작용을 용이하게 하여 연화를 촉진시킨다.

③ Pectinase

Pectinase는 polygalacturonase라고도 하며, polygalacturonic acid(pectic acid)의 α-1,4-결합을 끊는 효소로 펙틴분자의 크기를 감소시켜 과실 및 야채류의 연화를 촉진하는 효소이다.

주로 곰팡이, 세균류 및 과실, 야채류에 존재한다. 특히, polygalacturonase는 미숙한 과실에서는 활성이 거의 없으나 과실이 익어감에 따라 pectinesterase와 더불어 그 활성이 급격히 증가하여 펙틴물질을 분해함으로 연화를 촉진한다. 이 효소는 작용방법에 따라 endo- 및 exo-polygalcturonase로 구분하며 각 효소의 특성은 그 출처에 따라 다르다.

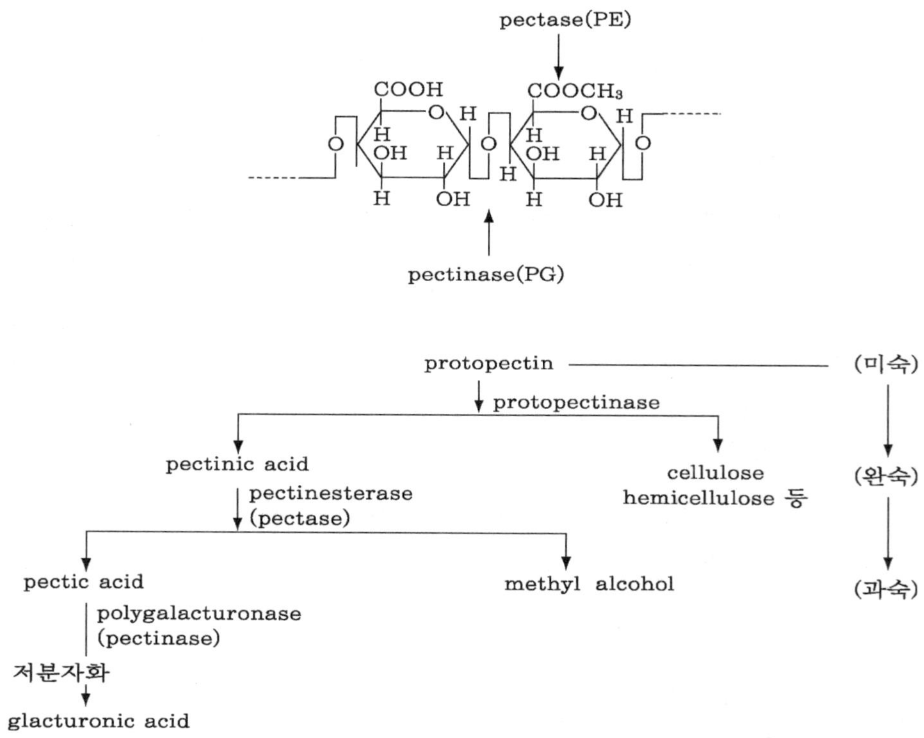

〈그림 4-19〉 Pectin의 가수분해 및 변화

[표 4-1] 식품 중의 cellulose, hemicellulose, lignin, pectin 함량(%)

식 품	Cellulose	Hemicellulose	Lignin	식품	Pectin
사 과	0.42	0.18	0.22	사 과	0.6
바 나 나	0.21	0.12	0	살 구	0.8
흰 빵	0.27	0.50	50	양딸기	0.6
검 은 빵	0.67	1.72	0.07	무화과	0.7
양 배 추	0.53	0.37	0.11	자 두	0.7
당 근	0.61	0.37	0.11	포 도	0.2~0.3
상 치	0.35	0.21	0.08	온주밀감pulp	2.5
땅 콩	0.60	0.53	0.21	하밀감pulp	2.2
감 자	0.34	0.14	0.06	복숭아	0.6
토마토주스	0.11	0.03	0.01		
시 금 치	0.29	0.40	0.13		
소나무원줄기	57	–	7		
볏 짚	46	–	3		
옥수수짚	47	–	4		

5) Chitin

Chitin은 질소를 품고 있는 동물성 다당류로서 곤충이나 새우·게 등의 껍질에 풍부하게 존재하며 이들 갑각류의 껍질의 구성하는 성분이다. 동물조직의 세포조직을 지탱해 주는 골격조직은 고등동물의 경우와 하등 동물의 경우 크게 차이가 있다.

게, 새우, 바다가재 등의 갑각류와 곤충들의 껍질은 chitin과 protein의 중합체가 $CaCO_3$에 의하여 경화된 것이며, 특히, 갑각류에서는 chitin이 대량의 $CaCO_3$(75%)에 의하여 경화된 것에 비해 고등동물의 골격조직은 collagen을 주로 하는 조직이 $Ca_3(PO_4)_2$에 의하여 경화된 것이다.

갑각류 껍질에 묽은 염산을 작용시켜서 그 속의 $CaCO_3$을 용해, 제거하여서 crude chitin을 분리할 수 있고, 이것을 다시 정제하여 백색 분말의 chitin을 얻을 수가 있다. Chitin은 강알칼리와 진한 HCl에 의하여 가수분해되어 glucosamine과 acetic acid가 생성되며, 2-N-acetyl glucosamine이 β-1,4 결합으로 연결된 직쇄상의 단일다당류의 구성되어 있다.

Chitin은 물, 유기용매, 약산, 약알칼리에 불용이고, 진한 HCl, HNO_3, H_2SO_4에 녹는다.

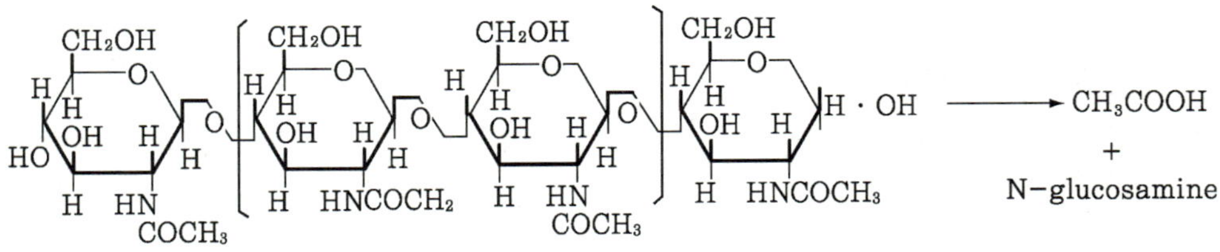

chitin

〈그림 4-20〉 Chitin의 분자구조와 가수분해 생성물

6) Mucopolysaccharides

(1) Mucopolysaccharides

Polysaccharides 중에는 생체의 점성 물질, 연조직, 결체 조직 등의 성분으로서 aminosugars, uronic acid 등이 주요 구성단위가 되어 비교적 복잡한 polysac charides가 존재하는데, 이들은 점성을 갖고 있어서 mucopolysaccharides라 한다. Mucopolysaccharides는 명확한 정의는 없으나 당질(대개 다당류)과 protein(또는 peptide)이 공유결합한 것으로서 주로 동물체의 점질물이며, chondroitin sulfate, hyaluronic acid 등이 대표적인 것이다.

Protein이 주체가 되는 것은 muco-protein(또는 mucoid), 당질이 주체가 되는 것을 mucopolysac- charides라 한다.

(2) Chondroitin sulfate

Chondroitin sulfate는 protein인 collagen과 더불어 연골조직, 결합조직의 주요성분을 이루고, 특히 연골에는 20~40% 함유되어 있으며, 2-N-acetyl chon-drosamine(N-acetyl galactosamine), D-glucuronic acid가 β-1,4와 β-1, 3으로 번갈아 결합된 구조를 갖고 있다.

한편 N-acetyl galactosamine의 ^6C에 있는 -OH기는 H_2SO_4과 ester 결합으로 연결되어 있다. 황산기와 glucuronic acid의 -COOH기는 보통 염의 형태로 존재한다.

연골에서 중성염 용액에 의하여 추출되고, 점조성이 매우 강해 보수 · 유화 · 안정제로 식품가공에 이용된다.

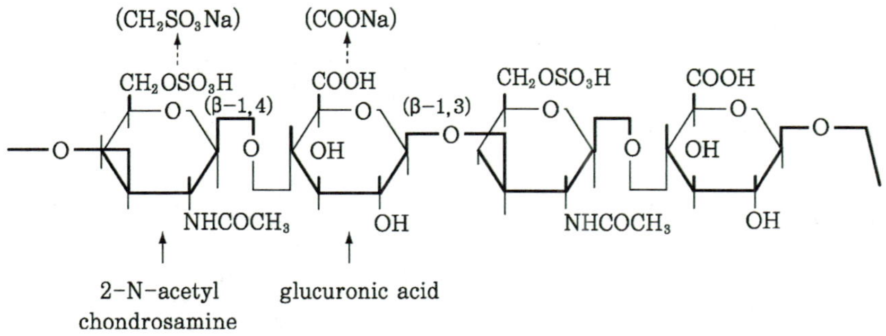

〈그림 4-21〉 Chondroitin sulfate의 구조

(3) Hyaluronic acid

Hyaluronic acid는 눈의 유리체나 결합조직에 함유되어 있고, 세균이나 독물의 침입을 막는 역할을 한다. 그 구조는 N-acetyl-D-glucosamine과 D-glucruonic acid가 β-1,4 및 β-1,3 결합을 통해 연결된 가지가 많은 구조를 갖고 있다.

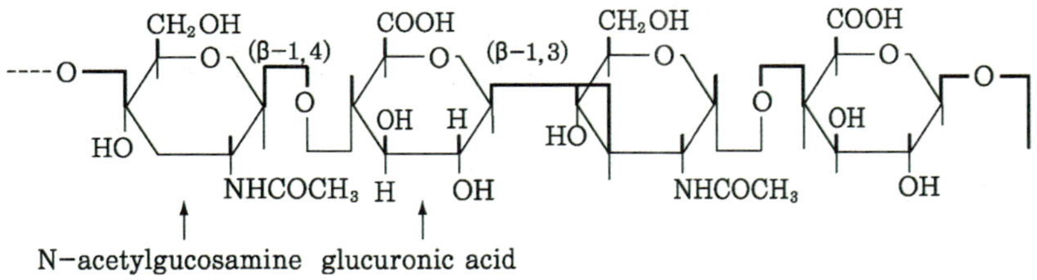

〈그림 4-22〉 Hyaluronic acid의 구조

7) 식물성 Gum

자연계에 존재하는 점성 물질들은 옛날부터 식품가공에 많이 이용되어 왔으며 이들 대부분이 특유한 성질을 가진 식물성 다당류에 속하는 물질이다.

Gum질이란 물에 녹아서 점성을 나타내는 고분자화합물을 말하며, 식물에서 얻어지는 점질물을 특히 식물성 gum이라 하며 이것은 대개 복잡한 구조를 가지는 heteroglycan으로서 점질 다당류라고도 한다.

식물종자에 함유된 것과 해조류에서 유래되는 것들로 나누어진다. 종자gum은 중성의 다당으로 이루어지고, 그 밖의 gum은 uronic acid와 황산을 구성성분으로서 가지는 산성다당류이다.

식물성 gum은 분지상의 가지가 많은 분자, 굴곡이 많은 분자, 나사모양 분자 등 분자의 모양에 특징이 있고 다량의 물분자와 수화할 수 있는 성질을 갖고 있다. 식품의 증점제, 안정제 또는 gel화제나 유화제로 쓰이고 있다.
산성다당류는 pH에 따라 예민하게 성질이 변하므로 사용할 때에 유의해야 한다.
탄성 gum은 isoprene 중합체로서 식물 gum과 구별된다.

출처	gum의 종류
식 물 종 자	gum locust bean, guar gum, gum tamarind
식물삼출물	gum arabic, gum tragacanth, gum karaya
해조추출물	한천(agarose, agaropectin), alginic acid, carrageenan
식물추출물	furcellaran, pectic acid

(1) Gum locust bean

Gum locust bean은 지중해지역과 미국 캘리포니아에서 널리 재배되고 있는 콩과식물인 locust bean(메뚜기 콩)의 종자에서 얻어지는 식물 gum이다. 이 gum질의 구조는 D-mannose의 β-1,4결합으로 이루어지는 직선상중합체에 D-galactose 단위가 mannose 4~5개 단위마다 α-1,6결합으로 연결된 구조를 갖고 있는 복합다당류인 galactomannan 중합체이다.
이 gum의 평균 분자량은 300,000 정도이고, 냉수속에서도 잘 팽윤하고 친수성이 강하기 때문에 증점제, 안정제로 salad dressing, ice cream, cheese, 유제품, 소스류 과자, 빵 등 가공에 이용된다.

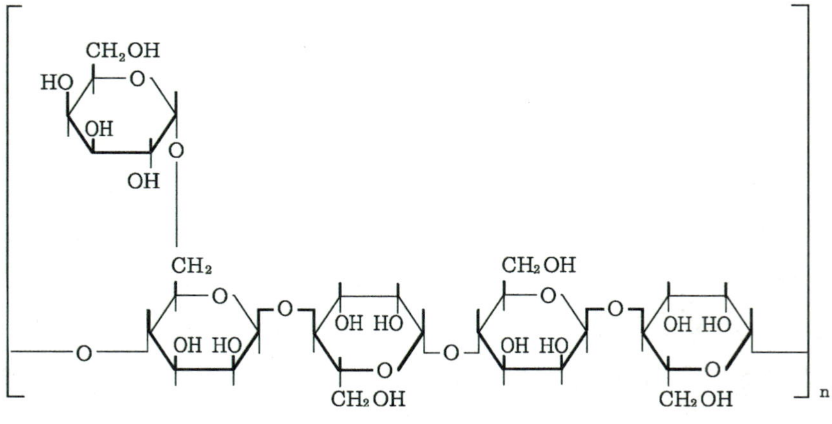

〈그림 4-23〉 Locust bean gum

(2) Guar gum

Guar gum는 인도나 파키스탄에서 재배되고 있는 콩과식물의 하나인 guar의 종자에서 얻어지는 것이다. 분자의 구조는 gum locust bean의 구조와 매우 유사하며 D-mannose의 β-1,4 결합으로 이루어지는 직선상 중합체에 D-galactose 단위가 α-1,6결합으로 연결된 구조를 갖고 있고, gum locust bean에 비해 α-1,6결합이 많은 복합다당류인 galactomannan 중합체이다.
이 gum의 성질은 gum locust bean에 비해 조밀한 가지를 형성하고 있기 때문에 수화가 더 잘 되며, 냉수에서도 쉽게 점성이 큰 콜로이드 용액을 형성한다. 또한 gum locust bean과 같이 중성 중합체로서 pH이나 염류에도 그 성질이 영향을 받지 않는다. 용도는 gum locust bean과 같이 salad dressing, ice cream, cheese, 유제품, 소스류 가공에 이용된다.

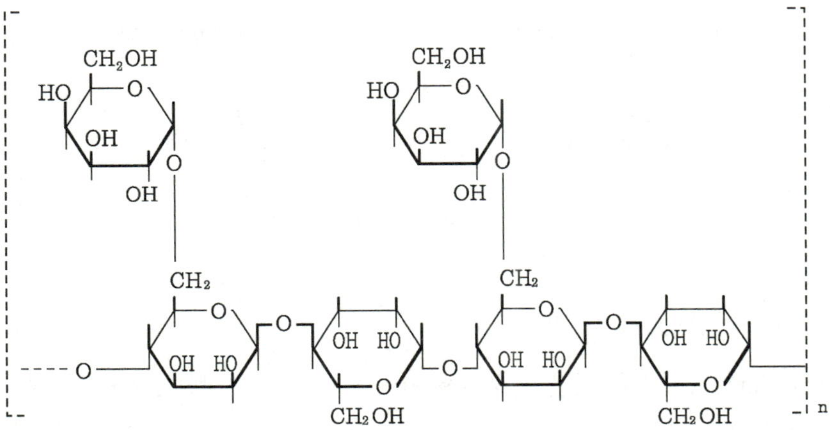

〈그림 4-24〉 Guar gum의 구조

(3) Gum tamarind

Gum tamarind는 콩과식물의 일종인 tamarind의 종자에서 얻어지는 것으로, galactose:xylose:glucose가 1:2:3의 비율로 이루어지는 점질성 다당류이다. 이것의 가장 큰 특징은 pectin과 마찬가지로 당을 넣으면 겔상을 형성하는데 펙틴겔에 비하여 보형성은 적으나 탄성은 매우 크다.

(4) Gum arabic

Gum arabic은 인도, 수단 등에서 자라는 아카시아 속의 아라비아 고무나무 수액에서 얻어지는 다당류이다. 이 gum의 주요 구성단위의 당은 β-galactose이며, 이 galactose가 β-1,3 결합을 통하여 연결된 galactose의 중합체에 L-arabinose, 그리고 소수의 L-rhamnose, D-glucuronic acid이 β-1,6 결합한 가지가 많은 분자 구조를 하고 있다.
Glucuronic acid를 함유하고 있기 때문에 산성 다당류이다. 이 gum의 용도는 물에 매우 잘 녹으나 점성이 낮아서 식품의 증점제로는 널리 쓰이지 않으나 맥주의 거품 안정제, 설탕의 석출방지, 유화제 등으로 이용된다.

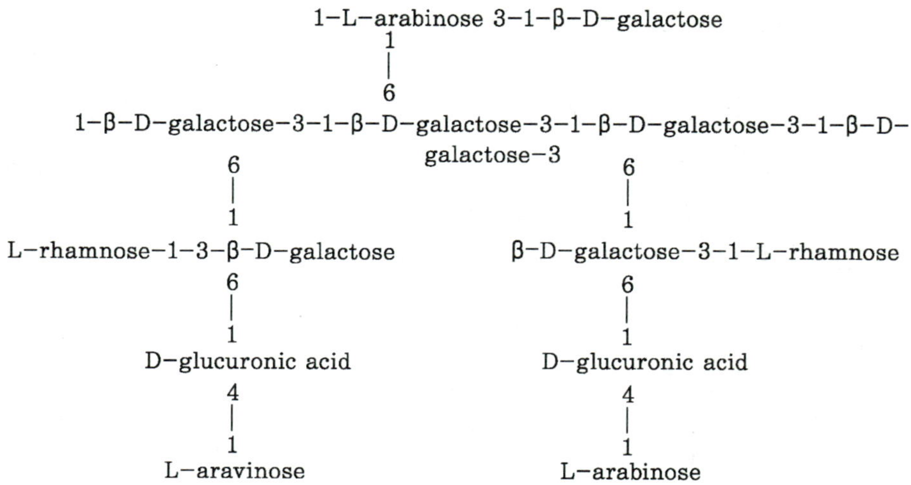

〈그림 4-25〉 Gum arabic의 분자 구조

(5) Gum gragacanth

Gum gragacanth은 이란 지방에서 자라는 콩과에 속하는 *Astragalus*에 속하는 관목의 수액에서 얻어지는 산성의 점성 다당류이다. 그 구조는 galacturonic acid 또는 galactose의 중합체에 D-xylose와 L-arabinose 등의 측쇄결합된 가지가 많고 복잡한 구조를 갖고 있는 복합 다당류이며, galacturonic acid는 칼슘, 마그네슘 칼륨의 염형태로 존재한다. 이 gum의 성질은 매우 점도가 크고 pH 5~6에 안정한 점성을 나타낸다. 용도는 제빵, cheese, spread, ice cream, salad dressing의 안정제로 이용된다.

(6) Gum karaya

Gum karaya 인도에서 자라는 벽오동과나무 *Sterculia useus*의 수액분비물이다. 주로 galactuonic acid를 많이 함유한 산성 다당류이며, D-galactose와 L-rhamnose을 함유하고 있다. 이 gum은 물에 잘 녹지 않으며, 3~4% 수용액은 불투명한 colloid 용액을 만든다. 용도는 gum gragacanth와 비슷하게 식품의 안정제로 쓰인다.

(7) 한천(Agar)

한천은 홍조류에서 열수추출로 얻을 수 있는 아교질의 heterogenous 복합체로 starch가 amylose와 amylopectin으로 구성되어 있는 것처럼 agarose와

agaropectin의 두 가지 형태로 존재하며, 이 중 agarose가 70%를 차지한다. 주요 골격은 β-D-galactose와 3,6-anhydro-α-L-galactose가 1,4-와 1,3-결합을 통하여 연결된 직쇄상 고분자화합물이다.

Agarose는 구조내에 황산이 에스터결합으로 존재하는데, 10개의 galactose 단위당 하나씩 결합되어 있으며, agaropectin은 좀더 복잡하여 sulfate가 더욱 많아지고, 아울러 pyruvic acid도 결합되어 있다. Agarose와 agaropectin의 비율은 일정치 않고 매우 다양하며, uronic acid도 존재하기도 하나 1% 이상을 넘지는 않는다.

한천은 물에 녹지 않고, ethanolamine에 소량 녹고, formaldehyde에 잘 녹는다. 에탄올에 의해 침전되고, 젖은 상태에서는 25℃의 물에서도 녹으나, 건조 상태에서는 뜨거운 물에서만 녹는다. 이를 식히면 겔(gel)을 형성하는데, 식물성 검류 중 가장 강한 겔화 능력을 갖고 있어서 심지어 0.04%에서도 가능하며, 겔형성과 안정성은 한천의 농도와 평균 분자량에 따라 달라진다.

한천 1.5% 용액의 경우 32-39℃에서 겔화되나 이 겔은 60-97℃이하에서는 녹지 않는다. 이렇게 겔화온도와 녹는 온도에 큰 차이가 있는 것은 hysteresis 때문에 생기며 한천에서 볼수 있는 고유의 특징이다.

한천은 포유동물의 소화기관에서 소화되지 않아서 영양적으로 직접적인 가치는 없으나, 특히, 미생물 배양을 위한 영양배지로 널리 쓰이고 있으며, 강한 응고력을 이용하여 다양한 식품소재로도 이용되고 있다.

즉, 난소화성, 열저항성 겔화 특성과 유화제 및 안정제로서의 특성을 활용하여 샤베트, 아이스크림, 요구르트, 페이스트리의 충전물, 치즈, 캔디 등에 다양하게 이용된다. 최근에는 채식주의자들을 위한 육류대용 식품이나 디저트, 인스턴트 시리얼제품 등에까지 쓰이고 있다.

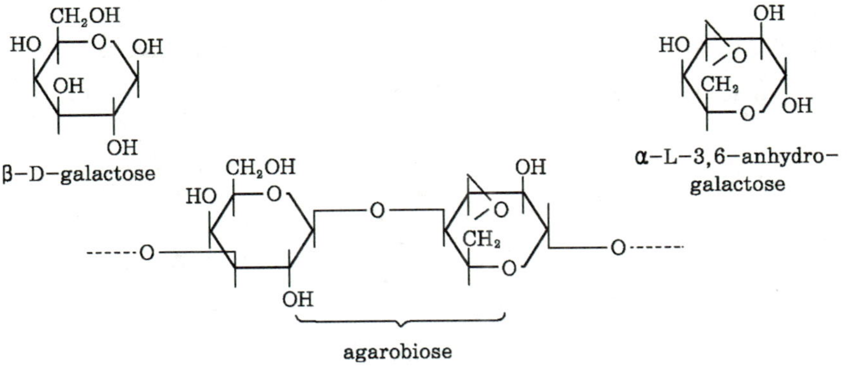

〈그림 4-26〉 Agarose의 분자구조

(8) Alginic acid, Algin

Alginic acid는 미역, 다시마 등과 같은 갈조류(brown algae)의 세포벽에 존재하는 다당류이다. 이들의 구조는 D-mannuronic acid와 L-guluronic acid의 공중합체인 polyuronic acid이다.

Mannuronic acid의 비율은 갈조의 종류에 따라서 또 같은 종류일지라도 부위에 따라 다양하다. Alginic acid는 많은 uronic acid을 함유하고 있기 때문에 다수의 COOH기를 갖고 있어서 전형적인 산성다당류이다.

해조속에서는 일부가 칼슘염으로서 불용상태로 존재하지만 alkali로 처리하여 Na염으로 하면 가용성이 되므로 추출된다. 유리상태의 alginic acid도 난용이므로 Na염으로서 사용한다.

Algin은 alginic acid의 Na · Mg · Ca 등의 염을 algin이라 하는데, 생체에는 alginic acid와 algin이 혼재한다.

이들의 용도는 수용액은 강한 점성을 나타내기 때문에 식품의 증점제 · 안정제로서 ice cream, mayonnaise, jam, tomato catchup, souce, syrup등에 널리 쓰인다. 식품 이외에도 직물용의 풀 등 용도가 넓다. 산성에서는 불안정해지는 결점이 있다. Alginic acid도 propylene glycol alginate (PGA)를 만들어 유화제로 이용한다.

(9) Carrageenan

한천과 마찬가지로 홍조류의 세포벽에 있는 다당류로서, 돌가사리 · 진두발 등에서 얻어진다. Carrageenan의 기본구조는 한천과 거의 같으나, anhydrogalactose가 한천에서는 L형인데 비하여 D형이다.

한천에 비하여 carrageenan의 gel은 탄력성이 있고, 보수성이 강하고 동결·해동에 의하여 유출수가 적다는 우수한 특징이 있다.

Protein 특히 우유 protein과의 반응성이 크기 때문에 milk jelly에 쓰인다. 그밖에 fruit jelly, 냉동 jelly의 기제로서 널리 쓰인다.

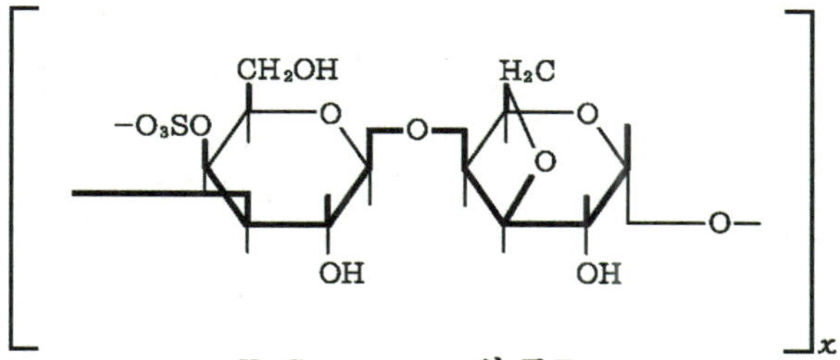

K−Carrageenan의 구조

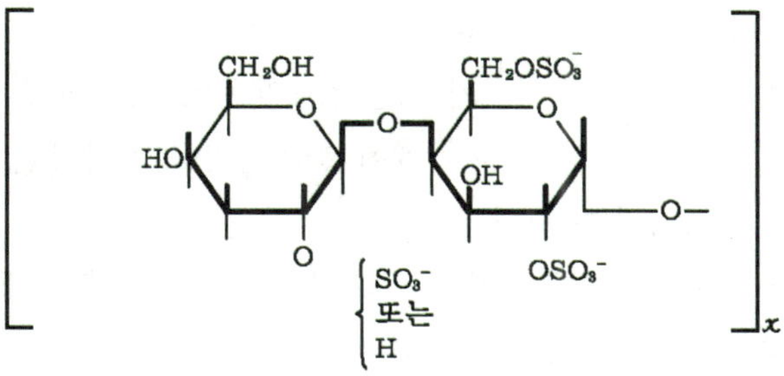

λ−Carrageenan의 구조

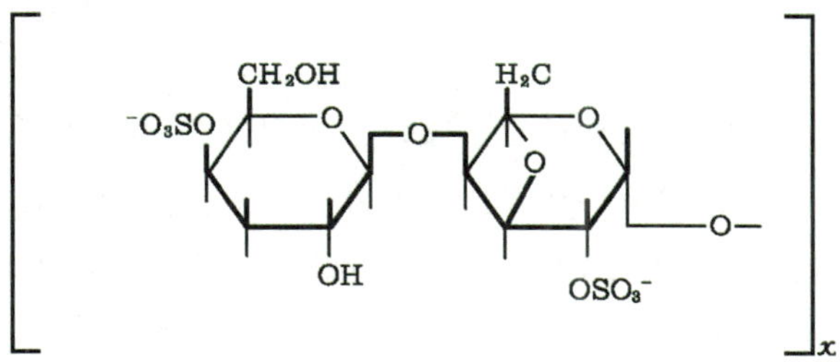

ι−Carrageenan의 구조

〈그림 4−27〉 Carrageenan의 구조

(10) Furcellaran

Furcellaran은 한천 대용품으로 덴마크에서 개발된 천연 점성 물질로서 덴마크 한천이라고도 한다. Furcellaran의 구조는 확실하지 않으나 D−galactose−4 sulfate와 3,6−anhydro−3D−galactose로 구성되어 있는 것으로 알려져 있다. Furcellaran은 carrageenan과 같이 약 80°C의 물에 잘 녹으나 냉각하면 gel을 형성한다. Furcellaran은 0.5~3%의 수용액에서 gel 형성하고, 한천과 비슷하여 단단하고 carrageenan gel보다 강력하다. 용도는 유제품의 농화제, 젤리, 잼 등의 제조시에 이용된다.

Chapter 05

탄수화물의 변화

1. 전분(Starch)

1) 전분입자

전분은 주로 옥수수, 감자, 밀, 카사바 등에서 생산하고, 드물게 쌀, 칡 등에서 얻으며, 그 출처에 따라 분리방법도 다르다.

예를 들어 감자의 경우 전분입자가 식물세포의 액포에 별개로 저장되어 있어 쉽게 분리할 수 있으므로, 전분의 물 현탁액에 전분입자를 가라앉힌 후 "starch milk" 로부터 침전물을 건조시키면 된다.

그러나, 곡류와 같은 경우에는 전분이 내배유의 단백질 부분에 묻혀 있어 쉽게 분리되지 않기 때문에 0.2% SO_2가 함유된 물에 담가 전분입자를 분리한 다음 생산공정에 들어가야 한다.

이때 얻어지는 분리된 단백질 부산물은 동물의 사료나 단백가수분해물 생산에 이용되기도 한다.

전분은 무색, 무미, 무취인 분말로서 비중이 커서(1.6정도) 물에 넣으면 쉽게 침전한다. 전분입자는 보통의 광학현미경으로 쉽게 볼 수 있을 정도로 큰 입자로 식물의 종류에 따라 그 모양이 다양하며, 입자에는 전분분자가 매우 빽빽하게 채워져 있다.

전분입자는 amylose와 amylopectin이라는 분자 구조자체가 현저히 다르고 물리적, 화학적 성질도 다른 2개의 glucan으로 구성되어 있으며 이들은 수백~수천 개의 glucose가 중합되어 있다.

[표 5-1] 각종 전분의 특징

	원료	고구마	감자	옥수수	밀	쌀
	Starch 함량(%)	15~29	14~25	86~77	70~77	75~85
형태	입형	다면형, 종형 복립	난형, 단립	다면형, 단립	볼록렌즈형, 단립	다면형, 복립
물성	X-선 회절도형	C	B	A	A	A
	호화온도(℃)	72.5	64.5	86.2	87.3	63.6
	최고점도(BU)	685	1,028	260	104	680
	최고BU의 온도(℃)	90.2	88	92.5	92.5	73.4
	95℃,10분후의점도(BU)	640	940	85	85	445

대부분의 전분은 20−39%의 amylose를 함유하며, amylomaize와 같은 새로운 옥수수 품종은 50−80%에 이르기도 한다. 아밀로오스는 전분 현탁액에 극성유기용매(*n*−butanol과 같은 알콜) 등과 복합체를 형성하여 침전되므로 쉽게 분리할수 있다. 아밀로펙틴은 대개 70−80% 정도 함유되어 있으며 일부 찰전분들 예를 들면 찰옥수, 찹쌀 등에는 거의 100% 아밀로펙틴으로 구성되어 있다.

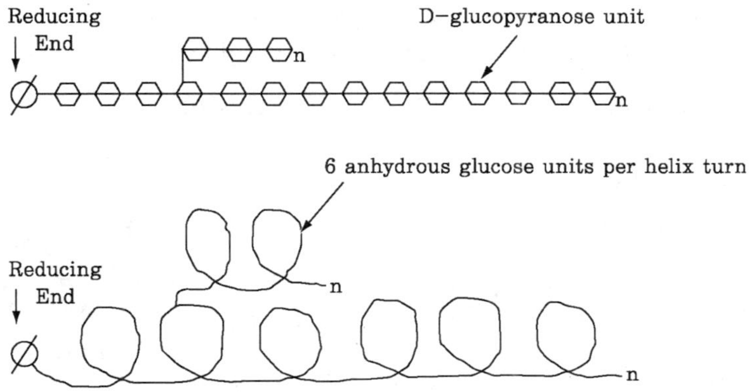

〈그림 5−1〉 아밀로오스의 α−나선상 구조

2) 아밀로오스의 구조와 특징

아밀로오스는 240~3,800개의 glucose(*α*−D−glucopyanose)가 측쇄결합이 없이 *α*−1,4결합으로 구성된 사슬중합체이다. 아밀로오스의 분자크기는 매우 다양하여, 밀전분의 아밀로오스 중합도는 1,000−2,000정도이고 감자전분의 경우는 4,500에 이른다.

아밀로오스는 찬물에 쉽게 녹거나 분산되지 않으며, *α*−amylase, *β*−amylase 및 glucoamylase에 의해 가수분해 된다. 아밀로오스는 α−helical form으로 6분자의 glucose를 단위로 한번씩 회전하며, 이웃하는 잔기들 사이에 수소결합 등으로 안정화되어 있다.

나선형 구조를 이루고 있는 아밀로오스 사슬 분자의 안쪽에는 내경 10Å 정도의 공극이 있어 다른 분자나 원자가 끼어 들어가기도 한다(iodine, monoacylglycerides 등) 이와 같이 비교적 큰 분자사이에 작은 분자가 끼어들어가 둘러싸이는 형태를 포접화합물(clathrate compound)이라 하며, 아밀로오스 분자의 경우를 host라 하고, 공극부분에 들어간 분자를 guest라고 한다.

아밀로오스 분자의 오른쪽 끝은 환원기인데, 이와 같이 환원기를 가지는 쪽의 말단을 환원성말단이라 하며 그 반대의 말단을 비환원성말단이라 한다.

Amylopectin은 환원성말단이 하나뿐이고, 다른 것은 모두 비환원성말단이다. 따라서 starch는 환원성은 없다.

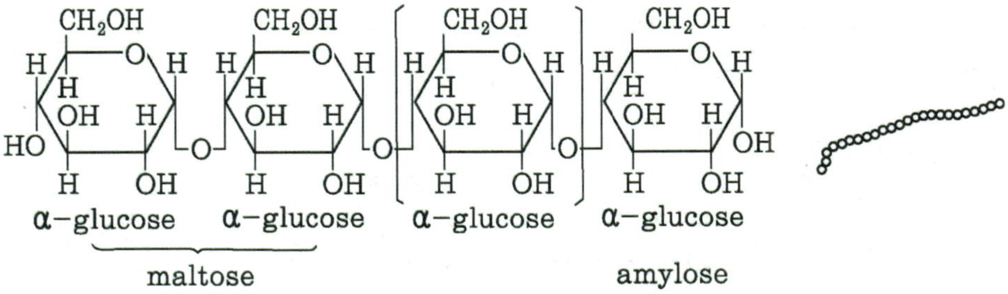

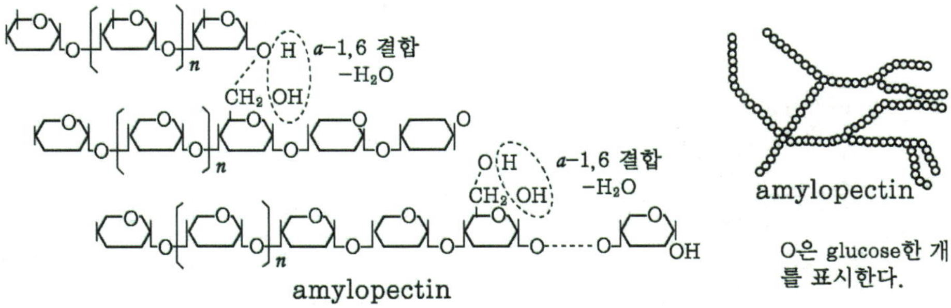

[표 5-2] 각 전분입자들의 크기와 아밀로오스 및 아밀로펙틴의 함량

출 처	전분입자의 크기 (μm)	아밀로오스 함량 (%)	아밀로펙틴 함량 (%)
메밀(buck wheat)	–	28	72
보리(barley)	25~50	27	73
수수(sorghum)	–	27	73
옥수수(corn)	4~26	26	74
밀(wheat)	2~38	25	75
감자(potatoes)	15~100	23	77
칡(arrowroot)	7~75	21	79
고구마(sweet potatoes)	15~55	20	80
타피오카(tapioca/cassava)	5~36	18	82
찰옥수수(waxy corn)	–	0~6	100~94
쌀(rice)	2~10	20	80
찹쌀(waxy rice)	–	0	100
찰보리(waxy barley)	–	3	97

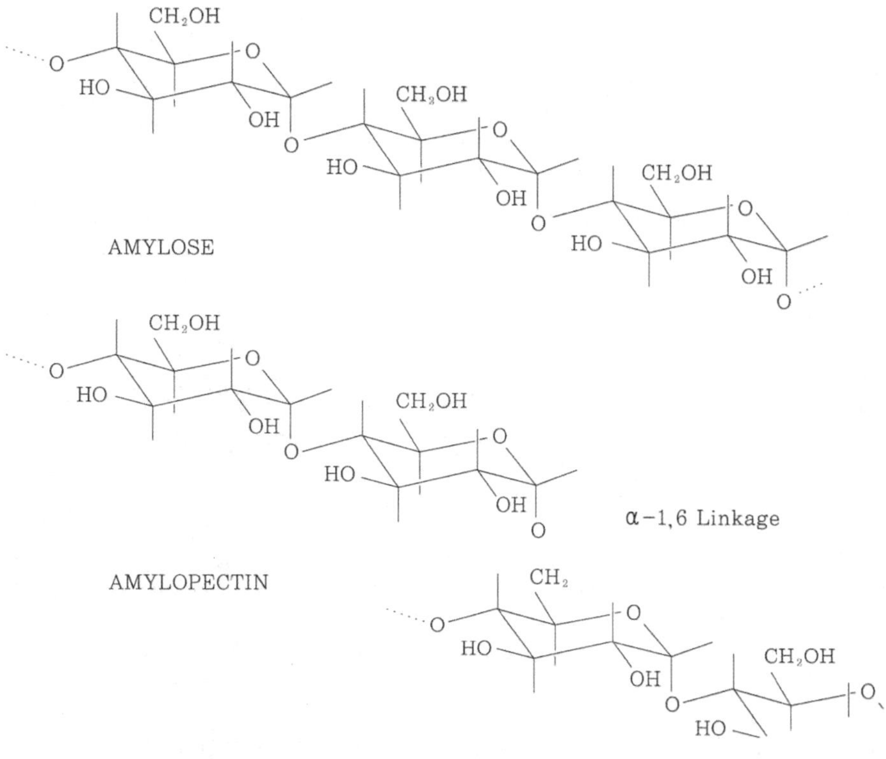

〈그림 5-2〉 Amylose와 amylopectin

3) 아밀로펙틴의 구조와 특징

아밀로펙틴은 아밀로오스의 사슬 중간 중간에서 glucose 잔기의 6번 위치에서 가지를 치는 구조, 즉, glucose끼리 ^1C과 ^6C의 위치에서 결합한 α-1,6-결합이 있는 구조이다.

분자사슬에는 평균 15-30개의 glucose가 있고, 전체적인 중합도는 1,000~37,000에 이르며, 분자전체가 구상에 가까운 모양을 한다.

아밀로펙틴의 구조모델은 많은 논의가 되어왔는데 종래에 제안된 주요 분자모델은 다음과 같다.

1. 박편/박층 구조(laminated structure) - Haworth model
2. 빗살/화살깃 구조(comb-like structure) - Staudinger model
3. 수상구조(tree structure) - Meyer model

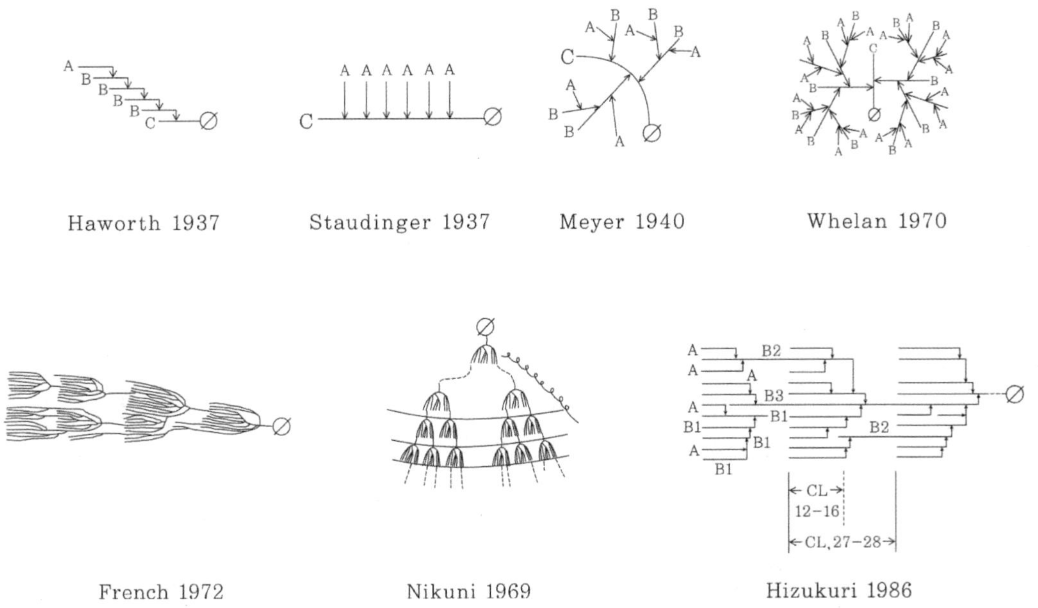

〈그림 5-3〉 아밀로펙틴 구조의 여러 모델

그러나, 근래에 와서 전분입자들이 나타내는 부분적인 결정성이 전분입자를 구성하는 아밀로펙틴 분자 자체의 성질에 기인한다는 사실로 미루어 분자내의 규칙적인 배열을 생각하게 되었고, 이로부터 결정성이 큰 부분과 가지가 많으며 규칙성이 없는 비결정성 부분이 있는 방상구조(房狀, cluster model)로서 아밀로펙틴을 설명하고 있다.

이 모델에서는 아밀로펙틴의 결정성 영역과(crystalline region) 비결정성 영역(amorphous region)에 아밀로오스가 사이사이 섞여 짜여 있는 형태일 것으로 설명하고 있다. 한편, 아밀로펙틴은 전분입자의 동심원형 성장환(growth ring)내에 존재하는 것으로 알려져 있으며, 아밀로펙틴 사슬 자체는 이중나선형 구조인 것으로 생각되고 있다.

아밀로펙틴은 물과 함께 가열하면, 투명하고 고도로 점성있는 용액을 형성하는데, 이는 매우 끈적끈적하고, 점착성이 있으며 엉겨붙는 성질이 있다.

아밀로오스와 달리 노화하지 않으며, 고농도를 제외하면 gel화 되지도 않는다. 그러나, 산성, 고압, 강한 물리적 힘 등에 의해서는 점성이 급격히 감소하는 특성을 보인다.

효소에 의한 아밀로펙틴의 가수분해는 아밀로오스와 비슷하며, β-amylase는 아밀로펙틴내의 분지점을 분해하지 못하여 한계덱스트린을 남긴다.

[표 5-3] Amylose와 **Amylopectin의 특성비교**

특성	Amylose	Amylopectin
•요오드와의 반응	•짙은 청색	•적자색
•청색치(Blue Value)	•1.35	•0.05
•β-amylase와의 반응	•95~100%가 maltose로 가수분해	•50%가 maltose로 가수분해
•비환원성 말단기 사이의 평균 포도당의 수	•200~2,100	•20~25
•X-선 분석	•고도의 결정성	•무정형(amorphous)
•물에 대한 용해도(solubility)	•잘 녹는다	•거의 녹지 않음
•수용액 중에서의 안정성	•노화된다	•안정하다
•분자량	•40,000~340,000	•4,000,000~6,000,000

4) 전분의 micelle 구조

Amylose와 amylopectin의 전분입자내 존재 상태에 대해 과거에는 amylose가 입자 내부에 있고 amylopectin은 바깥층을 둘러싸고 있는 것으로 이해하였다.

그러나 최근의 연구 결과 전분입자내에 amylose의 일부와 amylopectin의 가지 등이 규칙적으로 배열되어 다발과 같은 형태를 이루고 있는 것으로 이해하고 있으며, 이와 같은 구조를 micelle이라 한다.

X선회절의 결과 전분입자에서 결정질을 나타내고 있는 micelle 부분은 전체의 약 ⅓이며 대부분은 비결정질이다.

Micelle 부분은 amylopectin이 주체이고 amylose는 비결정질 부분에 존재하는 것으로 파악되는데 이는 starch를 온수에 담그면 amylose가 용출되어 나오는 것으로 미루어 짐작할 수 있다.

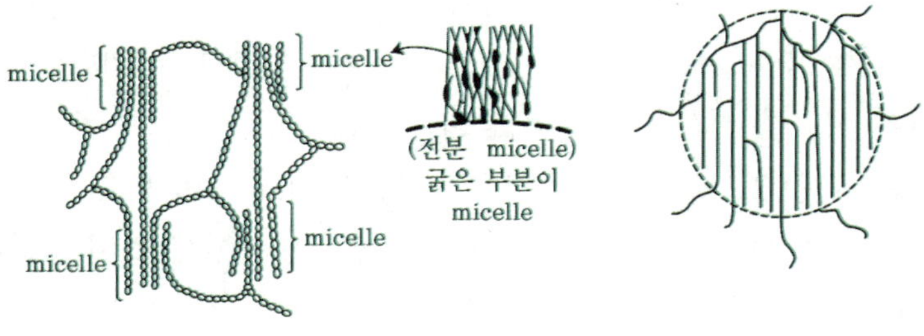

〈그림 5-4〉 전분의 micelle 구조

5) 요오드전분반응

전분에 요오드액(iodine을 KI 용액에 용해한 것)을 가하면 아름다운 청색을 나타낸다. 청색의 iodine 정색반응은 amylose에서 일어나고, amylopectin에서는 자색 또는 적자색을 나타낸다. 이것을 요오드 전분반응(starch–iodine reaction)이라 한다. 요오드 전분 반응에서는 amylose의 중합도에 따라 iodine을 결합할 수 있는 양이 다르기 때문에 정색도 달라진다. 중합도와 iodine 정색의 관계는 표 5–4와 같다.

[표 5-4] 중합도와 요오드의 정색

중합도	3.8	7.4	12.9	20.2	29.3	34.7
정색	무색	연한 적색	적색	자색	청자색	청색

따라서 amylose는 나선사슬이 길수록(중합도가 클수록) 청색이 짙어지고, 분지상의 amylopectin은 분지의 중합도가 20~25 정도로서 나선사슬이 짧기 때문에 적자색을 띠는 것이다. 전분을 산이나 효소로 가수분해하면 중합도가 낮아지고 분해가 진행됨에 따라 청색 → 적색 → 갈색 → 담갈색 → 무색으로 변한다. 정색한 것도 가열하면 색이 사라지는데 이것은 열로 인해 전분분자의 운동이 심해져서 amylose의 나선구조가 무너져서 iodine분자가 튀어나오기 때문이다.

2. 전분의 호화

1) 호화과정

전분입자의 결정질의 부분과 비결정질의 부분 다같이 인접하는 분자사이에는 수많은 수소결합에 의하여 결합되어 빽빽한 구조를 이루고 있고, 냉수에 녹기 어려우며 소화효소의 작용도 받기 어려운데 이러한 생전분을 β–starch라 한다.

β– starch는 냉수에 녹지 않으나 물과 함께 가열하면 약 60~70℃부근에서 많은 물을 흡수하여 팽윤(swelling)하며 점도가 높고 끈적한 반투명의 전분교질용액이 만들어지며 이러한 현상을 전분의 호화(gelatinization)라 한다.

호화과정은 일반적으로 다음과 같은 여러 단계로 구분한다. 제 1단계는 팽윤(swelling)의 단계이다. 전분 입자들은 물속에서 물분자에 의해 수화(hydration)되어 부피와 입자 크기가 증가하게 되며, 가열에 의해 서서히 온도가 증가함에 따라 약 25–30%의 물을 흡수하게 된다.

그러나, 전분입자들의 외관상의 모양에는 특별한 변화가 없으며, 이 시기에서의 물의 흡수과정은 가역적(reversible)이어서 물을 흡수한 전분을 다시 건조시키면 수분은 쉽게 제거된다.

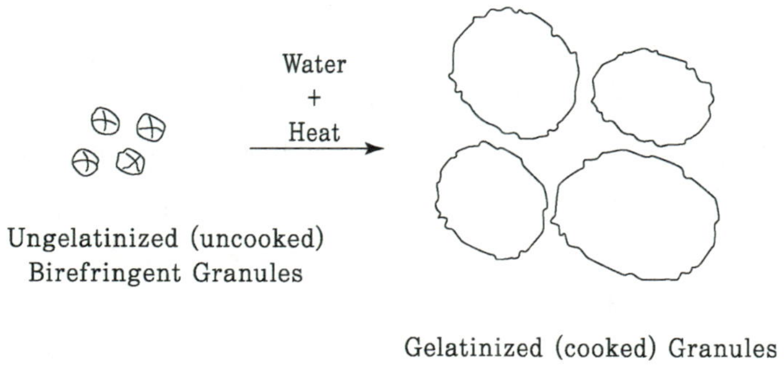

〈그림 5-5〉 전분의 호화에 따른 입자크기의 변화

제 2단계에서는 전분현탁액의 온도가 계속 상승함에 따라 전분입자들의 물 흡수량은 크게 증가하고, 전분입자들의 팽윤이 급속하게 일어나며, 분자간 수소결합이 열에 의하여 끊어지며 micelle이 느슨해지는 등 내부 구조가 붕괴되면서 다량의 전분 분자들이 입자로부터 용출되어 나온다.

옥수수 전분의 경우 60℃ 전후에 자체 중량의 약 300%에 해당하는 물을 흡수하며, 특정 임계온도에서 최고의 팽윤을 나타내고, 붕괴직전에는 2,500%에 달하는 수분을 흡수하여 팽윤된다.

이와 같은 변화가 일어나는 온도의 범위를 호화온도(gelatinization temperature)라고 하는데, 모든 전분입자가 동시에 같은 온도에서 호화되는 것이 아니기 때문에 특정온도로 표현하기 보다는 온도범위로 나타내어지며 이는 전분의 출처와 종류에 따라 다르다.

[표 5-5] 각전분의 호화온도

Starch from	호화온도(℃)	Starch from	호화온도(℃)
Wheat	53-65	Sorghum	69-75
Rye	57-70	Waxy sorghum	68-74
Barley	56-62	Potatoes	58-66
Corn	62-70	Beans	64-67
Amylomaize	67-87	Peas	57-70
Waxy corn	63-72	Cassava(=tapioca)	52-64
Rice	61-78	Oats	56-62
Waxy rice	55-65		

계속적으로 물 분자가 침투해 들어가면서 전분입자들의 팽윤은 한계점에 달하며 이에 따라 전분입자들이 계속 붕괴되고 미셀이 파괴되면서 전분분자의 활동이 자유로워지고, 전분입자들의 형태가 소실되며 투명한 교질상태의 용액이 형성되고 복굴절이 상실되는 비가역적인 변화가 일어난다.

계속된 팽윤에 의해 교질용액의 점도는 최대치에 이르렀다가 전분입자들의 붕괴로 그 점도는 급속하게 감소하게 되는 현상이 나타난다.

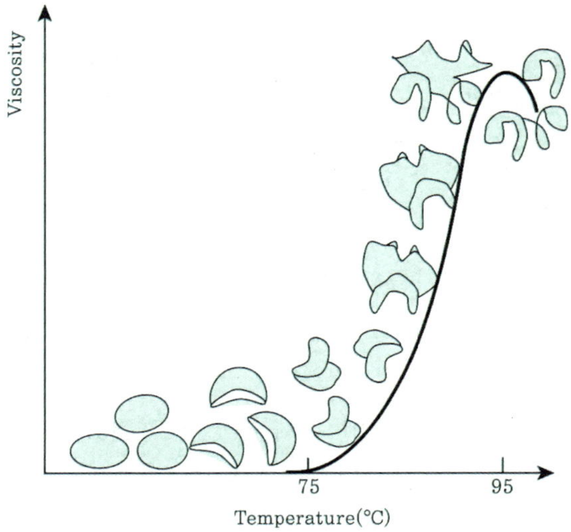

〈그림 5-6〉 호화에 따른 밀전분의 형태 변화

이상에서 호화는 다음과 같은 변화가 일어나는 과정으로 정리할 수 있다.

- 호화는 분자내 질서가 파괴되는 과정이다
- 호화는 온도와 수분함량에 영향을 받는다.
- 호화는 비가역적이다.
- 호화는 팽윤으로 인한 입자의 크기 증가로 시작된다.
- 호화는 조리 조건(예; pH, 고형분 등)에 따라 달라진다.
- 호화는 전분의 식물학적 출처와 종류에 영향을 받는다.
- 호화의 결과로 복굴절 현상이 소실된다.
- 호화의 결과로 전분 현탁액의 점도와 용해성이 증가된다.
- 호화로 인해 전분 입자가 붕괴도어 각종 전분 가수분해 효소들의 작용이 증가한다.

2) 전분의 겔화

전분의 농도가 크거나, 특히 온도가 냉각되면, 무질서하게 분산되어 있던 전분분자들이 물 분자를 사이에 두고 다시 수소결합을 통해 느슨하게 결합되는 반고체의 풀(paste) 또는 겔(gel)이 형성된다. 전분 겔은 쉽게 압력에 의해서 액상, 즉, 졸(sol)의 상태로 되거나 전단력에 의해 끊어지기도 하는 특성이 있다.

전분 겔은 전분의 농도 특히 아밀로오스의 함량에 따라 크게 좌우되는데, 일반적으로 아밀로오스 함량이 많을수록 단단한 겔이 형성된다.

아밀로펙틴이 많은 전분은 겔을 잘 형성하지 못하고 단지 끈적끈적하거나 길게 늘어지는 특성을 보인다. 묵은 전분의 겔화특성을 이용한 대표적인 전통식품이다.

3) 전분의 호화에 영향을 주는 요인

전분의 호화에 영향을 주는 요인에는 전분의 종류, 전분의 수분함량, pH, 전분현탁액에 존재하는 염류 및 당류의 종류와 농도 등이 있다.

(1) 전분의 종류

호화에 있어서 전분의 종류는 가장 큰 영향을 준다. 이는 전분의 종류에 따라 전분 입자의 크기와 구조가 다르기 때문이다. 예를 들면 감자전분 보다는 옥수수 전분이 더 높은 온도로 가열해야 호화가 된다.

(2) 수분

호화는 수분의 흡수에 의한 팽윤으로부터 시작되는 과정이므로 전분내 수분함량이 많을수록 잘 일어나며, 전분 현탁액의 물의 양도 많을수록 호화가 잘 일어난다. 이는 충분한 양의 물이 전분입자내에 침투되어야 전분의 무정형 영역의 팽윤을 일으킬 수 있고, 나아가 결정형 영역의 파괴도 유도할 수 있기 때문이다.

(3) pH

전분현탁액의 pH는 알칼리성에서 비교적 호화가 잘 일어난다. 극단의 낮은 pH는 전분입자내 분자간 결합을 가수분해하고 전분분자의 붕괴를 촉진하기 때문에 가열초기에 쉽게 호화를 유도할 수는 있지만, 곧 전분이 파괴되므로 결과적으로는 점도가 상실되는 부정적인 현상을 초래한다.

(4) 전단력

전단력은 전분의 호화에 매우 결정적인 영향을 준다. 즉, 균질기, 믹서, 펌프 등을 사용하여 전단력을 가하면 호화중의 전분은 더욱더 약해져서 쉽게 입자가 붕괴되고 호화 후에도 점도를 크게 감소된다.

(5) 식품성분들

일반적으로 다른 식품성분들이 전분의 호화에 영향을 주는 경우는 호화에 필요한 물에 대해 전분입자와 경쟁관계에 있을 때이다. 예를 들어 지질성분은 전분입자와 상호작용하려는 경향 때문에 전분이 수화되는 것을 방해하여 결과적으로 점도를 낮추게 되며, 당류나 기타 고형성분은 물의 이용에 있어 서로 경쟁적이어서 전분의 호화를 제한하게 된다.

(6) 염류

전분 현탁액에 함유된 알칼리성 염류들은 전분입자의 팽윤을 촉진시켜 전분의 호화온도를 낮추어 준다. 이러한 물질들을 팽윤제(swelling agents)라 하며, 팽윤제를 적당한 농도로 가하면 실온에서도 전분 현탁액이 호화되는데, 이러한 팽윤제에는 NaOH, KOH, KCNS, KI, NH_4NO_3, $AgNO_3$ 등이 있다. 또한 고농도의 염화물은 호화를 촉진하고, 황산염들은 호화를 억제한다.
한편, 현탁액에 고농도의 당류를 첨가하면 전분의 호화에 필요한 물이 당류의 수화에 이용되므로 호화가 억제된다. 당류의 종류에 따라 설탕>포도당>과당의 순으로 호화를 억제한다.

3. 전분의 노화(retrogradation)

노화(retrogradation)란 호화된 전분이 서서히 냉각될 때 호화로 용해 또는 분산된 전분사슬들이 미세결정성의 절서 정연한 구조로 다시 회합하는 현상이다. 처음에는 두 개 이상의 전분사슬이 간단한 접합점을 만들어 시작되지만, 점차 광범위하게 질서정연한 영역을 넓혀 가면서 결국에는 열역학적으로 안정한 결정성 형태를 이루게 된다.

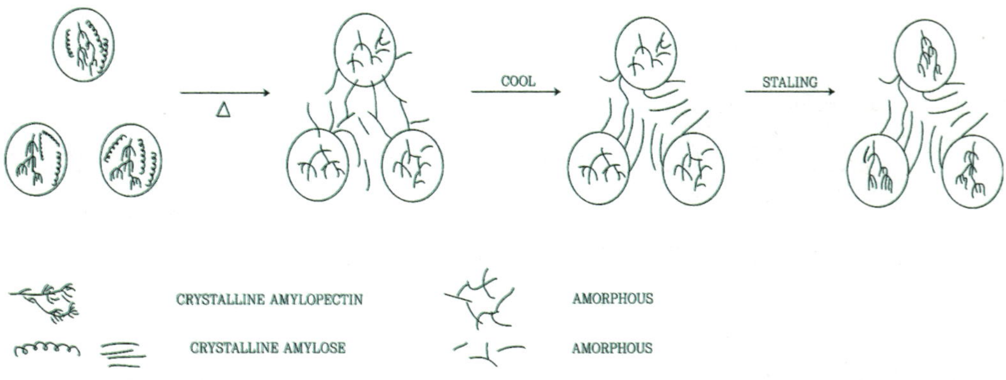

〈그림 5-7〉 호화와 노화 중 전분입자의 변화

노화는 특히 아밀로오스를 함유한 전분에서 뚜렷하게 나타나며, 냉각상태에서는 용해된 전분분자들을 호화상태와 같이 먼 간격으로 떨어뜨려 놓는데 필요한 에너지가 줄어들기 때문에 다시 결정성으로 집합하고 겔과 같은 물성을 형성하게 된다.

즉, 노화에 따라 전분겔은 점차 불투명해지고 물을 방출하는 이액현상(syneresis)이 나타나며, 전분분자들 사이의 수소결합으로 일부의 결정구조를 형성함으로써 X-선 회절도도 B-type으로 나타난다.

또한, 호화상태에서는 소화효소의 작용을 받기 쉬워 소화율이 높아지나, 노화되면 생전분과 비슷해져 효소작용이 용이하지 못하고 소화되기도 어렵다. 이는 곧 β-starch로 되돌아가는 현상이기도 하여 β화라고도 한다.

이러한 노화의 경향은 낮은 온도 특히 0℃ 부근, 중성 pH, 전분농도가 높을 때 잘 일어나는 경향이 있고, 또한 전분 분자의 분자량, 사슬길이, 중합도 등에 따라 달라지며, 전분의 origin에 따라서도 달라져, 감자-옥수수-밀의 순서로 증가하는 경향을 보인다.

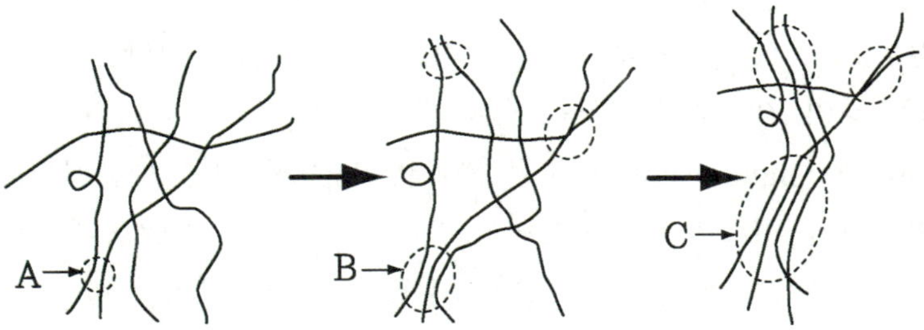

〈그림 5-8〉 노화 모델

1) 전분의 노화에 영향을 미치는 요인들

전분의 노화에 미치는 요인들은 전분의 종류, 전분 내의 amylose와 amylopectin의 함량, 전분의 농도, 수분함량, 온도, pH, 염류와 각종 이온의 함량 등이 있다.

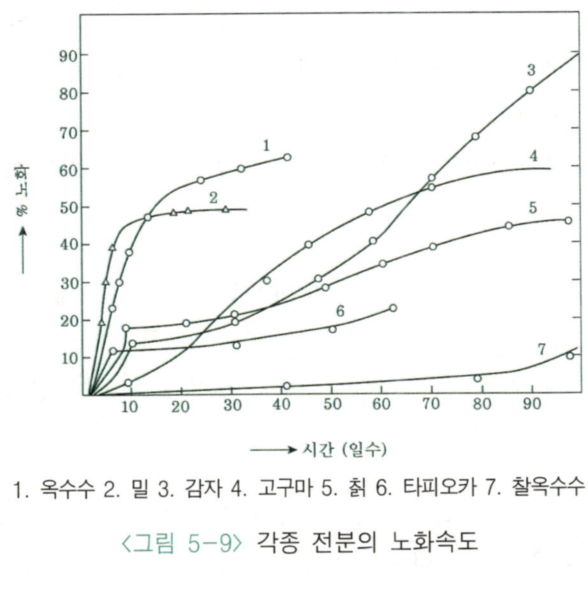

〈그림 5-9〉 각종 전분의 노화속도

(1) 전분의 종류

전분의 종류는 전분의 호화에서와 같이 노화에 있어서도 매우 중요한 요인으로, 전분의 종류에 따라 전분분자의 구조적 차이 때문인 것으로 알려져 있다. 예를 들면 일반적으로 밀이나 옥수수와 같은 곡류 전분은 노화의 진행이 빠르지만 감자나 고구마 전분은 느리게 일어난다.

(2) 아밀로오스와 아밀로펙틴의 함량

아밀로오스는 직선상의 구조를 지녀 물에 분산되기 쉽고 따라서 호화가 용이해 콜로이드 용액도 쉽게 형성할 수 있으나, 이 콜로이드 용액은 불안정하여 쉽게 침전이 되면서 부분적인 결정구조를 갖는다. 따라서 결과적으로 노화되기 쉽고 반면에 amylopectin은 분지구조를 갖고 있기 때문에 일단 호화가 된 후에는 매우 안정하여 침전을 형성하는 경향이 적어 노화하기 어렵다.

Amylose와 amylopectin이 공존하면 amylopectin분자 때문에 amylose의 노화가 억제되며, 따라서 아밀로펙틴이 많을수록 노화되기 어렵다. 찰옥수수나 찹쌀 전분의 경우에는 노화가 잘 일어나지 않는 것이 그 예이다.

(3) 온도와 수분함량

노화는 0℃ 부근에서 가장 일어나기 쉽고, 60℃ 이상 또는 −20℃ 이하에서는 거의 일어나지 않는다. 냉동상태에서는 전분분자들의 자유로운 이동이 제한되고, 전분분자들 사이의 집합체 형성이 억제되어 노화가 잘 일어나지 않는다.

한편, 수분함량도 전분의 노화에 큰 영향을 주어 30~60% 사이에서 노화가 잘 일어나며 쌀밥, 식빵, 떡 등의 식품에서 노화가 잘 되며, 건조밥, 비스킷, 인스턴트면, 국수 등 수분함량 10% 이하인 식품에서는 노화가 일어나기 어렵다.

가열조리 도구의 종류에도 다소 차이가 있어 전자레인지와 전기밥솥으로 각각 밥을 지었을 때 밥의 맛이나 α-화도에는 큰 차이가 없으나 노화의 진행은 전자레인지의 경우가 빠르고, 감자구이의 경우에도 유사한 경향을 보인다.

(4) pH

중성의 pH에서나 약산의 존재는 노화속도나 노화정도에 큰 영향을 주지 않으나 강산이 존재하면 비록 그 농도가 낮아도 노화를 현저히 증가시킨다. 알칼리는 전분의 팽윤과 호화 등을 촉진시키므로 반대로 노화는 잘 일어나지 않게 된다.

(5) 염류 또는 이온

호화와 마찬가지로 전분 분자들 사이의 수소결합에 영향을 주는 물질들은 노화에도 큰 영향을 준다. 대부분의 염류($CaCl_2$, $ZnCl_2$ 등)나 이온들(Ba^{2+}, Ca^{2+},

K^+, Na^+ 등)은 호화를 촉진하는 반면 노화는 억제한다.

2) 전분의 노화억제법

대부분의 전분식품들은 호화된 상태일 때가 바람직하나 호화전분은 시간이 경과함에 따라 소화율이 낮은 노화전분 즉 β-전분으로 변화하므로 이를 억제하기 위해 여러 가지 방법들이 사용되고 있다.

(1) 수분함량의 조절

수분함량을 60% 이상 또는 30% 이하로 조절함으로써 노화를 억제할 수 있다. 특히 수분 함량이 10~15% 이하이면 거의 노화현상이 일어나지 않는다. 대표적인 즉석식품인 라면은 증기로 호화시킨 면을 튀겨서 수분함량을 5.5-7.0%로 감소시킴으로써 노화를 억제하고 있다.

(2) 온도의 조절

온도를 −20~30℃ 이하로 냉동하거나 60℃ 이상에 보온하면 노화를 억제할 수 있다.

(3) 설탕 및 유화제의 사용

설탕은 자신이 식품내의 물에 수화되는 경향이 크기 때문에 결과적으로 탈수제의 역할을 하며, 설탕의 농도가 높을 때는 전분의 침전을 억제하는 효과가 있어 노화를 억제시킨다.

유화제는 전분교질용액의 안정도를 증가시키고 전분분자의 침전과 부분적인 결정영역의 형성을 방지하는 효과가 있어 노화를 방지할 수 있다. 이와 같은 유화제는 밀가루를 원료로 한 빵, 과자류의 스테일링(staling)을 방지하는데도 효과적이다.

4. 전분의 호정화

전분에 수분을 가하지 않고 150~190℃정도의 비교적 높은 온도에서 가열하면 전분분자 자체내의 수분에 의하여 glucoside 결합이 분해되어 가용성의 dextrin이 생성되는데, 이를 호정화(dextrinization)라 한다.

호화는 화학적 변화가 따르지 않고 물리적 상태의 변화만 일어나서 분자구조만 변화되는 현상이라면, 호정화는 열분해(pyroly sis)에 의한 화학적 분해가 일어나는 현상이라는 점이 다르다. 호정화된 전분은 호화전분보다 물에 녹기 쉽고, 점성이 적은 용액을 만들며, 효소작용도 받기 쉬운 특성이 있다. 뻥튀기와 같은 팽화곡물이 호정화 현상의 대표적인 예이다.

5. 전분의 가수분해

1) 산 분해

전분의 분자는 α-1,4 및 α-1,6 glucoside 결합으로 구성되어 있는데 glucoside 결합은 묽은 염산, 황산, 수산과 같은 산과 가열하면 쉽게 가수분해 된다. 이와 같은 starch의 산에 의한 가수분해 반응은 산의 수소이온에 의한 촉매반응이다.

전분의 가수분해 속도는 starch 및 수소이온 농도와 반응온도에 비례한다. 또 α-1,4 결합과 α-1,6 결합의 결합양식의 차이에 의하여 가수분해 속도에 차이가 있는지는 아직 확실하지 않다. 한편 가수분해가 낮은 물엿이나 시럽에서부터 순수한 결정 glucose에 이르는 전분의 가수분해하는 과정을 당화(saccharification)라 한다. 당화시 가수분해의 정도를 나타내는 지수를 dextrose 당량(dextrose equivalent : DE)이라 하고 starch sugar의 품위표시법의 하나이다.

결정 glucose처럼 순수한 것의 DE는 거의 100에 가까우며, 분해도가 낮고 glucose 외에 dextrin이나 그 밖의 여러 당류가 함유되어 있는 물엿의 경우는 DE가 25~50이다.

$$\text{DE} = \frac{\text{직접환원당의 량(glucose로서 표시)}}{\text{고형분의 량}} \times 100$$

[표 5-6] 전분당의 분류와 그 성질

명칭	포도당당량	감미도	당의 결정성	점도	흡습성	평균분자량
결정 포도당	90~100	크다	크다	작다	크다	작다
분말 포도당	92~96	↑	↑	↓	↑	↓
고형 포도당	80~85	↑	↑	↓	↑	↓
액성 포도당	55~80	↑	↑	↓	↑	↓
물 엿	35~50	↑	↑	↓	↑	↓
분말상 물엿	20~40	작다	작다	크다	작다	크다

2) 전분의 가수분해 효소

전분을 가수분해하는 효소는 동물체, 식물체 및 미생물체에 널리 분포되어 있으나 다같이 starch분자의 glucoside 결합을 가수분해하며, 몇 가지 중요한 효소는 다음과 같다.

(1) α-Amylase

α-Amylase는 전분분자의 α-1,4-glucoside 결합을 임의의 위치(random position)에서 가수분해하는 것으로, starch는 저분자의 dextrin으로 분해되어 가용화하므로 액화 amylase(liquefying amylase)라고도 하고, 또는 dextrin을 생성한다고 하여 호정화 효소(dextrinogenic amylase)라고도 한다. *α*–Amylase는 분지점인 *α*–1,6–결합을 분해하지 못하지만 분자내의 *α*–1,4–결합을 분해함으로써(endotype) 전분의 점도를 급속도로 감소시킨다.

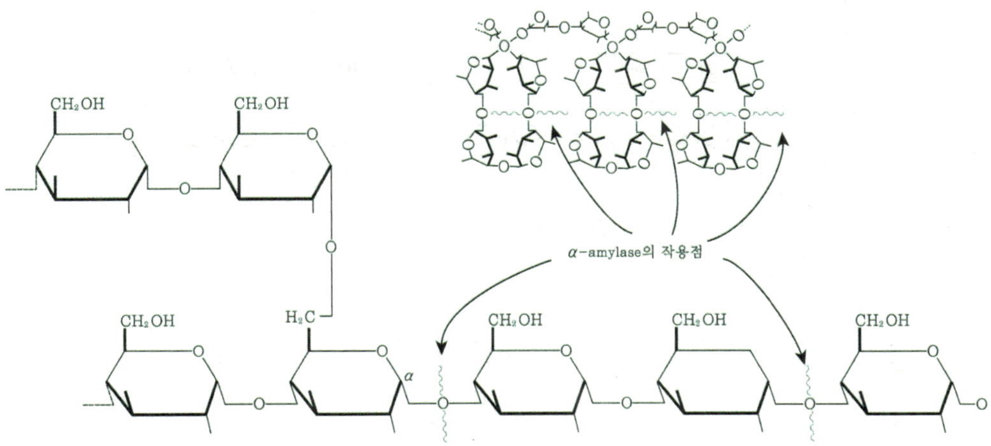

〈그림 5–10〉 α –amylase의 작용

α–Amylase의 성질은 급원에 따라 차이가 있지만 일반적으로 최적 pH는 4.7~6.9이며 안정한 pH는 5.0~10.5이고, 일반적으로 pH 4.0이하의 산성에서는 쉽게 활성이 소실된다. 대부분의 α–amylase는 칼슘이온을 구성금속으로 갖고 있는 금속 효소(metaloenzyme)인 것으로 알려져 있다.

따라서 칼슘이온은 pH, 온도 열에 대한 효소의 내성이 증가된다. *α*–Amylase는 타액, 돼지의 췌장, 맥아, 곰팡이(*Aspergillus oryzae*), 세균(*Bacillus subilis*) 등에 함유되어 있으며 이들을 정제하고 결정화시켜 시판되며 식품가공에 널리 이용되고 있다.

이 효소는 전분으로부터 당류를 생성하는 것 이외에 전분질 원료를 액화시켜 물리적 성질을 변화하여 가공을 편리하게 하고 풍미를 향상시키는 등 여러 가지의 이점이 있어 제빵공업에도 널리 이용되고 있다.

(2) *β*–Amylase

β–Amylase는 starch분자의 비환원성 말단에서 maltose 단위로 분해하여 maltose를 유리시킨다. Amylopectin에 대한 *β*–amylase의 작용은 말단에서 차례로 maltose 단위로 분해하여 *β*–1,6–glucoside 결합의 분지점에서 가까운 2~3개의 glucose를 남기고 작용이 정지하며 그 내부는 분해되지 않고 남는다.

이렇게 분해되지 않은 큰 분자량의 것을 β-한계 dextrin(β-limit dextrin)이라 한다. 이와 같이 β-amylase는 전분의 maltose 단위로 차례로 가수분해하기 때문에 당화효소(saccharifying enzyme)라고도 한다.

β-Amylase에 의한 starch의 분해율은 50~60%로서, β-한계 dextrin은 아직도 고분자량이며, 점도나 요오드 정색반응(적자색)에 거의 변화가 없고 환원성도 나타내지 않는다.

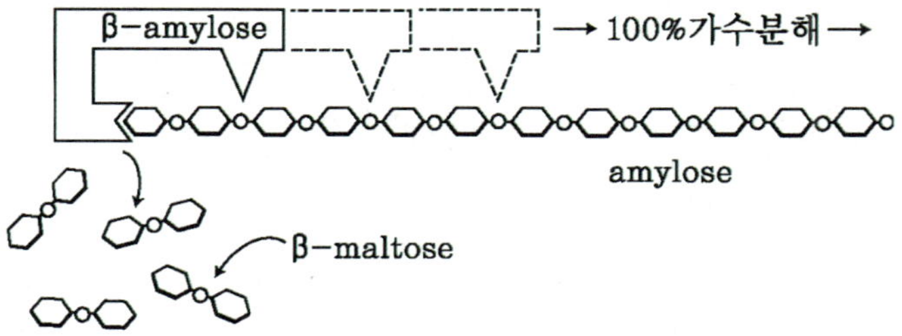

〈그림 5-11〉 β-amylase에 의한 amylose의 가수분해

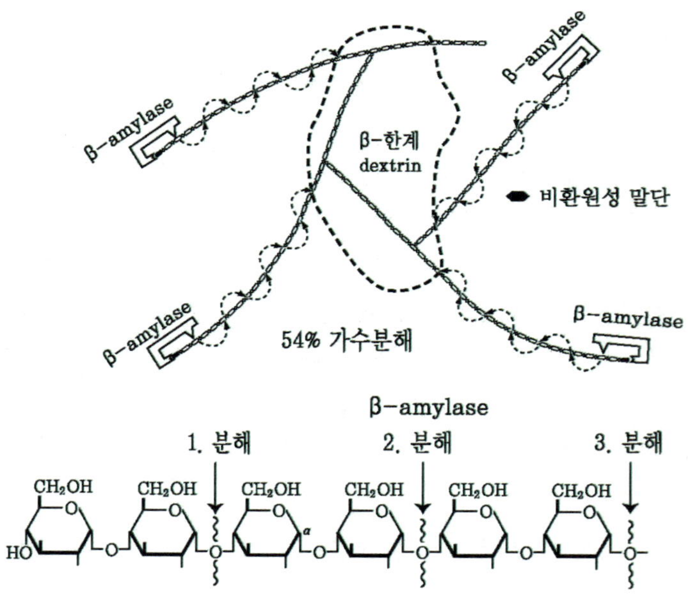

〈그림 5-12〉 β-amylase의 작용과 β-한계 dextrin

β-Amylase는 고구마, 감자, 엿기름, 타액 등에 존재하고, 효소의 특성인 최적 pH와 온도, 산과 알칼리에 대한 안정성, 온도에 대한 안정성은 효소 급원에 따라 차이가 있다. 일반적으로 분자량은 150,000 dalton, 최적 pH와 최적 온도는 각각 4~6, 35~50℃인 것으로 알려져 있다.

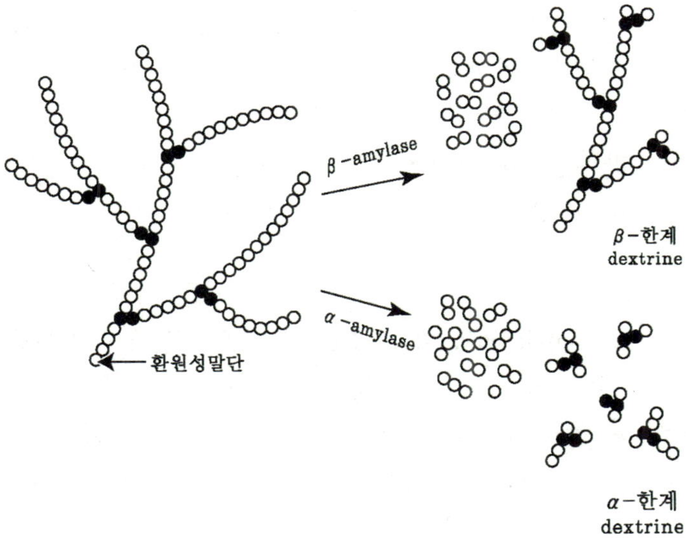

〈그림 5-13〉 Amylase에 의한 amylopectin의 분해산물

[표 5-7] α-Amylase와 β-Amylase의 비교

α-Amylase	β-Amylase
•endoenzyme	•exoenzyme
•무작위 가수분해	•maltose단위로 가수분해
•α-1,4-결합분해	•α-1,4-결합분해
•α-1,6-결합분해불가	•α-1,6-결합분해불가
•branching pint bypass	•분지점 근처에서 멈춤
•α-limit dextrin(MW 작음)	•β-limit dextrin(MW 큼)

(3) Glucoamylase

Glucoamylase는 전분의 비환원성 말단부터 β-D-glucose 단위로 α-1,4-결합뿐만 아니라 α-1,6-결합도 절단하는 효소로서 전분을 완전히 glucose로 분해하기 때문에 glucose를 제조하는데 이용된다.
효소는 *Aspergillus niger, Rbizopus delemar* 등의 곰팡이, *Saccharomyses diastatistis* 등과 같은 효모들, *Clostridium acetobutylicum* 등과 같은 세균, 동물의 간 등을 비롯해 자연계에 널리 분포되어 있다.

(4) Glucose isomerase

Glucose를 약 알칼리성 용액에서 이성화시키면 glucose와 fructose의 등비화합물이 생기기 때문에 이전에는 이 방법으로 전화당을 만들었으나 요즘은 glucose isomerase를 이용하여 glucose와 fructose를 만드는 방법이 개발되어 실용화되고 있다.

이와 같이 만든 glucose와 fructose 혼합당은 결정화하지 않아 제과 등 식품공업에 많이 이용되고 있다.

(5) Isoamylase

Isoamylase는 amylopectin의 α−1,6−glucoside 결합에 작용하여 분지를 절단하는 효소로서 debranching enzyme이라고도 한다.

이 효소는 β−한계 dextrin과 같은 중합도가 4~5 이상의 α−1,6−glycoside 결합은 분해하지만 중합도가 3개인 α−1,6−glycoside 결합한 3당류에는 작용하지 않는다.

(6) Amylo-1,6-glycosidase

이 효소는 효모, 동물조직 등에 존재하면 amylopectin과 glycogen의 α−1,6−glycoside 결합을 가수분해하며 한계 dextrin에도 작용한다. 하지만 α−1,6 중합체로 구성된 dextrin에 작용하지 않는다.

(7) Maltose-oligosaccharide transglycosidase

Maltose−oligosacchaide transglycosidse는 maltose에 작용하는 효소로서 maltose의 농도가 아주 낮을 경우에는 두 개의 glucose를 생성하지만 maltose의 농도가 높을 때는 maltose가 glucose로 분해에너지를 이용하여 isomaltose, trisaccharide 또는 panose 등을 역생성하기도 한다.

따라서 전분을 가수분해하여 glucose, 특히 고순도의 결정 포도당을 만들기 위해서 사용되는 효소 추출액, 또는 효소제품에 이러한 효소들이 함께 존재할 때는 위와 같은 역반응이 일어날 수 있다.

특히 전분의 가수분해가 시작되고 진행됨에 따라 glucose와 maltose의 농도가 급격히 증가되므로 이들 효소에 의한 역생성은 더욱 활발히 일어난다.

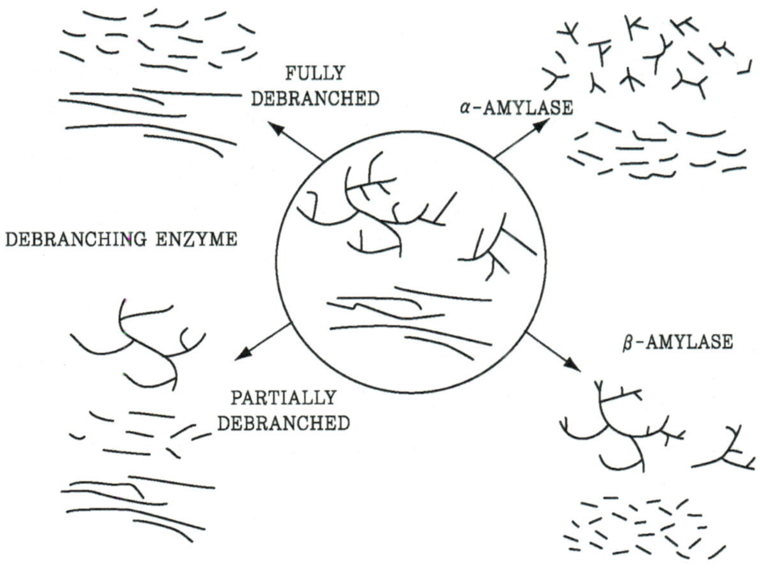

〈그림 5-14〉 여러 전분효소의 작용특성

6. 기타 전분

1) 변성전분

전분을 식품으로서 이용할 때는 보통 호화하여 이용하나 이를 위하여 가열해야 하고, 보존 중에는 노화현상이 일어나며, 증점제로서 점도가 불안정하다는 것들이 문제점이다.

따라서 전분이나 아밀로오스 및 아밀로펙틴의 성질을 물리화학적 방법으로 바꾸어 특정식품에 응용하기 위하여 여러 가지의 변성전분(modified starch)이 만들어지고 있다.

변성전분에는 산처리전분, 산화전분, 가교결합전분, 호화전분 등이 있으며 전분의 수산기를 화학물질과의 반응으로 구조를 화학적으로 변형시키기도 한다.

식품첨가물 공전에는 산화전분(1품목), 전분에스터(8품목), 전분에터(1품목)등 10개 품목만이 수재되어 있다.

전분현탁액을 그의 호화온도 이상으로 가열한 후 건조시키면 냉수에서도 잘 녹고 겔화되는 전분이 만들어지는데, 이를 pregelatinized starch(α-화 전분)라고 한다. 푸딩이나 인스턴트 식품에 많이 이용되고 있다.

전분을 부분가수분해하면 냉수에는 잘 녹지 않고 끓는 물에 쉽게 녹는 전분이 만들어 지는데 이를 thin-boiling starch 라고 하며, 그의 용액은 원래보다 점도가 낮아져서 냉각 후에도 유동성 액체로 남으며 노화도 잘 일어나지 않는 장점이 있다.

대개 점증제나 보호필름으로 이용된다.

한편 30-40%의 전분 현탁액을 알칼리 조건에서 ethylene oxide나 propylene oxide와 반응시키면 hydroxyethyl- 또는 hydroxypropyl-유도체인 starch ether가 얻어지는데, 이들은 원래의 전분보다 팽윤력과 용해도가 증진되어 호화온도를 낮출 수 있고, 고도로 점조한 용액에서도 투명도가 높아 냉장식품의 점증제나 살균한 통조림 식품에 이용된다.

가교전분(cross-linked starch)은 epichlorohydrin이나 adipic acid 등이 전분의 -OH기와 반응하여 얻어진다. 이때 전분의 호화온도는 cross-linking의 정도에 비례하여 증가하고, 반면에 팽윤력은 감소한다.

또한 가교전분은 극한의 pH나 전단력에 대해서도 안정성이 매우 높기 때문에 고도의 전분안정성이 필요한 분야에 이용된다.

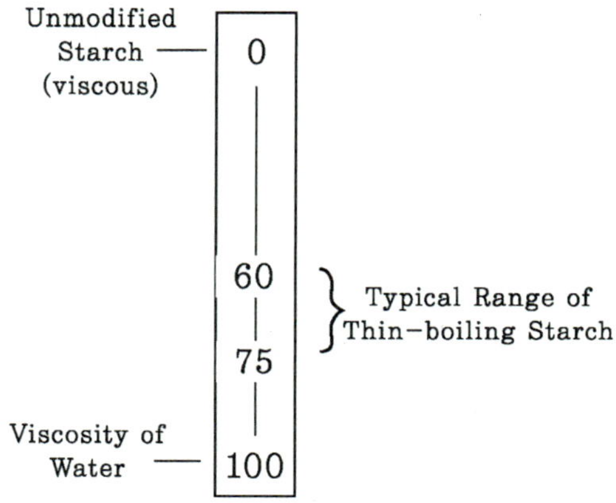

〈그림 5-15〉 전분의 전환정도를 측정하기 위한 water fluidity(WF) 척도

2) Dextrin

전분을 산, 효소, 열 그 밖의 방법으로 분해하여 만든 중간생성물을 호정(dextrin)이라 한다.

Glucose가 다수 결합한 고분자화합물에서 glucose가 3개 결합한 maltotriose까지 여러 가지 중합도의 당류를 함유하고 있기 때문에 그 종류가 매우 다양하다.

전분을 분해하면 위와 같이 반응이 진행되지만 보통 dextrin이라 하면 amylodextrin, erythrodextrin, achrodextrin, maltodextrin을 가리키며, 각각 iodine 정색반응, alcohol용해도에 차이가 있다.

starch
↓
soluble starch
↓
amylodextrin
↓
erythrodextrin
↓
achrodextrin
↓
maltodextrin
↓
maltotriose

↓
maltose

[표 5-8] Dextrin의 iodine 반응

종류	Iodine반응	용해시킬 수 있는 alcohol 농도	침전을 일으키는 alcohol 농도	분자량
soluble starch	청색			
amylodextrin	청남색	25%	40%	10,000이상
erythrodextrin	자색~갈색	55%	65%	6,000~7,000
achrodextrin	무색~담갈색	70%	–	3,000~4,000
maltodextrin	무색	–	–	–

3) 가용성 전분

전분은 물에 녹지 않고 침전하지만 가열 또는 산으로 매우 가볍게 처리하면 가용성 전분(soluble starch)이 된다.

가용성 전분의 iodine 반응은 전분과 같이 청색이다. 가용성 전분은 전분분자에 매우 가벼운 정도로 가수분해가 일어나고 분자의 구조가 조금 붕괴함으로써 수용성이 된 것으로 생각된다.

7. 전분의 분석법

전분은 육안으로 보기에 흰가루이며, 수십 년간 여러 가지 분석기기와 방법을 통해 전분의 기본 구조와 물, 열, 또는 다른 식품성분들이 존재할 때의 변화 등을 연구해 왔다.

1) 현미경분석

광학 및 전자현미경은 전분 및 전분함유 식품의 특성과 입자의 구조를 관찰하는 유용한 도구이다. 광학현미경(light microscopy)은 출처에 따라 다른 전분입자의 크기와 형태를 관찰에 유용하다.

감자전분은 타원형, 옥수수 전분은 원형 또는 다각형, 타피오카 전분은 도토리모양 등의 다양한 형태로 존재한다. 밀전분의 경우 입자크기가 다른 두 가지 형태로 존재하는데, 큰 입자는 지름 20~45μm, 작은 입자는 1~5μm이다.

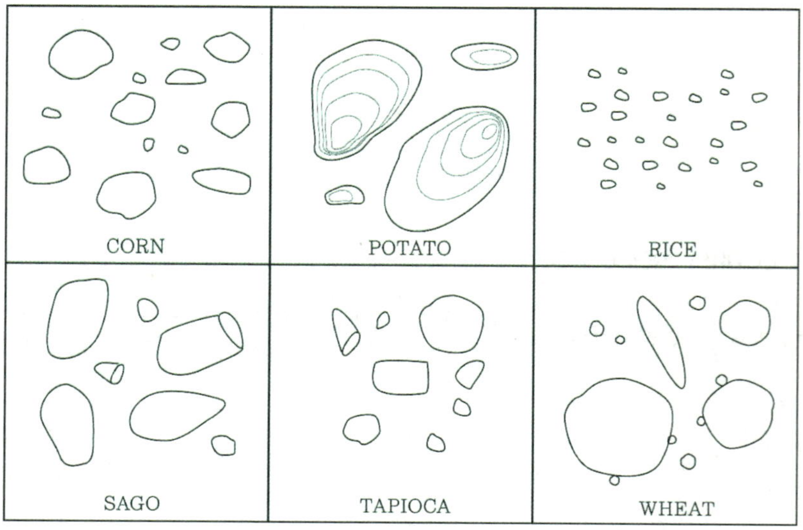

〈그림 5-16〉 현미경으로 관찰한 각 전분의 모습

편광광학현미경(polarized light microscopy)으로 관찰한 전분입자는 밝게 빛나며 가운데에 어두운 "maltese cross"라 불리는 십자가 모양을 지니고 있어 이를 복굴절(birefringence) 현상이라 한다.

복굴절은 편광이 결정구조와 같이 고도로 질서정연한 구조와 상호작용하여 십자로 회절되는 패턴이 생기는 현상이므로, 입자의 결정성 또는 질서정연한 정도의 척도가 된다.

전분의 경우 호화되면 복굴절성이 상실되기 때문에 종종 호화여부의 지표로 이용되기도 한다.

주사전자현미경(scanning electron microscopy; SEM)은 전분입자의 모양과 표면을 3차원으로 보여준다. 전분입자를 금으로 얇게 코팅한 후 전자빔을 조사하면 전자가 센서로 다시 반사되면서 입자의 형태와 표면의 모습에 대한 상세한 영상을 나타낸다.

SEM은 전분입자의 미세구조 관찰에 획기적인 도구가 되어 호화전후의 입자의 형태와 크기의 변화 등 다양한 방면에서 매우 유용한 정보를 얻을 수 있게 되었다.

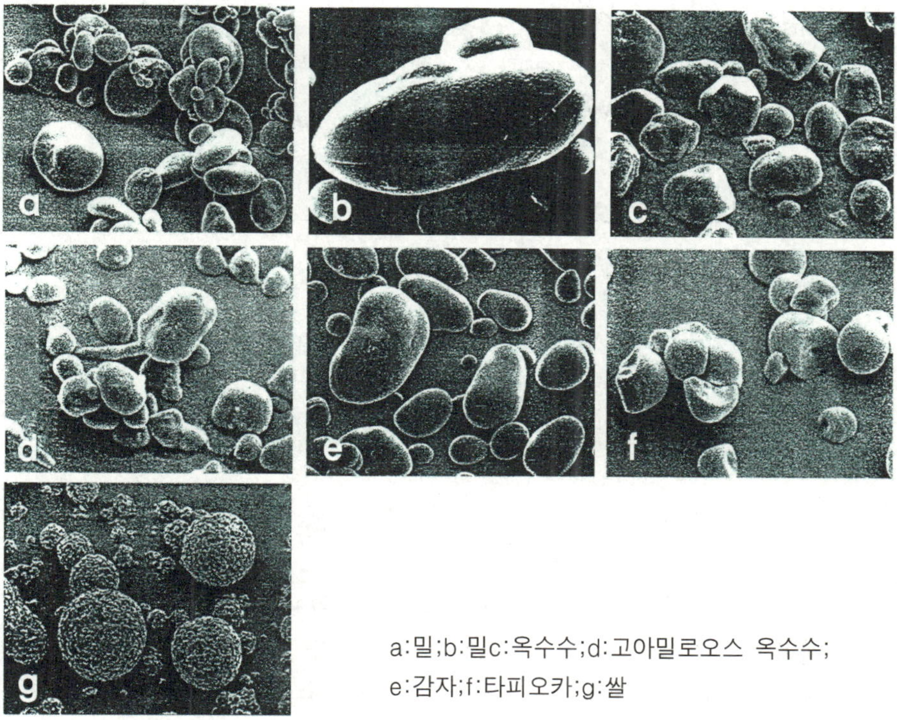

a:밀;b:밀c:옥수수;d:고아밀로오스 옥수수;
e:감자;f:타피오카;g:쌀

〈그림 5-17〉 전분의 SEM(Scanning electron micrographs) 사진

2) X-ray 회절도(X-ray diffraction)

결정성 물질에 X-ray를 조사하면 X선은 결정구조에 따라 특징적인 패턴을 보이며 분산된다. 전분의 결정성 구조는 세 종류의 X-ray 패턴으로 구분되는데, 일반적으로 밀, 옥수수, 쌀 등과 같은 곡류전분은 A-type, 감자와 같은 괴경류나 노화된 전분은 B-type을 보이고, 두류전분은 A와 B의 혼합형인 C-type을 나타낸다.

지방산이나 장쇄알콜 존재하에 재결정된 전분은 V-type이다. 호화된 전분 또한 V형의 패턴을 보인다. A와 B type이 결정성 구조인 반면 C-type은 A와 B의 혼합형이다.

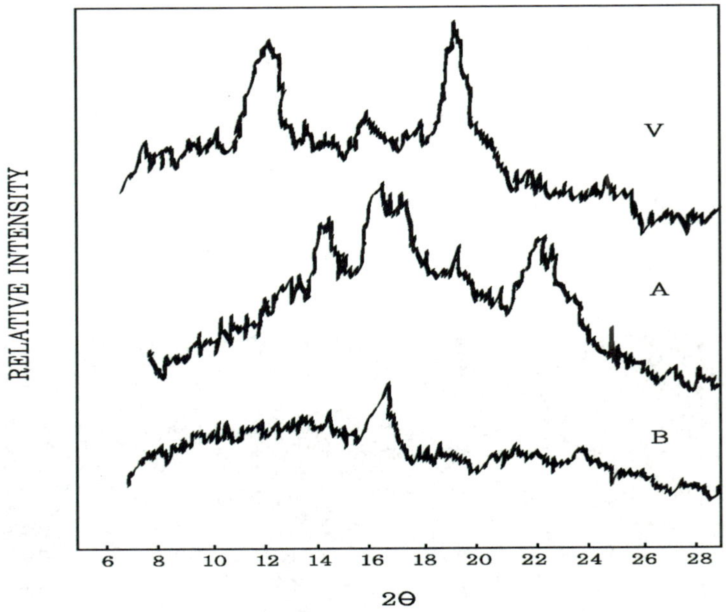

〈그림 5-18〉 전분의 X-ray 패턴

3) 점도(Viscosity)

가열에 의한 온도상승에 따라 전분 현탁액의 점도변화를 연속적으로 측정하는 방법에 viscoamylograph가 널리 응용되고 있다.

이 장치는 교반, 가열, 및 냉각과정이 프로그램화되어 있어 전분의 호화와 겔화과정을 재현성 있게 측정할 수 있다. 즉, 5~10%의 전분 현탁액을 계속 교반하면서 1.5℃/min 의 속도로 95℃까지 가열하고, 그 온도를 유지하면서 10분이 지난 후 냉각시키면서 전분 현탁액의 점도를 측정한다.

이렇게 얻어진 점도곡선의 경우 초기에는 온도가 상승함에 따라 전분입자가 팽윤하면서 급격하게 점도가 증가하고, 팽윤된 입자가 터지고 붕괴하면서 점도가 떨어지는 양상을 보인다.

이러한 양상은 전분의 종류에 따라 현저히 다양하게 나타나며 감자전분의 경우 약 4,000 Brabender unit(BU)의 최대점도를 보이기도 한다. 호화된 전분을 급격히 냉각하면 점도는 다시 증가하며, 교반하지 않을 경우 gel을 형성하고, amylose gel의 경우 노화한다.

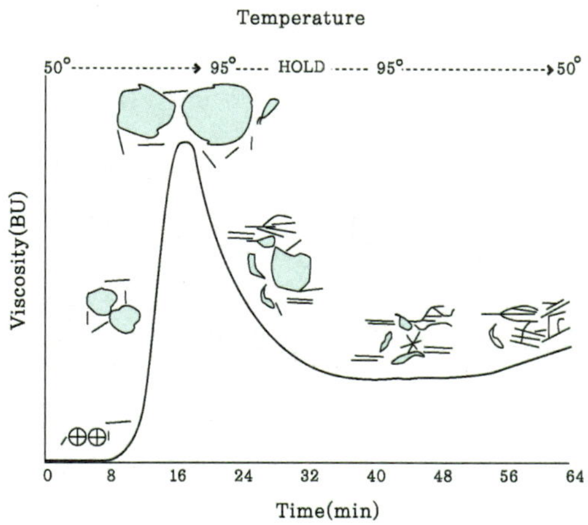

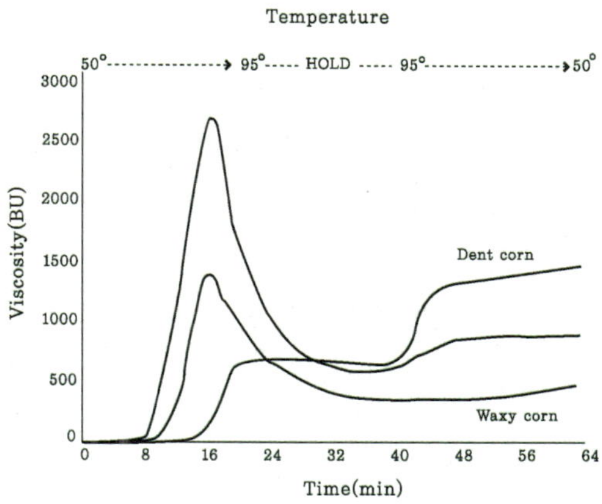

〈그림 5-19〉 Viscoamylograph에 의한 전분현탁액의 점도 및 입자 변화

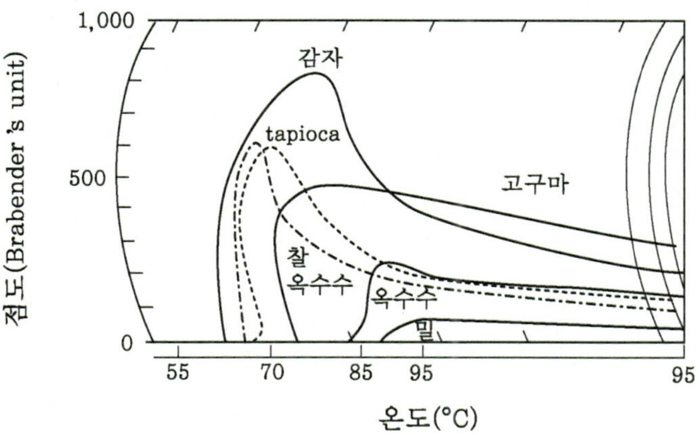

〈그림 5-20〉 전분의 종류별 viscoamylograph 특성비교

4) 팽윤도(swelling power)

전분의 팽윤도는 건조전분을 물과 함께 95℃에서 30분간 가열한 후 원심분리하여 팽윤된 전분을 분리하고 가라앉은 침전물의 양을 측정하여 결정한다.

밀전분 21, 옥수수 24, 찰옥수수 64, 타피오카 71, 감자 1,153 정도로 알려져 있으며 감자전분의 팽윤도가 특히 높은 것은 수분보유력이 높고, 호화시 매우 높은 피크점도를 나타내는 특성과도 잘 일치한다.

5) 전분함량

가공식품등과 같은 식품에서 전분의 함량은 glycoside 결합을 가수분해 할 수 있는 효소를 이용하여 측정한다.

즉, glucoamylase와 같은 효소로 amylose와 amylopectin 을 분해하여 얻어지는

glucose의 양을 비색법으로 측정하여 전분의 총량으로 환산한다.

6) Amylose와 amylopectin 함량

아밀로오스와 아밀로펙틴의 함량은 이들이 요오드와 결합하는 능력이 서로 다른 점을 이용한다. 일반적으로 아밀로펙틴보다 아밀로오스가 요오드에 대한 친화력이 훨씬 크기 때문에 적정법을 이용하여 정량한다.

순수한 아밀로오스는 약 18-19%의 요오드와 결합하고 아밀로펙틴은 매우 낮아 0.5% 이하이다.

7) 호화의 측정

전분의 호화를 정량화하는 방법에는 편광현미경을 이용하여 복굴절이 상실되는지를 관찰하는 방법이 있고, 생전분에 비해 호화전분이 효소의 작용을 쉽게 받는 특성을 이용한 glucoamylse와 같은 효소분해법 등이 있다.

또한, 시차주사열량계(differential scanning calorimetry; DSC), X-ray 회절도, 핵자기공명법(nuclear magnetic resonance; NMR) 등이 호화에 의한 변화를 측정하는데 이용된다.

Chapter 06

지질

지질(lipid)은 탄수화물 및 단백질과 함께 3대영양소중의 하나로 여러 생물체 및 식품의 성분으로 넓게 분포되어 있는 무색의 유기화합물이다.

1g당 9kcal의 고열량의 공급은 물론 호르몬합성에도 꼭 필요한 물질로 영양학적으로도 매우 중요한 역할을 한다.

지질의 정의는 그 구조가 매우 다양하여 지질의 존재에 대한 정확한 정의를 내리기는 어렵다.

일반적으로 지방산 에스터를 비롯한 지방산 스테로이드 등의 천연화합물에 대한 총칭으로 용해성은 물에 거의 녹지 않고, 벤젠, 클로로포름, 아세톤, 에테르, 사염화탄소 등의 용매성 용제에 잘 녹는다.

그러나 저급지방산 화합물은 상대적으로 극성 부분이 커서 친수성이 큰 용매에 잘 녹는다.

지질은 생체물질로 이용될 수 있으며, 식용으로 이용되는 대표적인 지방은 트리아실글리세롤(triacylglycerol)로 카복시기(COO^-)를 가진 긴 탄소-수소사슬인 지방산으로 우리가 흔히 먹는 지질의 형태이다.

동식물체의 지방질은 거의 대부분이 지방산의 글리세롤 에스터(ester)가 차지한다.

지방질은 상온에서 액체상태인 것을 유(oil), 고체상태인 것을 지(fat)라고 구분하는데 흔히 혼용해서 유지(oil and fat)또는 지방이라고 부른다.

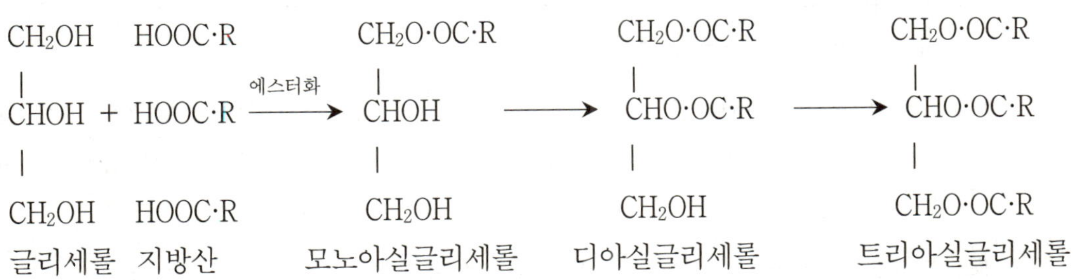

〈그림 6-1〉 Triacylglycerol의 구조

제1절 지질의 분류

지질은 구성성분에 따라 분류할 수 있고, 알칼리에 의해 가수분해 되어 비누화 될 수 있는 지질과 비누화 될 수 없는 지질로 분류할 수 있고, 지방산의 에스터 형태의 비극성 지질과 양친매성의 극성 지질로 나누는 극성에 의한 분류도 할 수 있다.

1. 구성성분과 구조에 의한 분류

1) 단순지질(simple lipid)

단순지질은 각종 알코올류와의 에스터 화합물이다.

(1) 중성지방(triacylglylcerol) : 유지라고도 하며, 지방산과 글리세롤의 에스터이다.

(2) 왁스류(waxes) : 고급지방산과 고급 1가 알코올의 에스터이다.

(3) 콜레스테롤 : 지방산과 콜레스테롤의 에스터이다.

2) 복합지질(compound lipid)

지방산이 글리세롤 또는 알코올과 결합한 에스터에 다른 종류의 화합물이 결합된 지질이다.

(1) 인지질(phospholipid) : 지방산, 글리세롤, 인산, 질소화합물 등이 결합된 지질들로 레시틴(lecithin), 세파린(cephalin), 플라스마로젠(plasmalogen) 등이 있다.

(2) 당지질(glycolipid) : 지방산, 글리세롤, 당(포도당, 유당)이 결합된 지질들로 galactosyl diglyceride 등이 있다.

(3) 스핑고지질(sphingolipid) : 스핑고신, 지방산, 단순당류의 구조를 갖는 세레브로시드(cerebroside)와 스핑고신, 지방산 복합당류의 구조를 갖는 갱글리오시드(ganglioside) 등이 있다.

(4) 황지질(sulfolipid) : 지방산, 알코올류에 유황을 함유한 지방질이다.

(5) 지단백질(lipoprotein) : 단백질과 결합한 지방질이다.

3) 유도지질(derived lipid)

단순지질 및 복합지질이 가수분해에 의해 생성되어진 지용성 지방질이다.

(1) 지방산(fatty acid) : 직쇄상의 카복실산(carboxyl acid)으로 천연 지방산이다.

(2) 알코올류 : 고급 1가 알코올, 스테롤(sterole) 등이 있다.

(3) 탄화수소 : 지방족 탄화수소, 카로티노이드(carotenoid), 스콸렌(squalene) 등이 있다.

(4) 지용성 비타민 : 비타민 D, E, K

2. 비누화에 의한 분류

1) 비누화 지방질

유지(중성지방), 왁스류, 인지질, 스핑고 지질, 당지질 등이다.

2) 비비누화 지방질

스테롤류, 일부 탄화수소, 카로티노이드, 비타민 E 등이다.

3. 극성에 의한 분류

1) 비극성 지방질

왁스류, 비타민 E, 트리아실글리세롤류 등이다.

2) 극성 지방질

인지질, 당지질

제2절 지방산

지방산은 카르복실(carboxyl)기를 가진 산으로 자연에 존재하는 동식물유지의 구성성분이다. 천연에 존재하는 지방산은 대부분 짝수의 탄소원자로 이루어져 있으며 일반식은 RCOOH로 표시한다.

1. 지방산의 분류

지방산은 지방산의 분자 내에 이중결합유무에 따라 이중결합을 가지고 있으면 불포화지방산, 이중결합이 없으면 포화지방산이고 하며, 이중결합의 수에 단일 불포화지방산(monounsaturated acid), 2가 불포화지방산(unsaturated acid), 3~4가 불포화지방산으로 나누며 2가 이상의 불포화지방산을 다가 불포화지방산(polyunsaturated fatty acid)이라고 한다.

이렇게 천연 지방산은 포화지방산, 단일 불포화지방산, 다가불포화 지방산 등으로 크게 3가지로 나뉘며, 인공 지방산으로는 요즘 문제시 되고 있는 트랜스 지방산이 있다. 탄소 수에 따라 분류해보면 C12 이하의 것을 저급지방산, C14 이상인 것을 고급지방산이라고 한다. C14(myristic acid), C16(palmitic acid), C16(stearic acid)의 직쇄 포화 및 불포화지방산 계통이 천연에 많이 존재한다.

2. 지방산의 명명

1) 일반 명칭

오래전부터 계속 사용해온 이름이다.

예) 리놀렌산(linolenic acid), 스테아르산(stearic acid), 팔미트산(palmitic acid)

2) 계통명

(1) 포화지방산 : IUPAC의 탄화수소 명칭에서 어미 'e' 를 −oic acid로 바꾸어 붙인다.

예) butane → butanoic aicd
dodecane → dodecanoic acid

(2) 단일 불포화지방산 : 탄화수소 명칭에서 'ane' 를 빼고 −enoic acid를 붙이다.

예) tetradecane → tetradecenoic acid

(3) 다가 불포화지방산 : 탄화수소 명칭에서 'ane' 를 빼고 이중결합의 수(di, tri)와 enoic acid를 붙이다.

예) octadecane → octadecadienoic acid

3) 숫자표기법

탄소의 수 뒤에 콜론(:)을 쓰고 그 뒤에 이중결합의 수를 쓴다. 이중결합의 위치는 수 뒤에 괄호를 하고 위치를 숫자로 쓴다. 2개 이상일 경우에는 콤마(,)를 하고 나타낸다.

예) stearic acid → 18:0
arachidonic acid → 20:4(5,8,11,14)

3. 자연계의 주요 지방산

1) 포화지방산

자연계에서 일반적으로 탄소수가 4개인 낙산(butyric acid)에서 30개인 melissic

acid까지 알려져 있는데, 대부분의 포화지방산은 라우르산(lauric acid), 미리스트산(myristic acid), 팔미트산(palmitic acid), 스테아르산(stearic acid) 등이다.
포화지방산은 탄소수가 증가함에 따라 융점이 커져 상온에서 고체 상태로 존재하며, 물에 녹지 않는다. 일반적으로 저급지방산은 방향성분으로 휘발성이고 고급지방산은 향기가 없는 비휘발성이다.

[표 6-1] **주요 포화지방산**

지방산명	IUPAC명	탄소수	구조식	융점(℃)	소재
Butyric acid	Butanoic acid	4	$CH_3\ (CH_2)_2COOH$	−7.9	버터, 야자유
Caproic acid	Hexanoic acid	6	$CH_3\ (CH_2)_4COOH$	−4.3	버터, 야자유
Caprylic acid	Octanoic acid	8	$CH_3\ (CH_2)_6COOH$	16.7	버터, 야자유
Capric acid	Decanoic acid	10	$CH_3\ (CH_2)_8COOH$	31.6	버터, 야자유
Lauric acid	Dodecanoic acid	12	$CH_3\ (CH_2)_{10}COOH$	44.2	버터, 야자유, 고래유
Myristic acid	Tetradecanoic acid	14	$CH_3\ (CH_2)_{12}COOH$	53.9	버터, 야자유, 낙화생유
Palmitic acid	Hexadecanoic acid	16	$CH_3\ (CH_2)_{14}COOH$	63.1	동식물유지전반 (팜유)
Stearic acid	Octadecanoic acid	18	$CH_3\ (CH_2)_{16}COOH$	69.6	동식물유지전반 (우지)
Arachidic acid	Eicosanoic acid	20	$CH_3\ (CH_2)_{18}COOH$	75.3	동식물유지 소량, 땅콩
Behenic acid	Docosanoic acid	22	$CH_3\ (CH_2)_{20}COOH$	79.9	땅콩
Lignoceric acid	Tetracosanoic acid	24	$CH_3\ (CH_2)_{22}COOH$	84.2	땅콩, 미강유
Cerotic acid	Hexacosanoic acid	26	$CH_3\ (CH_2)_{24}COOH$	87.7	밀납
Montanic acid	Octacosanoic acid	28	$CH_3\ (CH_2)_{26}COOH$	90.0	밀납
Melissic acid	Triacotanoic acid	30	$CH_3\ (CH_2)_{28}COOH$	93.6	밀납

2) 불포화지방산

불포화지방산은 분자 내에 이중결합을 갖는 지방산으로 cis형과 tans형의 두 가지 기하이성체가 있다. 대부분 천연지방산을 구성하는 지방산들은 대부분 불안정한 cis형의 이중결합을 갖고 있다.
그림 6-2에서 보는 것과 같이 cis형은 trans형보다 더 구부러져 있어 공간도 많이

차지하고 있다. 불포화지방산은 2중 결합이 증가함에 따라 융점이 낮아지고 cis형의 지방산이 trans형의 지방산보다 융점이 더 낮다.

시스형

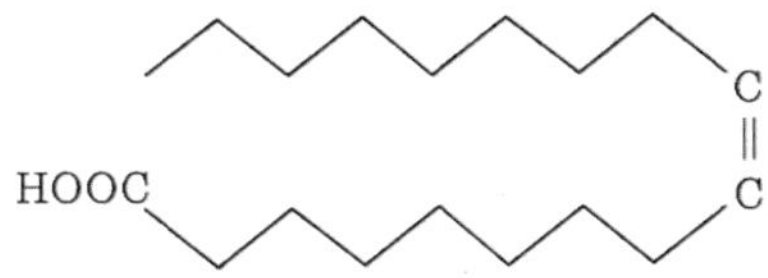

$H_3C(CH_2)_7CH$
||
$HOOC(CH_2)_7CH$

올레산
융점 16.3°

트랜스형

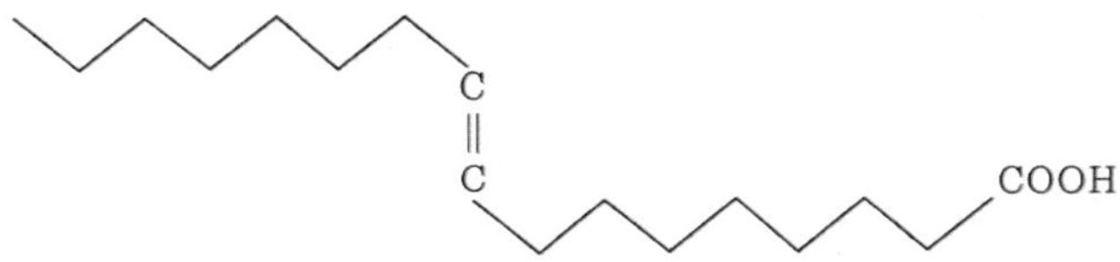

$C_3H(CH_2)_7CH$
||
$HC(CH_2)_7COOH$

엘라이딘산
융점 43.7°

〈그림 6-2〉 cisotrans 이성체

trans 지방산은 불포화지방산을 수소첨가반응을 시켜 포화지방산처럼 만들어 상온에서 고체상태를 유지하는 지방산이다. 그러나 요즘 대표적인 trans지방산 함유식품인 마가린, 쇼트닝과 같은 것은 건강상 크게 문제시 되고 있어 사용을 줄여가고 있는 추세이다.

일반적으로 불포화지방산은 상온에서 액체상태로 존재하며, 식품 중에 가장 많이 존재하는 지방산은 올레산(oleic acid), 리놀레산(linoleic acid), 리놀렌산(linolenic acid)이고, 리놀레산, 리놀렌산. 아라키돈산는 필수지방산으로 체내에서 합성이 되지 않으므로 우리가 일정 양을 꼭 섭취해야 한다.

불포화지방산을 비타민 F라고도 하는데 일반적으로 리놀레산(linoleic acid), 리놀렌산(linolenic acid), 아라키돈산(arachi donic acid)을 말한다.

[표 6-2] 주요 불포화지방산

지방산명	IUPAC명	구조식	숫자표기법	융점(℃)	소재
Palmitoleic acid	9-Hexadecenoic acid	CH3(CH2)6CH=CH(CH2)7COOH	16:1	0.5	고래기름
Oleic acid	9-Octadecenoic acid	CH3(CH2)7CH=CH(CH2)7COOH	18:1	13.4	동식물유지
Linoleic acid	9,12-Octadecadienoic acid	CH3(CH2)4(CH=CHCH2)2(CH2)6COOH	18:2	-5.0	동식물유지
Linolenic acid	9,12,15-Octadecatrienoic acid	CH3CH2(CH=CHCH2)3 (CH2)6COOH	18:3	-11.0	동식물유지
Arachidonic acid	5,8,11,14-Eicosapentaenoic acid	CH3(CH2)4(CH=CHCH2)4(CH2)2COOH	20:4	-49.5	인지방질, 간유
Erucic acid	13-Docosenoic acid	CH3(CH2)7CH=CH(CH2)11COOH	22:1	34.7	유채유

4. 주요 유지의 지방산 조성

[표 6-3] 주요 식용유지의 지방산 조성

구 분	지방산(%)																							
유지	4:0	6:0	8:0	10:0	12:0	14:0	14:1	16:0	16:1	17:0	17:1	18:0	18:1	18:2	18:3	20:0	20:1	20:2	20:3	20:4	20:5	22:0	22:1	22:6	24:0
콩기름						1.0		11.0	0.1			4.0	23.4	53.2	7.8	0.3					0.1				
들기름								6.5	0.1			2.0	17.8	15.3	58.3										
땅콩						0.1		11.6	0.2	0.1		3.1	46.5	31.4		1.5	1.4	0.1			0.3				1.0
면실유						0.9		24.7	0.7	0.1		2.3	17.6	53.3	0.3	0.1									
미강유			01	0.1	0.4	0.5		16.4	0.3			2.1	43.8	34.0	1.1	0.5	0.4				0.2				.01
옥수수유								12.2	0.1			2.2	27.5	57.0	0.9	0.1									
올리브유								13.7	1.2			2.5	71.1	10.0	0.6	0.9									
유채유								3.9	0.2			1.9	64.1	18.7	9.2	0.6	1.0	0.6			0.2	1.0	0.3		1.0
참기름								9.9	0.3			5.2	41.2	43.2	0.2										
코코넛유		0..5	0.8	6.4	48.5	17.6		8.4				2.5	6.5	1.5		0.1									
팜유					0.3	1.1		45.1	0.1			4.7	38.8	9.4	0.3	0.2									
팜핵유		0.3	3.9	4.0	49.6	16.0		8.0				2.4	13.7	2.0		0.1									
해바라기유					0.5	0.2		6.8	0.1			4.7	18.6	68.2	0.5	0.4									
닭기름					0.2	1.3	0.2	23.2	6.5	0.3	0.1	6.4	41.6	18.9	1.3										
라드				0.1	0.1	1.5		24.8	3.1	0.5	0.3	12.3	45.1	9.9	0.1	0.2	1.3	0.1	0.4						
버터	3.8	23	1.1	2.0	3.1	11.7	0.8	26.2	1.9	0.7	0.2	2.5	28.2	2.9	0.5		0.2		0.1						
우지				0.1	0.1	3.3	0.2	25.5	3.4	1.5	0.7	21.6	38.7	2.2	0.6	0.1			0.4		0.1				

식용유지의 성질은 대게 지방산의 조성에 의해 결정된다. 유지를 구성하는 지방산의 종류는 4~5개에서 수십 종류에 이른다. 그러나 대부분의 경우 올레산(oleic acid), 리놀레산(linoleic acid), 팔미트산(palmitic acid), 스테아르산(stearic acid)의 4가지 가 보편적이고 주요구성 지방산이 된다.

그러나 유지방, 채종유, 피마자유 등과 같은 유지들은 저급지방산인 낙산(butyric acid), 카프로산(caproic acid), 카프릴산(caprylic acid), 라우르산(lauric acid), 미리스트산(myristic acid)등을 많이 함유하고 있는 것이 특징이다.

버터는 낙산이 3%이상 함유한 것이 특징이며, 코코넛유는 C6~C14의 저급지방산으로 제과산업에 많이 이용되고 있고, 팜유는 팔미트산의 함량이 많은 것이 특징으로 면류의 튀김에 많이 이용되고 있는 것이 특징이다.

일반적으로 육상 동물유는 융점이 높은 포화지방산을 함유하고 있다. 그러나 어유는 대조적으로 다가 불포화지방산(C20:5, C20:6)많이 함유하고 있다.

주요 유지의 지방산 조성은 표 6-3과 같다.

제3절 단순지질

1. 유지(fats and oils)

유지는 glycerol에 지방산이 1~3분자 결합하여 모노아실글리세롤(monoacylglycerol), 디아실글리세롤(diacylglycerol), 트리아실글리세롤(triacylglycerol)로 구분된다. 앞에서 언급한바와 같이 천연에서는 주로 트리아실글리세롤로 이루어져있다.

트리아실글리세롤에 지방산 3개가 동일하면 이것을 단순 중성지방(simple triacyl glycerol)이라고 부르고, 다른 종류의 지방산이 에스터 결합을 한 경우에는 혼성 중성지방(mixed triacylglycerol)이라고 한다. 대부분의 천연유지는 혼성 중성지방의 형태를 취하고 있다.

유지는 실제로 수많은 트리아실글리세롤 분자들의 혼합물이며 한 유지를 구성하고 있는 지방산의 종류가 많으면 많을수록 구성하는 트리아실글리세롤의 종류도 급격히 증가한다.

일반적으로 n개의 지방산으로 구성되어 있을 때 총 트리아실글리세롤의 수(N)는

N=n3

한 유지가 n개의 지방산으로 구성되어 있을 때 가능한 구성 트리아실글리세롤의 수 (N_1)는

$$N_1 = \frac{1}{2}(n2+n3)$$

위치 이성체를 고려하지 않고 같다고 할 때의 트리아실글리세롤의 수(N_0)는

$$N_0 = \frac{1}{6}n(n+1)(n+2)$$

유지는 분자내 극성을 갖고 있지 않아 중성 지방이라고 한다. 아실글리세롤(acylgly cerol)과 결합하는 지방산의 종류에 따라 유지의 성상이 다르게 된다.
불포화 지방산을 많이 함유하는 아실글리세롤은 포화 지방산을 많이 함유하는 아실글리세롤에 비하여 융점이 낮고 상온에서 액체상태로 존재한다.
일반적으로 식물성 유지에는 액상의 것이 많고 동물성 유지에는 고체의 것이 많은 것도 이러한 이유에 기인하기 때문이다.

천연의 유지는 일반적으로 표 6-4와 같이 분류되고 있다.

[표 6-4] 유지의 분류

- 유 지
  - 천 연 유 지
    - 식물성유지
      - 식물성유
        - 건성유 – 아마인유, 동유, 들기름
        - 반건성유–참기름, 대두유, 면실유
        - 불건성유–올리브유, 땅콩기름, 피마자유
      - 식물성지–야자유, 코코아유
    - 동물성유지
      - 동물성유
        - 해산동물유
          - 어유
          - 간유
          - 해수유
        - 육산동물유–번데기유
      - 동물성지
        - 체지–쇠기름, 돼지기름
        - 유지–버터
  - 가공유–마가린, 쇼트닝

2. 왁스류

왁스류는 고급지방산과 고급알코올의 에스터로서 소화되지는 않으므로 식품으로서의 영양적 가치는 없다. 그러나 동식물체에 미량 존재하여 식물체에서는 과일이나 식물의 잎 표면에 얇게 분포되어 있어 충해나, 미생물 침입, 수분증발을 막고 있으며 동물체에서는 체표부, 뇌, 지방부, 골 등에 분포하여 일반적으로 피복 보호물질로 존재하는 경우가 많다.

최근 천연 왁스가 감귤류의 과피의 광택제로 많이 사용되어 수분증발을 억제하여 해표피가 건조되는 것을 막아서 표면적으로는 광택이 나게 하여 신선함을 유지하는 효과가 있다.

1) 식물성 왁스류

(1) Carnauba wax

식물의 잎 표면에 많이 존재하는 황색의 왁스로 융점이 83~93℃이다. 이 왁스는 화장품과 식품산업에 주로 사용되고 있다. 주성분은 myricyl cerotate, carnaubyl cerotate 등이 있다.

(2) Candelilla wax

Candelila sbrub의 잎이나 줄기에 존재하는 황갈색의 반투명한 왁스로 융점이 67~70℃이다. 제조업에서 싸게 사용되고 있으며, 가구의 표면에 칠하는 유액의 성분으로도 사용되고 있다. 주성분은 Carnauba wax와 유사한 myricyl cerotate, carnaubyl cerotate 등이 있다.

(3) Japan wax

일본산 옻나무의 열매에서 추출되는 황색의 고체왁스로 융점이 53℃이다. 주성분은 palmitic acid와 japanic acid를 함유하고 있다.

2) 동물성 왁스류

(1) 밀납

꿀벌집에서 얻어지는 노란색 또는 회색의 왁스로 융점은 60~65℃이다. 주성분은 myricyl palmitate이다.

(2) 경납

고래의 머릿기름에 존재하는 왁스로 융점은 40~45℃이다. 주성분은 cetyl palmitate이다.

(3) Shellac wax

곤충에서 분비되는 왁스이다. 주성분은 ceryl cerotate이다.

제4절 복합지질

지방산과 여러 알코올의 ester에 다른 물질이 결합된 화합물을 복합지질이라고 하며, 인지질, 당지질, 황지질, 지단백질 등이 있다.

1. 인지질(phospholipid)

인지질은 glycerol의 2개의 수산기(-OH)기가 지방산과 에스터 결합을 하고, 다른 하나의 수산기(-OH)에는 인산과 결합되어 있는 phosphatidic acid의 유도체로 모든 동식물 및 미생물의 세포막이나 미토콘드리아(mitochondria)막의 중요성분이며 특히 대사기능이 왕성한 기관인 뇌, 심장, 신장, 난황, 대두 등에 많이 함유되어 있다.

인지질에는 인산과 결합되어 있는 염기의 종류에 따라 다음과 같은 것들이 있다.

1) 레시틴(lecithin)

레시틴은 글리세롤(glycerol) 한 분자에 지방산 2분자와 콜린(choline)이 결합된 포스파티딜 콜린(phosphatidyl choline)의 구조로 되어 있다.

지방산은 포화지방산과 불포화지방산으로 되어 있으며, 포화지방산으로는 팔미트산(palmitic acid), 스테아르산(srearic acid) 등으로 구성 되어있고, 불포화지방산은 올레산(oleic acid), 리놀레산(linoleic acid), 아리키돈산(arachidonic acid) 등으로 구성되어 있다.

레시틴은 인산기의 음전하와 콜린의 4가지 질소의 양전하를 가지고 있는 쌍극이온(dipolar ion)의 구조를 가진 양성물질로서 친수성이 강하고 다른 한쪽에는 친유성이 강한 지방산기를 두 개나 가지고 있다. 또한 계면활성 물질로서 물과 유지의 혼합물을 안정화시켜 주는 유화작용을 가지고 있어 마가린, 초콜릿, 아이스크림 등의 식품용 유화제로서 사용된다.

레시틴은 동물의 뇌, 심장, 간 난황, 식물의 대두유 등에 많이 존재한다.

그리고 레시틴은 에스터, 클로로폼(chloroform), 따뜻한 알코올(alcohol)에 잘 녹으나 아세톤(acetone)에는 녹지 않는 특징이 있다.

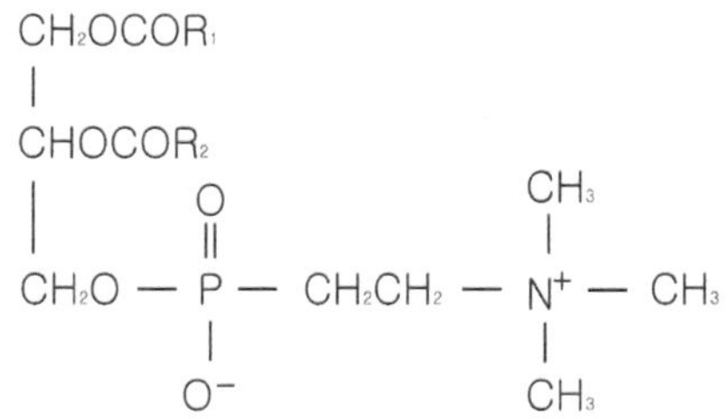

lecithin

〈그림 6-3〉 lecithin의 구조

2) 세팔린(cephalin)

세팔린은 레시틴과 그 구조가 유사하나 염기성인 콜린(choline) 대신에 에탄올 아민(ethanol amine)이 결합한 포스파티딜 에탄올아민(phosphatidyl ethanolamine)의 옛 명칭이다.

세팔린은 특히 뇌, 신경조직 중의 지방질, 두류, 대두유 등의 식물의 종자유에 존재한다. 세팔린은 구성지방산 중에서 포화지방산이 스테아르산(stearic acid)뿐이다. 포스파티딜세린(phosphatidyl serine) 등, 여러 종류의 인지질과 혼합물이라는 것이 알려져 현재에는 거의 사용하지 않는다.

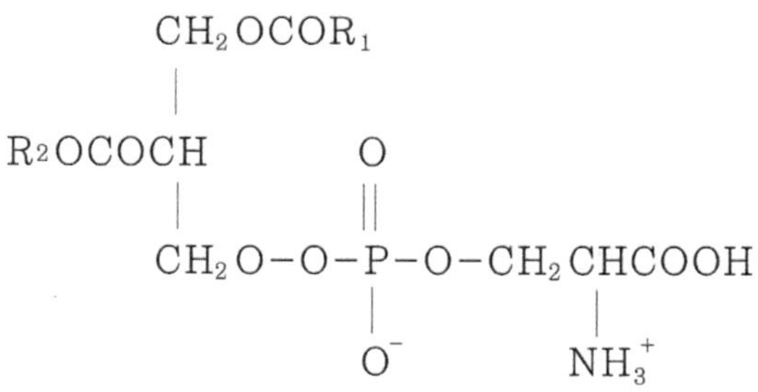

Phosphatidyl serine

〈그림 6-4〉 세팔린의 구조

3) phosphoinositide

phosphoinositide는 phosphatidyl inositol이라고도 하며 이것은 glycerol에 두 분자의 지방산과 인산기에 mesoinositol이 ester 결합한 것으로 monophosphoinositide와

diphosphoinositide는 뇌조직 식물종자, 효모 등에 존재하는 것으로 알려지고 있다. 또한 뇌조직의 세팔린과 함께 존재하는 것으로 밝혀지고 있다. 그 구성 지방산으로는 스테아르산, 팔미트산, 올렌산, 리놀레산 등이며 특히 스테아르산과 리놀레산의 함량이 많다.

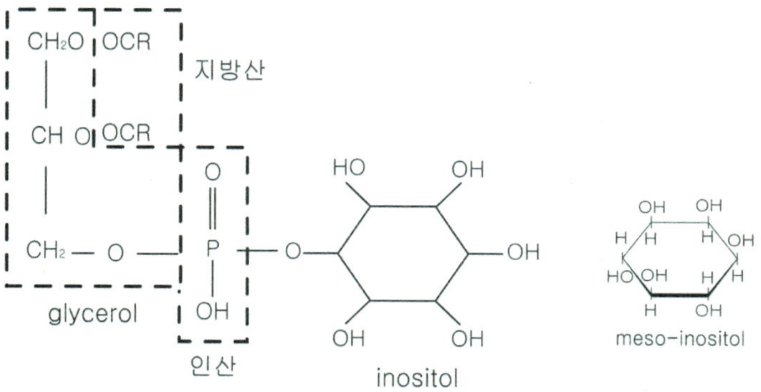

〈그림 6-5〉 phosphoinositide류의 구조

2. 당지질(glycolipid)

당지질은 지방산에 당 결합한 것으로 glycoglycerolipid와 glycospingolipid가 있고 당성분에는 갈락토오스, 고급지방산, 스핑고신이 있다.

1) 세레브로사이드(cerebroside)

세레브로사이드는 당을 주성분으로 하는 당지질로서 동물의 뇌, 비장 등의 지방조직과 특히 신경조직의 수초부분에 많이 존재하며, 인산기를 포함하지 않는 대표적인 스핑고지질이다.

세레브로사이드는 가수분해 되어 스핑고신, 지방산, 6탄당(galactose, glucose) 등이 생성되므로 당지질에 속한다.

세레브로사이드는 그 구성 지방산의 종류에는 다음과 같이 구분한다.

(1) kerasin : 그 구성지방산이 lignoceric acid로 결합된 것.

(2) phrenosin : 그 구성지방산이 cerebronic acid로 결합된 것.

(3) nervon : 그 구성지방산이 nervonic acid로 결합한 것.

(4) hydroxynervon : 그 구성지방산이 α-hydroxynervonic acid로 결합한 것.

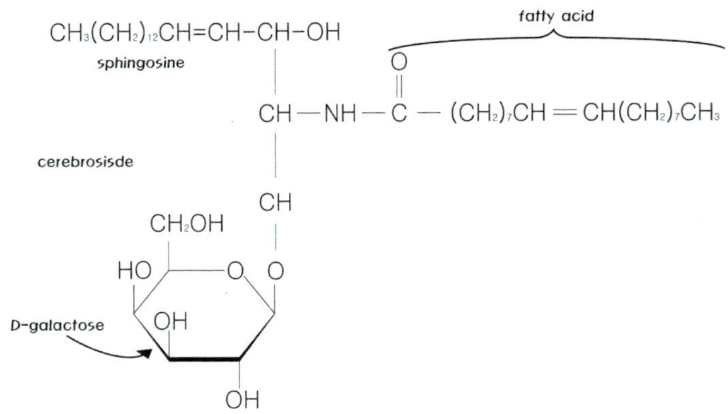

〈그림 6-6〉 cerebroside의 구조

2) 간글리오사이드(ganglioside)

간글리오사이드는 신경절 세포에 주로 존재하며, 간글리오사이드는 스핑고신 한 분자와 지방산, 그리고 한 분자 이상의 탄수화물로 구성된 복잡한 당지방질이다. 간글리오사이드의 구조는 확실히 알려져 있지 않다. 그러나 적어도 한 분자의 N-acetyl-neuraminic acid를 함유하고 있는 것이 특징이다.

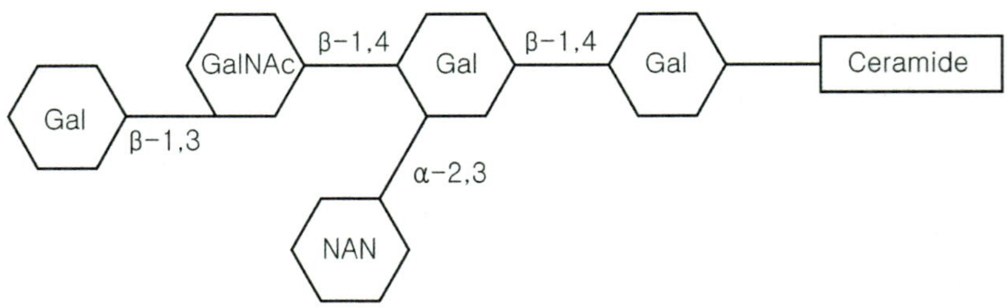

Ganglioside G_{M_1} : (Abbreviations : Gal, galaetose ; GalNAc,N-acetylgalactosamine ; Glc, glucse ; NAN,N-acetylneuraminate

〈그림 6-7〉 ganglioside의 구조

3. 황지질(sulfolipid)

황지질은 cerebron의 황산 ester이다. 즉, galactose의 C6의 -OH기에 sulfon기가 붙은 것으로 뇌, 간, 비장 등에 존재한다.

4. 지단백질(lipoprotein)

지단백질은 지방질과 단백질이 주로 수소결합에 의해 결합한 것으로서 뇌단백, 심근, 신장, 간장 등에 존재한다. 지단백은 단백질, 중성지질, 인지질, 콜레스테롤과 그 에스테르 화합물들로 구성되어 있다.

지단백질은 비중이나 전기영동도에 따라서 다음과 같이 분류한다.

1) chylomicron : 소장에서 흡수된 지질을 간으로 운반
2) VLDL(very low density lipoprotein) 초저밀도지단백 : 중성지방을 각 조직으로 운반
3) LDL(low density lipoprotein) 저밀도지단백 : 콜레스테롤을 말단조직으로 운반
4) HDL(high density lipoprotein) 고밀도지단백 : 지질과 콜레스테롤을 간으로 운반하여 혈액중의 콜레스테롤 함량을 감소시킴.

[표 6-5] 지단백질의 조성

Classification	Total Percent(%)			
	proteins	phospholipids	cholesterol	triglycerides
chylomicron	2	7.5	10	80
VLDL	8	19	18	55
LDL	21	28	27	10
HDL	58	25	12	6

제5절 유도지질

1. 스테롤(sterol)

동식물 조직 중에 존재하는 스테로이드(steroid)핵을 가진 유도체로서 스테롤이라 부르며 천연지질의 불검화성 지질의 대표적이다. 스테롤들은 3번 탄소에 OH기를 가지고 있고, 17번 탄소에 탄화수소가 8~10개의 측쇄를 가지고 있는 화합물의 총칭으로 그 출처에 따라 동물성 스테롤, 식물성 스테롤로 분류된다.

1) 동물성 스테롤

동물성 스테롤 중에서 가장 대표적인 것은 콜레스테롤이며, 그 외에도 coprosterol, agnosterol, lanosterol 등이 있다.

(1) 콜레스테롤(cholesterol)

콜레스테롤은 혈액성분이며 뇌, 신경조직 속에 많이 함유되어 있으며 체내에서는 성호르몬, 담즙산, 부신피질호르몬 및 Vitamin D의 전구체이다. 콜레스테롤의 융점은 149℃로 백색의 고체이며 대부분이 유리상태로 지방 중에 존재하나 그 중의 약 6% 정도가 지방산과 에스터 형태로 존재한다.

콜레스테롤은 염화수소나 황산의 클로로포름 용액과 반응하면 초록색을 나타내며 이 반응은 콜레스테롤 정량법인 Liebermam-Burchard법의 반응이다.

콜레스테롤 함량이 많은 식품은 〈표6-6〉 에서 열거하고 있다.

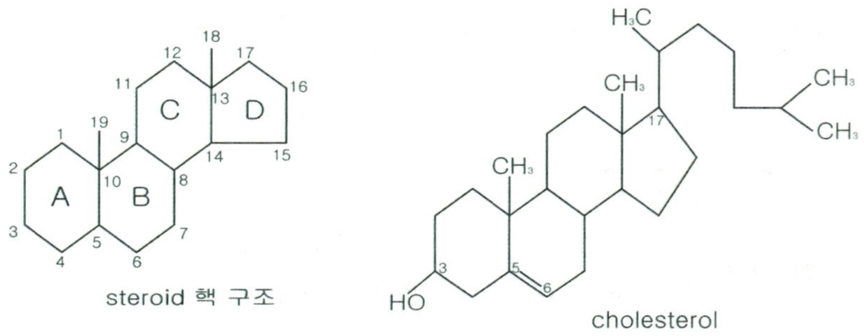

〈그림 6-8〉 스테롤과 콜레스테롤의 구조

[표 6-6] 식품 100g에 함유되어 있는 콜레스테롤(mg) 함량

식 품 명	함량(mg)	식 품 명	함량(mg)	식 품 명	함량(mg)
버 터	210	굴(날것)	64	양고기	93
마가린(식물성)	0 ~ 2	모시조개	54	돼지(대퇴)	68
붕장어	111	오징어(날것)	312	(안심)	79
정어리(날것)	82	새우(대하)	183	(상치살)	74
가다랭이(날것)	53	게	80	햄(로스햄)	74
연어(날것)	73	낙지	66	베이컨	110
꽁치(날것)	108	소(어깨살)	90	소시지(돼지)	55
도미(참돔)	82	(허리살)	77	달걀(전체)	428
청어(날것)	85	(간장)	277	(노른자위)	1,130
넙치	61	닭(닭고기)	131	우유(보통유)	11
다랑어(날것)	46	(영계)	93	(탈지유)	16
모시조개(날것)	36	(가슴살)	54	치즈(가공)	80
전복(날것)	91	말고기	73	(크림)	124

2) 식물성 스테롤

식물성 스테롤에는 주로 시토스테롤(sitosterol), 어고스테롤(ergosterol), 시티그마스테롤(stigmasterol) 등이 있으며, 이들의 성질과 구조는 콜레스테롤과 유사하다.

(1) 시토스테롤(sitosterol)

시토스테롤의 분자식은 $C_{29}H_{49}OH$이며, 융점은 137℃로 식물성 유지에 널리 분포되어 있는 대표적인 식물성 스테롤이다.

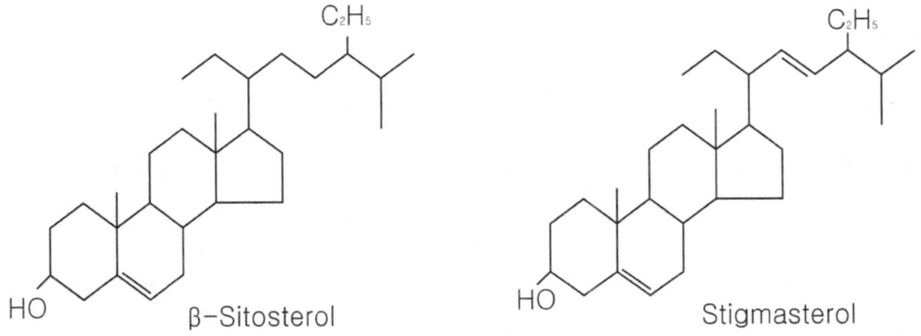

〈그림 6-9〉 sitosterol의 구조

(2) 어고스테롤(ergosterol)

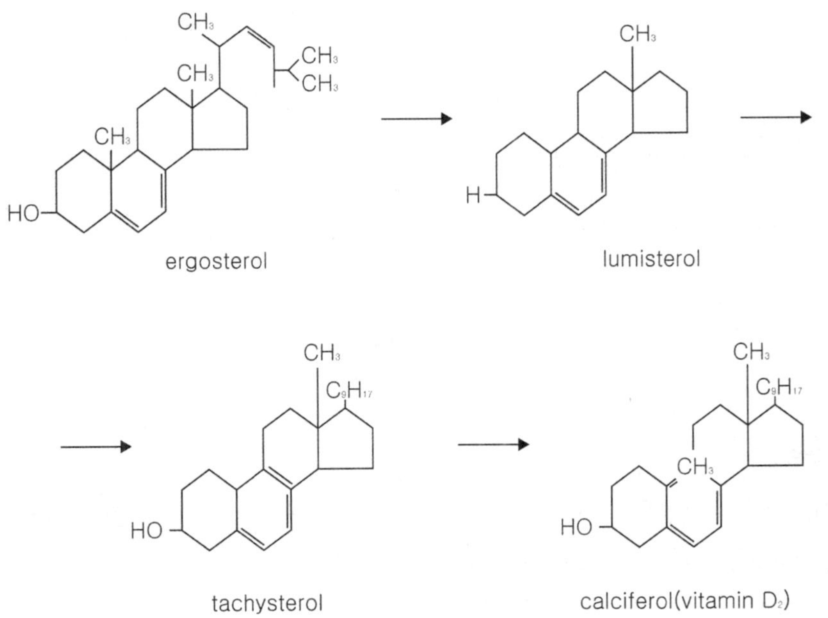

〈그림 6-10〉 어고스테롤의 구조

어고스테롤의 분자식은 C28H43OH이며, 융점은 163℃로 맥각에서 발견되었으며, 효모, 곰팡이, 버섯 등에 있으며 자외선을 쪼이면 Vitamin D_2로 전환되어 provitamin D_2라고도 한다.

(3) 스티그마스테롤(stigmasterol)

스티그마스테롤의 분자식은 $C_{29}H_{47}OH$이며, 융점은 169~170℃로 대두유 중에 시스테롤과 공존하는 이외에 미강유, 옥수수유, 야자유 등의 식물성 유지에 널리 분포한다.

2. 탄화수소

유기용매에 의하여 지방질과 함께 추출되어 나오는 탄화수소는 대표적으로 스콸렌, 지방족 탄화수소 가 있고 그 이외에도 지용성 Vitamin(A, D, E, K), 지용성 색소 등이 있다.

1) 스콸렌(squalene)

스콸렌은 비비누화 물질로서 분자식은 $C_{30}H_{50}$의 고도불포화탄화수소이며 상어의 간유, 어유, 식물성유에서 발견되고 있다. 스콸린은 콜레스테롤과 같은 스테로이드 화합물의 전구물질로 알려져 있다.

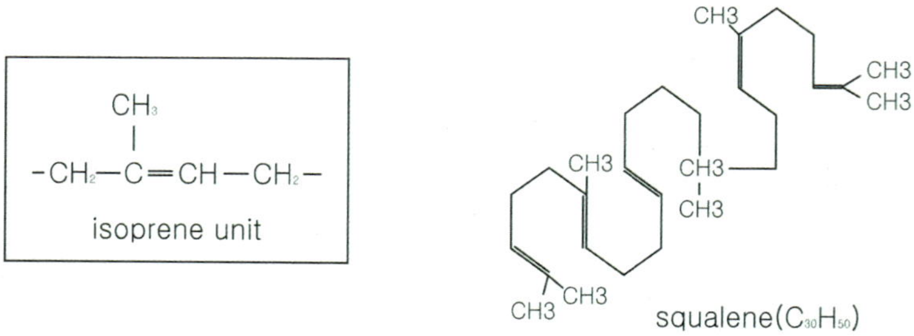

〈그림 6-11〉 스콸린의 구조

2) 지방족 탄화수소

비비누화인 지방족 탄화수소로는 직쇄상의 n-paraffins와 분자상의 구조를 한 iso-paraffins과 ante-iao-paraffins이 존재한다.

제6절 유지의 성질

유지는 조지방을 구성하는 성분이나 지방산의 종류, 함량, 결합상태에 따라 그 성질이 다르며, 동식물 유지의 경우에도 종류, 품종, 생육조건 등에 따라 성분조성이 각기 달라서 물리적 성질 및 화학적 성질이 달라진다.

1. 유지의 물리적 성질

1) 융점

유지는 다양한 지방산으로 구성된 혼합물이므로 녹는 온도 범위가 넓고 일정하지 않기 때문에 융점은 명확하지 않지만, 결합하고 있는 지방산에 많은 영향을 받는다. 지방산과 유지의 융점에 대한 영향을 살펴보면 저급지방산과 불포화지방산의 함량이 많은 유지일수록 융점은 낮아지고, 포화지방산의 융점은 탄소수가 증가함에 따라 융점은 높아진다.

그러므로 불포화지방산을 많이 함유한 식물성 유지는 대부분 상온에서 액체상태로 존재하고, 포화지방산을 많이 함유한 동물성 유지는 상온에서 대개 고체상태로 존재하며, 식물성 유지보다 융점이 높다.

또한 cis형보다는 trans형의 융점이 높다. 그 예로 엘라이드산(45℃)이 올레산(11℃)보다 높은 온도에서 녹는다. 불포화지방산의 이중결합의 수가 증가하면 할수록 융점은 낮아진다.

스테아르산(C18:0, 70℃) 〉 올레산(C18:1, 14℃) 〉 리놀레산(C18:2, −5℃) 〉 리놀렌산(C18:3, −11℃)

이와 같이 일정한 융점은 가지고 있지 않은 것은 성질이 다른 많은 종류의 트리아실글리세롤의 혼합물이라는 것과 구성 트리아실글리세롤의 하나하나가 동질이상 현상 혹은 동질다형형상(polymorphism)으로 알려진 특유한 성질을 나타내기 때문이다.

동질이상현상이란 화학조성은 같으나 2개 이상의 결정형을 가지고 있어 융점, 공간점유, 비용도 X−선이 다르나 용해시키면 동일한 액체상태를 갖는 것을 말한다. 예를들면, 트리스테아린(tristearin)을 가열하여 액체상태로 한 후 급히 냉각할 때는 무정형으로 된다. 이 무정형은 γ−형이라고 한다.

액체유지를 급냉 시키면 비결정형인 γ형이 되며 γ형을 융해하여 온도와 냉각속도에 따라 3가지 결정형인 α, β′, β로 된다. 트리스테아린의 경우 α형은 밀도와 융점이 가장 낮으며, β′형은 밀도와 융점이 중간이고, β형은 밀도와 융점이 가장 높다.

대체적으로 α-형 결정은 약 5μ크기의 부서지기 쉬운 투명한 판상을 이루고, β′-형의 결정은 1μ 이하의 침상을 이루며, β-형의 결정은 25~50μ의 거친 덩어리를 이룬다. 단순 트리아실글리세롤의 γ-, α-, β′-, β-형의 융점들은 표 6-7과 같다.

이와 같이 유지는 3가지 이상 다양한 결정형태를 가지므로 녹는점이 일정하지 않다. 따라서 유지는 녹는점으로 식별하는 것으로는 이용할 수 없다.

[표 6-7] 각종 단순 트리아실글리세롤의 무정형과 결정형의 융점(℃)

단순 triglyceride	γ-형(무정형)	α-형	β′-형	β-형
tricaprin	−15	18	.	31.5
trilaurin	15	35	.	46.4
trimyristin	33	46.5	54.5	57
tripalmitin	45	56	63.5	65.5
tristearin	54.5	65	.	72
triolein	−32	−12	.	4.9
trielaidin	15.5	37	.	42
trierucin	6	17	25	30
trilinolein	−43~−47	−27~−29	.	−10.5

2) 비중

유지의 비중은 일반적으로 15℃에서 0.91~0.96 범위이며 물보다 가볍다. 유지의 비중은 불포화도가 높을수록, 저급지방산의 함량이 많을수록 비중은 증가한다. 고체상의 유지와 액체상의 유지의 비중 차이가 크기 때문에 고체상의 유지분자들과 액체상의 유지 분자들의 비율을 결정하는데 사용된다.

유지의 비중은 유지의 종류에 따라 비교적 일정한 값을 나타낸다.

[표 6-8] 각종 유지의 비중(15℃)

유　　지	비　　중	유　　지	비　　중
쇠기름	0.865	팜야자유	0.924
피마자유	0.960~0.965	땅콩기름	0.917~0.926
코코야자유	0.967	해바라기유	0.924~0.927
옥수수유	0.962~0.929	대두유	0.924~0.926
면실유	0.917~0.918	채종유	0.913~0.917
아마인유	0.929~0.938	돼지기름	0.934~0.938
올리브유	0.915~0.920	간유	0.922~0.931

3) 연화점

연화점은 모세관에 있는 유지가 연화되면서 부피의 팽창으로 모세관의 유지가 상승되는 온도를 말한다. 연화점을 측정 하려면, 유지를 모세관에 넣은 후 0℃의 얼음물에서 하룻밤을 둔 후 물이든 비커 속에서 서서히 가열하여 시료가 연화하면서 부피의 팽창으로 위로 올라가는 온도를 정하여 측정한다. 연화점은 일부유지에 사용되며 경험적인 수치이고 재현성도 없다.

4) 발연점. 인화점. 연소점

발연점은 유지를 강하게 가열하면 유지 표면에 엷은 푸른 연기가 발생할 때의 온도를 말한다. 이때 생기는 푸른 엷은 연기를 아크롤레인(acrolein)이라고 하는데 이것은 유지를 사용해서 만드는 식품에 흡수되면 나쁜 냄새와 맛을 주므로 주의하여야하며 발연점이 높은 유지를 사용하도록 해야 한다.

일반적으로 유지의 발연점은 유리지방산의 함량이 많을수록, 노출된 유지의 표면적이 클수록, 유지에 불필요한 입자들이 많이 들어있는 것일수록 발연점은 낮아진다.

인화점은 유지를 발연점 이상으로 가열하여 발생되는 증기가 공기와 섞여서 발화되는 온도를 말한다. 일반적으로 유지의 발연점이 높으면 인화점도 높다.

연소점은 유지가 인화되어 계속적으로 연소를 지속하는 온도를 말한다. 마찬가지로 발연점이 높으면 연소점도 높다.

각종 유지의 발연점, 인화점, 연소점은 표6-9와 같다.

[표 6-9] 각종 유지의 발연점, 인화점, 연소점(℃)

종류	발연점	인화점	연소점
파마자유(정제)	200	298	335
옥수수유(조제)	178	294	346
옥수수유(정제)	227	326	359
아마인유(정제)	163	287	353
올리브유(조제)	199	321	361
콩기름(조제)	181	296	351
콩기름(조제)	210	317	354

5) 굴절률

유지의 굴절률은 유지의 분자량이나 불포화도가 증가할수록 증가한다. 굴절률은 일반적으로 1.45~1.47이다. 굴절률은 온도에 의해서 변화하므로 일정한 온도에서 측정하며 측정온도를 표시하여야 한다.

그 측정온도는 보통 액체 유지는 25℃에서 고체 유지는 65℃에서 측정한다. 같은 유지의 경우에 굴절률은 요오드가의 변화에 따라 대체로 비례한다. 다시 말해 수소 첨가에 의해 요오드가가 감소될 때 이 유지의 굴절률도 감소한다.

유지의 굴절률은 일정한 온도에서 재현성 있는 일정한 값을 주므로 유지의 식별에 있어서 배우 유용하게 사용되고 있는 물리적 측정방법이다.

6) 고체지수(Solid Fat Index)

유지류는 일반적으로 저온에서는 고체, 고온에서 액체상태 이지만, 그 중간의 단계는 보기에는 고체 상태이지만 실제로는 고체인 지(脂)와 액체인 유(油)가 혼합된 상태로 되어 있다.

즉, 같은 고체유지에서도 고체지가 많을수록 전체적으로 딱딱하게 되고, 액상유가 많을수록 부드럽게 되기 때문이다. 유지류의 고체지와 액체유의 비율은 고형 유지를 섭취할 경우 상당히 중요한 요인으로 될 수 있다.

그런데 고체지와 액체유의 비율을 숫자로 나타낸 것이 고체지수(SFI)이다. 이 비율은 유지전체에 대한 고체지의 비율을 백분율(%)로 나타낸 것이다.

이 비율이 40% 이상의 범위일때 유지는 딱딱한 고체와 같고 15~25%에서는 찰흙과 같이 손가락으로 마음대로 성형 할 수 있고 유연성을 가지고 10%이하에서는 아주 부드러운 상태가 된다.

특히 고체지지수가 15~25%의 적당한 유연성을 가진 상태를 가소성이 있는 상태라고 알려져 있다. 파이반죽이나 버터케이크 등의 과자 만들 때에는 없어서는 안 될 중요한 성질이라고 할 수 있다. 가소성을 나타내는 온도 범위는 유지의 종류에 따라 다르다.

2. 유지의 화학적 성질

1) 검화가(비누와 값)

유지는 알카리 용액인 KOH나 NaOH 용액과 함께 가열하면 가수분해가 일어나 글리세롤과 지방산의 염이 생성된다.

이렇게 유지가 알카리 용액에 의하여 분해되는 것을 검화라고 하며, 유지 1g을 완전히 검화시키는데 필요한 수산화칼륨(KOH)의 mg수를 검화가 또는 비누화가라 말한다.

검화가는 지방산의 분자량에 반비례한다. 저급지방산이 많을수록 커지고, 고급지방산이 많은 지방일수록 작아진다. 예를 들면 우지는 193~198, 야자유는 253~260이다. 야자유가 평균 분자량이 적으므로 저급지방산이 많음을 알 수 있다.

2) 아이오딘 값(iodine number)

아이오딘 값이란 유지 100g에 흡수되는 아이오딘을 g수로 나타낸다. 유지의 불포화도를 결정하는 것으로 유지 분자 내의 이중결합수(불포화 정도)를 나타내는 척도가 된다. 따라서 불포화지방산을 많이 포함하고 있는 지방은 아이오딘 값이 높다. 지방의 2중 결합에는 수소가 쉽게 붙는데 불포화 지방산에 수소를 첨가하면 융점이 높은 포화지방산으로 되고 액체 유지는 고체 유지로 된다.

이렇게 변화시키는 것을 경화라고 하는데 이때 생성된 유지를 경화유라고 한다. 이 경화유를 이용하여 마가린, 비누제조의 원료로 사용된다.

[표 6-10] 주요 유지의 아이오딘 값

유지	아이오딘 값	유지	아이오딘 값
코코넛유	6~10	유채유	94~105
버터	20~28	참기름	103~107
쇠기름	35~42	면실유	103~111
팜유	49~59	옥수수유	111~128
돼지기름	62~79	콩기름	122~134
올리브유	79~88	해바라기유	129~136
땅콩기름	88~98	아마인유	175~202

3) 산가

산가는 유지 1g 중에 존재하는 유리 지방산을 중화하는데 필요한 KOH의 mg 수로 표시한다. 산가는 시료 유지에 알코올에 녹인 후 페놀프탈레인을 지시약으로 사용하여 적정하는데 정제 식용유에서는 산가가 대체로 1.0 이하이다. 이보다 더 높은 것은 좋지 않은 유지로 변질되었거나 정제가 덜 된 것을 의미한다.

[표 6-11] 유지의 정제전 산가 및 식품 규격상의 산가

유지	산가	식품 규격	유지	산가	식품 규격
쇠기름	0.25~0.5	0.3 이하	올리브유	10.3~1.0	0.6 이하
돼지기름	0.5~0.8	0.3 이하	땅콩기름	0.7~0.9	0.5 이하
버터	0.5~35.4	–	유채유	0.4~1.0	0.2 이하
콩기름	0.2~1.8	0.2 이하	참기름	4.0~12.0	4.0 이하
팜유	9~11	0.2 이하	해바라기유	9.0~13.0	0.2 이하
옥수수유	1.4~2.1	0.6 이하	들기름	8.0~13.0	5.0 이하
면실유	0.6~0.9	0.2 이하	코코야자유	2.5~10.0	0.2 이하

이렇게 산가는 사용 중의 유지의 품질 저하도를 나타내는 하나의 척도로 사용되고 있다. 따라서 신선한 유지에는 유리 지방산을 함유하고 있지는 않으나, 정제되지 않은 것이나 사용하여 가수분해 된 것 또는 오래 저장된 것은 산가가 높다.

4) Acetyl가

Acetyl가는 유지에 무수초산을 반응시켜 아세틸화한 유지 1g을 다시 가수분해할 때 얻어지는 초산을 중화하는데 필요한 KOH의 mg수이다. 유지 속에 존재하는 수산기(−OH)를 가진 지방산의 함량을 표시하는 척도이다. 피마자유에는 리시놀레산(ricinoleic acid) 함량이 많아 다른 유지에 비해 아세틸가가 146~150으로 매우 높다.

Chapter 07

유지의 산패

유지 품질저하의 가장 큰 문제가 되는 것은 산소에 의한 산화이다. 일반적으로 식품에서는 미생물 오염에 의한 부패가 최대의 문제이지만, 유지는 수분함량이 0.1% 미만으로 낮고, 미생물 증식에 필요한 질소원이 존재하지 않기 때문에 미생물에 의한 오염 가능성이 없는 것이 특징이다.

유지의 산화는 대부분의 보관온도인 상온과 조리과정의 고온에서 일어나는데, 전자의 산화를 자동산화라 하고, 후자를 열 산화라 한다.

유지는 단일물질이 아닌 수십 종의 트리아실글리세롤의 혼합물이므로 산화하는 부분도 유지의 에스테르 결합, 이중결합 등 복수이고 산화 생성물도 매우 복잡하다.

[표 7-1] 유지 산패의 분류

- 산 패 (rancidity)
  - 산화형 산패 (oxidative rancidity)
    - 비효소적산화형산패 (non-enzymaticoxidative rancidity)
    - 효소적산화형산패 (enzymatic oxidative rancidity)
  - 비산화형산패 (non-oxidativerancidity)
    - 가수분해형 산패 (hydrolyic rancidity)
    - Ketone 생성형산패 (ketonic rancidity)

제1절 비효소적 산화형 산패(자동산화)

유지는 저장 중에 공기 중의 산소를 흡수하여 산화가 발생한다. 유지의 종류마다 차이가 있으나 일반적으로 유지가 산소를 흡수하는 속도는 처음에는 흡수량도 적고 산화속도도 늦어 거의 변화가 없으나, 일정기간 지나게 되면 산소흡수량과 산화속도는 급격히 증가하게 된다.

이렇게 산패가 급격하게 진행되기 전, 즉 유지의 산소흡수량과 산화속도가 매우 느린 상태를 유도기간이라고 한다.

일정한 유도기간이 지나면 산소의 흡수속도가 매우 빠르고 산화 생성물인 하이드로퍼옥사이드(hydroperoxide)의 함량이 크게 증가한다.

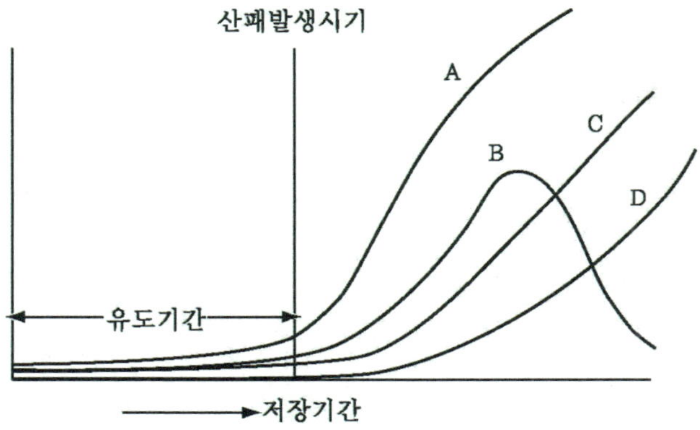

A : 산소의 흡수속도 (O_2 uptake)　　B : 과산화물 (hydroperoxide)의 생성속도

C : 최종산화생성물 (carbonyl compoouns)의 생성속도　　D : 점도 (viscosity)의 증가속도

〈그림 7-1〉 유지의 산패 정도에 의한 변화

이러한 자동산화로 인해 생성된 알데하이드(aldehyde)류, 케톤(ketone)류 등은 식품의 맛과 냄새를 나쁘게 할 뿐만 아니라 영양가의 저하와 더불어 유독물질이 생성되는 원인이 된다.

이와 같은 이유로 지질의 산화물의 동정, 생성, 조건 등에 대한 연구가 많이 이루어지고 있다.

무엇보다 중요한 것은 식품저장에 있어서 자동산화를 억제시키기는 힘듦으로 되도록이면 자동산화가 적게 일어나게 산화의 원인이 되는 주변 요소들을 제거해야 할 것이다.

1. 자동산화의 메카니즘

유지의 자동산화 과정은 초기 단계, 전파 단계, 종결 단계로 3단계에 걸쳐 일어난다.

1) 초기 단계

초기 반응에서는 이중결합에 인접한 α-methylene기($-CH_2$)의 수소가 열 에너지, 광선 에너지, 금속 에너지 등에 의해 분자내에 공유결합을 하고 있는 수소가 이탈되어 활성 유리 라디칼을 생성함으로써 개시된다.

R : R ⟶ R· + R·
열, 광선 에너지 / 활성 유리 라디칼

M· + R : H ⟶ M : H + R·
금속이온· / 수소원자 교환 반응 / 활성 유리 라디칼

2) 전파 단계

형성된 유리 라디칼은 공기 중의 산소와 결합하여 과산화 라디칼(peroxy radical)을 형성하여 연속적인 반응을 되풀이 하고, 이것은 또 다른 유지로부터 수소를 떼어내어 하이드로페옥사이드와 유리 라디칼을 생성하며 이러한 반응은 연속적으로 진행된다.

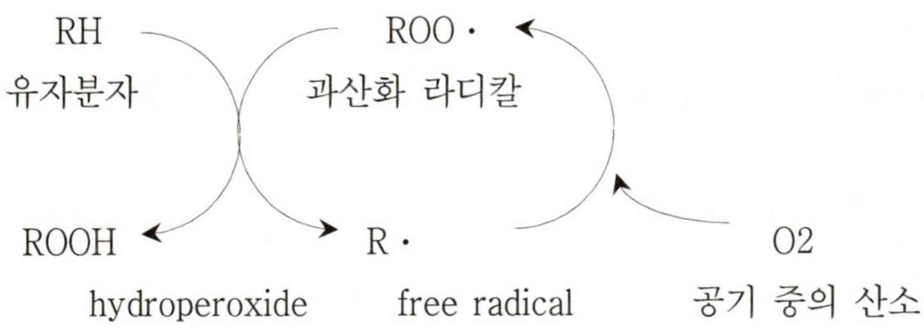

3) 종결 단계

연쇄반응 중에 활성이 큰 각종 라디칼들이 서로 결합을 하여 산소의 양에 따라 중합화합물이 생성된다.

유지의 자동산화에서 생성된 하이드로퍼옥사이드(hydroper- oxide)는 분해가 가능하고 불안정하면서 여러 가지 산패취의 원인이 되는 물질을 생성한다.

$$R\cdot : R\cdot \longrightarrow R : R$$
$$R\cdot + ROO\cdot \longrightarrow ROOR$$
$$ROO\cdot + ROO\cdot \longrightarrow ROOR + O2$$

일반적으로 유지의 불포화도가 클수록 유도기간은 짧아지고 산화속도는 증가한다.

[표 7-2] 지방산의 유도기간과 산화속도(25℃)

지방산	탄소 및 이중결합	유도기간	상대적 산화속도
stearic acid	18:0		1
oleic acid	18:1(9)	82	100
linoleic acid	18:2(9,12)	19	1,200
linolenic acid	18:3(9,12,15)	1.34	2,500

2. 하이드로퍼옥사이드(hydroperoxide)의 분해 생성물

유지의 자동산화 과정에서 생성되는 하이드로퍼옥사이드는 알데하이드(aldehyde), 케톤(ketone), 알코올(alcohol), 카복실산(carboxylic acid) 등으로 분해된다.
특히 튀김유와 같은 고온에서는 생성된 하이드로퍼옥사이드가 생성 즉시 분해되어 축적되지 않는다.
자동산화 과정의 후반기에 들어가면 하이드로퍼옥사이드의 분해가 촉진되어 오히려 과산화 물가가 감소하는 현상을 나타낸다.
하이드로퍼옥사이드의 분해과정에서 먼저 알콕시 라디칼(alkoxy radical)과 OH radical로 분해된다.

$$R\text{—}\underset{\substack{|\\ OOH}}{CH}\text{—}R \rightarrow R\text{—}\underset{\substack{|\\ O\cdot}}{CH}\text{—}R + \cdot OH$$

생성된 alkoxy radical 은 다음과 같은 반응을 일으킬 수 있다.

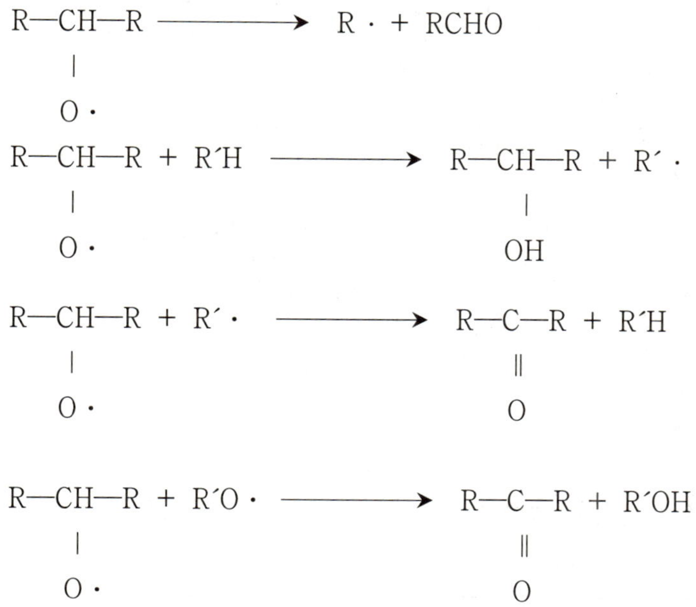

한편, 카복실산(carboxylic acid)류의 생성과정은 다음과 같다.

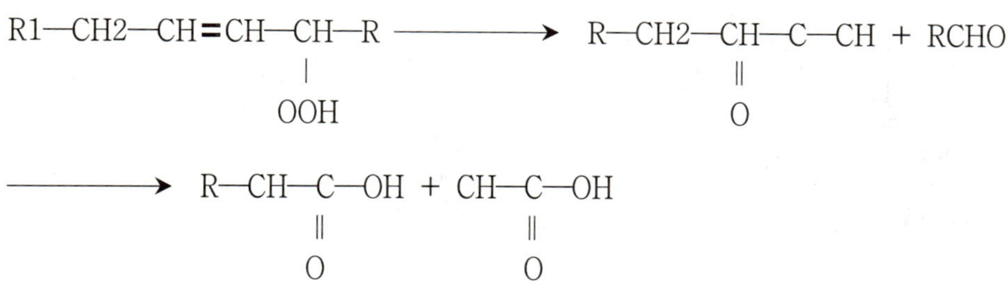

또한 알콕시 래디칼(alkoxy radica)l과 퍼옥시 래디칼(peroxy radical)은 유지 중의 이중결합과 반응하여 에폭사이드(epoxide)를 생성한다.

유지의 자동산화전과정을 간단히 정리하면 그림 7-2과 같다.

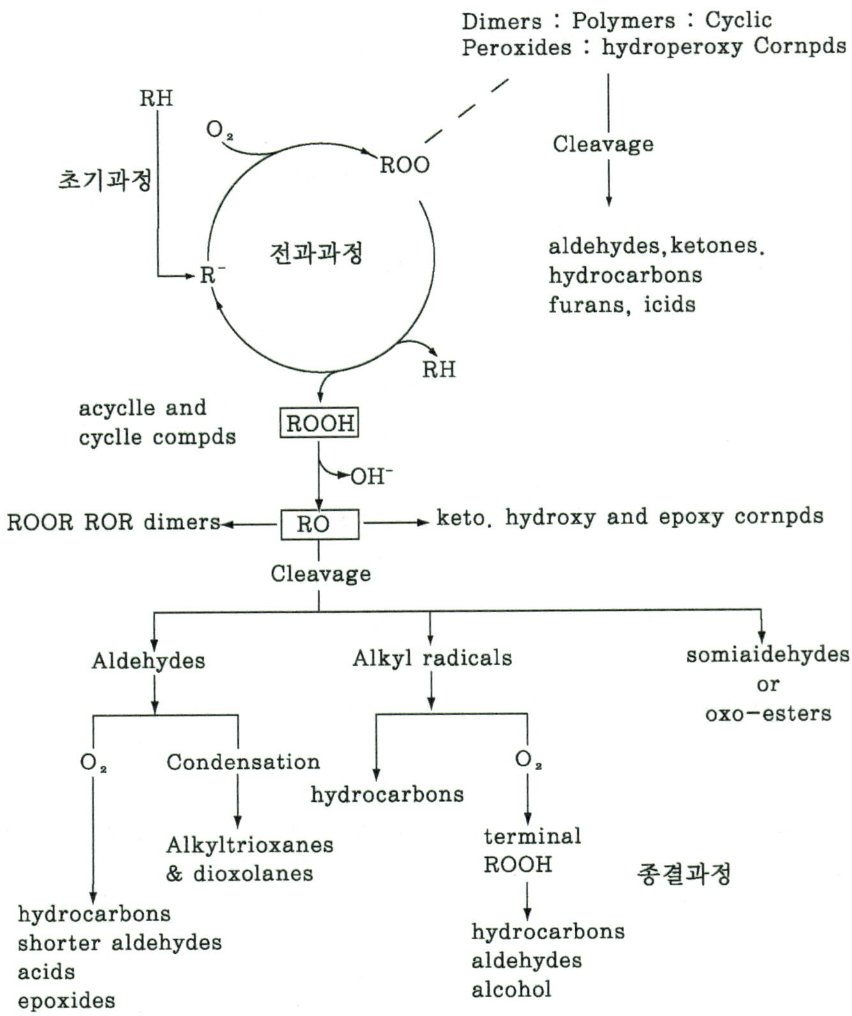

〈그림 7-2〉 유지의 자동산화

제2절 여러 가지 유형의 산패

1. 효소적 산화형 산패

콩류, 곡류, 채소류 등과 같은 식물에 존재하는 지방질 성분의 산화는 역시 그 식물체 내에 존재하는 여러 산화 효소들에 의해서 촉진된다. 지방질의 산화를 촉진하는 효소에는 리폭시제네이스(lipoxygenase)와 리포하이드로퍼옥사이드(lipohydroperoxidase)의 2종류가 있다.

리폭시제네이스는 불포화 지방산을 산화하여 하이드로퍼옥사이드(hydroperoxide)를 만드는 반응을 촉매하고, 리포하이드로퍼옥사이드는 하이드로퍼옥사이드를 분해하는 반응을 촉매한다.

RH+lipoxygenage → RH−lipoxygenage
RH−lipoxygenage + O2 → RH−O2−lipoxygenage
RH−O2−lipoxygenage → (R·+·OOH)−lipoxygenage
(R·+·OOH)−lipoxygenage → (ROOH)−lipoxygenage
(ROOH)−lipoxygenage → ROOH+lipoxygenage

RH : 불포화지방산으로 이루어진 유지분자, ROOH : 과산화물(hydroperoxide)

이들은 일반적으로 최적 pH는 중성 부근이다. 리포하이드로퍼옥사이드는 과산화물을 분해시키는데, 이 효소는 가열에 의해 활성이 저하되므로 가열 조리시 이취가 나는 것이 리포하이드로퍼옥사이드 때문이다.

2. 가수분해형 산패

유지의 구성 성분인 트리아실글리세롤(triacylglycerol)은 물, 산, 알카리, 효소에 의하여 분해되어 유리 지방산과 글리세롤(grycerol)을 생성한다.

이렇게 생성된 여러 유리 지방산들은 유지에 비정상적인 냄새와 맛을 주고 유지의 자동산화를 촉진시키는 등 유지의 품질을 저하시키는 원인이 된다.

이와 같은 가수분해형 산패는 동식물 조직 중에 존재하는 lipase, esterase, phosph lipase에 의해 촉진되는 효소적 가수분해(enzymatic hydrolysis)에 의한 산패와 유지가 물과 접촉에 의해 일어나는 화학적 가수분해(chemical hydrolysis)에 의한 산패로 나눌 수 있다.

효소적 가수분해에 의한 유지의 산패는 식물성 유지와 어유등의 조제유에서 문제가 되는데 이들 유지 중에서 착유시 식물과 동물의 조직 중에 포함되어 있는 지방 분해 효소가 다량 혼합되어 존재하므로 효소에 의한 유지의 가수분해가 일어나기 쉽다.

일반적으로 고급 지방산보다 저급 지방산 함량이 많은 유지가 효소의 작용을 받기 쉬워 이 분해가 일어나면 저급지방산(butyric acid, caproic acid, caprylic acid)을 생성한다.

화학적 가수분해에 의한 유지의 산패는 비교적 수분함량이 많은 낙농 제품에서 문제가 많이 되고 있다. 우유와 치즈와 같은 것들은 유지방이 물에 의해 둘러싸여 접촉하는 면이 많기 때문에 가수분해에 의한 유지의 산패가 일어나기 쉽다.

3. 케톤(Ketone) 생성형 산패

케톤 생성형 산패는 보통 야자유, 팜유, 유지방 등과 같은 저급 지방산이 들어있는 식품에서 나타나는 현상이다. 즉, 저급 지방산이, 미생물이 생산하는 산화 효소작용에 의하여, 케톤산을 거쳐 탄소수가 적은 메틸 케톤(methyl ketone)으로 가수분해 되는 것을 말한다.

$$RCH_2\ CH_2\ COOH \xrightarrow{+O} RCHOHCH_2\ COOH \xrightarrow{-2H} RCOCH_2\ COOH \xrightarrow{-CO_2} RCOCH_3$$

제3절 유지의 산패에 영향을 미치는 인자

유지의 산패는 유지에 함유된 지방분자들의 불포화도, 산소, 광선, 온도, 수분, 금속 등의 영향을 받는다.

1. 불포화도

이중결합의 수, 위치, 기하 이성질체 등은 산화속도에 영향을 주는데 이중결합이 많을수록 산화속도는 빨라진다. 또한 공액이중결합을 가지는 것은 더욱 산화되기 쉽고 trans 형보다 cis 형이 더 쉽게 산화된다.

2. 산소

산소는 유지의 산화에 필수적인 존재이다. 산소의 농도가 높은 것은 산화속도와는 무관하나 산소의 농도가 낮은 조건에서는 산화속도는 산소의 양에 비례한다. 그러므로 유지식품을 진공포장하거나 불활성가스를 충전하면 산패를 방지할 수 있다.

3. 광선

가시광선, 자외선, ɤ선은 유지의 산화반응을 촉진 시키는데, 이중 일상에서는 자외선의 영향이 가장 크다.

특히 클로로필, 리보플라빈 등이 함께 존재할 때 감광체로 작용하여 산화를 촉진시킨다.

광선은 유도기간을 단축하고 하이드로퍼옥사이드의 분해를 촉진하는데, 파장이 짧은 빛일수록 산화는 증가한다. 따라서 햇볕이 투과하지 못하는 용기에 담아두거나 빛이 들지 않는 곳에서 유지를 보관하는 것이 산화를 방지하는 방법이다.

4. 온도

유지는 온도가 높을수록 촉진되고 하이드로퍼옥사이드의 분해 또한 촉진되는데. 이 연쇄 반응의 운반체인 프리 래디칼의 생성량이 증가하기 때문이다.

온도가 높으면 산소는 지방질이나 물에 덜 용해되므로 산소분압의 변화는 산화속도에 적은 영향을 준다.

또한 유지를 0℃이하에서 저장했을 때는 0℃보다 저온에서 지방의 산화속도가 더 빠르다.

이유는 동결에 의하여 얼음의 결정이 석출되고 그 수용성 잔여부분에 금속촉매의 농도가 증가되므로 산화가 촉진되는 것으로 추정하고 있다.

5. 금속

2가 이상의 전하를 가지면서 쉽게 산화와 환원이 되는 전이금속(코발트, 구리, 철, 망간, 니켈)들은 산화를 촉진하는 산화 촉매제이다.

이들은 0.1ppm의 매우 낮은 농도에서도 유지산화의 유도기간을 단축한다. 정제된 대두유의 경우 철은 0.2ppm 구리는 1 ppb 정도 함유되어 있다.

6. 산화방지제

산화방지제는 산화를 억제시켜주는 물질을 말하며 항산화제라고도 한다. 항산화성을 가진 천연 방지제와 합성 방지제는 많으나 식품에 인정되는 것은 극히 일부이다.

일반적으로 푸른잎 차에 많은 poly phenol이 가장 많이 알려진 화합물 중의 하나이다.

산화 방지제는 다음과 같이 과산화 라디칼에 수소 공여체 또는 자유 라디칼 수용체로 작용함으로써 자동산화의 연쇄반응을 억제한다.

ROO· + RH → ROOH + R·
ROO· + AH → ROOH + A·
(RH : 유지 분자, AH : 산화 방지제)

이때 만들어진 산화 방지제 라디칼(A·)은 활성이 낮은 공명 혼성체를 이루어 일중항 산소소거제로 작용할 수 있다.
즉, 항산화제는 유지의 자동산화과정에서 생성된 유리기에 수소원자를 공급하여 유지의 자동산화반응의 전파를 중단시키는 역할을 한다.

[표 7-3] 산화방지제의 종류와 작용기작

작용 기전	산화 방지제
자유 라디칼 제거제	토코페롤, BHA, BHT, TBHQ, PG, 토코트리엔올, 아스코르브산
일중항 산소 제거제	토코페롤, 카로티노이드, 아스코르브산
금속 킬레이터	EDTA, 시트르산, 인산, 일부 아미노산, 인지질
삼중항 산소 소거제	아스코르브산, 에리쏘브빈산, 글루코오스 디옥시다아제

1) 천연 항산화제

천연 항산화제는 주로 식물의 과실, 잎, 채소류 등의 조직에 함유되어 있으며 동물성 유지는 그 함량이 매우 적다.

(1) 토코페롤(tocopherol)

토코페롤은 종자유, 과실, 채소류의 조직에 분포되어 있으며, 비타민 E로서 영양적으로도 중요하며 자연계에서 널리 분포하고 있는 식물성 유지의 산화방지제 중의 하나이다.
토코페롤은 치환기의 종류에 따라 7개의 동족체가 존재하나 대부분 α, β, Υ, δ, -토코페롤이다. 일반적으로 산화방지제의 활성은 비타민 E의 활성이 높은 것보다 비타민 E의 활성이 낮은 것이 더 높아 토코페롤 동족체별로는 α 〈 β 〈 Υ 〈 δ 의 순서이다.
그러나 토코페롤은 산화촉진제로도 작용한다. 계속적인 유지의 산화로 산화방지제로 작용하는 토코페롤이 다 소모가 되면 유지과산화물이 축적이 되어 산화방지작용의 역반응을 일어나게 한다.

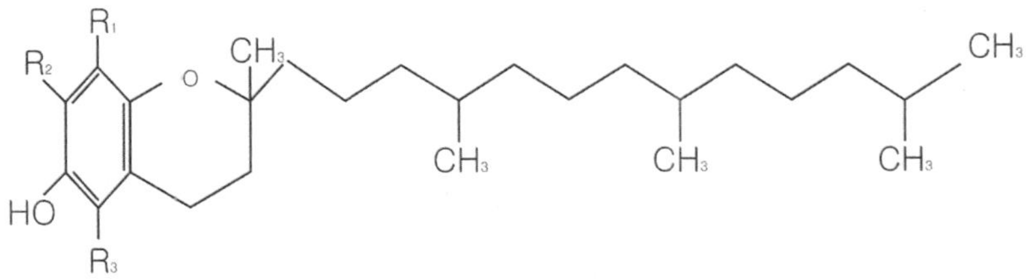

토코페롤(tocopherols)의 일반식

〈그림 7-3〉 토코페롤의 일반식

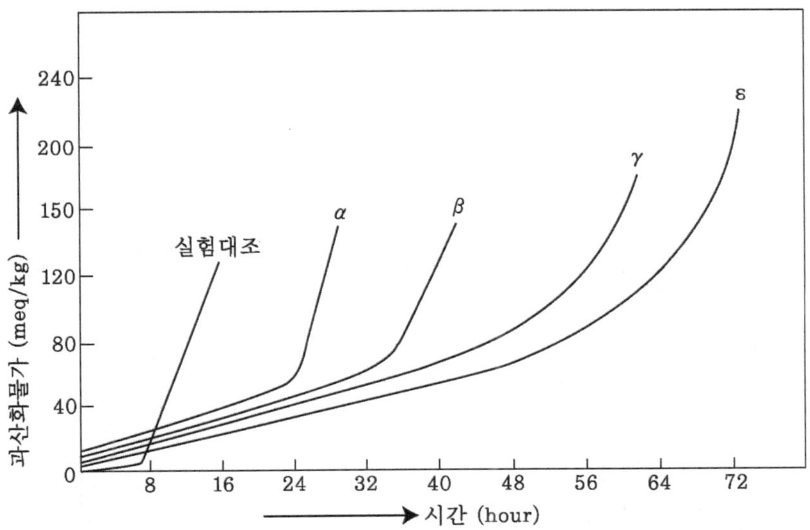

〈그림 7-4〉 α, β, γ, δ tocopherol의 항산화 활성

(2) 아스코르브산(ascorbic acid)

아스코르브산는 항산화제로서 뿐만 아니라 비타민 C로서 중요한 역할을 한다. 이 이성체인 에리쏘브산(erythorbic acid) 또한 항산화제로서 사용되고 있다. 아스코르브산의 항산화 작용은 주로 상승제로서 산화촉진제인 금속의 제거제로 작용하고 있다.

(3) 세사몰(sesamol)

참기름에 있는 천연 항산화제로서 페놀성 화합물이다. 참기름이 다른 유지에 비해 산화안정성이 높은 이유가 이 항산화 물질을 함유하고 있기 때문이다. 이 화합물은 참기름에 미량으로 존재하나 경화 등의 가공에 의해 세사몰린(sesamolin)으로부터 생성되고, 라드에서는 BHA나 BHT보다도 효과적인 것으로 밝혀졌다.

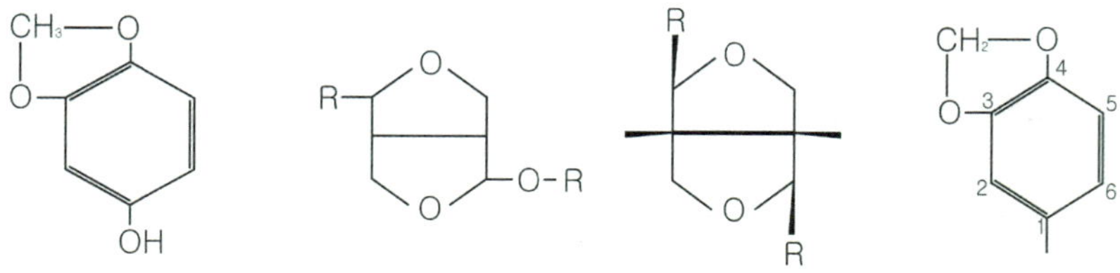

sesamol sesamolin sesamin

〈그림 7-5〉 참기름 중의 항산화 성분

(4) 레시틴(lecithin)

레시틴은 혼합물 중에 함유되어 있는 토코페롤류에 의한 것으로 생각되는데, 그 일부는 레시틴에 함유된 인산과 같은 산성 상승제, 즉 금속제거제로서의 작용으로 더 크게 작용한다.

(5) 향신료

예전부터 향신료는 지방질이 들어있는 식품을 보전하기 위하여 이용해 왔고 한국전쟁이 이후에 국내외의 집중적인 연구로 로즈마리, 실비아, 세이지 등에서 항산화력이 매우 큰 성분이 있으며 이 외에도 고추, 생강, 후추 등에도 존재함이 알려졌다.

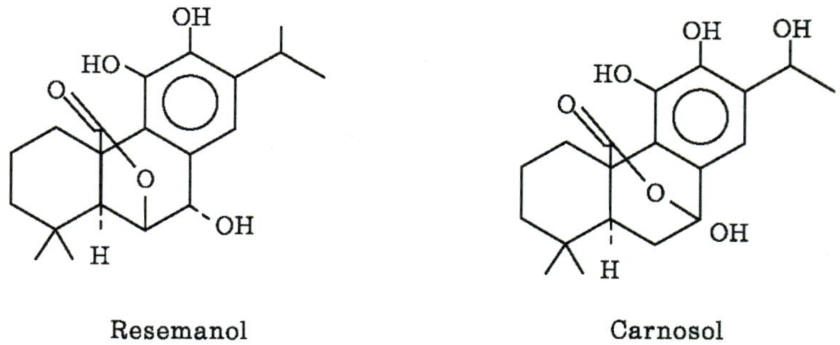

Resemanol Carnosol

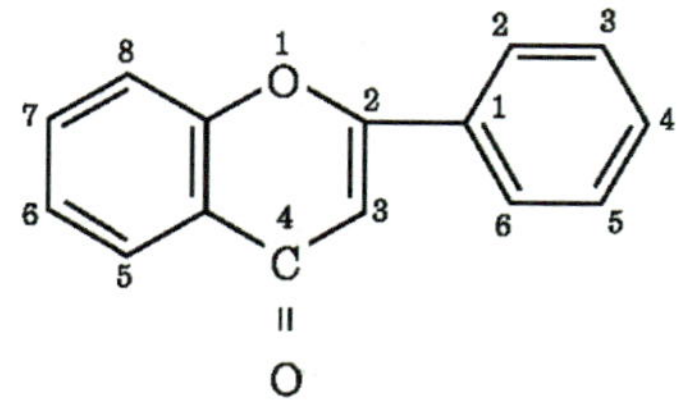

〈그림 7-6〉 향신료중의 항산화물 구조

이 외에도 면실류에 존재하는 고시풀, 열대지방 나무에서 얻어지는 검 구아이악(gum guaiac) 등이 있다.

2) 합성 항산화제

합성 항산화제는 인공적으로 합성되어 산화, 억제를 목적으로 사용되고 있는데, 구조에 따라 페놀계 산화방지제, 아민계 산화방지제 등 여러 가지로 분류할 수 있다. 그러나 아민계 및 황산계는 그 독성문제 때문에 사용이 허용된 것은 거의 없다. 주로 사용되고 있는 항산화제는 페놀계인 BHT, BHA, PG, EP, NDGA 등이 있으며 이중 BHT와 BHA가 널리 사용되고 있다. 이 항산화제들은 물에 녹지 않고 유지에 잘 녹는다.

(1) BHT(butylated hydroxytoluene)

이 항산화제는 BHA(butylated hydroxyanisole)와 함께 식용 유지를 비롯한 각종 식품과 가공 식품에 가장 널리 사용되고 있는 합성 항산화제로서 항산화력은 동일 농도에서 BHA와 비슷하나 BHA보다는 훨씬 싸기 때문에 많이 사용하고 있다.

최근에는 동물실험을 통하여 항암 작용이 있다는 사실이 알려지면서 BHA와 함께 주목 받고 있다.

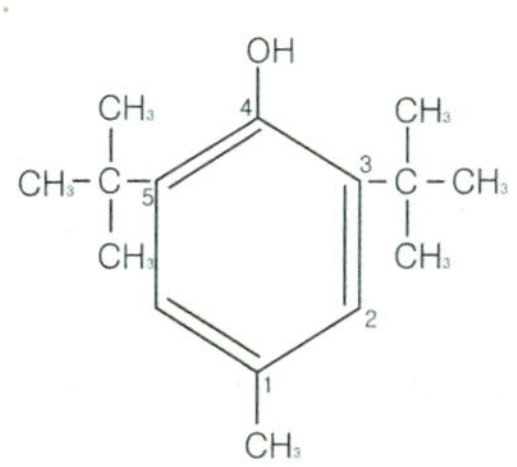

3,5-di-tert-butyl-4-hydroxytoluene

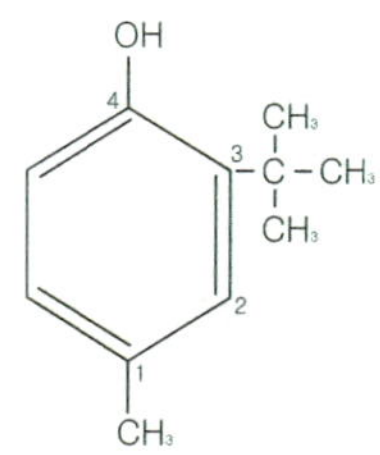

3-tert-butylhydroxytoluene

〈그림 7-7〉 BHT의 구조

(2) PG(propyl gallate)

PG는 항산화력도 비교적 강하고 약간의 수용성을 갖고 있기 때문에 수분의 함유량이 많은 지방질 식품에도 사용할 수 있다는 점에서 이점이 있다. 그러나 철이 존재하는 식품에 사용하게 되면 청색이나 녹색으로 착색을 일으킴으로 주의해야 한다. 사용량은 대체로 0.01% 이다.

(3) EP(ethyl protocate chuate)

식용 유지나 버터 등에 사용되고, 사용량은 0.05%이다.

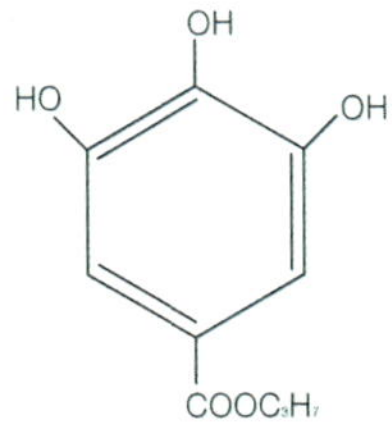

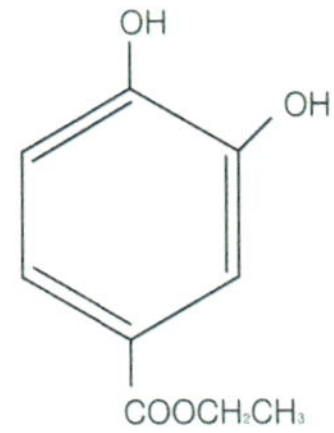

〈그림 7-8〉 PG와 EP의 구조

(4) NDGA(nordihydro-guaiaretic acid)

식물에서 추출된 천연수지에 함유된 성분으로 유지나 버터의 산화방지에 사용되고 있다.

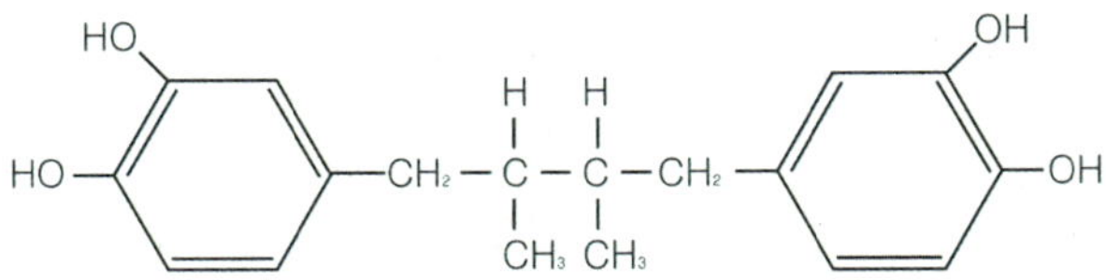

NDGA(nordihydro-guaiaretic acid)

〈그림 7-9〉 NDGA의 구조

(5) BHA(Butylated hydroxy anisole, BHA)

BHA에는 2-butylhydroxyanisol과 3-butydroxy anisol의 두 종류의 이성체가 있고, 시판품은 황산화성이 강한 3-butydroxy aniso이 90% 이상 함유되고 잇다. 가격이 저렴하여 우리나라에서는 널리 사용되는 황산화제 중 하나이지만 일본에서는 안정성에 대한 의문 때문에 팜유나 팜핵유 이외에는 사용할 수 없다.

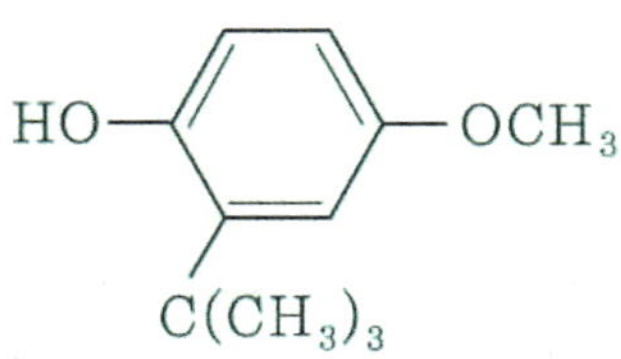

3-BHA

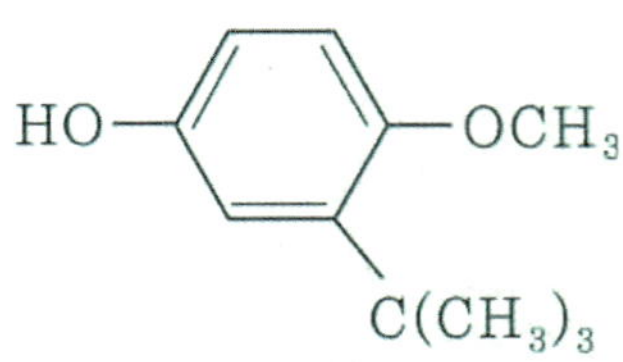

2-BHA

〈그림 7-10〉 BHA의 구조

우리나라에서 현재 그 사용이 허용되고 있는 항산화제와 사용되는 식품의 종류를 보면 표7-4와 같다.

[표 7-4] 우리나라에서 사용 중인 항산화제들

항산화제	사용되는 식품의 종류	사용량(%)	독성(toxicity)
BET(butylated hydroxytoluene)	식용유지, 쇼오트닝, 버터, 클랙커 등의 유지제품, 어류염장품, 어류냉동품의 침지액	0.02이하 0.1이하	LD_{50}=1.70~1.97g/kg 쥐체중
BHA(butylated hydroxyanisole)	검(chewing gum) 식용유지, 유지제품, 어류염장품, 어류 냉동품의 침지액, 식용유지, 유지제품들	0.75% 0.02%이하 0.10%	LD_{50}=4.13g/kg 쥐체중
PG(propyl gallate), 아이소아밀갈레이트(Isoamylgallate) EP(ethyl protocatechuate) 아스콜빈산의 나트륨염(Sodium L-ascorbate)	식용유지, 유지제품들 어류냉동품의 침지액 식용유지, 버터 등 햄, 소시지 등 vitamin C 강화제	0.01% 0.10%	LD_{50}=3.8g/kg 쥐체중 LD_{50}=1.28~1.85g/kg 쥐체중 LD_{50}=8.0g/kg 쥐체중

제4절 유지의 변향

유지는 대체로 산패가 일어나기 전에 냄새의 변화를 가져온다. 이 냄새는 산패 시 발생하는 냄새와는 구별된다. 예를 들면 대두유 등은 정제 과정에서 원래의 풀냄새 또는 콩비린내가 제거된다.

그러나 잘못 저장하였을 때는 산패가 시작되기 전에 풀냄새 또는 콩비린내가 나는 경우가 있다. 이와 같은 정제하기 전의 유지 본래의 냄새와 비슷한 냄새를 냄새의 복귀 현상(flavor reversion) 또는 변향(reversion) 이라고 한다.

대부분의 유지는 변향이 일어날 때 단순히 원래의 냄새로 돌아간다기보다는 새로운 냄새를 갖는 경우가 많다.

변향의 원인에 대해서는 아직 확실히 밝혀지지 않았지만 일반적으로 유지 중에 존재하는 리놀렌산(linolenic acid), 아이소리놀레산(isolinoleic acid)에 의해 일어난다고 생각되고 있다.

특히 리놀렌산 함량이 많은 대두유, 아마인유, 어유 등은 변향이 일어나기 쉬운데 그 이

유는 리놀렌산의 함량이 적은 옥수수 기름에 인위적으로 리놀렌산의 함량을 증가시키면 쉽게 변향을 잘 일으킨다는 것이 알려진바 있다.

또한 수소가 첨가된 유지 중 아이소리놀레산 함량이 많은 유지에서 변향이 일어나기 쉬운데 단순 트리아실글리세롤과 트리아이소리놀레이트(triisolinoleate)의 농축화합물이 특히 변향을 일으키기 쉽기 때문이다.

유지의 변향이 일어났을 때 발생하는 불쾌한 냄새의 주요 성분으로서는 리놀렌산, 아이소리놀레산의 자동 산화의 초기 단계에서 형성된 휘발성 카보닐 화합물 중 3-cis-hexenal($CH_3CH_2CH=CHCH_2CHO$), 2-trans-4-cis-heptadienal($CH_3CH_2CH=CHCH=CHCHO$), 2-trans-4-trans-heptadienal 등의 알데하이드와 에틸비닐 케톤($CH_3CH_2COCH=CH_2$) 등의 케톤 등으로 알려져 있다.

산패의 현상과 마찬가지로 변향은 온도, 산소, 광선, 금속 이온의 존재에 의해서 반응이 진행되므로 산패의 초기인 것처럼 생각되지만, 실제로 과산화물가가 매우 낮은 상태에서도 일어나므로 산패에 의한 변화와는 구별되고 있다.

[표 7-5] 변향과 산패의 차이점

	변향	산패
유지의 종류	특정유지에 강하게 발생 (불포화도 많은 유지) 대두유, 아마인유, 해바라기유, 어유, 수소첨가유	일반 동식물유에서 발생
발생 시기	자동산화의 초기단계, 산패에 선행	변향후 발생
발생 속도	상당히 빠르다.	(공기중 오래방치)늦다.
필요 산소량	극히 소량	비교적 다량
냄새 종류	여러 가지 종류 (건초, 풀, 페인트 등)의 불쾌취	산자극취
유지의 과산화물가	그 이하에서도 발생	10~20 이상에서 발생
유지의 일반적 화학분석치 변화	없음	있음
항산화제 효과	없음	있음

1) 온도

고온에서는 특히 변향이 잘 일어난다. 대두유 같은 것은 상온에서 방치하면 10~14일이면 변향이 일어난다.

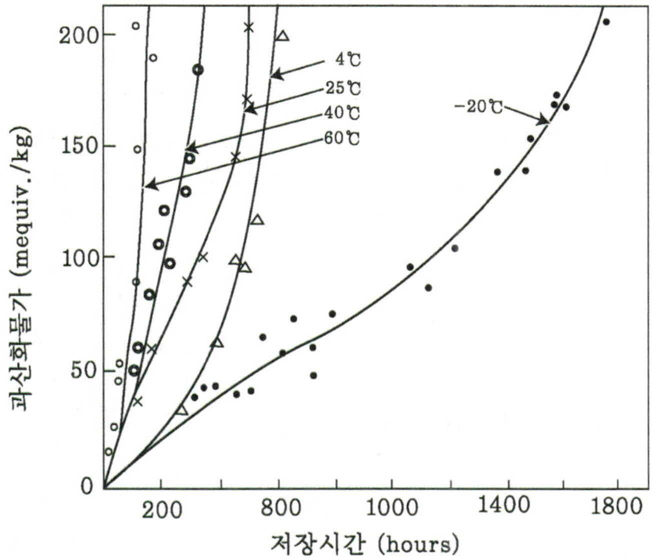

〈그림 7-11〉 저장시간에 따른 과산화물가의 변화

2) 산소

산소가 없는 상태에서는 변향이 잘 일어나지 않으나 산소가 조금이라도 있으면 산화적 산패를 일으키기 시작하는데 1/50 이하에서도 일어날 수 있다.

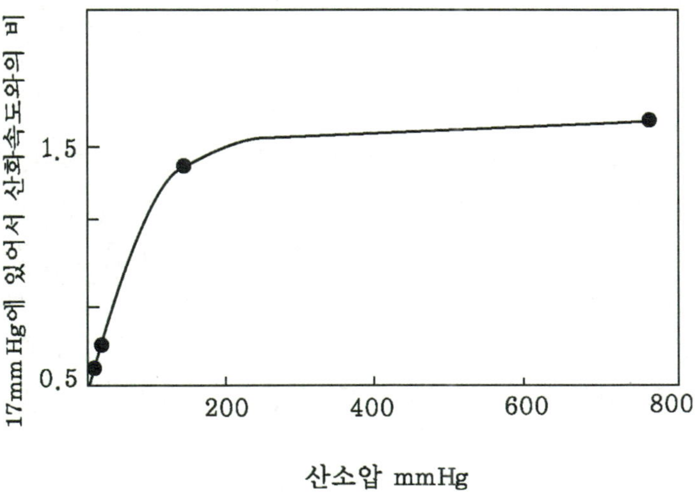

〈그림 7-12〉 산소압이 산화속도에 미치는 영향

3) 광선

광선 중에서 특히 청색~보라색, 즉 파장이 325~400nm의 파장에서 잘 일어나나 325nm 이하의 자외선은 변향을 일으키는 데 별 영향을 주지 않는다.

4) 금속 이온

철은 0.3~1.0ppm만 있어도 대두유의 경우 60℃에서 4일 만에 변향이 일어난다. 철 이외에 구리, 코발트, 크롬, 아연 등의 금속도 변향을 촉진시킨다.

따라서 변향을 억제하는 방법은 식용 유지를 가능한 한 저온에서 광선의 조사를 피하고, 금속 오염을 방지하여 저장해야한다.

제5절 유지의 가열 변화

유지는 착유, 가공과정에서 가열처리하는 경우가 많은데 유지를 고온에서 가열처리하면 자동산화 과정이 급속히 촉진되고 고온에서의 가열에 의한 변화도 함께 일어난다. 실제로 튀김에 사용된 유지들은 점도와 비중이 증가하고 착색이 되는 등의 물리적인 변화와 산가, 검화가 등이 증가하는 화학적인 성질에도 변화가 발생한다.

따라서 유지가 고온에서 가열되면 일반적으로 산화 반응, 열중합, 열분해 등이 일어난다. 유지가 가열될 때는 이러한 반응들이 동시에 진행되므로 단순한 자동산화반응에 비해 더욱 복잡하다.

1. 산화 반응

유지가 고온에서 급격한 자동산화가 일어날 경우에는 하이드로 퍼옥사이드는 축적하지 못하고 자동산화 초기에는 최대치를 나타낸 후 그 생성 속도보다 분해 속도가 더 커져서 하이드로 퍼옥사이드량은 감소하게 되고 공기 중의 산소는 유지 분자 속의 이중 결합과 직접 결합하여 분자산화물(moloxide)형의 과산화물을 형성하는 비율이 증가한다. 포화지방산은 150℃ 이상의 온도에서 가열하면 여러 가지 과산화물을 생성하는데 불포화 지방산보다는 산화되기 어렵다.

2. 중합 반응

유지가 높은 온도에서 가열되면 휘발성 분해산물을 생성할 뿐 아니라 비휘발성 중합체가 생성된다. 비휘발성 중합체는 유지의 가열산화에 의한 주요 생성물이다. 가열에 의한 유지는 점도가 증가하게 되는데 이것은 유지 분자들의 중합반응이 일어나기 때문이다. 유지의 가열에 의한 중합 반응은 자동 산화 중합, 열 중합, 열산화 중합으로 구분할 수 있다.

1) 자동 산화 중합

유지가 100℃ 이하에서 가열하였을 때 일어나는 반응으로 불포화 지방산의 자동 산화 과정에 있어서 연쇄 반응의 종결 단계에서 일어나는 활성 유리 라디칼의 결합에 의한 중합 반응이다.

2) 열 중합

디엔 또는 트리엔 산의 에스텔을 250~300℃로 장시간 가열하면 여러 가지 변화가 일어난다. 예를 들면, 아마인유를 약 300℃로 몇 시간, 공기 중에서 가열하면 점점 점도가 증가해서 최후에는 물엿과 같이 끈적끈적 하면서 투명한 액체가 된다. 가열에 의해 비중, 굴절률, 과산화물가, 평균 분자량이 증가하고, 옥소가 상당히 감소한 것을 알 수 있다. 이들 분석치의 변화로부터 이중결합이 없어지고 다른 분자와 가교결합을 형성하여 고분자가 되었다는 것을 알 수 있다.

이와 같은 변화를 중합 또는 가열에 의해 그 변화가 촉진된 경우를 열 중합이라 한다. 중합이 진행되는 도중의 변화는 공역결합과 트랜스형 이중결합의 증가한다. 아마인유와 유사한 열중합은 리놀산이 많은 식물유에서도 일어나는데, 중합속도는 아마인유 보다는 늦다. 그러나 원래 공역 이중결합을 많이 함유하고 있는 동백유는 열중합이 상당히 빨리 일어나서 몇 분 안에 투명한 고무상의 물질이 되어 버린다. 또한 중합에 의한 지방분자의 화학 변화에 대해서는 아직 모르는 점이 많지만 다음 3가지의 변화를 유추할 수 있다.

(1) 지방산의 공역 이중결합과 다른 지방산의 이중결합과 반응해서 환상화합물을 만든다.

(2) 포화결합 사이에 가교결합이 일어나 이량체를 생성한다.

(3) 포화결합과 이중결합 사이에 가교결합이 일어나 이량체가 생성된다.

제6절 유지의 산패 측정 방법

유지의 산패는 여러 가지 물리적, 화학적 변화를 수반하는 많은 반응들을 포함하는 매우 복합적인 과정이다. 이러한 반응들은 동시에 또는 경쟁적으로 일어나기도 한다. 따라서 한 가지 방법으로만 측정하는 것은 오류를 범할 수 있다. 따라서 목적에 맞게 여러 가지 평가법을 사용하여 유지의 산패정도를 측정하여야 한다.

1. 오븐 테스트(Oven test)

산패의 발생 초기인 유도기간을 측정하거나 지방질 성분의 추출이 어려운 지방질 식품의 산패시기를 측정하는데 주로 사용되는 방법이다. 측정하고자하는 유지식품을 접시나 비이커에 넣고 약 60~63℃의 오븐에서 수시로 냄새와 맛에 대한 관능검사를 통하여 산패의 발생을 확인하여 그 유도기간을 추정하는 방법이다. 이 방법은 주로 제과 및 제빵 공업에서 비스킷, 쿠키, 크래커 등에서 유지 산패에 대한 안정성 검사에 사용되기도 한다.

2. 과산화물가(peroxide value) 측정

과산화물은 자동산화의 주요 산물이므로 유지 중에 존재하는 과산화물의 함량을 측정하여 유지의 산패정도와 유도기간의 정도를 알 수 있다.
과산화물가는 유지 1kg 중에 함유된 과산화물의 밀리당량수로 표시한다. 유지를 초산 또는 클로로폼과 초산의 혼합액의 용매에 용해시킨 후 KI를 용해시켜 형성되는 요오드 이온(I^-)을 용해된 유지중의 과산화물과 반응시켜 요오드(I_2)로 산화시키는 방법이다. 이때 생성된 요오드를 $Na_2S_2O_3$로 측정하는 방법과 2가철을 3가철로 산화시킬 때 색의 변화를 측정하는 티오시안법이 많이 이용되고 있다.

$$ROOH + 2I^- + 2H^+ \rightarrow ROH + I_2 + H_2O$$
$$I_2 + 2Na_2S_2O_3 \rightarrow 2NaI + Na_2S_4O_6$$

유지가 산화함에 따라 점차 높아져 최고점에 도달 후 과산화물의 분해에 의해 감소한다. 따라서 산패한지 오래된 유지는 과산화물 값이 낮게 측정된다.
일반적으로 식물성 유지의 경우에는 과산화물가가 60~100meq(밀리당량)/kg oil, 동물성 유지의 경우에는 20~400meq(밀리당량)/kg oil에 도달하는 시기를 산패시기로 보고, 이 시기까지 도달하는 기간을 유도기간이라고 정하고 있다.

3. TBA가(thiobarituric acid value) 측정

TBA가는 유지의 산화로 생성된 디엔알(dienal)인 말론알데하이드(malonaldehyde)가 TBA시약과 반응하여 적색(539nm) 화합물을 생성하는 반응을 이용한 것으로 지방산화를 평가하는 데 가장 널리 사용하는 방법 중의 하나이다.
그러나 alkanal은 TBA와 노란(450nm) 화합물을 생성하고 디엔알은 또 붉은(530nm) 화합물을 생성함으로 450nm과 530nm을 모두 측정하는 것이 좋다. TBA가는 과산화물가와는 달리 산패의 진행에 따라 계속 증가함으로 아주 오래된 유지에서도 사용할 수 있다. TBA가 값은 한 가지 유지로 된 시료를 여러 가지 산화단계에서 비교할 때 가장 유용하고 산화시의 향미 값과도 가장 잘 일치한다.

4. 카보닐가(Carbonyl value) 측정

Lappin-Clark법에 의한 측정법으로 카보닐 화합물이 2,4-dinitrophenyl hydrazone을 만듦으로 이를 430~460nm 파장으로 흡광도를 측정하는 비색정량법이다. 카보닐 화합물은 유지나 지방질이 산패하면 과산화물을 거쳐 많은 종류의 화합물을 생성됨으로 이 양을 측정함으로써 산패정도를 알아내는 방법이다. 카보닐 화합물은 과산화물가처럼 산화과정이 지속되는 동안에 최고값에 도달하였다가 다시 감소되는 일이 없이 계속 증가한다.

그러나 이 방법은 이론적으로는 매우 좋은 방법이나 카보닐 화합물과 2,4-dinitrophenyl hydrazone과의 반응이 가역반응이기 때문에 2,4-dinitrophenyl hydrazone 유도체의 형성이 완전히 정량적으로 진행되지 않으며 또한 형성된 유도체의 색깔도 안정하지 않기 때문에 경우에 따라서는 정확한 결과를 주지 못하는 결점이 있다.

5. 아니시딘(Anisidine)가 측정

아니시딘가는 유지산화 결과 생성된 2-알케알(alkenal)이 초산이 있는 상태에서 아니시딘 시약과 반응하여 황색 화합물을 생성하는 반응으로 350nm에서의 흡광도에서 측정하여 정량한 카보닐가와 함께 2차 산화생성물이 많이 존재하는 튀김유의 산패정도를 판정하는 방법으로 잘 알려져 있다.

6. AOM(active oxygen method)법

가속된 자동산화과정을 유지에 유발시켜서 단축된 유도기간을 측정, 비교하는 방법이다. 산패의 발생 또는 유도기간의 결정은 시료유지의 과산화물가의 변화를 측정함으로써 이 방법에 의해서 측정한다.

이 방법은 유지시료를 97.8±0.2℃의 온도에 유지하면서 2.33ml/sec의 속도로 공기를 시료속에 주입하면서 자동산화를 촉진시킨다. 보통 유지의 경우 산패가 발생되는 데 소요되는 기간, 즉 유도기간은 10시간 내외가 된다.

유지의 산패 정도를 측정하는 방법은 이 밖에도 토톡스값, 자외선 분광법, 요오드가, 극성 물질의 함량, 산소 흡수량 등으로 많은 방법으로 측정이 가능하다.

Chapter 08

무기질

무기질(Minerals)은 생물체를 구성하고 있는 성분으로, 식품의 탄수화물, 지질, 단백질을 구성하고 있는 C, H, O, N을 제외한 칼슘(Ca), 마그네슘(Mg), 인(P), 칼륨(K), 나트륨(Na), 황(S), 염소(Cl), 철(Fe), 구리(Cu), 요오드(I), 망간(Mn), 코발트(Co), 아연(Zn) 등을 무기성분이라 한다.

무기질은 식품을 태운 후에 남은 부분으로 회분(ash)이라고도 한다.

무기질은 1일 필요량에 따라 다량 무기질과 미량 무기질로 나누는데 인체에 다량 존재하며 하루 100mg 이상 필요한 무기질을 다량 무기질이라고 한다.

다량 무기질에는 칼슘, 칼륨, 나트륨, 염소, 인, 마그네슘, 황 등이 속한다.

인체에 소량 존재하며 하루 10mg 정도 필요한 무기질을 미량 무기질이라고 한다. 철, 아연, 구리, 요오드, 망간, 코발트, 플루오르, 셀레늄, 몰리브덴 등이 미량 무기질에 속한다.

식품 중의 무기질은 대부분 무기염의 형태로 존재하나 단백질, 혈색소, 효소, 엽록소 등 유기화합물의 구성성분으로도 존재한다.

제1절 무기질의 기능

1. 조절작용

무기질은 생체 내에서 pH 및 삼투압을 조절하여 생체 내의 물리·화학적 작용을 정상적으로 유지하는데 큰 역할을 한다.

혈액의 pH가 항상 7.3~7.5로 일정하게 유지되는 것은 혈액 중의 단백질 및 무기질이 완충작용(buffer action)을 하여 산과 알칼리의 평형이 유지되기 때문이다. 이러한 완충작용을 하는 무기질 이온으로는 Na^+, K^+, CO_3^{2-}, PO_4^{3-} 등이 있다. 또한 무기질은 체액에 용해성을 주기도 하며 근육 및 신경조직을 자극하여 감수성과 탄성을 주고 이것을 흥분시키거나 진정시키기도 한다.

2. 구성성분

무기질은 식품 및 인체의 중요한 구성성분이 된다. 칼슘은 뼈와 치아의 구성성분이 되는 동시에 이들을 단단하게 한다. 또한 인은 유기화합물과 결합하여 핵단백질 및 인지질의 구성성분이 되며 ATP의 구성분으로 생물의 대사에 관여한다.
황은 머리털, 손톱, 피부의 구성성분이고, 혈액에는 철, 구리, 나트륨, 인, 염소 등의 무기질이 함유되어 있다.

3. 촉매기능

무기질은 효소와 관련이 있어 생물계 내의 여러 반응에 촉매적 역할을 담당하고 있다. 즉 철, 구리, 아연, 요오드, 황, 인, 몰리브덴 등은 효소의 구성성분이 되고, Mg^{2+}, Mn^{2+}, Ca^{2+} 등의 무기이온은 대사에 관여하는 여러 가지 효소를 활성화시켜 준다.

제2절 식품 중의 주요 무기질

1. 칼슘(calcium, Ca)

칼슘은 뼈와 치아의 형성, 신경 흥분 억제, 효소의 활성화, 근육수축 등에 중요한 역할을 한다. 성인의 칼슘 함량은 약 1Kg으로서 그의 99%는 뼈와 치아에 $Ca_3(PO_4)_2$, $CaCO_3$의 형태로 존재하고 나머지는 혈액과 근육 중에 분포되어 있다.
칼슘의 흡수는 식품 속에 있는 다른 성분의 영향을 받게 되므로, 흡수율은 식품의 종류에 따라 큰 차이가 있다. 일반적으로 동물성 식품의 칼슘은 식물성 식품보다 흡수가 잘 되며 보통 식사에서의 흡수율은 30~40% 정도이다.
곡류와 콩류에 함유되어 있는 피트산(phytic acid)은 칼슘과 불용성의 염을 생성하므로 칼슘의 흡수율을 낮추고, 채소와 과일에 들어 있는 칼슘은 불용성인 수산염류로 있는 경우가 많아 칼슘의 흡수율이 낮다.
또한 식품 속의 칼슘과 인의 비율도 흡수율에 영향을 미치는데, 칼슘이 적고 인이 많은 식품을 먹으면 칼슘은 과잉의 인과 더불어 배설되고, 칼슘이 많고 인이 적은 식품을 먹으면 유사한 현상으로 칼슘과 더불어 인이 배설된다.
그러나 비타민 D, 단백질, 유당이 있으면 칼슘의 흡수가 좋아진다.
칼슘의 주된 공급원은 우유 및 유제품, 육류, 생선, 과일, 채소, 곡류, 두부, 계란 등이다.

[표 8-1] 식품 중의 칼슘 함량 (단위:mg/100g)

식품	함량	식품	함량
백미(일반형)	4	쇠고기(등심)	22
통밀(알곡)	24	달걀(전란)	43
통보리(알곡)	43	가다랭이(생 것)	15
감자	3	가오리(나비가오리)	882
고구마	24	고등어(생 것)	26
강낭콩(마른 것)	99	다랑어(생 것)	11
녹두(마른 것)	100	미꾸리(생 것)	736
흑태	220	큰멸치(자건품)	1,905
들깨	750	뱅어포	982
참깨(마른 것)	1,060	마른 김	325
산딸기	21	다시마(마른 것)	708
무화과(마른 것)	171	미역(마른 것)	959
쑥(생 것)	230	탈지분유	1,250
쑥갓(생 것)	38	전지분유	880
두부	126	우유	105
돼지고기(갈비, 생 것)	12	가공치즈	503

(자료: 식품성분표, 농촌진흥청 농촌자원개발연구소, 2007)

2. 칼륨(potassium, K)

칼륨은 나트륨과 같이 체액의 산·알칼리 평형과 세포의 삼투압을 조절하며, 근육의 수축과 신경의 자극전달에 관여한다. 칼륨은 주로 세포내액 중에 KCl, K_2PO_4, K_2CO_3, $KHCO_3$의 형태로 존재하며 세포내액의 칼륨 농도는 세포외액보다 2.5배 정도 높다. 포도당 대사가 왕성하면 세포 안으로의 칼륨의 침투가 촉진되어 해당반응이 촉진된다. 해당반응에서 작용하는 ATP pyruvate transphosphorylase, fructokinase, acethyl CoA kinase 등의 효소가 활성화되어 반응이 촉진된다.

칼륨은 동물성 식품보다 식물성 식품에 더 많이 함유되어 있으며, 시금치, 양배추, 감자 등의 채소와 과일은 칼륨의 중요한 공급원이다.

[표 8-2] **식품 중의 칼륨 함유량** (mg/100g)

식품	함량	식품	함량
감자	485	사과(부사)	95
통밀(알곡)	780	밀감(조생)	173
백미(일반미)	173	쇠고기(등심)	415
토마토	178	우유	148
시금치	502	달걀	143
양배추	205	가공치즈	82

(자료: 식품성분표, 농촌진흥청 농촌자원개발연구소, 2007)

3. 인(phsphorous, P)

인은 체액의 완충작용 및 조효소와 중간대사산물의 구성성분으로 생화학 반응에 관여한다. 인은 칼슘과 결합하여 뼈와 치아를 형성한다. 또한 인은 DNA와 RNA를 구성하는 성분이며, 핵산, 인지질, 인단백질 등의 구성성분으로 조직내에 널리 분포하고 있다. 식품에 함유된 인은 유기태로 많이 존재하며 특히 phytin태의 형태로 많이 존재하지만 흡수율은 낮다. 무기태 중 orthophosphoric acid는 체내에서 이용되기 쉬우나 pyrophosphoric acid, metaphosphoric acid, polyphosphoric acid 등은 체내에서 이용되기 어렵다. 식품 중의 인 이용률은 30~40% 정도이나 일반식품에 풍부하게 함유되어 있어 정상적인 식사를 할 경우 인의 부족증은 거의 일어나지 않는다.

[표 8-3] **식품 중의 인 함량** (단위 : mg/100g)

식품	함량	식품	함량
통밀(알곡)	290	시금치	29
중력밀가루	78	느타리버섯	54
백미(일반형)	140	사과(부사)	8
감자	63	돼지고기(등심)	196
고구마	54	쇠고기(등심)	172
강남콩	97	달걀	162
녹두	335	난황	530
잣	560	고등어	232
참깨(말린 것)	546	미역(마른 것)	307
호두	332	우유	89
마늘	164	탈지분유	1,014
오이	77	가공치즈	844

(자료: 식품성분표, 농촌진흥청 농촌자원개발연구소, 2007)

4. 나트륨(sodium, Na)

나트륨은 칼륨과 함께 체액과 조직 사이의 삼투압을 조절하여 체내의 수분평형을 유지하고 체액의 산・알카리 평형을 조절하는데 관여한다. 나트륨은 근육의 수축작용과 신경의 흥분 억제작용에 관여하며, 해당반응에 관여하는 효소의 작용을 저해한다. 나트륨은 세포외액에 NaCl, Na_2HPO_4, Na_2CO_3, $NaHCO_3$의 형태로 존재한다. 어패류 및 해조류 등의 나트륨 함량은 높으며 햄, 소시지, 베이컨과 같은 육류 가공품도 나트륨 함량이 높다. 그 외 식품첨가물인 MSG, 핵산계 조미료, 발색제, 표백제, 폴리인산 나트륨 등에도 나트륨이 함유되어 있다.

[표 8-4] 식품 중의 나트륨 함량 (mg/100g)

식품	함량	식품	함량
백미(일반미)	66	쇠고기(등심)	442
통밀(알곡)	20	달걀	152
강남콩	5	고등어	75
흑태	2	대구	119
배추	32	굴	232
시금치	54	멸치(자건품)	878
단감	13	김	1,294
복숭아(백토)	2	우유	55
닭고기	66	탈지분유	528
돼지고기(등심)	34	가공치즈	1,134

(자료: 식품성분표, 농촌진흥청 농촌자원개발연구소, 2007)

5. 염소(chlorine, Cl)

염소는 소금(NaCl)의 구성성분으로 음이온을 띠고 있으며 세포외에 존재하고 나트륨처럼 빨리 흡수된다. 체내의 삼투압 조절에 관여하고 위액의 산성을 유지시켜 준다. 염소를 과잉으로 섭취할 경우에는 소변으로 배설된다. 염소의 섭취는 주로 소금의 섭취에 기인한다.

6. 황(sulfur, S)

황은 methionine, cysteine, cystine 등의 함황아미노산 및 단백질의 구성성분이며, 황산콘드로이틴(chondroitin sulfate), 담즙산, vitamin B_1, lipoic acid, biotin에도 들어있다.

황은 -SH로 대사에 중요한 역할을 하며 효소의 활성화에 관여한다. 또한 항독소 작용을 하며 혈액응고제를 형성하는데 필요하다. 파, 겨자, 마늘에 많이 함유되어 있으며 결핍증상은 잘 일어나지 않는다.

7. 마그네슘(magnesium, Mg)

마그네슘은 약 70%가 $Mg_3(PO_4)_2$의 형태로 골격에 존재하며, 나머지는 근육, 체액, 혈액에 존재한다.

마그네슘은 칼슘, 나트륨과 같이 신경의 흥분을 억제하고, 당질대사와 관련된 효소의 작용을 촉진시키는 작용이 있다.

마그네슘과 칼슘의 대사는 길항작용이 있어서 마그네슘의 다량 섭취시 칼슘의 배설도 많아진다.

마그네슘은 일반 식품 중에 많이 함유되어 있으며 녹색채소에 특히 많이 함유되어 있다.

[표 8-5] 식품 중의 마그네슘 함량 (단위 : mg/100g)

식품	함량	식품	함량
밀(알곡)	80	사과	5
백미	18	닭고기	22
현미	110	돼지고기(등심)	22
감자	30	쇠고기(등심)	22
고구마	19	달걀	10
토란	33	꽁치	28
강낭콩	150	대구	24
대두	23	김(마른 것)	298
참깨	370	파래(마른 것)	3,200
호두	158	탈지분유	110
미나리	24	우유	7
시금치	87	가공치즈	19
바나나	24	요구르트	5

(자료: 식품성분표, 농촌진흥청 농촌자원개발연구소, 2007)

제3절 미량 원소

1. 철(iron, Fe)

철은 식품에서 여러 가지 형태로 존재하며 형태에 따라 흡수율이 다르다. 일반적으로 유기태의 철은 소화 흡수가 어려우며, Fe^{2+}는 Fe^{3+}보다 흡수가 잘 된다. 식품에 함유된 인산이나 피트산(phytic acid)은 철과 불용성 화합물을 만들어 철의 흡수를 방해한다. 따라서 인산이나 피트산이 많이 함유된 식품의 철은 체내 이용률이 낮아진다.

철의 하루 필요량은 성인이 10mg 정도이지만 사춘기에는 40mg, 임산부는 45mg이 필요하다. 철의 70%는 혈액 중의 헤모글로빈(hemoglobin)에 들어있고, 10%는 근육 중의 미오글로빈(myoglobin)과 철을 함유하는 효소(cytochrome, catalase, peroxidase)에 들어있으며, 20%는 ferritin(철을 갖는 단백질의 일종)으로서 간, 비장, 골수 중에 저장되어 있다.

철은 동물성 식품에 많이 분포되어 있고 특히 해조류와 조개류에 많이 함유되어 있다. 식품 중의 철 함량은 표 8-6과 같다.

[표 8-6] 식품 중의 철 함량 (mg/100g)

식품	함량	식품	함량
통밀(알곡)	5.2	사과(부사)	0.3
백미(일반형)	0.4	닭고기	0.9
호밀(알곡)	6.4	돼지고기(등심)	0.8
참깨	10.4	쇠고기(등심)	4.6
강낭콩	3.7	소간	8.0
흑태	7.7	큰멸치(자건품)	16.2
호두	2.2	우유	0.1
시금치	2.6	탈지분유	0.4
양송이	1.5	가공치즈	0.3

(자료: 식품성분표, 농촌진흥청 농촌자원개발연구소, 2007)

2. 요오드(iodine, I)

요오드는 갑상선 호르몬인 thyroxine에 대부분 존재하며 triiodinethyroxine과 무기염, iodinethyroxine, 요오드 단백질 등에도 존재한다. 식품에 요오드가 부족하면 갑상선 비대증(goiter)이 나타난다. 겨자, 갓, 양배추는 갑상선을 비대시키는 물질(5-vinyl-2-thio-oxazolidone)을 미량 함유하고 있으며, 요오드를 섭취하면 갑상선 비대를 방지할 수 있다. 요오드는 해조류에 다량 함유되어 있으며 무, 당근, 상추, 토마토 등에도 많이 함유되어 있다.

[표 8-7] 식품 중의 요오드 함량 (단위 : μg/100g)

식품	함량	식품	함량
통밀(알곡)	1.4	청어	52.0
당근	7.0	김(마른 것)	3,800
토마토	1.7	미역(마른 것)	11,600
고등어	86.9	우유	23.5

(자료: 식품성분표, 농촌진흥청 농촌자원개발연구소, 2007)

3. 구리(copper, Cu)

구리는 헤모글로빈의 합성을 촉진하고 철의 흡수와 운반에 관여한다. 인체내에서 구리는 간에 2mg%로 가장 많이 함유되어 있으며, 혈액 속에는 0.05~0.25mg% 있다. 구리는 간, 조개류, 채소류, 달걀, 콩류, 어육 등 여러 가지 식품에 많이 들어 있으며, 구리가 부족하면 저혈색소성 빈혈이 일어날 수 있다. 우유와 야채, 과일에 함유된 구리는 비타민 C를 파괴한다.

[표 8-8] 식품 중의 구리 함량 (단위 : μg/100g)

식품	함량	식품	함량
통밀(알곡)	0.35	돼지고기(등심)	0.04
백미	0.23	쇠고기(등심)	0.10
강남콩	0.75	쇠고기(간)	14.70
대두	1.01	고등어	0.11
시금치	0.15	굴	0.89
달걀	0.06	김(마른 것)	0.65

(자료: 식품성분표, 농촌진흥청 농촌자원개발연구소, 2007)

4. 불소(fluorine, F)

불소는 뼈와 치아에 대부분 존재하며 갑상선, 피부에도 미량 존재한다. 불소는 치아의 건강과 관계가 있는데 불소는 치아의 법랑질을 단단하게 하여 충치의 발생을 적게 한다. 1ppm 정도의 불소를 함유한 음료수를 마시면 치아 건강에 좋으나 불소가 1.5ppm 이상이 되면 치아에 반점이 생긴다. 불소는 해조류와 어류에 많이 함유되어 있다.

5. 아연(zinc, Zn)

아연은 췌장 호르몬인 인슐린과 carbonic anhydrase의 구성성분이다. 아연은 굴, 간, 육류에 많이 함유되어 있고 콩류, 곡류 등에도 함유되어 있어 부족한 경우는 거의 없다. 아연의 부족시 발육장애와 탈모증상이 유발된다.

[표 8-9] 식품 중의 아연 함량 (단위 : mg/100g)

식품	함량	식품	함량
통밀(알곡)	2.6	쇠고기(등심)	5.7
백미	1.7	쇠고기(간)	5.4
토란	0.2	달걀	1.3
강낭콩	2.5	꽁치	0.8
대두	6.5	굴	13.2
시금치	0.6	김	4.5
죽순	1.3	우유	0.4

(자료: 식품성분표, 농촌진흥청 농촌자원개발연구소, 2007)

제4절 알칼리성 식품과 산성 식품

음식물을 섭취하면 소화·흡수되어 그 중 일부는 체내에 저장되고, 대부분은 CO_2, H_2O, 요소로 되어 배설되며, 나머지 무기부분은 염류로 되어 소변으로 배설된다. 이 때 음식물의 무기물의 종류에 따라 혈액과 소변은 알칼리성이나 산성으로 된다.

식품에 존재하는 무기질은 알칼리 생성원소와 산 생성원소로 나눌 수 있다. 칼슘(Ca), 나트륨(Na), 칼륨(K), 마그네슘(Mg), 철(Fe), 구리(Cu), 망간(Mn), 코발트(Co), 아연(Zn) 등은 물에 녹아 알칼리성의 수화물을 형성하고, 또한 해리되어 양이온이 되므로 알칼리 생성원소라 한다.

식품에 함유된 알칼리 생성원소와 산 생성원소를 가지는 비율에 따라 알칼리성 식품(alkali forming food)과 산성 식품(acid forming food)으로 나눈다.

당질, 지질, 단백질은 생체내에서 완전 분해되면 H_2O와 CO_2가 생성되어 탄산(H_2CO_3)으로 존재하므로 산성 물질이다. 당질, 지질, 단백질 등이 불완전 연소되면 아세트산(CH_3COOH), 피루브산($CH_3COCOOH$), 젖산($CH_3CHOHCOOH$)과 같은 산성 물질이 생성되며, 지방질은 불완전 연소되면 케톤(ketone)체의 산성 물질을 생성한다.

단백질에 함유된 황과 인은 연소되어 황산과 인산을 생성한다. 따라서 곡류, 육류, 어류, 달걀, 콩류 등과 같이 당질, 지방질, 단백질을 많이 함유한 식품은 산성 식품이다.

해조류, 과실류, 야채류는 칼슘, 철, 마그네슘, 나트륨, 칼륨 등의 무기염류를 많이 가지고 있으므로 알칼리성 식품에 속한다.

과실은 유기산을 함유하고 있어 신맛을 가지고 있지만 유기산은 체내에서 대사된 후 CO_2와 H_2O로 분해되며 함유된 무기질이 알칼리 생성원소이기 때문에 알칼리성 식품에 속한다.

식품의 산성 및 알칼리성의 정도를 각각 산도(acidity) 및 알칼리도(alkalinity)라 하며 이것은 식품 100g을 연소시켜 얻은 회분의 수용액을 중화하는데 소비되는 0.1 N HCl 또는 0.1 N NaOH의 ml수로 나타낸다.

[표 8-10] 식품의 알칼리도 및 산도

알칼리성 식품	알칼리도	산성식품	산도
다시마	40	난황	19~20
미역	16	쇠고기	12~13
대두	9~10	달걀	10~20
고구마	6~10	육류	10~20
무우	6~10	오징어, 문어류	10~20
당근	9~15	굴	10
시금치	5~12	현미	9~14
감자	5~9	보리	10
양배추	5	조개류	10
오렌지	5	옥수수	5
토마토	3~5	치즈	4~5
난백	3~4	버터	4
양파	3~4	백미	3~5
우유	2	땅콩	3
사과	1~3	흰빵	2~3
귤	1~2	쌀밥	1

Chapter 09

비타민

비타민이란 적은 양으로도 동물의 영양과 생리작용을 조절하여 생명체가 적절한 기능을 수행하는데 매우 필요한 유기화합물이다. 인체내에서 합성되지는 않으므로 식품을 통하여 충분히 섭취하여야 한다. 비타민의 종류에 따라 섭취 허용량이 다른데 일반적으로 RDA(recommended dietary allowances) 값이 1μg(비타민 B_{12})에서 30-60mg(비타민 C) 정도로 보고 되고 있다.

비타민은 소량으로도 성장을 촉진하고 신체의 다양한 기능을 유지하고 촉진하는 역할을 하며 그리고 체내 대사조절 기능과 외부 질병에 대한 면역 기능을 수행하는 등 인체에 매우 중요한 식품 성분이라고 할 수 있다

비타민은 일반적으로 크게 용해 특성에 따라 지용성(fat soluble) 비타민과 수용성(water soluble) 비타민으로 나누어지며 현재까지 약 20여종의 비타민이 알려져 있다. 또한 비타민은 식품 가공 및 저장 과정 중에서 구조가 파괴될 가능성이 높으므로 비타민의 원래 기능을 식품을 통하여 소비자에게 전달하기 위해서는 세심한 주위가 요구된다.

[표 9-1] 수용성 비타민과 지용성 비타민의 성질 비교

성질	수용성 비타민	지용성 비타민
용해성	물에 용해	기름과 유기용매에 용해
전구체	없다	있다
결핍증세	빠르게 나타난다	서서히 나타난다
과잉증세	과잉섭취시 비교적 독성이 약하다	과잉섭취시 독성이 강하다
필요량섭취	매일 필요량을 섭취한다	매일 필요량을 받드시 섭취할 필요가 없다

제1절 지용성 비타민

지용성 비타민에는 비타민 A, D, E, K, F 가 있으며, 자연에 존재하는 지용성 비타민은 지방성 식품(버터, 크림, 식물성 기름이나 유지)과 혼합하여 존재한다. 이러한 지용성 비타민은 다음과 같은 성질을 가지고 있다.

① 지용성 비타민류는 수용성 비타민인 비타민 B군 보다는 열에 강한 안정성을 보이고 있으며 따라서 요리나 가열 공정을 수반하는 식품의 대량 생산 과정에 적합하다.
② 지용성 비타민은 지방과 함께 체내로 흡수되며 따라서 지방 섭취 부족은 지용성 비타민의 결핍을 초래하게 된다.
③ 물에 용해되지 않기 때문에 지용성 비타민은 소변으로 배설되지 못하고 체내에 특히 간에 잘 축적되는 경향이 있으며 지나치게 과다하게 섭취하면 체내에 부정적인 효과를 줄 수 있다.

[표 9-2] 지용성 비타민의 화학 명칭 및 체내에서의 역할

상업 명칭	화학 구조	특징 및 역할
비타민 A	retinol	발육을 촉진하고 눈의 상피 세포에 영양분을 공급하여 시력에 관여함. 부족시에는 야맹증을 유발함
비타민 D	sterol 유도체	성장을 촉진하고 뼈를 미네랄화시키며 칼슘의 흡수를 촉진한다. 부족시에는 골연화 및 구루병 유발함
비타민 E	tocopherol	천연 항산화제로서 역할을 수행하여 노화 방지 기능이 있으며 부족시에는 빈혈이나 불임증을 유발함
비타민 K	phytomenadione	혈액 응고에 관여하며 부족시에는 출혈시 응고가 지연되는 문제가 발생됨
비타민 F	불포화 지방산	불포화지방산으로서 성장을 촉진하는 역할을 하며 부족시에는 피부염증 등을 유발함

1. 비타민 A

비타민 A의 구조는 아래와 같은 모양을 취하고 있으며 retinol 이라고도 부른다. 주로 김, 당근, 시금치, 치즈, 소나 돼지의 간 등에 provitamine 일종인carotenoid 형태로 존재하고 있으며 체내에서 비타민 A로 전환된다.

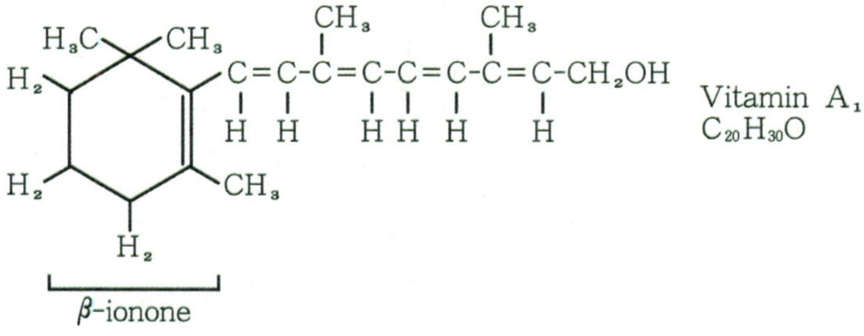

〈그림 9-1〉 비타민 A의 화학적 구조

Carotenoid는 붉은색이나 노란색을 띠는 물에는 녹지 않고 지방 또는 지방성 용매에 잘 녹는 구조가 서로 유사한 색소를 총칭하여 부른다. 명칭은 당근(carotene)에서 유래한다. 구조상 탄소와 수소로 이루어진 카로티노이드를 카로틴이라 하며, 구조가 탄소, 수소, 그리 수산기로 이루어진 물질을 잔소필이라고 부른다.

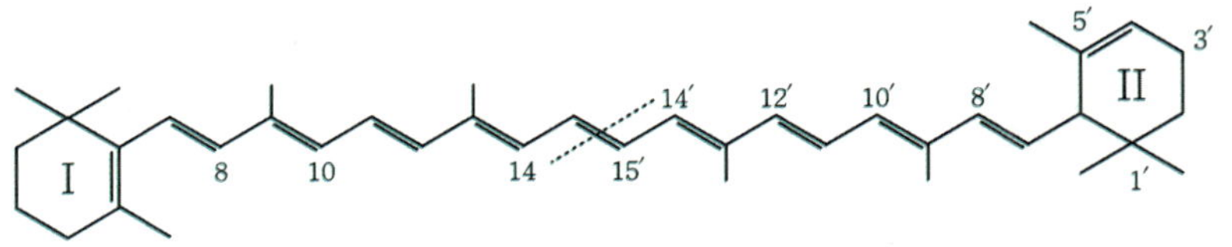

α-카로틴

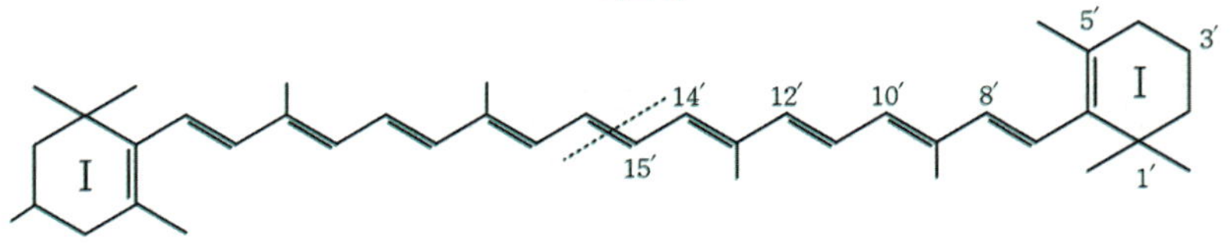

β-카로틴

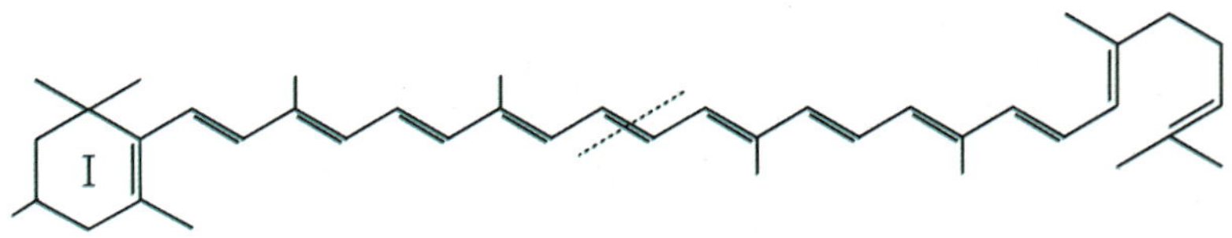

γ-카로틴

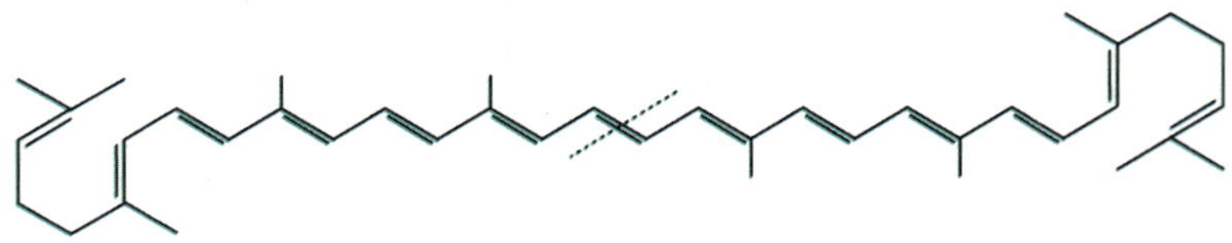

라이코펜(lycopene)

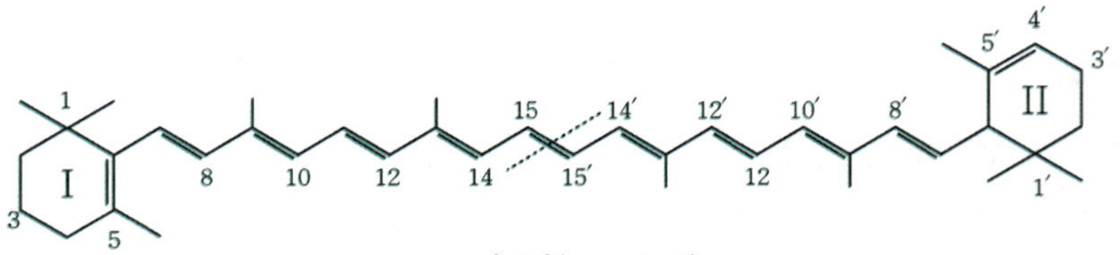

α-카로틴(α-carotene)

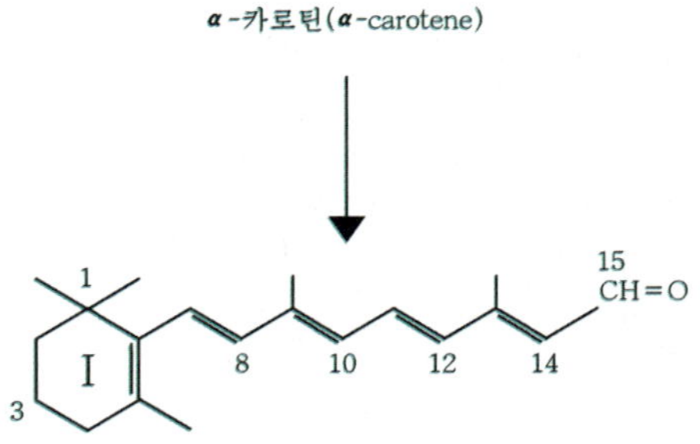

비타민A_1, 알데하이드, 즉 레티날(retinal)

〈그림 9-2〉 카로틴의 체내에서의 비타민 A로의 전환 과정

1) carotene에 따른 비타민 A 활성도

뛰어난 색소 물질 기능 뿐만 아니라 비타민 A로의 전환 능력이 뛰어나다. 베타 카로틴은 체내에서 비타민 A 두 분자로 전환되고, 알파 카로틴은 체내에서 비타민 A 한 분자로 전환된다.

2) 안정성

비타민은 일반적으로 외부 환경 조건에 매우 민감하게 반응하는 특성을 가지고 있어서 비타민의 저장 중 열, 산/염기, 수분 그리고 빛에 대한 안전성을 파악하는 것이 필요하다.

비타민 A의 외부 조건에 대한 안전성 및 특징은 표 9-3과 같다.

[표 9-3] 비타민 A의 외부 조건에 대한 안정성 및 특징

외부 요인	안정/불안정	특징
열	불안정	isomerization 과정을 거쳐서 비타민 활성을 상실함
산	불안정	산을 만나면 활성을 상실함
알칼리	안정	식품에서 알칼리 조건을 만날 가능성은 적음
수분	비용해성	지용성 비타민으로서 물에 녹지 않음
빛	불안정	특히 자외선에 민감하여 활성을 상실함

2. 비타민 D

인체내에서 뼈를 강화시키는 역할을 하는 것으로 알려지고 있는 비타민 D는 식품속에서는 provitamine인 ergosterol(sterol 유도체)로 존재하고 있으며 체내에 흡수되어 자외선을 받으면 비타민 D가 형성되는 것으로 알려지고 있다.

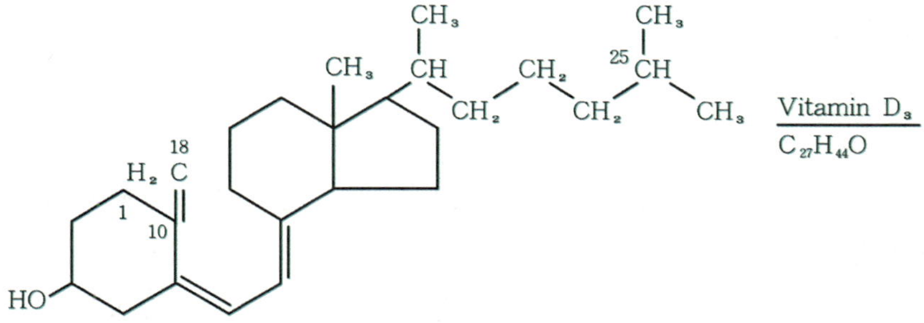

〈그림 9-3〉 비타민 D의 화학적 구조

1) 아이는 밖에서 뛰어놀아야 한다.

비타민 D 전구체는 자외선이 적당하게 조사되어야 체내에서 비타민 D로 전환될 수 있다. 따라서 성장기에 어린이들이 비타민 따라서 비타민 D의 전구체를 식품을 통하여 충분하게 섭취한다고 할지라도 충분한 야외 활동을 하지 않을 경우는 뼈와 골격 구조의 약화를 초래 할 수 있으므로 어린이의 야외 활동은 비타민 D의 생성을 위해서 매우 중요하다고 할 수 있다.

2) 안정성

비타민 D의 외부 조건에 대한 안전성 및 특징은 표 9-4와 같다. 비타민 D는 A에 비하여 열에 대한 저항성이 강하여 식품 가공 후에도 활성을 안정적으로 유지할 수 있고 산성 조건에도 안정하여 식품 저장 기간 동안 고유의 활성을 유지할 수 있다. 그러나 지나친 자외선에의 지속적인 노출은 비타민 D의 활성을 약화시킬 수 있다.

[표 9-4] 비타민 D의 외부 조건에 대한 안정성 및 특징

외부 요인	안정/불안정	특징
열	안정	가열시에도 교유한 비타민 활성을 대체로 유지함
산	안정	산성 조건에서 내성이 있어서 활성을 유지함
알칼리	안정	알칼리 조건에서도 활성을 유지함
수분	비용해성	지용성 비타민으로서 물에 녹지 않음
빛	불안정	provitamin이 vitamin D로 전환된 뒤에는 빛에 지나치게 노출되면 활성을 상실하는 경우가 있음

비타민 D는 칼슘과 인의 흡수를 촉진시켜 뼈를 강화시키는 중요한 역할을 하고 있으며 부족시에는 골 밀도 감소를 통한 골절을 많이 발생시킬 수 있으면 구루병으로 이르게 할 수 있어서 유아기 청소년기는 물론이고 노년기에도 충분한 섭취가 필요한 비타민이라고 할 수 있다. 비타민 D는 주로 버섯, 채소류, 버터, 우유 그리고 계란 등에 함유되어 있다.

3. 비타민 E

토코페롤이라는 명칭으로 더 많이 알려진 비타민 E는 공명 구조와 육각링 구조에 OH 그룹을 가지고 있다. 이런 구조는 항산화제 역할을 하는 물질들의 기본 골격 구조와 유사하며 이런 구조적 특징은 비타민 E의 항산화제 역할을 가능하게 하고 있다. 비타민 E는 노화 방지 기능이 있으며 부족시에는 불임의 원인이 된다. 식품 중에는 곡류,

계란, 버터, 땅콩, 밀배아유, 땅콩기름 그리고 콩기름 등에 존재한다.

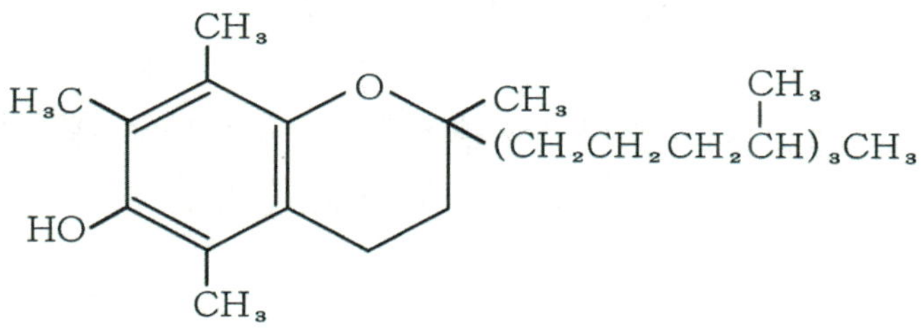

$C_{29}H_{50}O$

〈그림 9-4〉 비타민 E의 화학적 구조

1) 비타민 E의 종류

비타민 E는 기본 골격 구조의 R group에 치환되어 수소와 메틸 그룹에 따라 표 9-5와 같이 보통 4가지로 나누어진다.

종류에 따라서 활성도가 다른 것으로 보고되고 있는데 비타민 E로서의 생물학적인 활성도는 α-tocopherol〉 β-tocopherol〉 γ-tocopherol〉 δ-tocopherol 순으로 일반적으로 알려지고 있다.

[표 9-5] 비타민 E의 종류

R_1	R_2	명칭
CH_3	CH_3	α-tocopherol
H	CH_3	β-tocopherol
CH_3	H	γ-tocopherol
H	H	δ-tocopherol

2) 안정성

[표 9-6] 비타민 E의 외부 조건에 대한 안정성 및 특징

외부 요인	안정/불안정	특징
열	불안정	가열시 활성을 잃게 되면 저온 저장이 필수적임
산	안정	식품의 산성 조건에서도 비타민의 활성 유지함
알칼리	불안정	알칼리 조건에서는 불안정함
수분	비용해성	지용성 비타민으로서 물에 녹지 않음
빛	불안정	자외선에 노출 시 활성을 급격하게 상실함

비타민 E의 외부 조건에 대한 안전성 및 특징은 표 9-6과 같다. 비타민 E는 열과 자외선에 의한 노출시 비타민의 고유한 활성을 상실하는 경우가 많으므로 선선하고 그늘진 곳에 저장하는 것이 필요하다.
또한 자외선 차단성이 뛰어난 알루미늄 포장재를 사용하여 포장하거나 단열재를 사용하여 포장하는 것도 비타민 E의 활성을 장기간 유지하는 방법이다.

4. 비타민 K

혈액 응고(koagulation)에 관여한다고 하여 K라 불린다. 비타민 K는 주로 소나 돼지의간, 계란, 양배추, 시금치 그리고 토마토 등에 많이 존재하고 있으면 부족시에는 혈액의 응고가 지연되거나 신장염 또는 체내 출혈 등을 유발 할 수 있다.

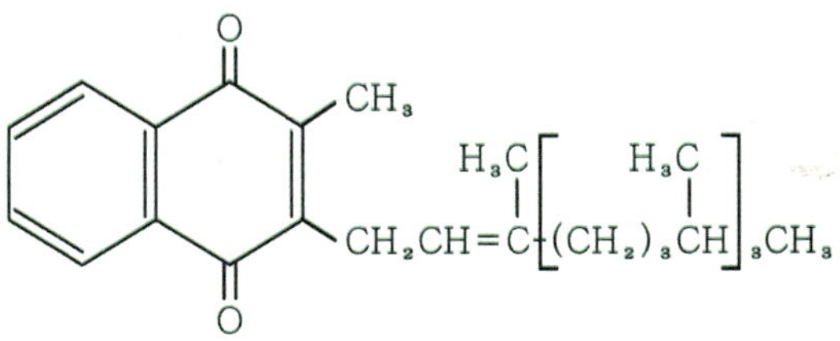

$C_{31}H_{46}O_2$

〈그림 9-5〉 비타민 K의 화학적 구조

1)다양한 식품 섭취의 중요성

비타민 K에 대한 연구가 아직은 부족하지만 혈액 응고 기작에 관여하는 혈액중의 prothrombin의 양을 정상적으로 유지하는데 큰 역할을 할 뿐만 아니라 신장염 그리고 체내 출혈을 억제하는데도 기여를 하는 것으로 알려지고 있다.
그리고 이러한 다양하고 중요한 역할을 하는 것으로 알려지고 있는 비타민 K의 가장 중요한 공급원은 주로 녹황색 야채이다.
야채를 멀리하고 인스턴트 식품을 선호하는 식습관을 가지고 있는 사람은 야채를 포함하는 다양한 식품을 섭취하는 노력을 기울이는 것이 매우 중요하다는 것을 보여 주는 사례가 비타민 K라 생각된다.

2) 안정성

비타민 K의 외부 조건에 대한 안전성 및 특징은 표 9-7과 같다.
혈액 응고에 관여하는 비타민 K는 다른 지용성 비타민에 비하여 열에 안정한 편이나 산성 조건에서는 매우 불안정한 특징을 가지고 있다.

[표 9-7] **비타민 K의 외부 조건에 대한 안정성 및 특징**

외부 요인	안정/불안정	특징
열	안정	가열 처리 및 저장 조건에서도 안정
산	안정	식품의 산성 조건에서 매우 불안정
알칼리	불안정	알칼리 조건에서 불안정
수분	비용해성	지용성 비타민으로서 물에 녹지 않음
빛	불안정	빛 특히 자외선에 노출 시 활성을 급격하게 상실

5. 비타민 F

비타민 F는 지방산의 일종인 linoleic acid(C18:2△9,12) linolenic acid(C18:3△9,12,15) 그리고 arachidonic acid(C20:4△5,8,11,14)를 지칭한다. 불포화지방산의 일종인 이들 지방산들은 콩기름이나 옥수수 기름과 같은 식물성 기름에 많이 존재하고 있다. 이들 고도 불포화 지방산은 우리 인체의 성장에 꼭 필요한 성분으로 알려 지면서 넓은 의미에서 비타민에 포함시키는 경우가 늘어나고 있다.

비타민 F는 높은 불포화도로 인하여 빛이나 가열 과정을 통하여 산화되어 기능을 상실하고 이취를 유발 할 수 있으므로 저온에서 자외선을 차단한 조건에서 저장하는 것이 원래의 기능 유지를 위해서 중요하다.

제2절 수용성 비타민

기름에 잘 녹지 않고 물에 비교적 잘 녹는 성질을 가지고 있는 비타민을 수용성 비타민으로 분류한다. 수용성 비타민에는 아래의 표에서 보듯이 비타민 B complex(B1, B2, B6, B12, nocotinoc acid, pantothenic acid, 엽산, biotin), 비타민 C, L 그리고 P가 있다.

[표 9-8] **수용성 비타민의 화학 명칭 및 체내에서의 역할**

상업 명칭	화학 구조	특징 및 역할
비타민 C	ascorbic acid	연골, 뼈 그리고 치골 등의 유지에 관여/콜라겐의 합성에 중요한 역할을 하며 부족시에는 괴혈병 (피부노화, 잇몸이나 상피 세포의 출혈을 유발)을 초래

비타민 B_1	thiamine	조효소로서 탄수화물 대사에 중요한 역할을 하며 부족시에는 피로감, 무기력감 그리고 영양실조 증상의 일종인 각기병 유발
비타민 B_2	riboflavin	체내의 산화환원 반응에 관여하며 (ATP합성) flavoprotein(황색단백질)의 구성 성분이며 부족시에는 피부나 눈에 염증 또는 소화불량 초래함
Niacin	nicotinic acid	체내의 산화환원 반응에 관여하는 조효소 (NAD, NADP)의 구성 성분으로서 부족시에는 피부, 구강그리고 혀에 염증 유발 (Pellagra)
비타민 B_6	pyridoxine	탄수화물이나 아미노산 대사에 관여하는 조효소의 성분으로서 부족시에는 과민 증상이나 피부염 그리고 경련 등을 유발
Pantothenic acid	pantothenic acid	에너지 대사에 중요한 역할을 하는 coenzyme A의 성분으로서 부족하면 피부염이나 수면 부족 그리고 피로감을 느낌
Biotin	biotin	지방 합성과 아미노 산 대사에 관여하며 부족시에는 피로감, 우울함 그리고 근육통 등을 느낌
Folacin	folic acid	조효소로서 핵산과 아미노산 대사에 관여하며 부족시에는 빈혈이나 설사를 유발함
비타민 B_{12}	cyanocobalamine	핵산 대사에 관여하는 조효소로서 작용하며 부족시에는 악성 빈혈이나 신경 장애를 유발함

1. 비타민 C

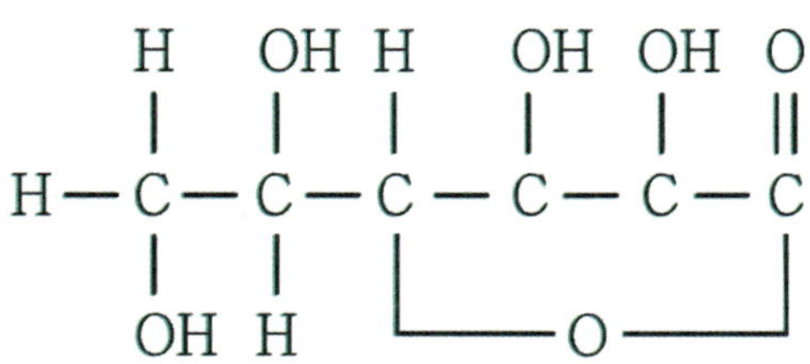

Ascorbic Acid, $C_6H_8O_6$

〈그림 9-6〉 비타민 C의 화학적 구조

비타민 C는 동물성 식품이나 곡류에는 거의 없으며 감귤류나 토마토 그리고 녹색 채소 등에 함유되어 있으며 화학 명칭은 L-ascorbic acid이다.

위 그림처럼 산화 과정을 거쳐서 dehydroascorbic acid로 변하는데 이럴 경우 비타민

C 활성은 L-ascorbic acid에 비하여 1/2 또는 1/3로 떨어지는 것으로 알려지고 있으며 수분을 흡수하여 2,3 diketogulonic acid로 구조가 변할 경우에는 비타민 C의 활성은 기대하기 어려운 것으로 알려지고 있다.

1) 비타민 C는 물을 싫어한다.

전체적으로 다른 비타민 그룹들과 비교해 보았을 때 비타민 C는 주변 환경에 매우 민감하게 반응하여 쉽게 비타민의 활성을 상실할 수 있다.

특히 앞에서 언급한 대로 건조 상태에서는 안정하나 수용액 상태에서는 불안정하여 쉽게 활성을 잃어버리게 된다.

따라서 비타민 C는 분말 가루나 알약 상태로 섭취하는 것이 음료 상태로 섭취하는 것 보다 비타민의 활성을 그대로 유지하는데 유리하다.

2) 안정성

비타민 C는 수용성임으로 조리시 용출로 많은 손실을 볼 수 있다. 또한 열에 약해서 가열시 약 50% 이상 파괴된다는 연구 결과도 있다.

이것은 가열시 열에 의한 직접적인 파괴보다는 가열과 동시에 산소나 산화 효소인 ascorbinase에 의한 산화 작용이 주된 원인으로 이해되고 있다.

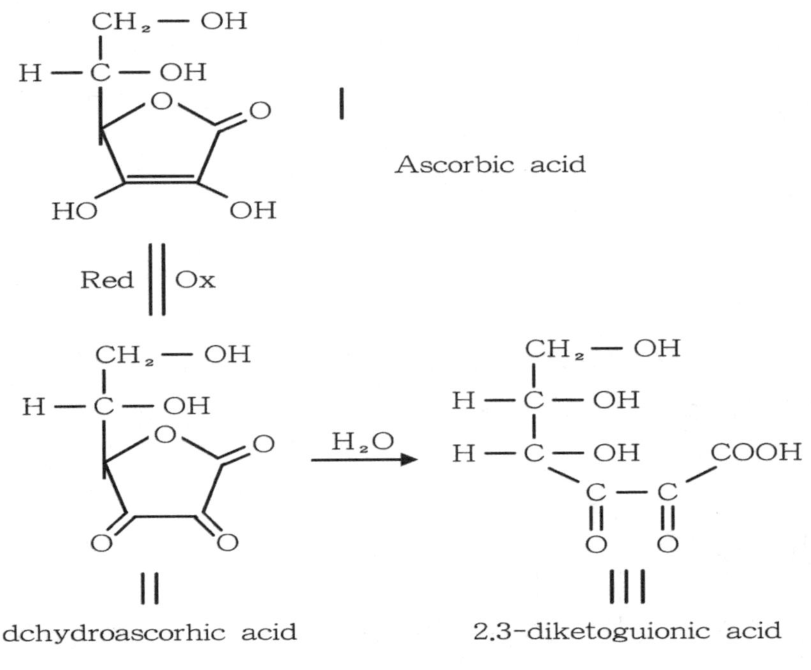

〈그림 9-7〉 비타민 C의 수용액에서의 안전성

이 효소는 보통 때에는 불활성화되어 있지만 야채류의 조직이 외부 충격이나 노화에 의하여 파괴되면 효소가 활성화되어 비타민 C 산화를 유발하며 비타민 활성을 감소시킨다.

비타민 C의 산화를 방지하기 위해서는 산소를 제거하거나 산화 효소를 제거하거나 활성을 없애주는 것이 필요하다.

그러나 식품 저장이나 가공 중에 산소를 제거한다는 것은 현실적으로 어려운 문제이고 효소 활성을 없애주는 것이 일반적이다.

산화 효소의 활성을 없애주기 위해서는 blanching이라는 방법을 사용하고 있다. 이 방법은 데치기라는 이름으로 불리기도 하는데 보통 야채류를 80℃ 이상의 고온에서 1-2 분간 순간 가열하여 효소를 변성시켜서 산화 효소 활성을 최소화 한다. 금속 이온이나 빛에 노출시에는 산화를 촉진하여 비타민의 활성을 상실하게 됨으로 비 타민 C 함유 식품의 포장에는 포장 재질 선택에 유의할 필요가 있다.

[표 9-9] 비타민 C의 외부 조건에 대한 안정성 및 특징

외부 요인	안정/불안정	특징
열	불안정	열에 매우 민감하여 가열 공정시 파괴될 수 있음
산	안정	산성 조건에서는 비교적 안정함
알칼리	불안정	알칼리 조건에서는 비교적 불안정함
수분	용해성	용해성이 좋으나 수분을 만나면 비타민 활성을 쉽게 상실할 수 있음
빛	불안정	빛에 민감하여 활성을 상실함

2. 비타민 B_1

비타민 B_1는 동물성 식품(돼지고기, 소고기, 생선류)이나 식물성 식품(감자나 녹황색야채) 그리고 곡류(쌀겨, 콩, 땅콩) 등에 골고루 존재하고 있으며 화학 명칭은 thiamin이다.

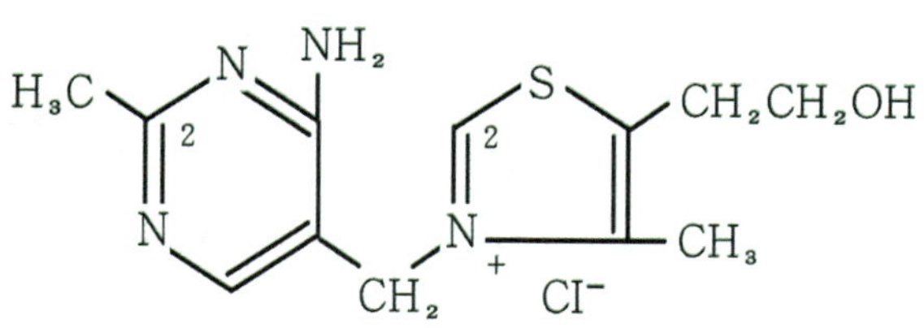

$C_2H_{17}N_4OSCl \cdot HCl$

〈그림 9-8〉 비타민 B_1의 화학적 구조

1) 동양인에게는 필수 비타민

물론 다른 비타민들도 우리 몸에 매우 중요하겠지만 비타민 B그룹들 그 중에서도 비타민 B_1은 동양인들에게 매우 중요한 비타민이다. 탄수화물을 섭취하여 소화하여 에너지를 생산하는 단계에는 해당 작용과 TCA cycle이 있다.

섭취된 탄수화물의 일종인 포도당은 해당 작용을 거쳐서 약간의 에너지와 pyruvate를 만들고 이것은 acetyl-CoA로 전환된 뒤에 TCA cycle로 들어가게 되어 에너지를 다량 만들게 된다.

이처럼 탄수화물이 해당 작용을 거쳐서 TCA cycle로 넘어가는 과정에서 꼭 필요한 것이 포도당에서 형성된 pyruvate가 acetyl-CoA로 전환되는 것인데 이를 촉진하는 효소가 pyruvate dehydrogenase이다.

이 효소는 원활한 활동을 위해서 5가지의 조효소를 필요로 하는데 thiamine pyrophosphate(TPP), flavin adenine dinucleotide(FAD), coenzyme A(CoA), nicotineamide adenine dinucleotide(NAD)와 lipoate(지질 조효소)가 그것이다.

여기에 관여하는 비타민이 thiamine(in TPP), riboflavin(in FAD), niacin(in NAD), pantothenate(in CoA) 이다.

따라서 비타민 B1(thiamine)이 부족시에는 탄수화물을 충분하게 섭취한다고 해도 대사를 충분히 진행 할 수 없어 에너지 생산이 어렵고 따라서 피로나 권태를 느끼게 된다.

탄수화물 섭취가 상대적으로 많은 동양인들의 경우는 비타민 B1의 충분한 섭취가 요구된다.

2) 안정성

비타민 B_1은 비타민 C에 비하여는 상대적으로 열에 안정하나 120℃ 이상의 고온에서는 구조가 파괴되어 활성을 상실하게 된다.

또한 저장 온도의 차이에 따라서도 비타민의 잔존 활성에 큰 차이가 있는 것으로 보고 되었다. 즉 고온(38℃)에 12개월 동안 보관 할 경우에 저온(1.5℃)에 같은 기간 보관하는 경우 보다 잔존 thiamin 활성이 최대 90% 이상 감소하는 것으로 알려지고 있다.

가열 조건에 따라 잔존량을 최대화하기 위해서는 높은 온도에서 짧은 시간 동안 가열하는 것이 가장 좋은 것으로 알려지고 있다.

비타민 B_1은 또한 자외선에 노출시 구조가 쉽게 파괴되므로 저장시에 세심한 주의가 요구된다.

[표 9-10] 비타민 B_1의 외부 조건에 대한 안정성 및 특징

외부 요인	안정/불안정	특징
열	불안정	열에 민감하여 레토르트 가열 공정시 파괴될 수 있음
산	안정	산성 조건에서는 비교적 안정함
알칼리	불안정	알칼리 조건에서는 비교적 불안정함
수분	용해성	용해성이 좋음
빛	불안정	빛 특히 자외선에 민감하여 활성을 상실함

3. 비타민 B_2

비타민 B_2는 주로 장어를 비롯한 어류, 계란, 야채, 우유 그리고 해조류 등에 분포하고 있으며 화학 명칭은 riboflavine 이다.

1) 산화 환원 반응에 관여

앞에서 언급한 대로 비타민 B2는 산화 환원 반응에 관여하는 flavin adenine dinucleotide(FAD)의 형성에 관여한다. 따라서 부족시에는 피로와 식욕 부진을 유발한다.

2) 안정성

비타민 B_2는 다른 비타민에 비하여는 열에 안정하다. 물론 240℃ 이상의 고온에서는 색이 어두워지는 경향이 있으나 활성에는 큰 영향이 없는 것으로 알려지고 있으며 산화에도 안정하다. 그러나 빛을 받으면 급속하게 구조가 와해되는 경향이 있으므로 세심한 주의가 요구된다.

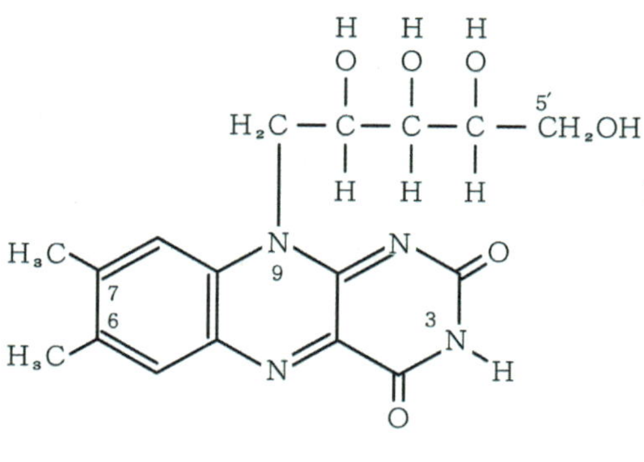

〈그림 9-9〉 비타민 B_2의 화학적 구조

[표 9-11] 비타민 B_2의 외부 조건에 대한 안정성 및 특징

외부 요인	안정/불안정	특징
열	안정	열에 안정하나 240℃ 이상 가열시에는 색이 어둡게 변함
산	안정	산성 조건에서는 비교적 안정함
알칼리	불안정	알칼리 조건에서는 비교적 불안정하여 lumiflavin으로 변함
수분	용해성	용해성이 좋음
빛	매우불안정	빛에 민감하여 활성을 상실하면서 lumiflavin으로 변함

4. 비타민 B_6

비타민 B_6는 주로 야채나 육류 그리고 쌀겨를 포함한 곡물류 등에 분포하고 있다. 단백질이나 탄수화물 대사에 관여하는 조효소로서의 역할을 수행하며 화학 명칭은 pyridoxine 이다.

비타민 B_6는 열에는 안정하나 빛에는 불안정한 특징을 가지고 있으며 일반적인 외부 조건에 대한 안전성은 표 9-12와 같다.

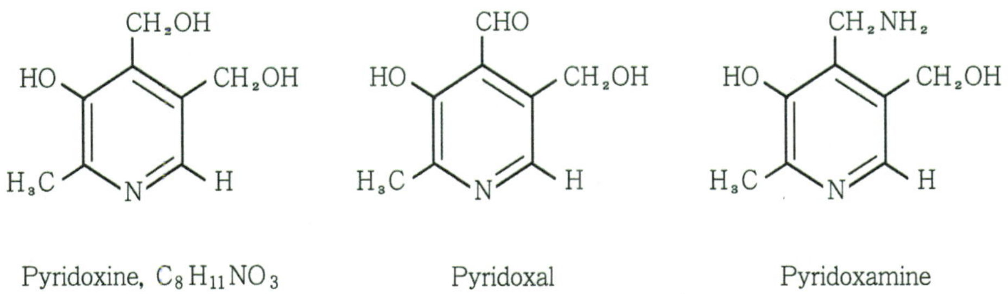

〈그림 9-10〉 비타민 B6의 화학적 구조

[표 9-12] 비타민 B_6의 외부 조건에 대한 안정성 및 특징

외부 요인	안정/불안정	특징
열	안정	열에 비교적 안정함
산	안정	산성 조건에서는 비교적 안정함
알칼리	안정	알칼리 조건에서는 비교적 안정함
수분	용해성	용해성이 좋음
빛	불안정	빛에 민감하여 노출되면 활성을 상실

5. 비타민 B_{12}

비타민 B_{12}는 주로 육류, 계란, 유가공품 그리고 해조류 등에 많이 존재하고 코발트(Co)를 가지고 있으며 화학 명칭은 cyanocobalamine 이다.

비타민 B_{12}는 핵산 대사에 관여하는 조효소로서 작용하며 부족시에는 빈혈이나 신경 이상을 유발할 수 있으며 물에 잘 녹아서 적색을 띠게 된다. 색을 발현하는 물질들에게서 대부분 나타나는 특징인 자외선에 노출시 매우 불안정하며 가열이나 산성 조건에서도 안정하지 못하다.

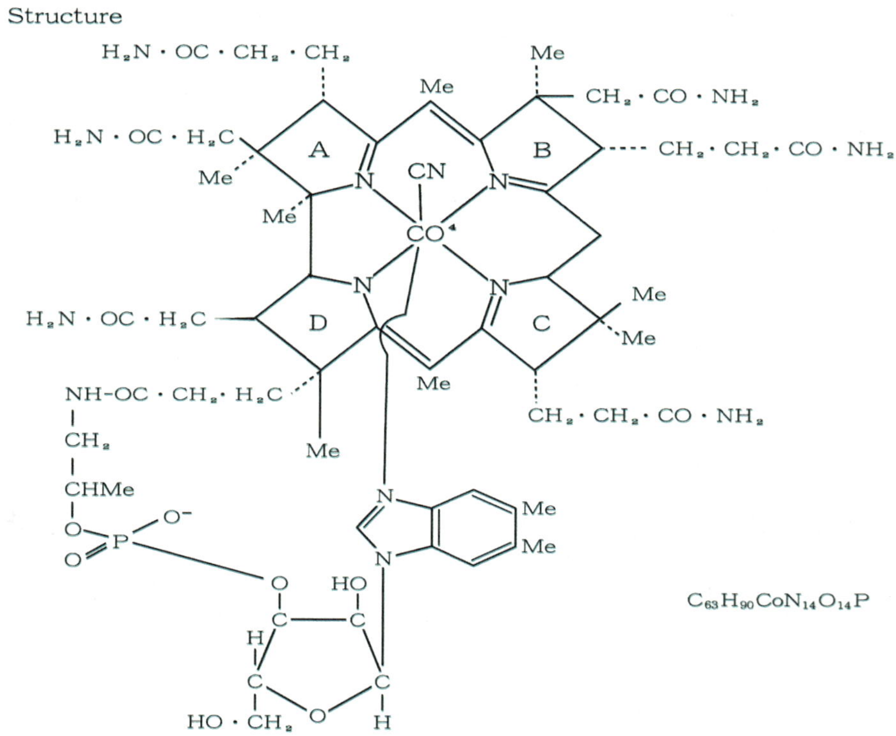

〈그림 9-11〉 비타민 B_{12}의 화학적 구조

[표 9-13] 비타민 B_{12}의 외부 조건에 대한 안정성 및 특징

외부 요인	안정/불안정	특징
열	불안정	가열시 비타민의 활성을 상실함
산	불안정	산성 조건에서 불안정함
알칼리	불안정	알칼리 조건에서 불안정
수분	용해성	용해성이 좋음
빛	불안정	빛에 민감하여 노출되면 활성을 상실

6. Niacin

화학 명칭은 Nicotinic acid 이다. 비타민 가운데 외부 조건에 대한 안정성이 매우 높은 비타민으로 주로 동물의 간장, 육류, 곡물류 그리고 콩과류 등에 분포하고 있으며 체내의 산화환원 반응에 관여하는 조효소(NAD, NADP)의 구성 성분으로 작용한다. 결핍시에는 피부, 구강 그리고 혀에 염증을 유발(Pellagra)한다.

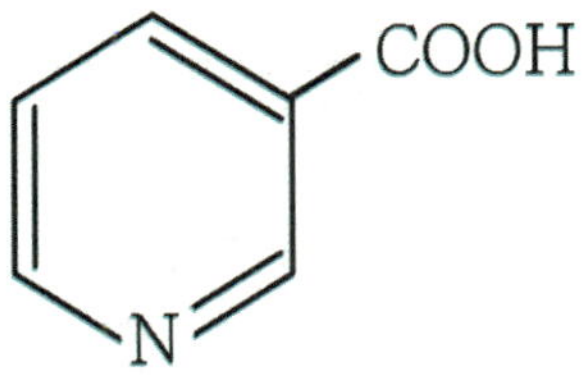

Niacin, $C_6H_5O_2N$

〈그림 9-12〉 Nicotinic acid의 화학적 구조

[표 9-14] Niacin의 외부 조건에 대한 안정성 및 특징

외부 요인	안정/불안정	특징
열	안정	가열 조건에서 안정함
산	안정	산성 조건에서 안정함
알칼리	안정	알칼리 조건에서 안정
수분	용해성	용해성이 좋음
빛	안정	빛에 노출되어도 활성을 잃지 않고 안정함

7. Pantothenic acid

Pantothenic acid는 다양한 식품에 폭넓게 존재하고 있다. 특히 육류, 땅콩, 곡류 그리고 감자 등에 폭넓게 분포하고 있으며 체내에서 ATP(adenosine triphosphate)와 결합하여 coenzyme A로 전환되어서 탄수화물이나 지방 대사에 관여한다.

체내에 결핍시에는 피로감이나 수면 부족 그리고 여성에게는 매스꺼움 등의 증상을 유발할 수 있다.

가열이나 산성 조건에서는 불안정한 특성을 보이고 빛에 대한 안정성은 추가 연구가 필요한 상황이다.

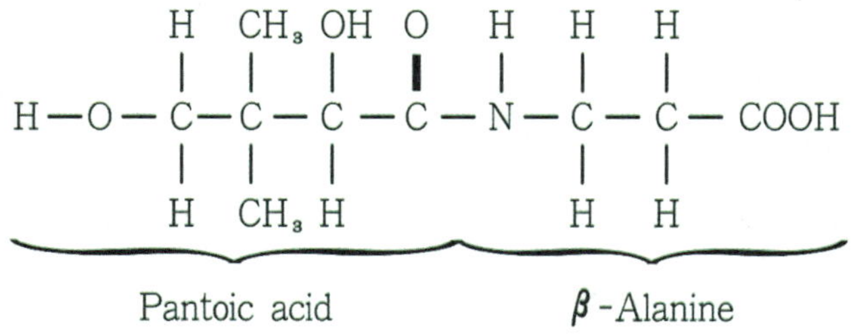

$d(+)$-Pantothenic acid
$C_9H_{17}O_5N$

〈그림 9-13〉 Pantothenic acid의 화학적 구조

[표 9-15] Pantothenic acid의 외부 조건에 대한 안정성 및 특징

외부 요인	안정/불안정	특징
열	불안정	가열 조건에서 불안정함
산	불안정	산성 조건에서 불안정함
알칼리	불안정	알칼리 조건에서 불안정
수분	용해성	용해성이 좋음
빛	No data	추가적인 실험이 필요함

8. Biotin

Biotin는 식품 중에서 육류나 시금치를 포함하는 녹황색 채소에 고루 분포하고 있으며 육류에서는 단백질 성분인 라이신과 바이오틴이 결합되어 있으며 조리시에 바이오틴이 분리되는 것으로 알려져 있다. 체내에서 바이오틴은 지방 합성이나 아미노산 대사에 관여하고 있으며 부족시에는 피로감이나 우울증, 피부염 그리고 근육통 등을 유발하는 것으로 알려져 있다.

바이오틴은 열이나 빛에는 안정하나 산화가 쉽게 일어나는 단점을 가지고 있다.

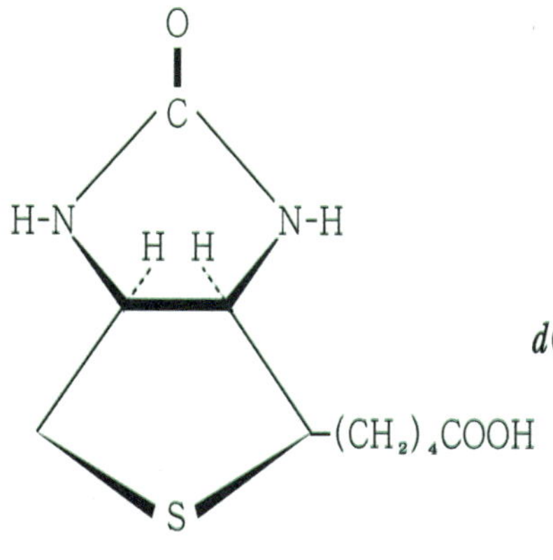

$d(\beta$-Biotin$)(cis)$, $C_{10}H_{16}N_2O$

〈그림 9-14〉 Biotin의 화학적 구조

[표 9-16] Biotin의 외부 조건에 대한 안정성 및 특징

외부 요인	안정/불안정	특징
열	안정	가열 조건에서 안정함
산	불안정	산성 조건에서 불안정함
알칼리	불안정	알칼리 조건에서 불안정
수분	용해성	용해성이 좋음
빛	안정	빛에 노출되어도 활성을 잃지 않고 안정함

9. Folic acid(엽산)

엽산이라 불리는 folic은 glutamic acid와 ρ-aminobenzoic acid가 결합된 구조이다. 식품 중에서 육류나 시금치를 포함하는 녹황색 채소 그리고 곡물류에 분포하고 있으며 핵산이나 아미노산 대사에 관여하는 조효소로서 역할을 하며 부족시에는 빈혈이나 설사를 유발한다.

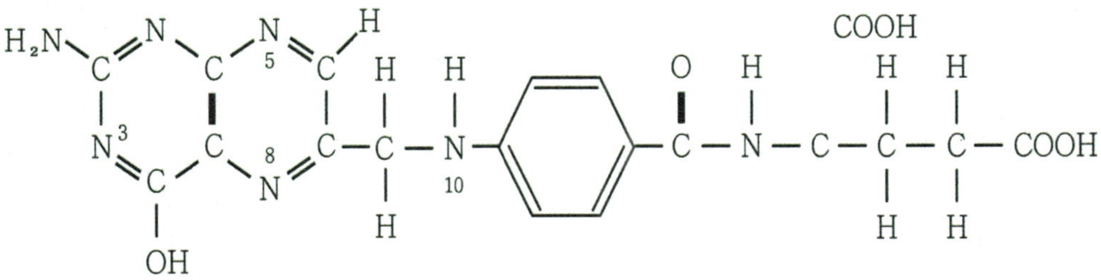

Folic acid, $C_{19}H_{19}N_7O_6$

〈그림 9-14〉 Folic acid의 화학적 구조

[표 9-17] Folic acid(엽산)의 외부 조건에 대한 안정성 및 특징

외부 요인	안정/불안정	특징
열	불안정	가열 조건에서 불안정함
산	불안정	산성 조건에서 불안정함
알칼리	안정	알칼리 조건에서 안정
수분	용해성	용해성이 좋음
빛	불안정	빛(자외선)에 노출시에는 비타민의 활성을 잃어버림

엽산은 외부 요인에 민감하게 반응하는 성질을 가지고 있어서 열이나 산성 조건 그리고 산화에 매우 약한 특성을 보이며 저장 중 자외선에 노출시에는 비타민의 활성을 상실하게 된다.

Chapter 10

식품의 색

제1절 식품 색소의 분류

식품의 색은 식품의 기호도와 관계되는 요소로 식품의 선택과 품질 결정에 중요하다. 식품의 색은 색, 명도, 채도, 광택 등으로 표시된다.

식품의 색소는 천연색소와 인공색소(합성색소)로 나눌 수 있으며 천연색소에는 식물성 식품에 들어있는 색소와 동물성 식품에 들어있는 색소가 속한다. 식물성 식품에는 클로로필(chlorophyll), 카로티노이드(carotenoid), 플라보노이드(flavonoid), 안토시아닌(anthocyanin), 베탈레인(betalain) 등의 색소가 있으며, 동물성 식품에는 헤모글로빈(hemoglobin), 미오글로빈(myoglobin) 등의 색소가 있다.

한편 색소는 화학구조의 유사성에 의하여 다음과 같이 분류할 수 있다.

(1) 테트라피롤(tetrapyrrole) 유도체 : 엽록소(chlorophyll), 헴(heme) 색소
(2) 이소프레노이드(isoprenoid) 유도체 : 카로티노이드(carotenoid)
(3) 벤조피렌(benzopyrene) 유도체 : 안토시아닌(anthocyanin), 플라보노이드(flavonoid)
(4) 가공색소 : 카라멜(caramel), 멜라노이딘(melanoidine)

이 중 카라멜과 멜라노이딘은 식품의 성분이 갈변반응에 의하여 생성된 색소이다.

제2절 식물성 식품의 색소

1. 엽록소(chlorophyll)

1) 엽록소의 구조 및 종류

엽록소는 식물의 엽록체(chloroplast)에 존재하며 식물체의 광합성 작용에 중요한 역할을 하는 녹색 색소이다. 엽록소에는 클로로필(chlorophyll) a, b, c, d, e가 있으나 녹엽식물에는 클로로필 a와 b가 존재하며 하등식물에는 클로로필 c, d, e가 존재한다. 해조류에는 클로로필 c와 클로로필 d가 들어있다. 식물체에 함유된 클로

로필 a와 b의 비율은 일정하지 않으나 보통 지상식물에서는 a:b의 비율이 2~3:1 정도이며 이 비율은 빛의 양과 관계된다. 빛을 많이 받은 녹색 잎에는 클로로필 a가 많고 음지에서 자란 잎에는 클로로필 b의 양이 많아진다. 클로로필 a는 청록색, 클로로필 b는 황록색을 띤다.

엽록소의 구조는 네 개의 피롤(pyrrole) 유도체가 연결된 테트라피롤(tetrapyrr-ole) 구조를 가지고 있다. 이 포르피린(porphyrin) 구조는 중앙에 마그네슘이 있으며 포르피린 고리의 C-7 위치에 있는 프로피온산에 피톨(phytol)이 결합되어 있다. 그리고 C-10의 카르복시기에 메탄올이 에스테르 결합으로 연결되어 있다. 클로로필 a는 C-3에 메틸기가 결합되어 있고 클로로필 b는 알데히드기가 결합되어 있다(그림 10-1).

피롤

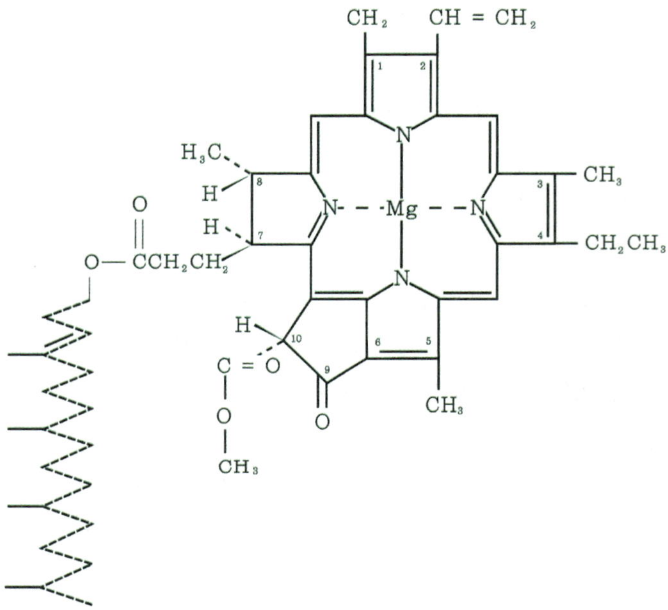

엽록소 a

(엽록소 b는 C-3 위치에 CH_3 대신 CHO가 있음)

〈그림 10-1〉 피롤과 엽록소의 구조

2) 엽록소의 색 변화

엽록소는 물에 녹지 않으나 아세톤, 에테르, 알코올 등에는 녹는다. 엽록소는 산이나 알칼리와 반응하면 구조의 변화가 일어나 색이 변한다. 엽록소가 산과 반응하면 엽록소에 있는 마그네슘이 수소이온과 치환되어 녹갈색의 페오피틴(pheophy tin)을 형성한다.

이 반응은 비가역적으로 일어나며, 클로로필 a와 클로로필 b로부터 페오피틴 a와 페오피틴 b가 각각 형성된다.

$$C_{32}H_{30}ON_4(Mg^{2+})\left\langle\begin{matrix}COOC_{20}H_{39}\\COOCH_3\end{matrix}\right. + 2H^+ \xrightarrow[\text{비가역적}]{} C_{32}H_{30}ON_4(2H^+)\left\langle\begin{matrix}COOC_{20}H_{39}\\COOCH_3\end{matrix}\right. + Mg^{2+}$$

엽록소 a　　　　　　　　　　페오피틴 a

페오피틴이 분해되어 피톨이 제거되면 갈색의 페오포비드(pheophorbide)가 형성된다.

$$C_{32}H_{30}ON_4(2H^+)\left\langle\begin{matrix}COOC_{20}H_{39}\\COOCH_3\end{matrix}\right. \xrightarrow[\text{가수분해}]{H^+} C_{32}H_{30}ON_4(2H^+)\left\langle\begin{matrix}COOH\\COOCH_3\end{matrix}\right. + C_{20}H_{39}OH$$

페오피틴　　　　　　　　　　**페오포비드**

한편 엽록소에서 피톨이 가수분해되어 제거되면 선명한 녹색의 클로로필리드(chlorophyllide)가 형성된다. 클로로필리드에 있는 마그네슘이 수소이온과 치환되면 페오포비드가 형성될 수 있다.

$$C_{32}H_{30}ON_4(Mg^{2+})\left\langle\begin{matrix}COOC_{20}H_{39}\\COOCH_3\end{matrix}\right. \xrightarrow[\text{가수분해}]{H^+} C_{32}H_{30}ON_4(Mg^{2+})\left\langle\begin{matrix}COOH\\COOCH_3\end{matrix}\right. + C_{20}H_{39}OH$$

엽록소　　　　　　　　　　**클로로필리드**

엽록소를 알칼리 처리하여 가열하면 피톨이 떨어져 수용성의 청록색 클로로필리드가 형성되고, 알칼리 농도와 가열온도를 높이면 선명한 청록색의 클로로필린(chlorophylline)이 형성된다.

$$C_{32}H_{30}ON_4(Mg^{2+})\left\langle\begin{matrix}COOC_{20}H_{39}\\COOCH_3\end{matrix}\right. \xrightarrow[\text{알칼리}]{} C_{32}H_{30}ON_4(Mg^{2+})\left\langle\begin{matrix}COOH\\COOCH_3\end{matrix}\right. + C_{20}H_{39}OH$$

엽록소　　　　　　　　　　클로로필리드

$$C_{32}H_{30}ON_4(Mg^{2+})\left\langle\begin{matrix}COOH\\COOCH_3\end{matrix}\right. \xrightarrow[\text{알칼리}]{} C_{32}H_{30}ON_4(Mg^{2+})\left\langle\begin{matrix}COOH\\COOH\end{matrix}\right. + CH_3OH$$

클로로필리드　　　　　　　　　　클로로필린

이 때 나트륨이나 칼륨 이온이 존재하면 클로로필린 나트륨염 또는 클로로필린 칼륨염이 형성된다.

$$C_{32}H_{30}ON_4(Mg^{2+})\left\langle\begin{matrix}COOH\\COOH\end{matrix}\right. \xrightarrow[\text{알칼리}]{NaOH} C_{32}H_{30}ON_4(Mg^{2+})\left\langle\begin{matrix}COONa\\COONa\end{matrix}\right.$$

클로로필린 **클로로필린 나트륨염**

식물조직이 손상되면 식물조직에 분포되어 있는 클로로필라아제(chlorophyllase)에 의하여 피틸(phytyl)기가 떨어져 나가 선명한 녹색인 클로로필리드를 형성한다. 이것은 조직 내의 산에 의해 페오포비드로 분해되면서 녹색을 잃게 된다. 녹색 채소를 데치는 이유 중의 하나는 채소에 들어있는 클로로필라아제를 불활성화시켜 녹색을 유지시키기 위한 것이다.

$$C_{32}H_{30}ON_4(Mg^{2+})\left\langle\begin{matrix}COOC_{20}H_{39}\\COOCH_3\end{matrix}\right. \xrightarrow{\text{chlorophyllase}} C_{32}H_3\,ON_4(Mg^{2+})\left\langle\begin{matrix}COOH\\COOCH_3\end{matrix}\right. + C_{20}H_{39}OH$$

엽록소 **클로로필리드** **피톨**

한편 엽록소를 구리나 아연 이온과 같은 금속이온과 반응시키면 엽록소의 마그네슘이 이들 금속이온으로 치환되어 청록색의 동클로로필, 아연클로로필을 생성한다. 이 색소들은 가열 시에도 안정하다.

$$C_{32}H_{30}ON_4(Mg^{2+})\left\langle\begin{matrix}COOC_{20}H_3\\COOCH_3\end{matrix}\right. \xrightarrow{Cu^{2+}} C_{32}H_{30}ON_4(Cu^{2+})\left\langle\begin{matrix}COOC_{20}H_{39}\\COOCH_3\end{matrix}\right.$$

엽록소 **동클로로필**

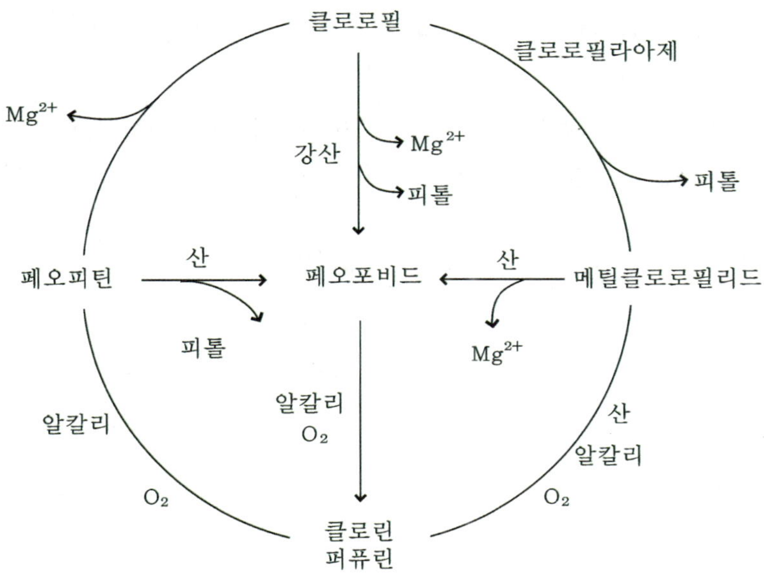

〈그림 10-2〉 산, 염기, 효소에 의한 엽록소의 변화

2. 카로티노이드(carotenoid)

1) 카로티노이드의 구조

카로티노이드는 황색, 주황색, 적색 등을 띠는 지용성 색소로 식물성 식품에 널리 분포되어 있다. 동물성 식품에 들어있는 카로티노이드는 동물이 섭취한 식물로부터 유래된 것이다. 카로티노이드계 색소의 기본구조는 이소프렌(isoprene) 단위가 8개 결합한 40개의 탄소로 구성된 테트라테르펜(tetraterpene)이다. 카로티노이드 구조는 공액 이중결합을 가지고 있으며 천연식품에 들어있는 색소는 거의 트랜스형이다.

카로티노이드는 β-카로틴처럼 양쪽 사슬에 고리를 가지고 있는 것(bicyclic form)과 γ-카로틴과 같이 한쪽 끝에만 고리를 갖는 것(monocyclic form), 또 리코펜(lycopene)과 같이 선상의 사슬로만 이루어진 것(acyclic form) 등 여러 구조를 가지고 있다

또한 카로티노이드는 구성 원소에 따라 카로틴(carotenes)과 잔토필(xanthophylls)로 나눌 수 있는데 카로틴은 탄소와 수소만으로 구성된 탄화수소이며 잔토필은 산소 원자를 가지고 있는 형태로 히드록시(hydroxy), 알데히드(aldehyde), 카르복시(carboxy), 에폭시(epoxy), 메톡시(methoxy), 옥소(oxo) 에스테르기(ester) 등이 결합되어 있다. 히드록시가 1개인 카로티노이드로는 크립토잔틴(cryptoxanthin)이 있으며, 히드록시를 2개 가지고 있는 것으로 루테인(lutein)이 있고, 히드록

시가 3개 이상인 것으로 네오잔틴(neoxanthin)이 있다. 카로틴은 석유에테르에 녹으나 에탄올에는 잘 녹지 않으며, 잔토필은 에탄올에는 잘 녹으나 석유에테르에는 잘 녹지 않는다.

카로티노이드에 속하는 색소 가운데 *β*–이오논(ionone) 고리를 가지고 있는 *α*–, *β*–, *γ*–카로틴과 크립토잔틴(cryptoxanthin) 등을 프로비타민 A라고 한다.

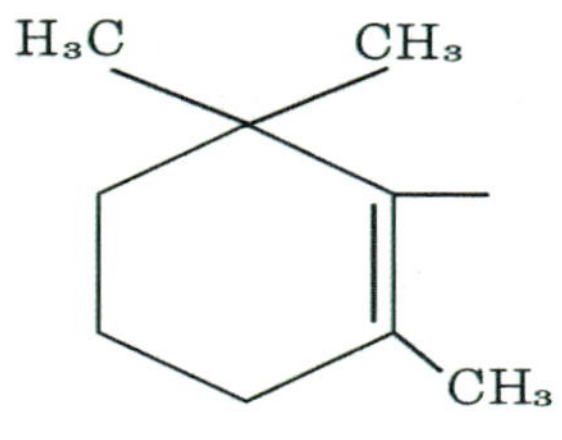

〈그림 10-3〉 *β*–이오논(ionone) 고리

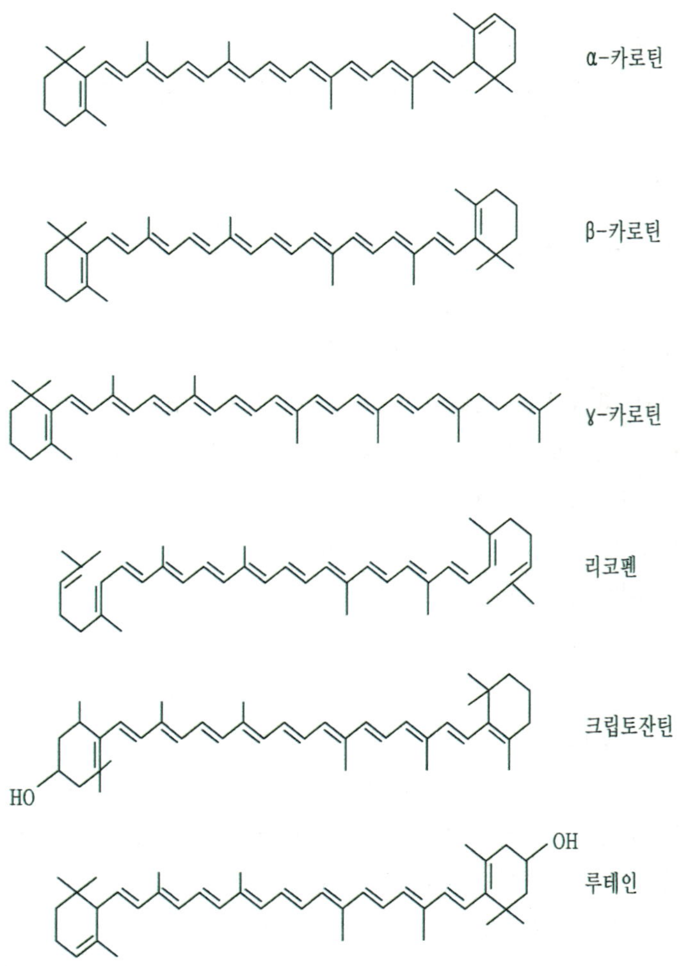

〈그림 10-4〉 카로티노이드의 구조

2) 카로티노이드의 색 변화

카로티노이드는 공액 이중결합의 수가 많아지면 붉은색이 짙어진다. 트랜스(trans) 형태의 이중결합이 pH 변화 등으로 인해 시스(cis) 형태로 변하면 비타민 A로서의 효과가 저하되고 퇴색된다. 카로티노이드의 색은 식품의 조직이 손상을 받지 않는 한 색소의 손실에 의한 변색은 거의 없으며 가열 처리에도 비교적 안정하다. 그러나 카로티노이드는 산소에 의해 비효소적으로 산화될 수도 있으며, lipoxidase, lipohydroperoxidase, peroxidase 등의 효소에 의해 산화되어 변색이 되기도 한다. 카로티노이드는 약산이나 알칼리에 의해서는 파괴되지 않으나 강산에는 불안정하다.

3. 플라보노이드(Flavonoid)

넓은 의미의 플라보노이드에는 안토잔틴(anthoxanthin), 안토시아닌(anthocyanin), 카테킨(catechin), 루코시아닌(leucoanthocyan) 등이 포함되지만 일반적으로 플라보노이드는 좁은 의미로 안토잔틴만을 가리킨다. 카테킨과 루코잔틴(leucoxanthin)은 탄닌(tannin)에 속한다. 따라서 여기서는 안토잔틴에 관하여 설명한다. 안토잔틴은 엷은 황색을 띠고 있으며 금속과 반응하면 불용성 착화합물을 형성하여 변색한다. 안토시아닌은 적색, 자색, 청색을 띠고 있으며 과일과 채소에 많이 함유되어 있다.

1) 안토잔틴의 구조 및 종류

안토잔틴은 그림 10-5와 같이 A 고리와 B 고리로 구성되어 있으며 B 고리에 있는 히드록시기, 메톡시기 등의 치환기에 따라 여러 종류가 있다. 안토잔틴은 대부분 배당체로 존재하며 결합하는 당류는 람노오스, 글루코오스, 루티노오스 등이다. 당은 A 고리의 C-5, C-7의 히드록시기에 결합되며 플라보놀과 플라바노놀은 C-3의 히드록시기에 당이 결합하기도 한다.

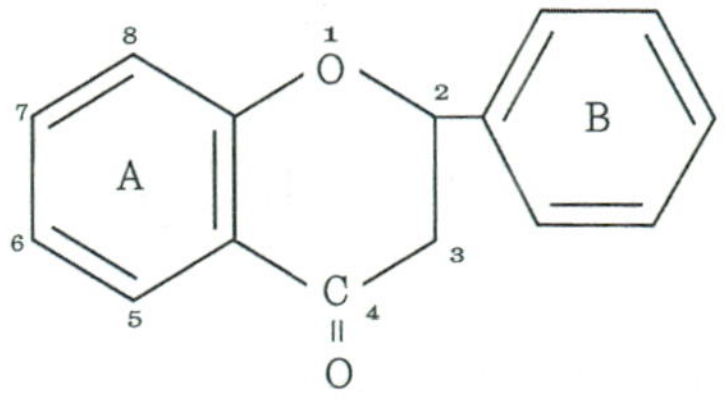

〈그림 10-5〉 안토잔틴의 기본구조

안토잔틴은 2-페닐벤조피론(2-phenyl benzopyrone)을 기본구조로 하는 화합물로서 플라본(flavone), 플라보놀(flavonol), 플라바논(flavanone), 플라바노놀(flavanonol), 이소플라본(isoflavone) 등이 이에 속한다(그림 10-6).

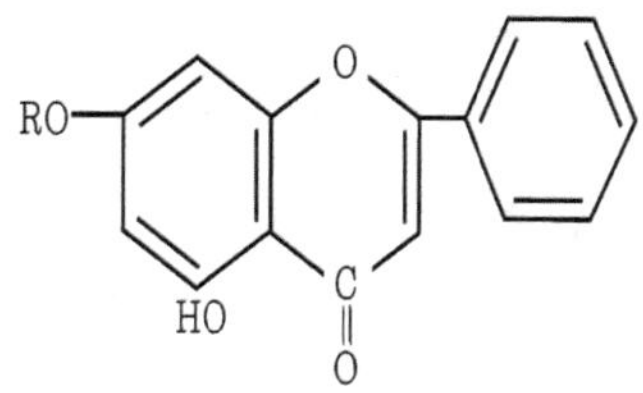

플라본(flavones)

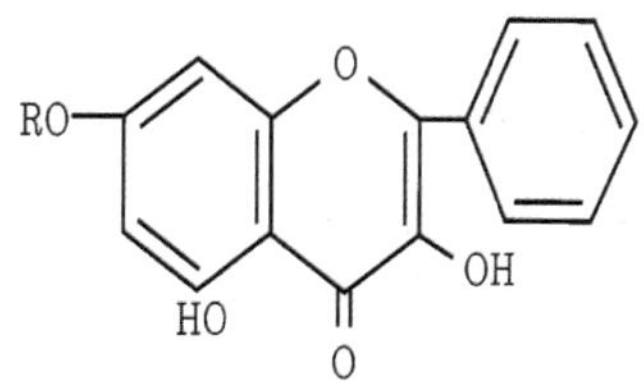

플라보놀(flavonols)

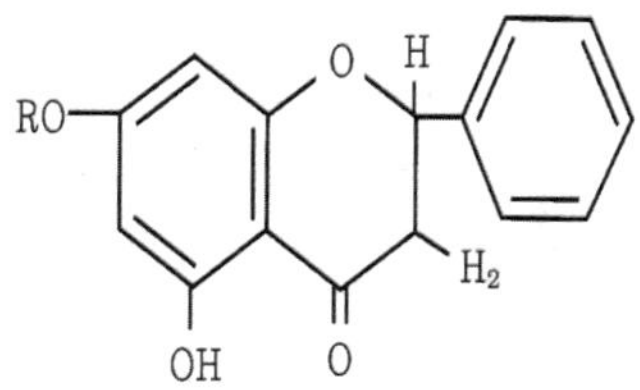

플라바논(flavanones)

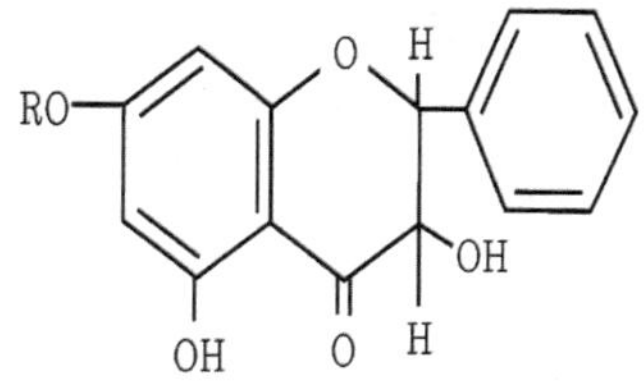

플라바노놀(flavanonols)

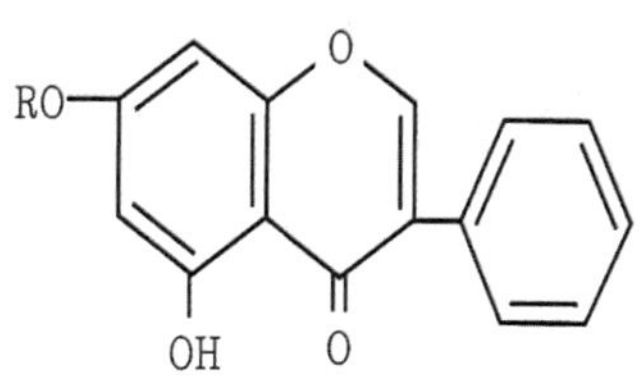

이소플라본(isoflavones)

〈그림 10-6〉 안토잔틴의 종류와 구조

퀴세틴(quercetin)과 캄페롤(campferol)은 플라보놀에 속하며, 헤스페리틴(hesperitin)과 나린제닌(naringenin)의 7-루티노시드(rutinoside)인 헤스페리딘(hesperidin), 나린진(naringin)은 플라바논에 속한다. 헤스페리딘과 나린진은 감귤류에 함유되어 있다(그림 10-7).

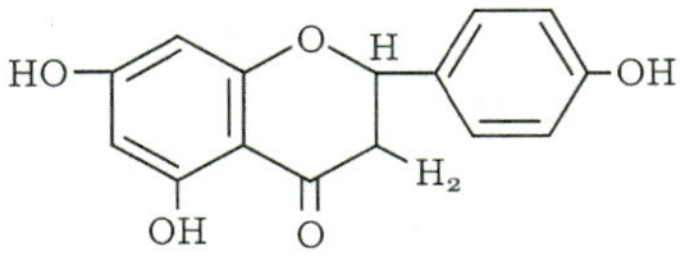

나린제닌

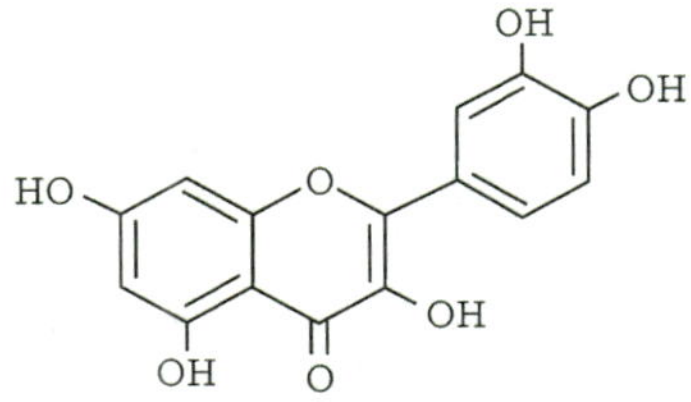

퀘세틴

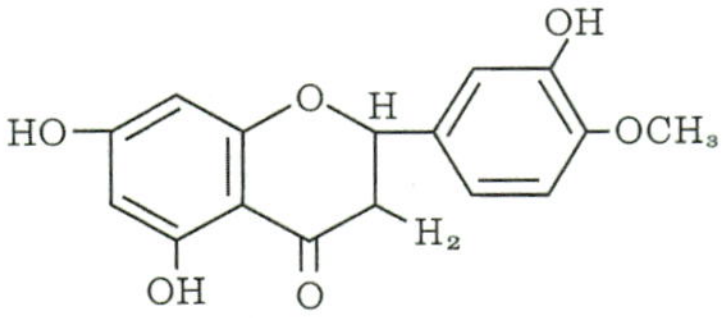

헤스페리틴

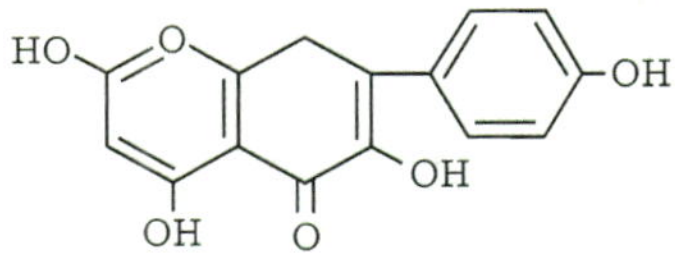

캄페롤

〈그림 10-7〉 식품에 함유된 주요 안토잔틴

2) 안토잔틴의 물리화학적 변화

안토잔틴은 담황색을 띠고 있어 식물 조직에 있을 때는 무색으로 보인다. 안토잔틴은 금속이온과 반응하여 불용성 착화합물을 형성한다. 철 이온과 반응하면 녹색, 청갈색, 암청색의 착화합물이 형성된다.

안토잔틴은 물과 알코올에 잘 녹는다. 안토잔틴은 산성 용액에서는 안정하나 알칼리성 용액에서는 불안정하여 황색이나 황갈색으로 변한다. 감귤류에 들어있는 헤스페리딘은 pH 11~12의 알칼리성에서 아글리콘(aglycone)의 고리구조가 열려 황색의 칼콘(chalcone)으로 전환된다. 안토잔틴의 배당체를 형성하고 있는 당류는 산과 효소에 의해서 가수분해된다.

4. 안토시아닌

1) 안토시아닌의 구조 및 종류

안토시아닌은 과일과 채소의 붉은색, 보라색 등을 나타내는 색소로 가공과 저장 중 변색이 쉽게 일어난다. 안토시아닌은 플라빌리움(flavylium)이라는 2-페닐벤조피릴리움(2-phenolbenzopyrylium)의 기본구조로 가지며 3번, 5번, 7번의 자리에 히드록시기를 가지고 있다. 안토시아닌은 B 고리에 결합된 치환기의 종류와 수, 그리고 결합된 당의 종류와 수에 따라 다양한 종류가 존재한다(그림 10-8). 안토시아닌 구조는 1번의 산소가 3가로 되어 있는 옥소니움(oxonium) 화합물을 이루고 있으며, 안토시아닌의 색의 불안정성은 이 옥소니움 구조에 기인한다.

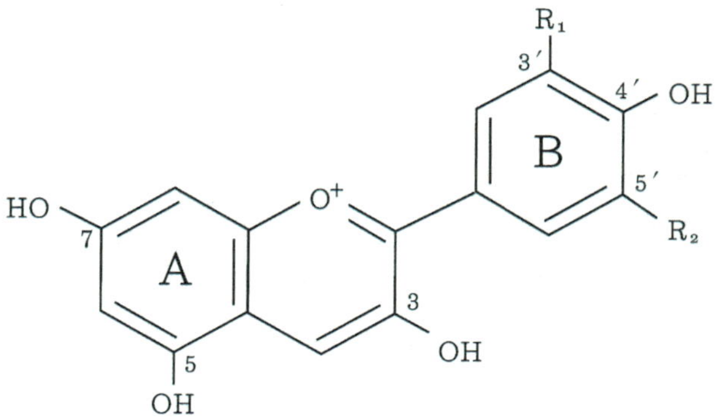

펠라고니딘 (pelargonidin)	R_1 = H	R_2 = H
시아니딘 (cyanidin)	R_1 = OH	R_2 = H
델피니딘 (delphinidin)	R_1 = OH	R_2 = OH
페오니딘 (peonidin)	R_1 = OCH_3	R_2 = H
페튜니딘 (petunidin)	R_1 = OCH_3	R_2 = OH
말비딘 (malvidin)	R_1 = OCH_3	R_2 = OCH_3

〈그림 10-8〉 안토시아닌의 구조

안토시아닌은 보통 당이 결합된 배당체(glycoside)로 존재하며, 산, 알칼리, 효소에 의해 가수분해되어 안토시아니딘과 당으로 분리된다.

$$\text{안토시아닌(glycoside)} \xrightarrow{\text{산, 알칼리, 효소}} \text{안토시아니딘(aglycone)} + \text{당}$$

안토시아닌에 결합되는 당류로는 글루코오스, 갈락토오스, 람노오스, 자일로오스, 아라비노오스 등이 있다. 1개의 당이 결합되어 있는 안토시아닌의 일당 배당체에서는 당이 C-3 위치에 대부분 결합되고, 2개의 당이 결합되어 있는 이당 배당체에서는 C-3 위치나 C-5 위치에 당이 결합된다. 이 외에 당이 3개 결합되어 있는 삼당 배당체도 존재한다. 자연계에 흔히 존재하는 안토시아니딘으로 C-4 위치에 히드록시기가 1개 있는 펠라고니딘(pelargonidin), C-3, C-4 위치에 히드록시기가 2개 있는 시아니딘(cyanidin), C-3, C-4, C-5 위치에 히드록시기가 3개 있는 델피니딘(delphinidin)이 있다. 또한 메톡실(methoxyl)기가 하나 결합되어 있는 페오니딘(peonidin)과 페튜니딘(petunidin)이 있으며 메톡실기가 2개 결합되어 있는 말비딘(malvidin) 등도 있다(그림 10-9). 안토시아닌계 색소 중 과실과 채소류에는 시아니딘 배당체가 가장 많이 존재하며 다음으로 델피니딘 배당체가 많이 존재한다.

안토시아닌 색소는 히드록시기가 많을수록 색이 짙어진다. 펠라고니딘는 등적색, 시아니딘은 홍적색, 델피니딘은 적자색을 띤다. 또한 C-5에 당이 결합하면 색이 짙어지며, 히드록시기가 메톡실기로 치환되면 색이 열어진다.

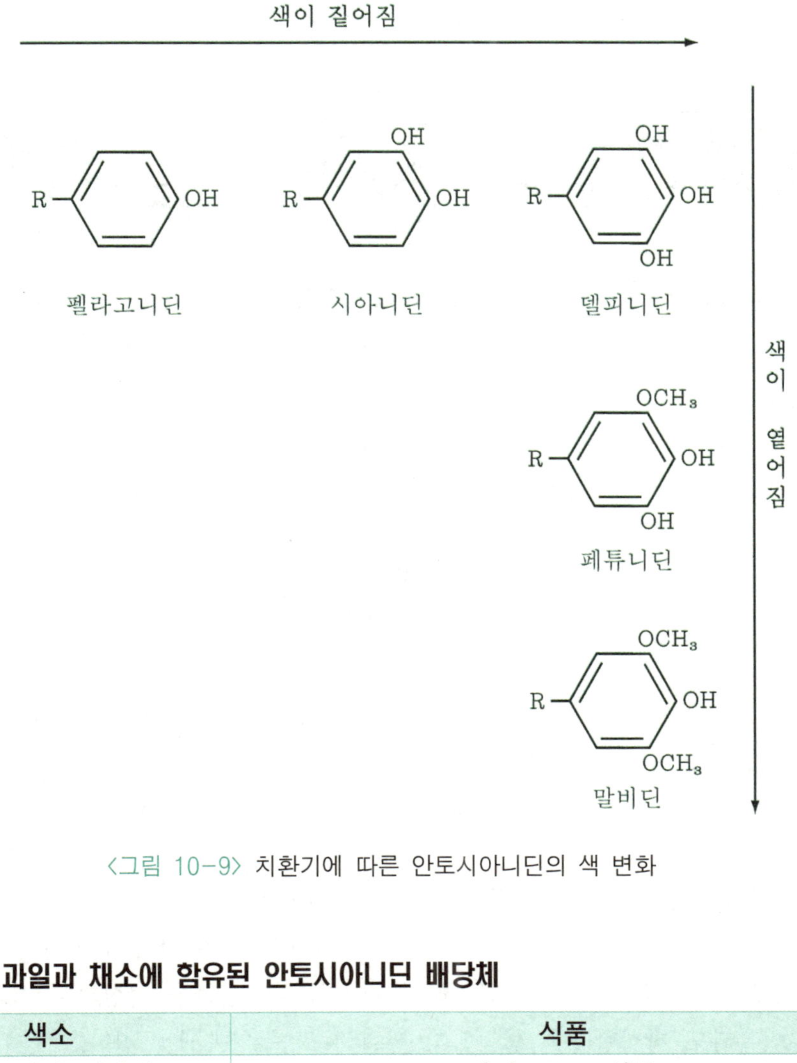

〈그림 10-9〉 치환기에 따른 안토시아니딘의 색 변화

[표 10-1] 과일과 채소에 함유된 안토시아니딘 배당체

색소	식품
펠라고니딘 배당체	딸기, 포도, 석류
시아니딘 배당체	사과, 오렌지, 블루베리, 석류, 검정콩, 오디, 버찌
델피니딘 배당체	블루베리, 포도, 가지, 오렌지
페오니딘 배당체	블루베리, 체리, 자두, 적색 양파
페튜니딘 배당체	포도
말비딘 배당체	포도, 고구마

2) 안토시아닌의 물리화학적 성질

안토시아닌 색소는 용액의 pH에 따라 구조와 색이 변한다. 안토시아닌을 알칼리로 중화하면 pH가 증가함에 따라 색이 옅어진다. 이것은 붉은 색의 옥소니움염이 pH가 증가하면서 무색의 pseudo base로 변화하기 때문이며 이 pseudo base는 불안정하여 방치하거나 가열하면 점점 분해된다. 플라빌리움 이온(AH^+)은 적색을 띠며 이것은 청색의 퀴노이드(quinoid) 형태나 무색의 칼콘으로 변한다.

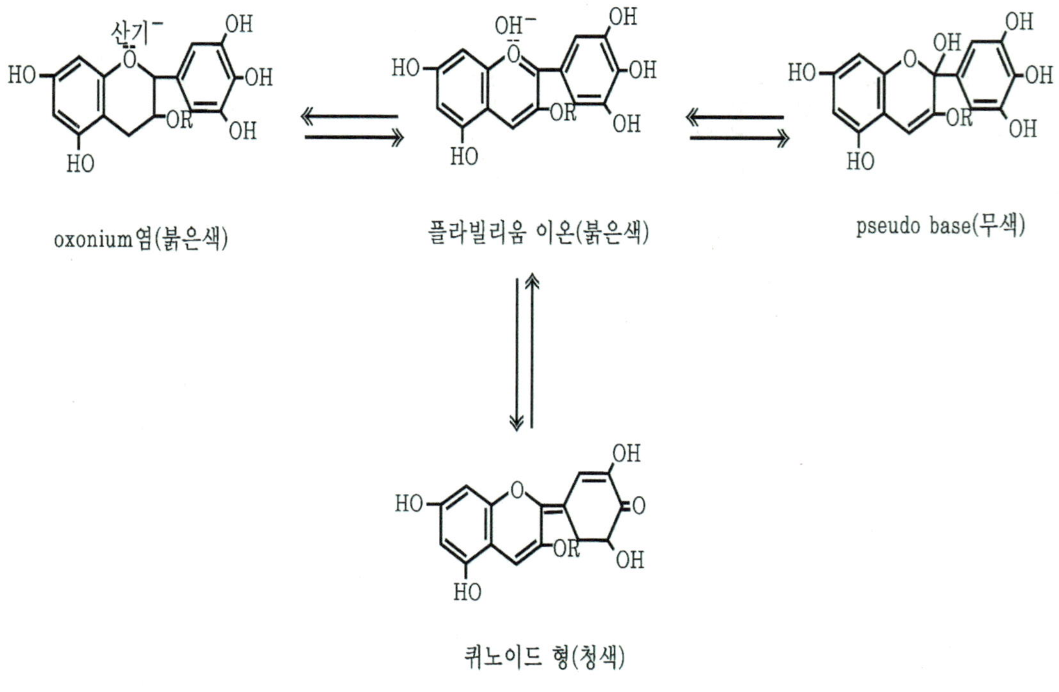

〈그림 10-10〉 pH에 따른 안토시아닌의 색 변화

안토시아닌은 철, 아연, 구리, 납, 주석, 알루미늄 등의 금속이온과 반응하여 불용성 착화합물을 만든다. 철 이온은 펠라고니딘의 색을 거의 변화시키지 않으나 다른 안토시아닌의 색소와는 반응하여 청색의 착화합물을 형성한다. 또한 주석이나 납 이온과도 착화합물을 형성하여 청회색 또는 청록색을 띤다.

안토시아닌은 물과 알코올에는 잘 녹으나 에테르나 벤젠, 아세톤에는 녹지 않는다. isoamyl alcohol에서의 용해도는 안토시아닌의 당의 유무, 당의 종류, 당의 수에 따라 달라지므로 묽은 염산액과 isoamyl alcohol과의 분배율을 측정함으로써 배당체의 형태를 추정할 수 있다.

5. 탄닌(Tannin)

탄닌은 떫은맛을 가지고 있고 갈변을 일으키는 원인물질로 폴리페놀(polyphenol) 성분을 총칭하는 화합물을 일컫는다. 탄닌은 여러 종류의 식물에 다양하게 함유되어 있으나 매우 불안정하여 쉽게 산화되므로 분리하기 어렵다. 탄닌은 공통적으로 가지고 있는 화학구조가 없으며 클로로젠산(chlorogenic acids), 카테킨(catechin), 루코안토시아닌(leucoanthocyan) 등이 탄닌에 속한다.

클로로젠산은 caffeic acid와 quinic acid의 depside로 caffeic acid 수와 quinic acid의 결합위치에 따라 많은 이성체가 있다. 이들은 일반적으로 물, 알코올, 아세톤에 녹아 쓴맛을 나타내며 폴리페놀라아제(polyphenolase) 등의 효소에 의해 산화되면 갈색으로 변한다. 자외선 하에서는 청색의 형광색을 나타내며 암모니아로 처리하거나 약알칼리성에서는 청록색으로 변한다.

카테킨은 플라보놀(flavonol)의 기본구조를 가지고 있으며 B 고리에 붙은 히드록시기의 수에 따라 aphzelechin, catechin, gallocatechin의 3종이 있다. 카테킨은 과일과 채소에 많이 들어 있으며 차에는 C-3의 히드록시기에 gallis acid가 에스테르 결합한 catechin gallate와 gallocatechin gallate가 있으며 이들은 쓴맛을 낸다. 카테킨은. 물, 알코올, 아세톤, 에틸아세테이트에 잘 녹고 폴리페놀라아제에 의해 쉽게 산화하여 갈변한다. 루코안토시아닌은 flavan-3,4-diol의 구조를 가지며 염산과 함께 가열하면 탈수반응이 일어나 안토시아니딘(anthocyanidin)이 형성되어 붉은 색을 나타낸다.

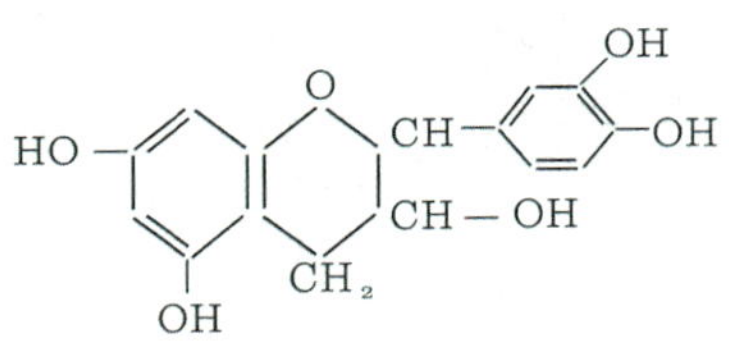

Catechin

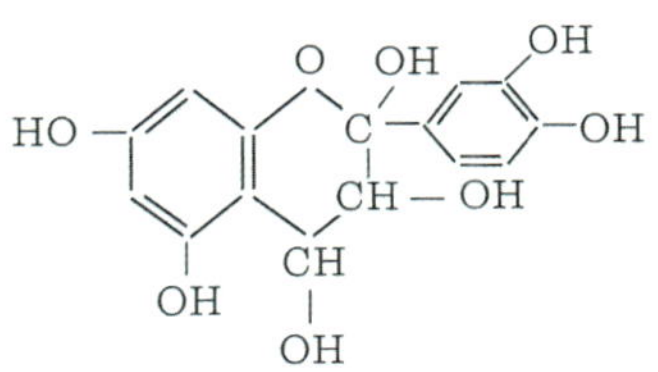

Leucoanthocyanin

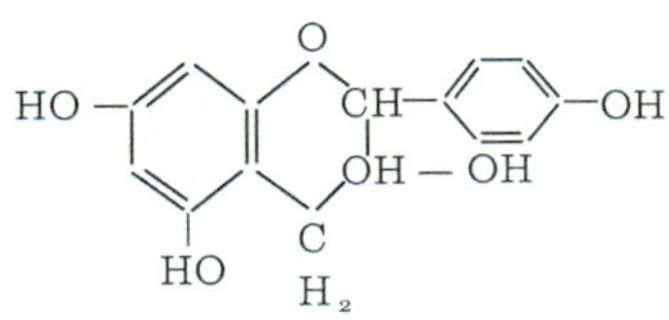

Aphzelechin

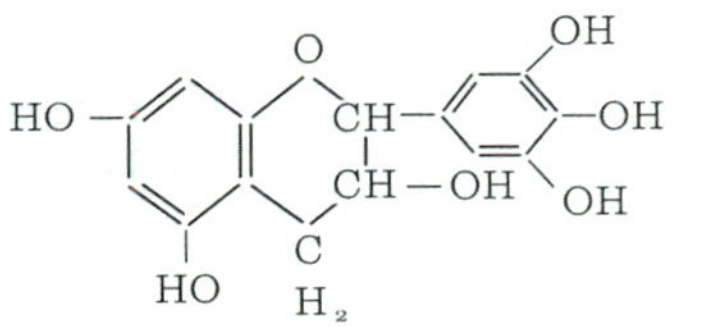

Gallocatechin

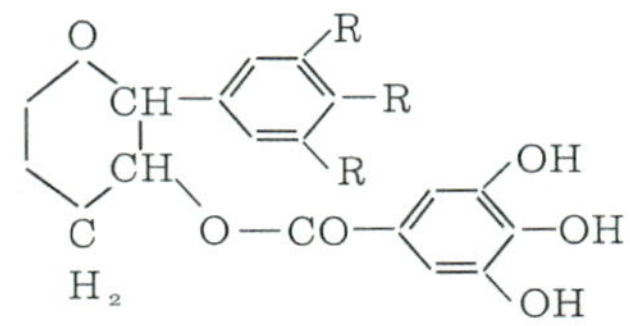

Gallate

〈그림 10-11〉 탄닌의 구조

6. 베탈레인(betalains)

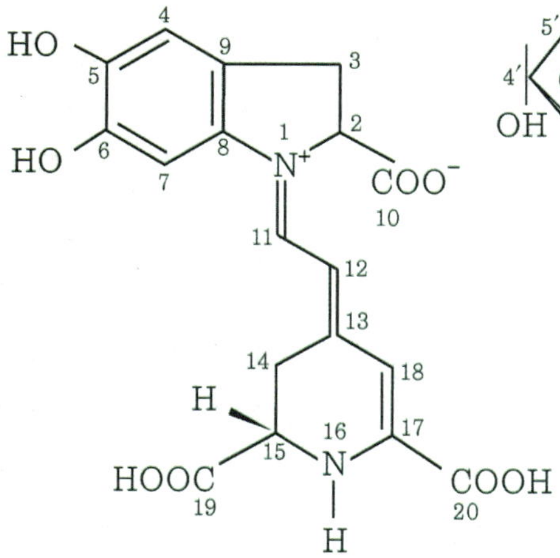

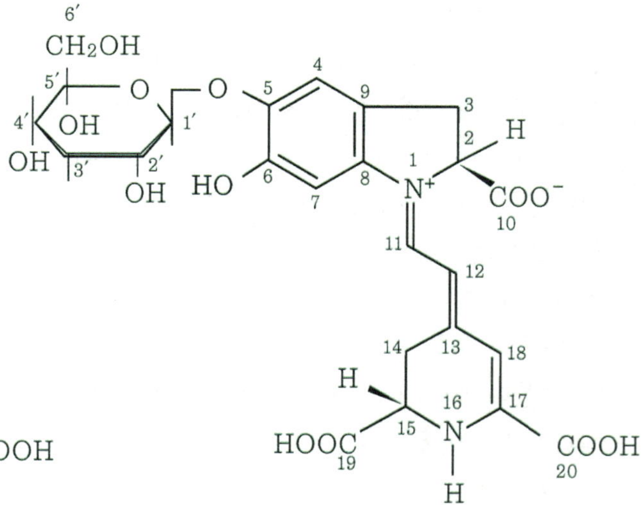

Ⅰ. Betanidin

Ⅱ. Isotetanidin, C-15 epimer of betanidin

Ⅲ. Betanin

Ⅳ. Isobetanin, C-15 epimer of betanin

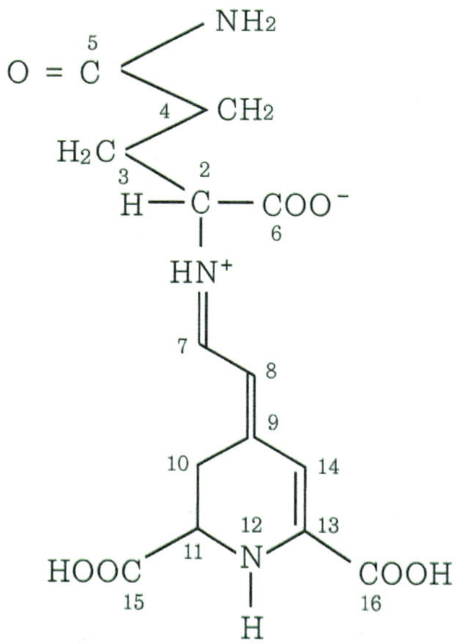

Ⅴ. Vulgaxanthin Ⅰ

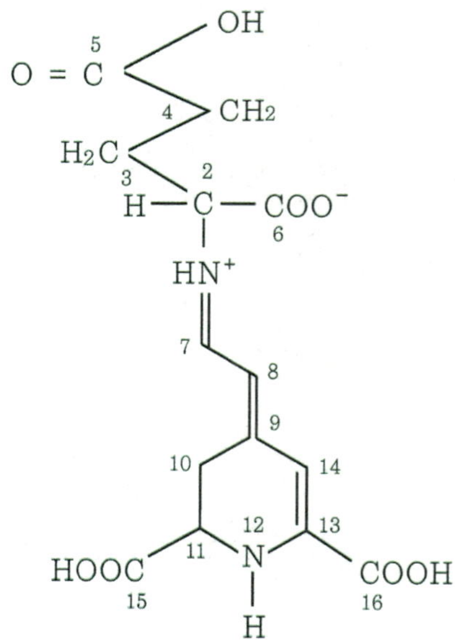

Ⅵ. Vulgaxanthin Ⅱ

〈그림 10-12〉 베탈레인의 구조

베탈레인은 적색이나 황색을 나타내는 색소로 비트(red beet)나 아마란스(amaranth)에 들어있다. 베탈레인은 적색의 베타시아닌(betacyanins)과 황색의 베타젠틴(betaxanthins)으로 분류된다.

베타시아닌에는 아마란틴(amaranthin), 곰페닌(gomphenin), 보가인빌레인(bougainvillein)등이 있다. 베타시아닌의 구조는 그림 10-12와 같다. 베타닌(betanin)은 베타시아닌의 주요 색소로 비트에 함유된 총 색소의 75~95%를 차지하고 있으며 나머지 색소로는 이소베타닌(isobetanin), 프리베타닌(prebetanin), 이소프리베타닌(isoprebetanin) 등이 존재한다.

황색을 띠는 색소로는 불가잔틴 I(vulgaxanthin I)과 불가잔틴 II(vulgaxanthin II)가 있다. 알칼리 상태에서나 glutamin 혹은 glutamic acid 존재하에서 베타닌은 불가잔틴으로 전환될 수 있다. 베타닌은 pH 4~6일 때 가장 안정하며, 베타닌 용액은 산성에서는 적색이고 알칼리성에서는 자색, 청색으로 변한다.

제3절 동물성 식품의 색소

1. 헴 색소

육류 근육의 적색은 육색소인 미오글로빈(myoglobin)과 혈색소인 헤모글로빈(hemo globin)에 의한다. 일반적으로 식육에는 미오글로빈이 80~90%, 헤모글로빈이 10~20% 정도 함유되어 있다. 이들은 헴(heme)이라고 하는 기본구조를 가진 색소 단백질이다.

미오글로빈은 한 분자의 헴이 글로빈(globin)과 철을 함유하고 있다. 헤모글로빈은 4분자의 헴이 각각 글로빈과 결합되어 있다. 미오글로빈과 헤모글로빈 모두 헴 분자를 가지고 있어 헴 색소라고 부른다.

1) 헴의 구조

헴은 네 개의 피롤(pyrrole)고리가 메틴(methine)기에 의해 결합되어 있는 포르피린 고리(porphyrin ring)의 중앙에 철을 함유하고 있는 포르피린 유도체이다(그림 10-13).

미오글로빈과 헤모글로빈이 가지고 있는 포르피린은 프로토포르피린(protoporphyrin)이며, 중심에 있는 철이 2가의 양이온으로 있어 페로프로토포르피린(ferroprotoporphyrin)이라고 한다. 프로토포르피린 중심에 위치한 철 원자의 배위수는 6으로 네 개는 피롤의 네 개의 질소 원자와 결합되어 있으며, 하나는 글로빈 단백질 중 히스티딘 잔기의 이미다졸(imidazole) 고리의 질소 원자와 결합되어 있고, 나머지 하나는 물 분자와 결합되어 있다. 물 분자는 산소, 일산화탄소, 산화질소 등과 쉽게 치환될 수 있다. 프로토포르피린은 여러 개의 공액 이중결합을 가지며. 프로토포르피린의 1,3,5,8 위치에는 메틸기, 2,4 위치에는 비닐기, 그리고 6,7 위치에는 프로피온산기가 결합되어 있다.

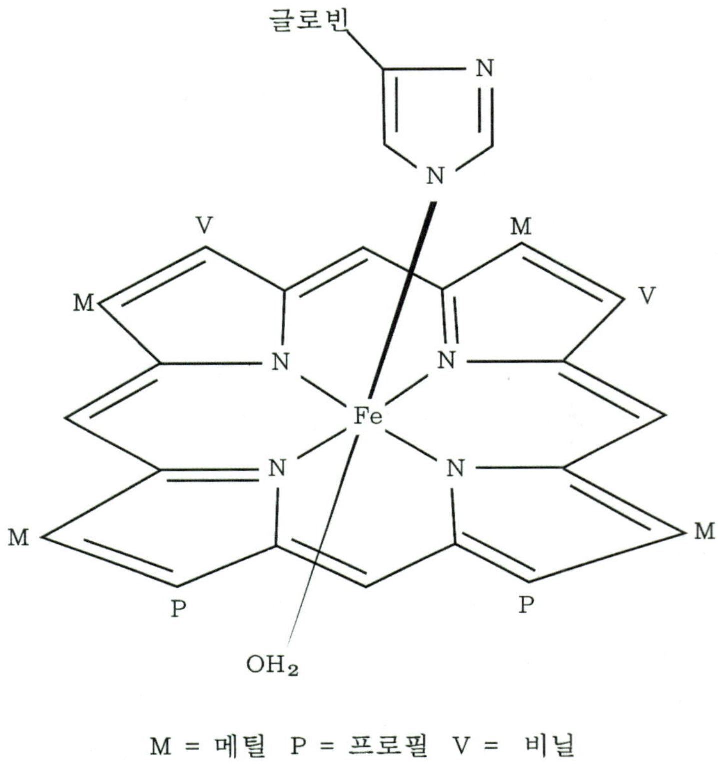

〈그림 10-13〉 헴 복합체의 구조

2) 헴의 색 변화

미오글로빈과 헤모글로빈이 물 분자와 결합되어 있을 때는 암적색을 띠지만, 산소와 결합하면 선홍색을 띤 옥시미오글로빈(oxymyoglobin)과 옥시헤모글로빈(oxy-hemoglobin)이 된다.

신선한 육류는 미오글로빈에 의해 짙은 적자색을 띠나 이것이 공기와 접촉하면 분자상 산소와 결합하여 옥시미오글로빈으로 되어 선홍색을 띠게 된다. 미오글로빈과 헤모글로빈이 산소 분자와 결합하더라도 헴 분자의 중심에 있는 철 이온은 그대로 2가를 가지고 있으므로 이를 산소화(oxygenation)라고 한다.

그러나 산소분압이 낮아져 미오글로빈과 헤모글로빈의 중심에 있는 철 이온이 산화(oxidation)되면 철 이온은 2가에서 3가로 되어 갈색의 메트미오글로빈(metmyoglobin)과 메트헤모글로빈(methemoglobin)이 된다.

육류를 가열하면 글로빈 단백질이 변성되고 헴은 산화되어 회갈색의 헴 부분이 유리된다. 유리된 페리프로토포르피린(ferriprotoporphyrin)을 헤마틴(hematin)이라고 한다. 유리 상태의 헤마틴이 염소이온과 결합하면 헤민(hemin)이 생성되며 이를 염화페리프로토포르피린(ferriprotoporphyrin chloride)이라고 한다.

햄이나 베이컨 등의 훈연제품은 염지(curing)를 할 때 발색제로서 질산염이나 아질산염을 사용한다. 아질산염은 헴 색소를 산화시키는 성질을 가지므로 미오글로빈과 옥시미오글로빈을 산화하여 메트미오글로빈으로 변화시킨다.

메트미오글로빈은 근육조직의 환원제 또는 발색촉진제로 첨가하는 sodium ascorbate의 환원작용으로 다시 미오글로빈으로 된다. 한편 아질산염은 근육 중의 글리코겐 분해로 생긴 젖산에 의하여 유리의 아질산(NO_2)으로 되며 이것이 다시 환원되어 산화질소(NO)가 생긴다.

산화질소는 미오글로빈과 쉽게 결합하여 니트로소미오글로빈(nitrosomyoglobin), 산화질소미오글로빈(nitirc oxide myoglobin)을 형성한다.

이것이 가열되면 글로빈 단백질이 열변성을 일으켜 안정한 산화질소미오헤모크로모겐(nitirc oxide myohemochromogen) 또는 니트로실 헤모크롬(nitrosyl hemochrome)이 형성되어 분홍색이 고정된다.

제4절 색의 분류체계

식품의 색을 측정하는 방법으로 자주 사용되는 것으로는 CIE계(Commission International de I'Eclairage), 헌터(Hunter)계, 먼셀(Munsell)계 등이 있다.

CIE계는 삼색계로 모든 색을 적색(700 nm), 녹색(516 nm), 청색(435 nm)의 세 가지 원색을 혼합하여 나타낼 수 있다는 원칙에 기초를 둔다.

어떤 색을 나타낼 때 필요한 세 가지 원색의 상대적 비율을 삼자극값(tristmulus value)라고 한다.

원색인 적색, 녹색, 청색을 X, Y, Z로 표시하면 어떤 색에 있어서 원색의 비율은 $x=X/(X+Y+Z)$, $y=Y/(X+Y+Z)$, $z=Z/(X+Y+Z)$로 나타낼 수 있다.

x와 y의 양을 색도좌표(chromaticity coordinates)라고 부르며 z값은 $z=1-(x+y)$로 계산될 수 있다.

CIE 색도도는 그림 10-14와 같다.

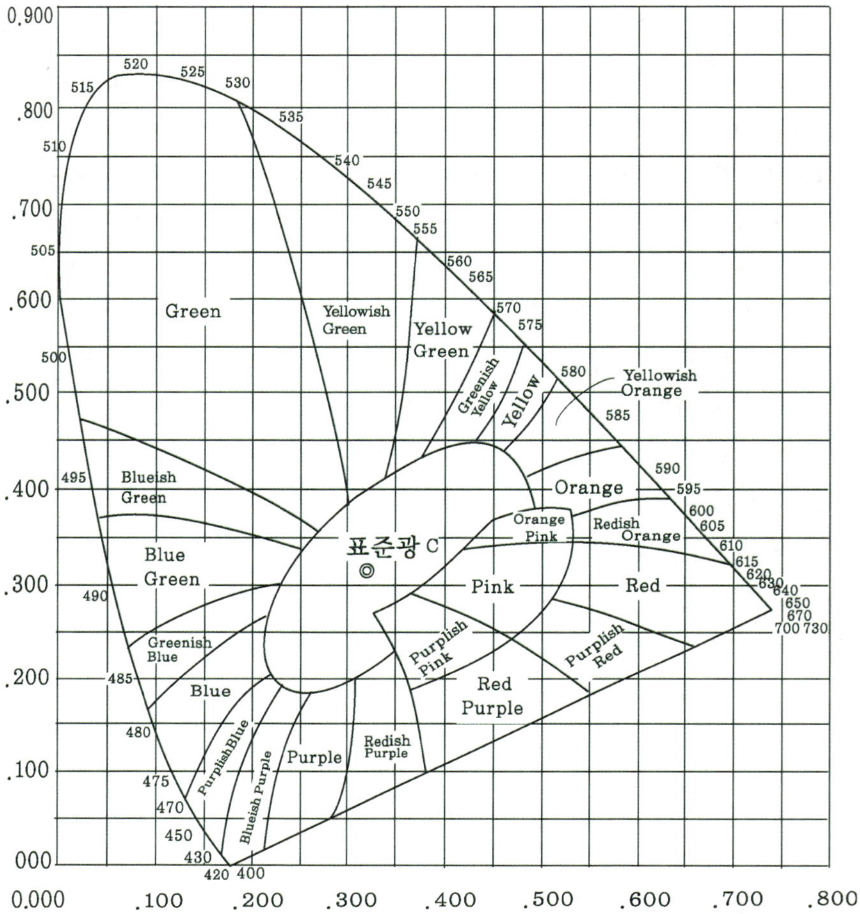

〈그림 10-14〉 CIE 색도도

먼셀계에서는 색을 세 가지 요소인 색상(hue, H), 명도(value, V), 채도(chroma, C)로 나타낸다. 색상은 적색(R), 황색(Y), 녹색(G), 청색(B), 자색(P)의 다섯 색상과 그 중간 색상인 YR, GY, BG, PB, RP의 10개로 색상환을 구성한다.

명도는 0(검정)부터 10(흰색)의 범위에 있는 밝기 등급으로 색상환의 중심을 통과하며 색상환에 대해 수직으로 표시한다.

채도는 색의 순도를 나타내는 것으로 색상환에 대해 수평으로 표시한다(그림 10-15). 먼셀계로 색은 색상 명도/채도(H V/C)로 묘사되며 5R 3.5/4.2는 적색인 R이 5이고 명도가 3.5, 채도가 4.2인 색을 의미한다.

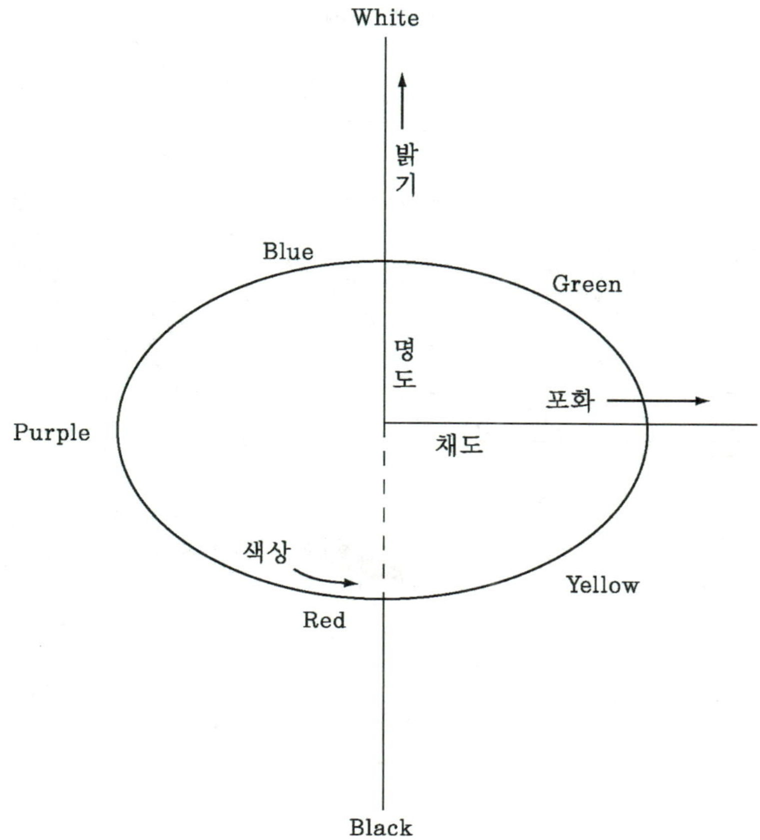

〈그림 10-15〉 먼셀계의 색 분류

헌터계는 사람의 눈에 의한 색 감각에 기본을 두고 있으며 눈은 빛에 예민한 3가지 수용체인 적색, 녹색, 청색의 수용체(receptor)를 가지고 있다.

식품 비색법에서 널리 사용되는 것은 헌터 L, a, b계로서 L은 명도(lightness)를 나타내며 0(검은색)과 100(흰색) 사이의 값으로 표시한다.

+a와 −a 좌표는 적색과 녹색의 강도를, +b와 −b 좌표는 황색과 청색의 강도를 나타내어 L, a, b의 값으로 색을 표시할 수 있다(그림 10-16).

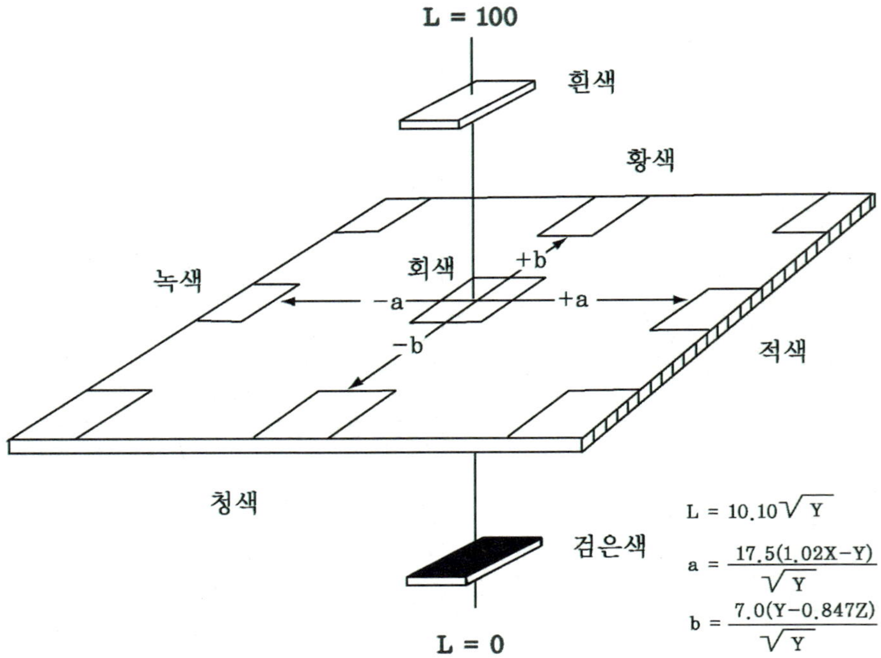

〈그림 10-16〉 헌터계의 L, a, b 색입체

Chapter 11

식품의 갈변

식품의 변색은 저장 및 가공 중에 일어나는 식품의 고유 색깔이 점차 퇴색되거나 갈색 내지는 암갈색으로 변하는 것으로 여러 가지 복합한 반응들에 의해서 일어난다. 이러한 변색은 식품의 품질평가에 직접적으로 또는 간접적으로 큰 영향을 주기 때문에 식품의 저장과 가공에 매우 중요하게 취급되고 있다.

식품의 변색은 크게 둘로 나누어 볼 수 있는데 하나는 식품 자체에 함유되어 있는 색소, 즉, chlorophyll, carotenoid, myoglobin 등이 빛이나 열, 그 밖의 작용으로 분해되어 퇴색 또는 변색하는 경우이고, 다른 하나는 무색이었던 식품성분 사이에 화학반응이 일어나서 유색물질이 생성되어 식품의 색깔을 변화시키는 경우이다. 유색물질의 생성에 의해 식품의 색깔이 갈색 또는 암갈색으로 변화는 것을 갈변(browning)이라 한다.

간장이나 된장과 같은 식품에서의 갈변은 색과 향미를 증진시키는데 필수적이나 감자나 과실의 건조식품 제조시 문제가 될 수 있으며 과즙이나 잼, 젤리의 색을 어둡게 하는 등 바람직하지 않은 결과를 유발하기도 한다. 식품의 향미에 있어서는 볶은 땅콩, 식빵, 분유, 홍차, 커피 등과 같이 갈변반응의 결과로 독특한 향미성분이 형성되는 장점도 있으나 각종 빵 제품이나 가열과정을 거친 곡류 가공식품의 경우 필수아미노산의 파괴에 의한 영양가 손실을 초래하기도 한다. 갈변에 의해 품질이 향상되는 식품과 저하되는 식품들의 예는 다음과 같다.

- 품질이 향상되는 식품 : 홍차(tannin의 산화갈변), 빵, 비스킷 등의 갈변, 된장, 간장의 색, 위스키의 색
- 품질이 저하되는 식품 : 사과, 청주, 식초, 건조식품, 식용유 등의 갈변 (이미·이취 발생, 비타민 및 기타 영양소 파괴)

1. 갈변반응의 분류

갈변반응은 여러 가지로 분류할 수 있으나 효소가 직접 관여하는 효소적 갈변반응(enzyme-browning reaction)과 효소의 관여없이 일어나는 비효소적 갈변반응(nonenzyme-browning reaction)으로 크게 나눌 수 있다. 효소적 갈변은 식품에 함유된 phenol 화합물들이 산화·중합하여 갈색 색소를 생성하는 것으로 이 반응은 보통 polyphenol oxidase가 관여하기 때문이며, 사과나 감자의 절단면이 갈변하는 것이 그 예이다. 비효소적 갈변은 식품중의 carbonyl 화합물(당류포함)과 amino acid 등의 amino 화합물의 반응에 의한 것으로 효소는 관여하지 않는다. 감귤과즙의 보존에 따른

갈색화, 유제품의 가열에 따른 변색, 간장의 가열에 따른 착색, 식빵 껍질의 착색 등이 그 예이다. 대부분 음식물의 색깔 변화는 효소적 갈변과 비효소적 갈변이 동시에 일어나는 경우가 많다.

1) 효소적 갈변
   (1) Polyphenol oxidase에 의한 갈변반응
   (2) Tyrosinase에 의한 갈변반응
2) 비효소적 갈변
   (1) 마이얄 반응(maillard reaction), 아마노-카보닐 반응(amino-carbonyl reaction), 멜라노이딘 반응(melanoidine reaction)
   (2) 카라멜화 반응(caramelization)
   (3) Ascorbic acid의 산화반응(ascorbic acid oxidation)

2. 효소적 갈변

효소적 갈변(enzyme-browning)은 사과, 바나나, 감자, 홍차 등의 갈변은 산소의 존재하에 polyphenol 화합물이 polyphenol oxidase에 의하여 산화되어 quinone이 생기고, 이것이 비효소적으로 중합해서 갈색의 melanin이 생기는 현상이다. 반응의 기질은 tyrosine, DOPA, catechol, catechin, chlorogenic acid 등의 mono-또는 diphenols기를 갖고 있는 phenol성 물질이고, 관여하는 효소는 phenol oxidase(phenolase)로 총칭된다. Phenol oxidase는 tyrosine과 같이 phenol기에 1개의 hydroxyl(-OH)을 갖고 있는 물질을 산화시키는 monophenol oxidase와 tannin의 한 종류인 catechol과 같이 phenol기에 2개 이상의 hydroxyl(-OH)를 갖고 있는 물질을 산화시키는 polyphenol oxidase로 분류할 수 있다. Monophenol oxidase는 주로 tyrosine을 산화시키므로 tyrosinase라고도 한다.

효소에 의한 갈변은 고온에서 가열처리된 가공식품이나 저온식품들에서는 일어날 수 없으며, 건조식품, 냉동식품, 통조림 식품 등에서는 효소에 의한 갈변은 가공과정 중에서 여러 가지 형태의 가열처리에 의해 효소가 불활성되기 전에 일어난다.

Ascorbic acid oxidase에 의한 ascorbic acid의 갈변반응이 있으나 이것은 ascorbic acid 함량이 극히 많은 감귤류(citrus fruits) 등의 일부 식품에 국한되어 있다.

1) Polyphenol oxidase에 의한 갈변

(1) 갈변반응 기구

Polyphenol oxidase(catecholase, polyphenolase, diphenol oxidase)는 Cu를 함

유하고 있는 효소로 주로 o-diphenol인 catechol, chlorogenic acid, dopamine, pyrogallol, catechin, caffeic acid 등을 기질로 하여 공기 중의 산소 존재하에 quinone 또는 quinone 유도체로 산화하는 반응을 촉매한다. 이때 생성된 quinone 또는 그 유도체들은 활성이 매우 커서 비효소적으로 계속 산화, 중합 또는 축합되어서 최종적으로 melanin 색소(갈색~흑색색소)를 형성한다.

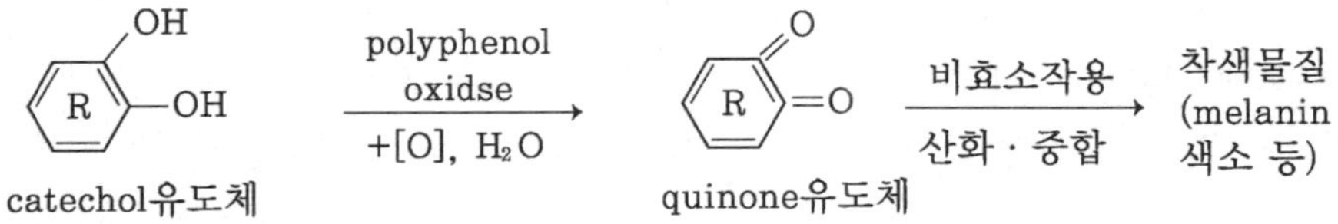

〈그림 11-1〉 Melanin의 생성과정

효소적 산화는 홍차의 발효, 카카오 종자의 건조과정 등에서 최종산물의 색 · 풍미 · 방향 등에 관여하는 중요한 반응이나 복숭아, 사과, 버섯, 감자, 고구마, 잠두, 녹차 등의 일반 과채류에서는 품질저하를 가져오는 경우가 많다. 감 등에서는 거의 갈변을 볼 수 없는데 이것은 효소가 감의 회합형 tannin과 결합하여 불활성화되기 때문이다.

(2) Polyphenol oxidase의 특성

Polyphenol oxidase는 단일 종의 효소가 아니고 성질이 비슷한 여러 종류의 효소의 혼합물이다. Polyphenol oxidase는 기질특이성(substrate specificity)이 매우 광범위하지만 그의 출처에 따라 특정기질에 대한 상대적인 반응성에는 차이가 있다. 대부분 버섯에서 분리정제하며 분자량은 120,000이고 한 분자당 4개의 구리를 포함하고 있다.

① 무기이온의 영향

Polyphenol oxidase는 구리이온을 함유하고 있는 산화효소이며, 구리이온 및 철이온에 의하여 활성화되며, 반대로 Cl 이온은 억제작용을 가진다.

② 최적 pH

과일 polyphenol oxidase의 최적 pH는 5~6이고, pH가 낮은 과일은 산성측에, 산이 적은 과일에서는 중성 가까이에 있다. 일반적으로 polyphenol oxidase의 최적 pH는 그 출처인 식물조직의 pH에 가깝다.

③ 기질에 대한 특이성

식물 조직의 종류에 따라 갈변의 양상에 차이가 있는 것은 polyphenol oxidase의 활성에 차이가 있거나 폴리페놀의 양에 의존하지만 polyphenol oxidase의 기질에 대한 특이성도 관여한다. 일반적으로 polyphenol oxidase는 그 원료에 들어 있는 폴리페놀화합물을 잘 산화한다.

2) Tyrosinase에 의한 갈변

Tyrosinase에 의한 갈변은 일부 과채류의 갈변에 있어서 매우 중요하다. 이 갈변 반응을 주관하는 효소인 tyrosinase는 다른 polyphenol oxidase와 그 작용이 유사하다. 그러나 tyrosinase는 polyphenol oxidase와 달리 수산기를 하나 가진 tyrosine과 같은 monophenol 유도체에 주로 작용하므로 monophenol oxidase라고도 하며 과채류 특히 절단한 생감자의 갈변에 매우 중요한 효소이다. 감자 등에 함유된 아미노산 중 tryosine은 이 효소에 의해 급속히 산화되어 산화생성물인 DOPA(dihydroxyphenylalanine), DOPA-quinone과 적색의 melanochrome(5,6- quinone-indol-2-carboxylic acid)과 같은 중간생성물을 생성하고 계속적인 축합, 중합반응을 통해 최종적으로 갈색의 멜라닌색소를 형성한다. 이러한 과정은 그 경로가 비교적 확실하게 규명되어 있으며, 이 효소는 pH 7~8, 온도 0~30℃에서 안정한 것으로 밝혀져 있다.

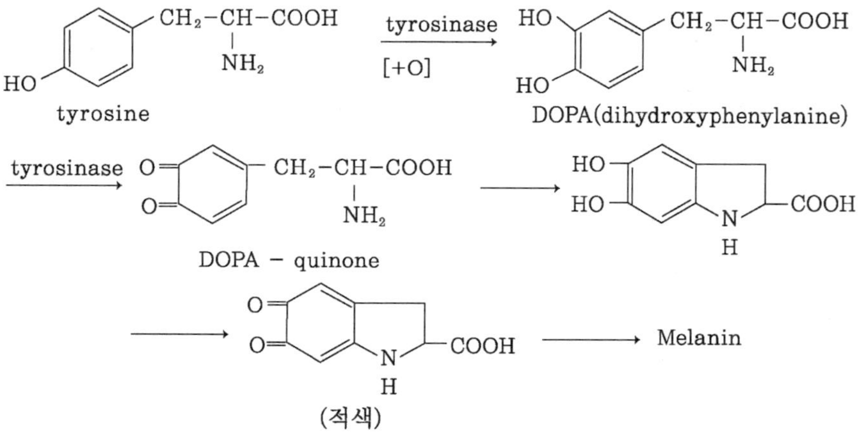

〈그림 11-2〉 Tyrosine의 효소적 산화에 의한 melanin 생성

3) 홍차의 갈변

Polyphenol oxidase에 의한 갈변은 녹차와 홍차의 제조과정을 비교하면 잘 알 수 있다. 녹차는 신선한 차잎을 100℃ 이상의 과압수증기로 20~25초간 찐 후 55~60℃에서 단계적으로 수분을 건조시켜 제조하기 때문에 차잎에 존재하는 효소들이 불활성화 되어 갈변반응을 일으킬 수 없다. 홍차는 신선한 차잎을 일정수준의 수분함량이 되도록 시들시들하게 15~20시간 위조(withering)시킨 후 차잎의 세포를 분쇄하는 유념(rolling)과정을 거쳐 체로 선별한 후 20~25℃에서 높은 습도하에 3시간 정도

발효(fermentation)시킨 후 건조하여 제조한다. 따라서 녹차와는 달리 홍차는 발효과정 중에 가장 갈변반응이 활발하게 일어나며 catechin과 gallocatechin과 같은 폴리페놀 화합물들이 산화, 중합되어 홍차 특유의 적색 색소인 theaflavin이 생성된다. Theaflavin은 홍차의 색깔을 결정하는 중요한 성분이며 차의 떫은맛 성분인 tannin이 theaflavin이 되므로 홍차에서는 떫은맛이 크게 감소한다.

4) 효소적 갈변의 방지법

갈변의 방지는 대부분 식품의 가공전후 또는 저장 중의 품질저하를 막는데 있어서 매우 중요한 문제이다. 효소적 갈변의 방지법은 갈변에 관여하는 효소를 불활성시키는 것이 가장 효과적이며, 다른 하나는 효소의 작용을 억제하는 방법이다.

(1) 효소의 불활성화

효소 자체가 단백질이기 때문에 가열에 의하여 쉽게 불활성화된다. 따라서 식품을 가공하기 전에 데치기나 끓이기 등과 같은 방법으로 가열처리하여 효소를 불활성화함으로써 갈변을 방지할 수 있다. 과일잼이 갈변되지 않는 것과 같은 예이다.

(2) 최적조건의 변동

모든 효소들은 최적의 pH, 온도, 기타의 조건을 갖고 있다. 구연산 등으로 pH를 대폭 산성으로 변동시키거나, 식품의 온도를 −10℃이하로 저장하면 효소의 작용을 억제하여 갈변을 방지할 수 있다. 진한 소금물, 진한 설탕물도 효소의 작용을 상당히 억제할 수 있다.

(3) 산소의 제거

산소의 제거로 갈변이 방지되므로 식품을 밀폐하여 공기를 제거하거나 공기 대신에 CO_2나 N_2를 대체함으로써 갈변이 억제될 수 있다. 또 물, 소금물, 설탕물 등 액체에 담그면 공기 중 산소와의 접촉이 방지된다.

(4) 기질의 제거

기질을 제거하는 것은 가장 어려운 방법이다. 고구마는 기질이 대부분이 껍질에 있으므로 조리할 때 껍질을 벗기고 물에 담그면 폴리페놀 화합물에 의한 갈변을 억제하고 색깔을 좋게 하는 데 도움이 된다.

(5) 환원제에 의한 방지

Ascorbic acid와 같은 환원제는 폴리페놀 화합물의 산화에 의해서 생성된 quinone을 환원상태로 두거나 식품 조직 속에 용해되어 있는 산소를 급속히 환원시켜서 갈변을 억제한다. 그러나 ascorbic acid가 산화되어 dehydroascorbic acid(DHA)로 전환될 때까지만 갈변억제 효과가 있고, 그 이후는 ascorbic acid 자체가 갈변된다.

이외에도 SO2 가스, 아황산염, –SH 화합물(cysteine, glutathione 등), 주석산염 등의 환원성 물질도 갈변을 억제할 수 있다.

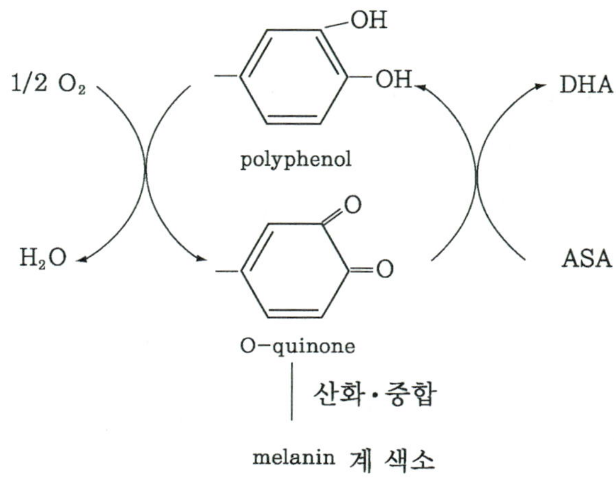

〈그림 11–3〉 갈변반응에 대한 ascorbic acid의 작용

(6) 산화저해제

효소저해의 방법은 많이 있으나 풍미저하, 악취발생, 독성, 경제성 등 때문에 실제로 과용되는 물질이나 방법은 비교적 적다. KCN, thiurea, NaCl 등이 있다.

(7) 금속이온의 제거

Fe 또는 Cu 이온 등 금속이온은 효소의 활성을 촉진하므로 이들 이온을 제거하거나 금속으로 된 용기나 기구를 사용하지 않으면 갈변을 억제할 수 있다.

3. 비효소적 갈변

산화효소의 작용으로 일어나는 갈변 이외의 화학변화에 의한 갈변을 비효소적 갈변(nonenzymatic browning)이라 한다. 비효소적 갈변은 표 11–1과 같이 여러 종류의 반응에 의해 일어나지만 식품에서 가장 널리 일어나고 대표적인 비효소적 갈변은

Maillard 반응(또는 aminocarbonyl 반응)이다.

[표 11-1] 갈변반응의 비교

반응의 종류	산소의 필요성	최초의 반응에서 amino기의 필요성	최적 pH
Maillard 반응	—	+	알칼리성
Caramel화 반응	—	—	알칼리성, 산성
Ascorbic acid의 산화반응	+	—	약산성
Polyphenol oxidase	+	—	약산성

1) Maillard 반응(Aminocarbonyl 반응)

활성을 가진 유리 aldehyde기나 keto기와 같은 carbonyl기를 가진 당류는 amino acid나 peptide들과 같이 amino기를 가진 질소화합물들과 공존할 때 쉽게 반응하여 갈색색소인 melanoidin 색소를 형성한다. 이와 같이 환원당과 아미노화합물들에 의한 갈변반응은 Maillard, M.C.(1912)에 의해 처음으로 발표되었기 때문에 Maillard 반응이라고 한다. 또한 amino기와 carbonyl기에 의해서 일어난다고 하여 aminocarbonyl화 반응이라고도 한다.

거의 모든 식품은 당류와 amino acid, peptide, 단백질의 함량 차이가 있지만 이들 모두를 함유하고 있기 때문에 대부분의 식룸의 저장중에 많이 일어나는 이 반응은 식품의 색깔뿐만 아니라 맛, 냄새등과 같은 관능적 요인에도 많은 영향을 미쳐 품질을 저하시키고 필수 아미노산이나 vitamin을 파괴하여 영양가의 손실을 초래한다. 그러나 커피, 홍차, 카라멜, 위스키, 식빵, oatmeal, 쿠키, 된장, 간장 등의 특유한 색깔, 풍미, 방향 등도 이 반응에 의해 생성된다.

(1) Maillard 반응의 mechanism

Maillard 반응의 가장 큰 특징은 caramel화 반응 등과 같은 다른 비효소적 갈변에 있어서는 상당한 가열 등이 필요하지만, 이 반응은 거의 자연발생적(spontaneous)으로 일어난다는 것이다. 이 반응의 mechanism을 glucose와 glycine을 예로써 생각하여 보면 다음과 같다.

① 초기단계

초기단계(initial stage)에서는 무색이며 아직 갈변현상이 일어나지 않는다.

a) 축합반응

Maillard 반응이 진행되려면 우선 환원당과 amino 화합물의 축합이 이루어져야 한다. 알칼리성에서는 축합이 그다지 일어나지 않으나 중성~산성에서는 축합반응에 의하여 질소배당체를 형성한다. 이를테면 glucose와

glycine이 축합하여 질소배당체인 glucosylglycine이 형성된다.

b) Amadori 전위

Amadori 전위는 Aminocarbonyl 반응의 관문과도 같은 위치에 있는 과정으로서, aldose와 amino compound가 반응하여 생긴 질소배당체가 keto형의 질소배당체로 변할 때 이것을 발견자의 이름을 따서 amadori전위라 한다. 질소배당체는 산의 촉매작용에 의하여 amadori 전위(rearrangement)를 일으킨다. Amino화합물이 amino acid인 경우에는 amino acid의 carboxyl기가 산으로서 작용하기 때문에 특히 산을 넣을 필요가 없다. Amadori전위에 의하여 glucosylglycine은 대응하는 enaminol(amino reductone) (Ⅱ), fructosylglycine(Ⅲ)이 된다. 이 단계에서는 아직 갈변되지 않는다.

c) difructosylglycine생성

Fructosylglycine에 다시 한 분자의 당이 결합하면 difructosyl-glycine (Ⅲ')이 되는데 이것이 중요한 중간체라 생각되고 있다.

② 중기단계

중기단계(intermediate stage)에서는 무색에서 황색을 띤다.

a) Osone의 생성

Amadori 전위생성물 1,2-enol화한 amino reductone(Ⅱ)은 자동산화에 의하여 glucosone(Ⅳ)이 되고, 탈수에 의하여 3-deoxyglucosone (3-DG)(Ⅴ)이 된다. 이와 같이 산화와 탈수에 의하여 amino acid를 이탈하고 반응성이 큰 osone(ketoaldehyde)이 생성된다.

b) Unsaturated 3,4-dideoxyosone과 HMF의 생성

3-Deoxyglucosone은 탈수되어 unsaturated 3,4-dideoxyosone(Ⅵ)이 생성된다. 이것의 enol형은 endiol은 아니지만 공액 diendiol 화합물로서 그 자체를 reductone으로 볼 수 있고, 가장 중요한 갈색물질의 중간체라 생각되고 있다.

Unsaturated 3,4-dideoxyosone은 다시 탈수하면 환상의 hydroxymethylfurfural(HMF)(Ⅶ)이 생기는데, 이것은 산성이 강할수록 다량 생성된다. 중성, 약산성에서는 극히 소량 생성될 뿐이다. pH가 낮은 과즙류에서는 다량 검출되고 있다.

③ 최종단계

반응의 최종단계(final stage)에서는 중기단계에서 생긴 여러 가지 carbonyl 화합물 즉, osones나 HMF등은 이중결합을 가지고 반응성이 커서 다시 amino acid와 반응 하고 중합하여 melanoidin이란 갈색물질을 생성한다. 이 단계의 반응 mechanism은 아직 정확히 밝혀져 있지 않다. Melanoidin은 C,

H, O, N로 이루어지는 고분자 화합물이며, 최근에는 그 자신이 항산화력을 지니고 있는 것으로 알려져 있다.

(2) Strecker 분해

당과 amino acid의 가열반응에서 CO_2가 발생하는 반응이 부가적으로 일어난다. 곧 amino acid는 산화를 받으면 탈 amino화되고, 동시에 carboxyl기에서 탈탄산도 일어나서 본래의 amino acid보다 탄소수 1개 적은 aldehyde를 생성한다. 이 반응을 strecker분해(strecker degradation)라 한다. Amino acid에 산소를 제공하는 대표적인 화합물은 dicarbonyl 화합물이다.
Aminocarbonyl 반응이 중기단계 생성물인 osone, 3-deoxyosone, 3,4-dideoxyosone 등의 dicarbonyl 화합물은 amino acid와 반응하여 enaminol(amino reductone)과 aldehyde가 생성된다.

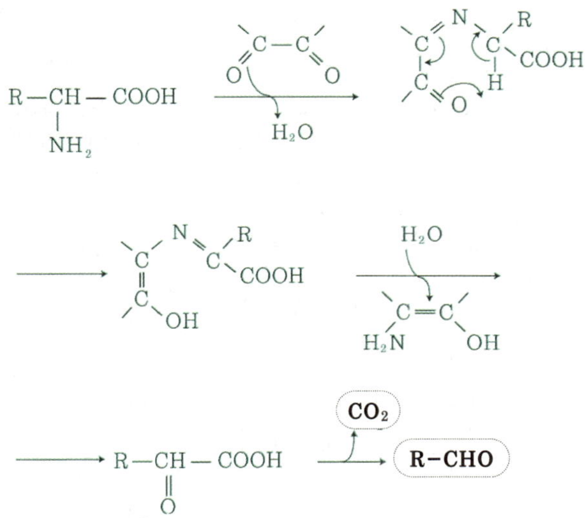

〈그림 11-4〉 Strecker degradation

(3) Maillard 반응에 영향을 주는 인자

① 온도의 영향

Maillard 반응의 속도에 가장 영향을 주는 것은 온도이다. 즉, 반응계의 온도를 10℃올리면 갈변은 3~5배 촉진되고, 저온에서는 갈변이 많이 억제된다. 온도 80℃ 이상에서는 산소의 유무에 관계없이 같은 갈변하지만 실온으로 저장하면 산소가 있을 때 갈변이 촉진된다.

② pH의 영향

pH는 maillard 반응의 속도에 영향을 줄 뿐만 아니라 그 반응과정에도 영향을 준다. Maillard 반응은 pH 3 이하에서는 갈변속도가 매우 느리나 pH 3 이상에서는 pH가 높아질수록 갈변속도가 빨라진다. pH 3 이하에서도 ketose는 불안정하여 갈변이 일어난다.

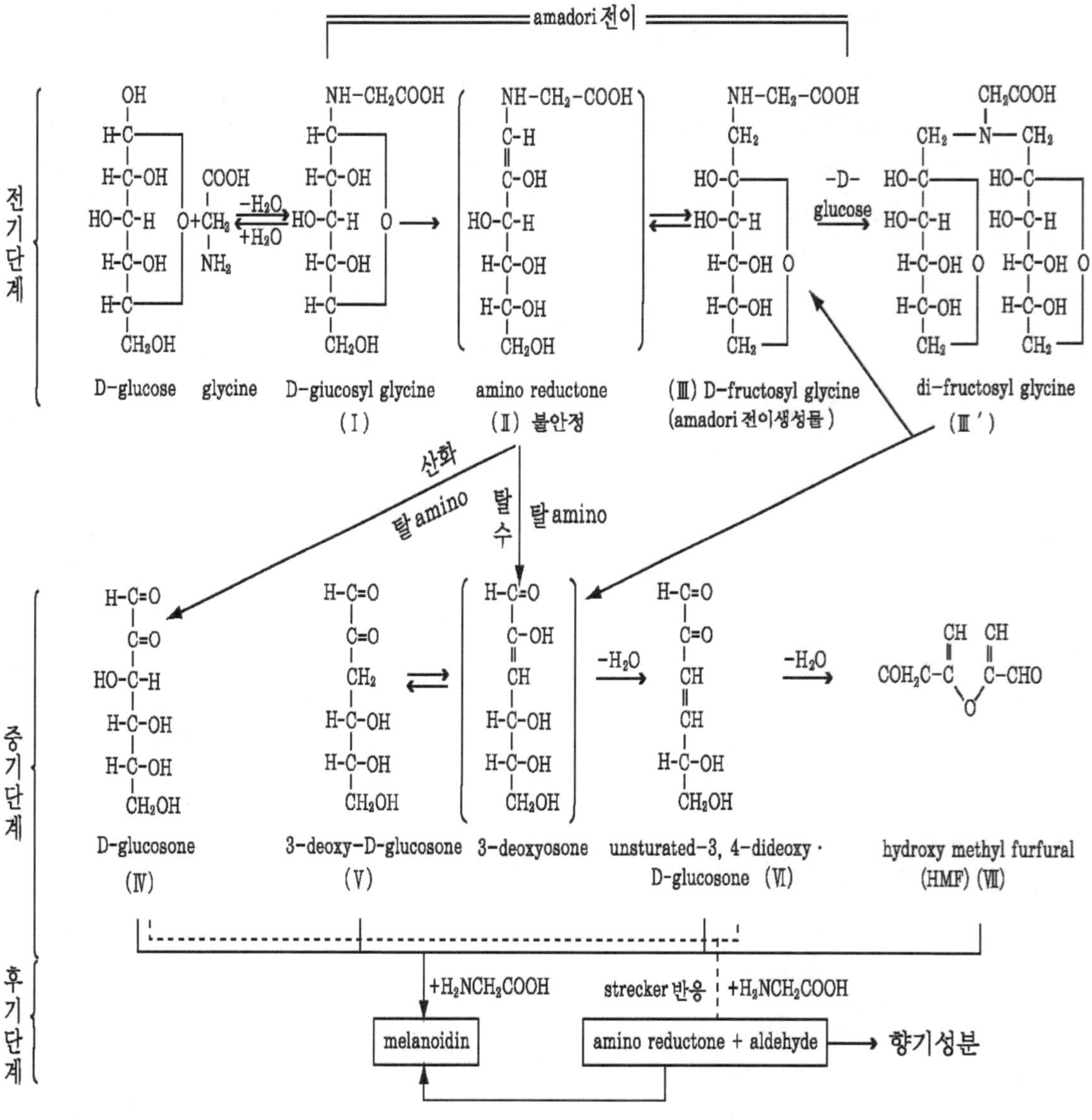

〈그림 11-5〉 Maillard reaction

③ 당의 종류

환원당은 pyranose환이 열려 알데히드형이 되어 maillard 반응을 일으킨다. 환원당의 멜라노이딘 생성량은 개환형의 존재량과 거의 비례하며 환원당은 sucrose와 같은 비환원당에 비해 갈변속도가 크다. Pentose는 일반적으로 carbonyl형의 존재비가 높기 때문에 반응성이 크고, 평균적으로 hexose에 비해 약 10 배나 갈변속도가 크다. 일반적으로 당류의 종류에 따른 반응속도는 xylose>arabinose>fructose>glucose>sucrose 순이다.

④ Amino 화합물

Amino 화합물은 단독으로 maillard 반응에 의해 갈변하는 일은 적지만 carbonyl 화합물과 공존하면 그 갈변속도가 촉진된다. Amino acid, peptide, protein, amines가 갈변에 관여하지만 일반적으로 amine은 amino acid보다 갈변속도가 크다. Amino acid 가운데서는 염기성 amino acid의 반응성이 크고, 특히 lysine의 e-amino기의 반응성이 크다고 한다.

⑤ Carbonyl 화합물

Carbonyl 화합물의 종류에 따른 갈변도를 model계에 의하여 조사한 바에 의하면, α,ß- 불포화 aldehyde, furfurals가 갈변하기 쉽고, ketones는 갈변하기 어렵다.

⑥ 농 도

Ellis(1959)에 의하면 melanoidin 색소의 양(Y)은 온도가 일정할 때, 환원당의 농도[S]에 비례하고, 유리 amino기를 가진 질소화합물의 농도[A]와 반응시간[T]의 제곱에 비례한다는 것이다.

공식

$$Y = k \times [S][A]^2[T]^2$$

k : 속도상수
S : 환원당의 농도
A : 질소화합물의 농도
T : 반응시간

⑦ 수분, 빛, 금속

Maillard 반응은 식품의 수분함량이 커질수록 급증하나 일반적으로 수분활성도 0.6~0.8에서 반응속도가 최대치에 이르고 그 이상에서 오히려 감소한다. 이와 같은 반응속도의 감소는 수분증가에 의한 반응물질의 희석효과에 의한 것으로 생각된다. 또한 수분함량이 10~15%에서 일어나기 쉬우므로 보통의 건조상태에서는 갈변이 잘 일어난다. 완전 탈수하면 반응은 정지된다. 자외선이나 Fe. Cu 등의 금속이 존재하면 반응속도가 증가한다. 실제로 식품 속에서는 이들 요인이 서로 영향을 미치므로 매우 복잡하다.

⑧ Maillard 반응의 억제

Maillard 반응은 수분함량조정, 저온저장, pH조정 및 반응활성물질 제거 등에 의해 억제할 수 있다. 예를 들면, 난백 속의 glucose를 yeast로 발효시킨 후에 건조하면 갈변을 억제할 수 있다. 또 화학적인 방지제, 아황산염의 첨가로 이들이 가지는 환원성기와 첨가화합물을 형성하므로 반응이 억제된다.

2) Caremel화 반응에 의한 갈변

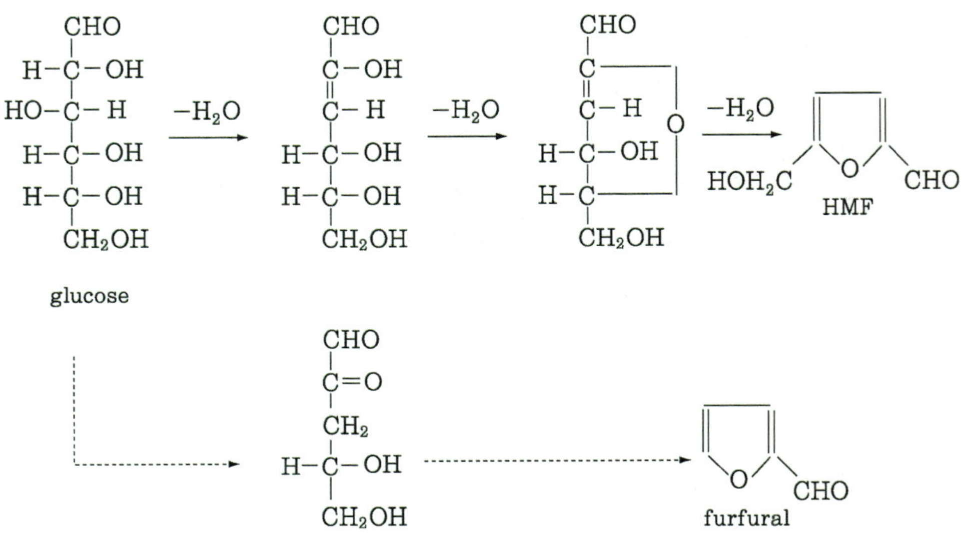

〈그림 11-6〉 Caramel화 반응

Caramel화(caramelization) 반응에 의한 갈변은 Maillard 반응과는 달리 amino 화합물이나 유기산이 존재하지 않는 상황에서 당류의 가열로 인한 산화 및 분해 산물에 의한 중합, 축합으로 갈색물질을 생성하는 갈변반응을 caramelization이라 한다. Caramel화에 필요한 최적 pH 6.5~8.2이다.

Caramel화 반응은 산성 또는 알칼리성의 조건에 따라 반응형식에 차이가 있다. 이 caramel화에 의한 갈변은 장류(간장, 된장 등), 양주, 청량 음료수, 합성 청주, 과자류 등의 착색(갈색)료로 이용되며, 식품을 가공 및 조리시에 일어나는 caramel화는 식품의 색조나 풍미에 중요한 영향을 준다.

3) Ascorbic acid의 산화에 의한 갈변

Ascorbic acid의 산화에 의한 갈변은 ascorbic acid가 많이 함유된 레몬이나 포도의 과즙이나 농축즙, 농축분말에서 잘 일어나는 갈변현상이다. 이 반응은 ascorbic acid의 분해로 생성된 불포화 osone이나 furfural 등이 소량 함유되는 protein이나 ascorbid acid와 반응하여 갈변하고 냄새를 발생한다.

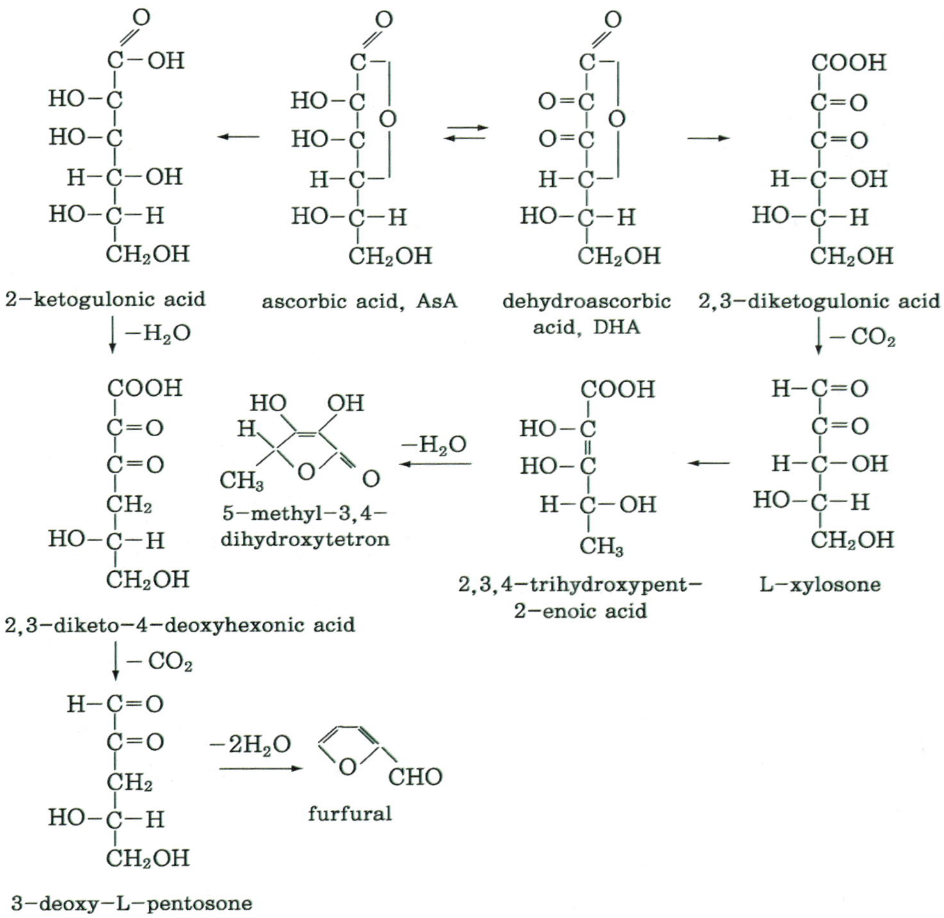

〈그림 11-7〉 Ascorbic acid의 갈변반응

Ascorbic acid는 산소의 유무에 관계없이 분해되어 갈변한다. pH 2 정도에서도 급속히 진행한다. 산성하에서도 갈변은 본질적으로 당류의 산성하에서의 갈변은 본질적으로 당류의 산성하에서의 분해기구와 비슷하며 furfural의 생성은 산촉매에 의한 탈수반응이 주체이다.

산소의 존재하에서는 ascorbic acid가 자동산화로 생기는 dehydroascorbic acid (DHA)는 lactone환이 열려 2,3-diketogulonic acid(DKG)가 형성되고, 이것은 쉽게 탈탄산되

어 L-xylosone이 생성된다. 이 xylosone은 2,3,4-trihydroxypent -2-enoic acid를 거쳐 furan유도체인 5-methyl-3,4-dihydroxytetron을 형성한다.

이 furan은 반응성이 커서 amino 화합물과 maillard 반응을 일으키거나, 그자체 중합, 축합되어 갈색색소를 형성한다.

산소가 존재하지 않는 조건에서는 ascorbic acid는 DHA를 거치지 않고 산화분해에 의하여 2-ketogluconic acid의 enol형이 되고, 이것이 다시 탈수되어 2,3- diketo-4-deoxyhexonic acid를 형성한다.

이것은 다시 탈탄산반응에 의해 3-deoxy-L-pentosone이 형성되고 다시 탈수반응을 통하여 반응성이 큰 furan 유도체를 형성되어 이 furan들의 중합과 축합하거나 amino acid와 strecker분해반응을 일으켜 갈변화하고 또 냄새를 생성한다.

4) Tannin의 비효소적 변색

(1) 자동산화

녹차(green tea)를 습기 있는 곳에 방치하면 차츰 갈색이 된다. 이것은 수분의 존재로 catechin류가 공기 중의 산소에 의하여 자동적으로 산화되기 때문이다. 자동산화는 가열하면 촉진되고, 커피나 땅콩의 속껍질 등의 tannin은 산화에 의하여 암적갈색으로 산화중합하여 각각 특유한 색을 이룬다.

특히 공존하는 amino acid 등의 함질소화합물과 반응하여 melanin 양의 색소를 만드는 동시에 특유의 flavor를 내게 한다.

(2) Chlorogenic acid에 의한 녹변

우엉튀김 등의 녹변은 팽창제로서 넣은 중조액 등의 알칼리와 chlorogenic acid가 반응하여 생기는 것으로 그 pH에 의하여 황녹색 또는 청색으로 변화한다.

(3) Leucoanthocyanin에 의한 홍변

서양배, 양파, 연뿌리 등처럼 leucoanthocyanin을 많이 품고 있는 가공식품을 낮은 pH에서 장시간 가열하면 적변하는 일이 있는데, 이것은 anthocyanin 양의 oxonium 구조를 가진 적색색소가 생성되기 때문으로 추정되고 있다.

(4) 금속에 의한 변색

Tannin은 여러 금속과 complex salt를 형성하며, 그 complex salt의 색깔은 대체로 회색, 갈색, 흑청색, 청록색 등을 갖는다.

Tannin 함량이 많은 채소나 과일 등의 통조림은 캔에서 녹아 나오는 철이온이 tannin과 결합하는데, 캔속은 보통 산소가 없어서 Fe^{2+}(ferric ion)은 회색의 Fe^{2+}-tannin 결합물을 이루지만, can속에 약간의 산소가 남아있거나 개관하여

내용물을 꺼내면 Fe^{2+}은 Fe^{3+}(ferric ion)이 되고, Fe^{2+}−tannin 결합물은 Fe^{3+}−tannin 결합물이 됨으로써 그 색깔은 흑청색 또는 청록색으로 변한다.

아연이나 주석도 tannin과 complex salt를 형성하지만 그 색깔은 연한 회색이며, 또 비교적 안정하며 과일이나 채소에 현저한 변색을 일으키지 않는다.

마그네슘, 칼슘도 불용성의 침전을 형성한다.

Chapter 12 식품의 맛

미각은 수용성 상태에 있는 화학물질 이온의 자극을 받아 혓바닥의 표면에서 느껴지는 감각이다. 미각 신경은 혀의 표면에 널리 분포되어 있는데 혀의 부위에 따라 다소 감수성이 다르다.

단맛은 혀끝, 쓴맛은 혀뿌리, 신맛은 주로 혀 가장자리에, 짠맛은 혀끝과 가장자리, 매운 맛은 혀끝에서 가장 강하게 느껴진다고 한다. 미각을 자극한는 화학물질을 맛 성분 혹은 정미성분이라 하고, 이 맛 성분이 물이나 타액에 녹아서 감각기관에 인지되는 것이다.

생체 내에서 실제로 미각을 인식하게 되는 화학적 접수체들(recpetors) 사이에는 네 개의 맛을 나타내는 그룹으로 뚜렷이 구별되어 있는 것은 아니다.

단맛(sweet), 짠맛(salty), 신맛(sour), 쓴맛(bitter)이 기본적인 맛으로 알려져 있고, 이외에 싱거운맛, 썩은맛, 알칼리맛, 메스꺼운맛, 기름맛, 매운맛, 떫은맛(astringent), 감칠맛(palatable)과 아린맛(acrid), 금속맛(metallic), 교질미(colloidal) 등으로 표현하듯이, 그동안 맛의 표현에 대해 객관화하려는 노력이 있어왔다.

식품의 맛은 단일물질에 의한 것이 아니고 복잡한 여러 가지 맛 성분이 관여한다. 식품의 주요 성분인 단백질, 탄수화물, 지방질 등은 거의 무미, 무취한 것이나, 식품의 가공 및 저장 중 발생되는 생성하는 저분자화합물 성분이나 조미료 등(amino acid, amide, 저급 peptide, 핵산관련물질(GMP, IMP, XMP), 당류, 유기산, 무기산, alkaloid, 배당체 등)이 최종적 식품의 맛에 관여하게 된다.

[표 12-1] 기본적인 맛 성분의 대체적인 역기

맛	농도(수용액 중 중량 백분율)	기본 물질
쓴맛	0.0002	황산 키니네(quinine sulfate)
신맛	0.004	구연산(citric acid)
짠맛	0.04	염화나트륨(sodium chloride)
단맛	0.34	설탕(sucrose)

1. 맛의 역가

맛의 역가는 사람의 주관에 의하여 결정된다. 또한 미각에 대한 개인차 및 panel의 연령, 흡연의 유무, 건강 및 심리적 상태, 피로의 정도 등에 따라 영향을 받을 수 있기 때문에 주의 깊은 통계처리를 거쳐 객관화 하도록 해야 한다.

절대역가(absolute threshold)는 특정 맛을 인식할 수 있는 최저 농도라고 정의 되며, 인식역가(recognition threshold)는 어떤 특정한 맛을 뚜렷하게 인식할 수 있는 자극의 크기 (농도)로 정의한다.

맛은 10~40℃에서 잘 느껴지는데, 특히 30℃정도가 민감하다. 각 맛의 종류별 예민한 온도는 신맛 5~25℃, 단맛 20~25℃, 짠맛 30~40℃, 쓴맛 40~50℃, 매운 맛 50~60℃라 할 수 있다.

맛 성분이 인지되기까지의 시간은 물질에 따라 다소 달라서, 소금 0.3초, 설탕 0.4초, 염산 0.5초, quinine 1.0초가 걸린다고 한다. 설탕처럼 녹기 쉬운 물질은 미각의 인지 및 소실이 빠르고, saccharin과 같이 녹기 어려운 물질은 오래 지속된다.

맛 성분 가운데는 농도에 따라 맛이 여러 가지로 달라지는 일이 있다. Na-benonate는 0.03% 이하에서 쓴맛이 강하게 나타난다.

2. 맛의 강화

맛의 강화란 맛을 내는 물질에 다른 물질이 혼합되어 맛에 대한 느낌을 증대시키는 현상이다. 즉, 단맛 및 감칠맛에 대해서는 짠맛이 이들을 강화시켜주며, 짠맛은 신맛이 강화시키는 경향이 있다.

예로서, 15% 설탕용액에 0.01% 소금 또는 0.001% quinine sulfate를 첨가하면 단맛이 강해진다. 흰 설탕보다 흑설탕의 단맛이 강하게 느껴지는 것은 흑설탕이 포함하는 불순물이 단맛감각을 세게 하기 때문이다.

같은 원리로, 소금에 구연산·아세트산·젓산·능금산·주석산과 같은 유기산을 첨가하면 짠맛 증가하고, MSG는 핵산계 조미료에 의하여 현저히 강화되는 현상을 볼 수 있다.

3. 맛의 변조

한 가지 맛 성분을 맛 본 직후 다른 종류의 맛 성분을 정상적으로 인식하지 못하는 현상이다.

소금 또는 quinine 같은 짠맛 또는 쓴맛을 가진 음식을 먹은 직후에 물을 마시면 단맛을 느끼며, 오징어를 먹은 직후에는 오렌지에 대하여 쓴맛을 느낀다. 예로서 짠맛, 쓴맛, 신맛의 식품을 맛 본 직후 물을 마시면 단맛을 느끼게 된다.

4. 맛의 소실 및 맛의 억제

두 가지 맛을 내는 물질을 혼합할 때, 고유한 맛을 내지 못 하고 맛이 없어지는 현상으로, 강화현상의 반대 개념을 갖는다. 간장이나 된장이 그리 짜지 않은 현상을 예로

들 수 있다.

서로 다른 맛 성분이 몇 가지 혼합되었을 경우 주된 맛 성분의 맛이 약화되는 현상을 맛의 억제라고 한다. 예로서, 지나치게 신맛이 나는 과일에 설탕을 섞어주면 신맛이 억제되고, coffee에 설탕을 섞어주면 쓴맛이 억제된다.

열대식물인 gymnema sylvestre의 잎을 씹은 뒤에 일시적으로 설탕, 글리세롤, saccharin, cyclamate 등을 맛볼 때 모래알 같은 느낌을 받게 되고, quinine과 picric acid의 쓴맛도 인지하지 못한다. 바로 gymnemic acid이 잎의 단맛, 쓴맛을 억제하여 주는 성분으로 알려져 있다. 하지만, 짠맛이나 신맛은 억제하지 못한다. 이는 glucose 및 arabinose를 포함하는 배당체로서 그의 aglycone은 gymnemagenin이라 한다.

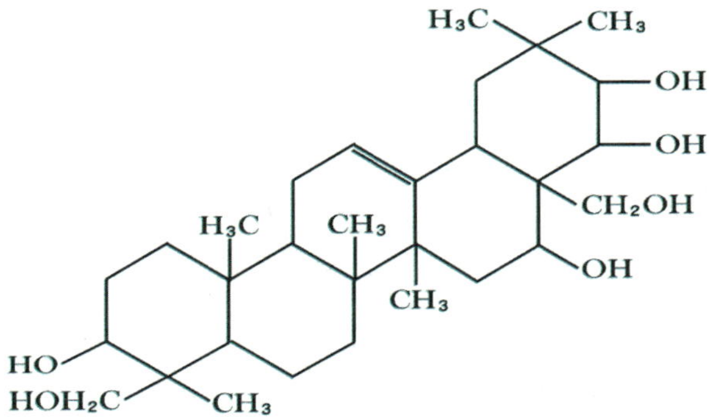

Gymnemagenin

5. 미맹

대부분의 사람에게 phenylthiocarbamide(PTC)와 phenethoxyl thiocarbamide는 쓴맛을 주지만 일부 사람들은 그 맛을 인식할 수 없다고 한다. 유전적이며 남자는 약 26%가, 여자는 22%가 해당된다.

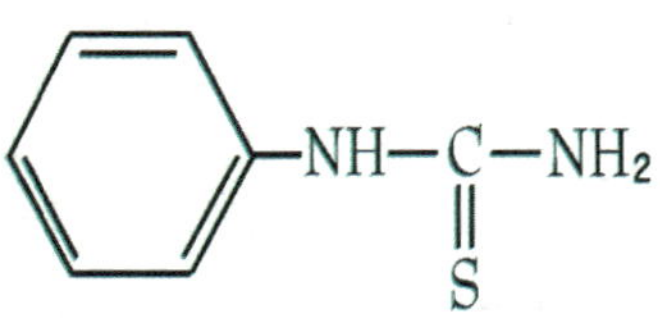

Phenyl thiocarbamide
(Phenyl thiourea)

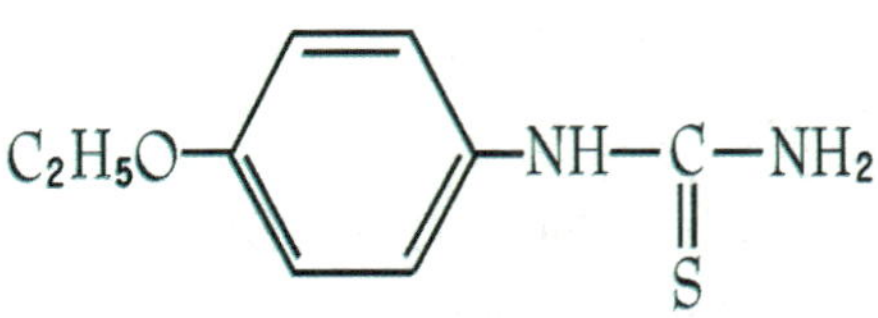

Phenethoxyl thiocarbamide
(Phenethoxyl thiourea)

6. 단맛

단맛은 포도당, 과당, 맥아당, 젖당, 설탕 등의 당류와 ethylene glycol, glycerol,

erythritol, mannitol 등과 같은 polyhydric alcohol류, p-nitro-o-toluidine, dulcin 등과 같은 방향족 아민류, nitrobenzoic acid, 4-alkoxy-3-aminonitrobenzene과 같은 일부 방향족 니트로화합물류, beryllium이나 납의 염류 등이 주는 맛이다.

감미도를 결정하는 표준물질로 설탕(sucorse, α-glucose-β-fructoside, 서당, 자당)이 사용되는데 설탕의 단맛을 100 또는 1로 하여 표준으로 삼는다. 설탕이 가장 많이 사용되는 감미료인 동시에 순수한 상태로 얻기 쉽고, 다른 당류와는 달리 α, β형의 이성질체가 존재하지 않아 단맛이 변하지 않기 때문이다.

설탕은 유리상태의 carbonyl기가 없는 비환원당으로서 변광회전(mutarotation)을 일으키지 않으므로 물에 녹이거나 가열하거나 시간이 경과해도 감미도는 변하지 않는다. 각 물질의 감미도 측정을 위해서는 시험 대상을 물로 조금씩 회석해 가면서 단맛을 느끼지 않을 때까지 희석도를 찾아간다.

1) 당류

Fructose(과당)를 물에 녹이면 천연의 β-fructose는 α형이 되어 평형을 이루고 이 평형은 고온에서는 α형으로 전환된다. Fructose는 저온에서 감미도가 높고, 온도가 올라감에 따라 약해지고 50℃ 이상에서는 설탕보다 약하다. 포도당(glucose)도 고온에서는 α형이 β형으로 전환되어 단맛이 약해진다.

D-glucose의 α형은 β형보다 달고(3:2), D-fructose는 β형이 α형보다 3배 달다. Maltose는 α형이 β형보다 달고, lactose는 α형이 β형보다 단맛이 약하다. 일반적으로 glycoside OH기와 인접한 OH기가 같은 방향에 있는 cis형이 반대의 trans형보다 더 달다.

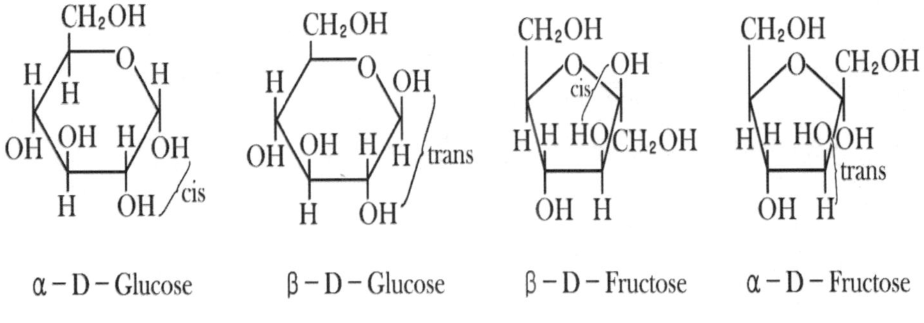

2) 당알코올

단당류의 카보닐기에 수소를 첨가하면 당알코올이 얻어진다. 열에 안정하며, 미생물에 의해 쉽게 분해되지 않으며, 체내흡수가 느리게 진행된다. 용액상에서 흡열성이 높아 청량감을 준다. 감미도는 설탕과 비교하여 다소 낮거나 거의 유사하다.

Mannitol을 제외한 대부분은 흡습성이 높다. 주로 난충치성, 저칼로리성 기능성 당으로 간주된다. 식품, 의약품, 화장품 등 다양한 분야에서 설탕의 대체감미료로 이용되고 있다.

당알코올 중 xylitol, inositol, sorbitol 등은 특수용도로 많이 쓰이고 있다. 이들은 설탕과 거의 같은 칼로리를 가지나 흡수율이 낮아서, 혈당 상승을 막아주고 insulin의 영향을 받지 않으므로 당뇨병 환자용 감미료로 사용된다. Xylitol은 충치예방용으로도 쓰이고 sorbitol은 감미료인 동시에 보습보향제로도 사용된다.

3) 방향족 화합물

한방 감미료와 착색료로 쓰이는 감초(Glycyrrhiza glabra, licorice)에는 glycyrrhizin이란 단맛성분이 있다. 이는 glycurrhzic acid의 disodium 혹은 trisodium염으로 존재하며 0.5ppm의 저농도에서도 감미를 나타내나, 후미가 오래 남는 특징이 있다. 설탕의 50배 정도의 단맛을 지닌다.

4) 함질소화합물

아미노산 중 단맛을 갖는 것으로서 D-tryptophan, D-histidine, D-phenylalanine, D-tyrosine, D-leucine, D-alanine, Glycine 등이 있다. Glycine이 trimethyl화 된, betain은 glycine, alanine과 함께 새우, 게, 낙지, 조개류에 분포되어 있다. 녹차에서 느낄 수 있는 단맛은 glutamic acid이 ethylamide인 theanine 때문이다. 저칼로리 감미료로 상용화되어 있는 aspartame은 aspartate와 phenylalanine의 dipeptide의 methyl ester 형태로서 설탕보다 200배 이상의 단맛을 가지고 있다.

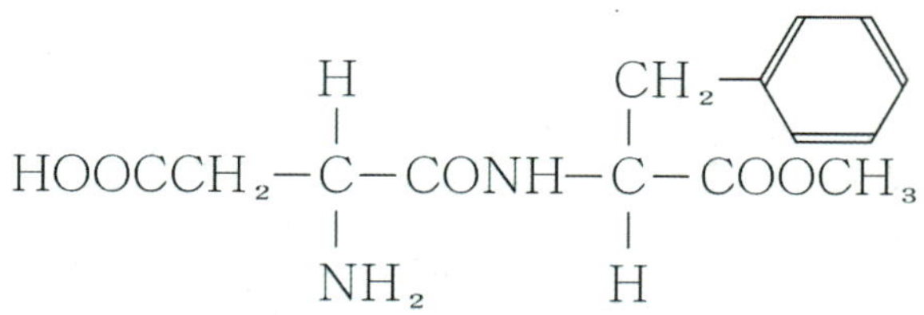

Aspartame

7. 신맛

주로 유기산과 무기산이 신맛을 좌우하며, 신맛의 강도는 반드시 pH와는 정비례하는 것은 아니며, 같은 pH에서 무기산의 신맛은 유기산의 신맛보다 약하다. 이것은 유기산은 해리되지 않은 상태로 더 많이 존재하기 때문이며, 유기산이 무기산보다 미각수용기에 보다 잘 접수되기 때문이다. 과일과 청량음료의 신맛은 주로 citric acid, malic acid, tartaric acid, ascorbic acid 등이 내며, 유기산 중 succinic acid과 inosinic acid는 신맛보다는 감칠맛을 낸다. 또한 산이 해리할 때 생기는 음이온은 신맛에 영향을 주는 경우가 있는데, 무기산의 음이온은 쓴맛이나 떫은맛을 띠어 불쾌한 신맛이 된다. 무기산 중, 식용으로 쓰이는 것은 탄산(carbonic acid, H_2CO_3)이며, 탄산은 25℃, 1 기압에서 이산화탄소가 물에 녹아 0.033 ㏖의 용액 형성하여, pH 4정도를 만든다.

8. 짠맛

무기 및 유기의 알칼리염이 짠맛을 내는데, 짠맛은 이들의 음이온이 부여하고 양이온은 오히려 쓴맛을 부여한다. 염화나트륨(NaCl)은 Cl이 가지는 짠맛에 대하여 Na의 쓴맛이 아주 적기 때문에 애용되는 짠맛 조미료로 알려진다. NaCl 1% 정도의 농도가 가장 전형적인 짠맛을 나타내며, 0.1%의 식염이 첨가되면 단맛이 강화된다. 또한, 유기산을 첨가해도짠맛이 강화된다. 짠맛을 주는 염에는 NaCl, KCl, NH_4Cl, NaBr, NaI가 있으며, 짠맛과 쓴맛을 같은 정도로 나타내는 염은 KBr, NH_4I이고, 주로 쓴맛을 나타내는 염은 $MgCl_2$, $MgSO_4$, KI가 있다. 음이온의 짠맛 강도는 $Cl > Br > I > HCO_3 > NO_3$의 순서로 표시할 수 있다. 유기산염은 일반적으로 식염에 가까운 짠맛을 나타낸다. Sodium malate는 대용식염으로서 신장병 환자나 무염간장의 제조에 사용된다. Ammonium malonate, ammonium, sebatinate, sodium gluconate 등도 짠맛을 낸다.

9. 쓴맛

쓴맛성분으로는 alkaloid, 배당체, ketone류 및 무기염류가 알려져 있다. Alkaloid란 식물체에 존재하는 질소를 함유하는 염기성 유기화합물을 지칭한다. 이는 특수한 약리작용을 가지며, 쓴맛을 가지는 것이 많이 있다. 아편은 양귀비의 미숙 열매의 즙을 건조시킨 것으로서, 20종 이상의 alkaloid가 들어 있다. 이의 염산염은 모두 진통 및 마취작용을 한다.

담배에는 니코틴과 아나바신 등의 alkaloid를 다량 함유되어 있다.

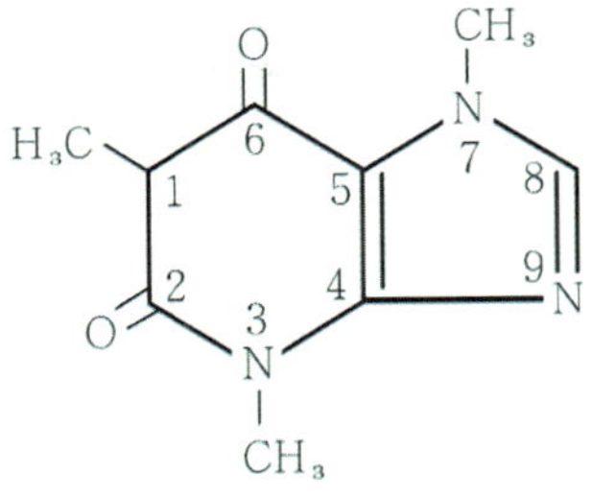

Caffein(1, 3, 7-trimethylxanthine)

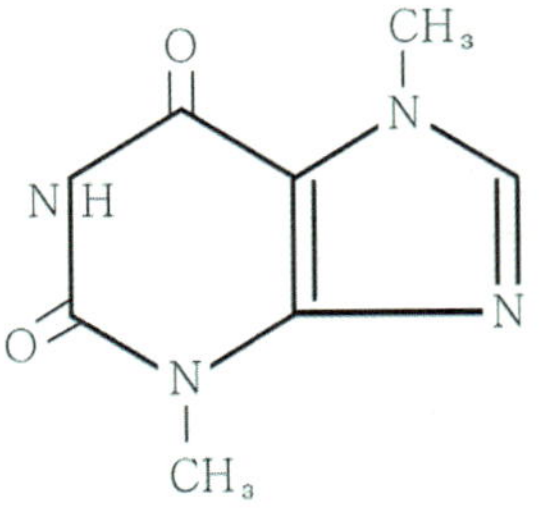

Theobromine(3, 7-dimethylxanthine)

야채, 과실에서 쓴맛의 대부분은 배당체의 존재 때문이다. 예로서, 양파 껍질의 quercetin, 오이꼭지 부분의 cucurbitacin 등이 있다. 감귤 및 자몽의 쓴맛 성분인 naringjn은 naringinase을 통해서 당류가 제거된 aglycone을 형성하면 쓴맛이 감소된 주스를 얻을 수 있다. 감귤류에는 limonin이라고 하는 지연성 쓴맛물질이 존재한다. 즉 레몬, 오렌지, 자몽 등은 처음에는 쓴맛을 갖지 않으나, 가공 중 유출된 유기산에 의해 형태가 바뀌어 쓴맛을 갖는다. Cucurbitacin은 오이꼭지 부분에 분포되는 쓴맛으로 인데 이것은 A, B, C, D, E, F, G, H, J, K, L 등 20종이 알려져 있으며, cucurcitacin의 aglycone은 triterpene 화합물이다. 오이가 익어감에 따라 감소되는 성분이다.

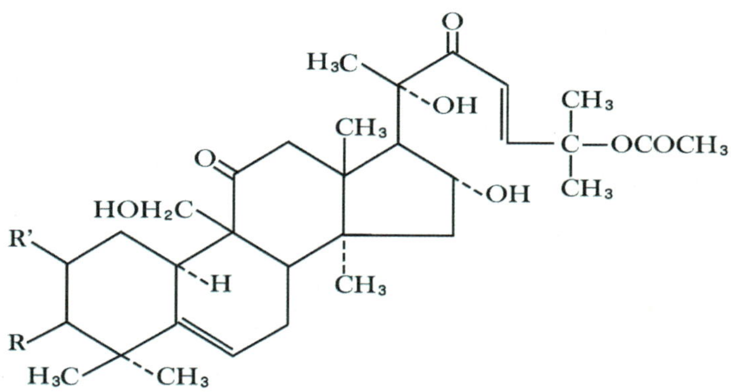

Cucurbitacin의 aglycone
(A : R = O, R' = OH, B : R = OH, R' = H)

무기염류 중에서 $CaCl_2$나 $MgCl_2$는 쓴맛을 가지며, 천일염의 경우 이 들을 다량함유하고 있다. 이들은 두부 제조 시에 간수 형태로 첨가되어 2가 양이온을 제공함으로서 단백질 응고를 촉진하는 역할을 한다. 또한 치즈 제조 중, 숙성단계에서 부분적인 casein의 분해로 발생되는 쓴맛을 내는 peptide를 발견할 수 있다. 이는 구성아미노산의 측쇄의 소수성(hydrophobicity)에 의하여 가장 크게 영향을 받는다. 맥주의 쓴맛에 기여하는 hop암꽃의 humulone과 lupulone 같은 ketone류가 있다. Humulone은 맥아즙을 끓이는 과정에서 이성질화 반응에 의하여 isohumulone으로 전환되기도 한다. 이들은 항균력이 강하여 맥주 양조 시에 변패 방지에 약간의 역할을 할 수 있다.

10. 매운맛

매운맛은 통각의 일종으로 미각 신경을 자극하여 인식된다. 이는 소화액의 분비를 촉진하고 식욕을 촉진한다. 후추의 매운맛 성분으로는 piperine이 있으며 이는 amide에 속하며, 분자 중의 이중결합이 trans 형일 때 강한 매운 맛을 주지만, 광선이나 저장 중에 cis 형으로 바뀌어 매운맛을 소실한다. 고추의 capsaicin과 겨자 또는 흑겨자, 고추 냉이의 allylisothiocyanate가 매운맛의 성분으로 알려져 있다. Allylisothiocyanate는 sinigrin이 myrosinase에 의하여 분해되어 생긴다. 고추류(Capsicum sp.)는 capsaicin 외에도 고추의 종류에 따라 nordihydrocapsaicin, homocapsaicin, diydro capsaicin, homodihydrocapsaicin 등의 capsaicinoid를 다르게 함유한다. 생강(ginger)에는 gingerol, shogaol, gingerone 등의 vinyl ketone류가 매운맛을 부여한다.

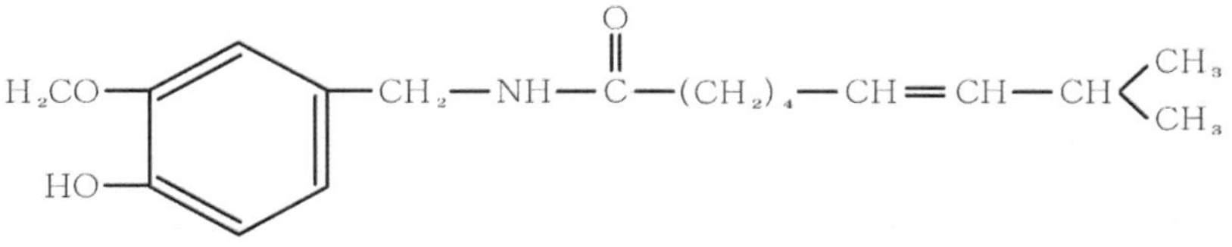

Capsaicin

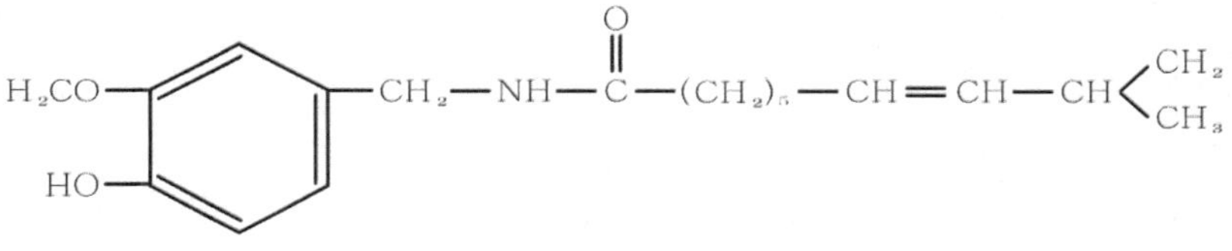

Homocapsaicin

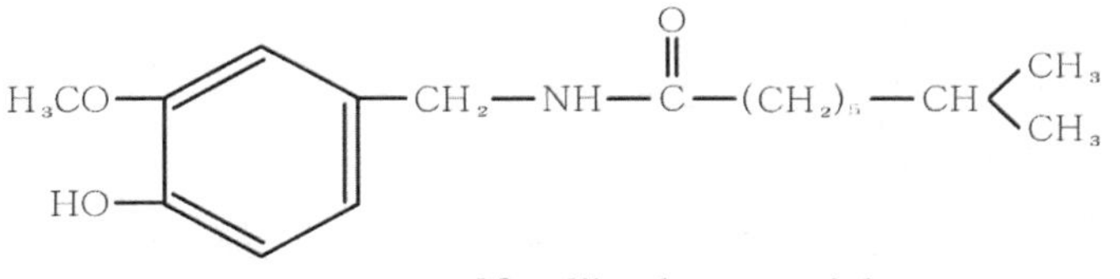

Nordihydrocapsaich

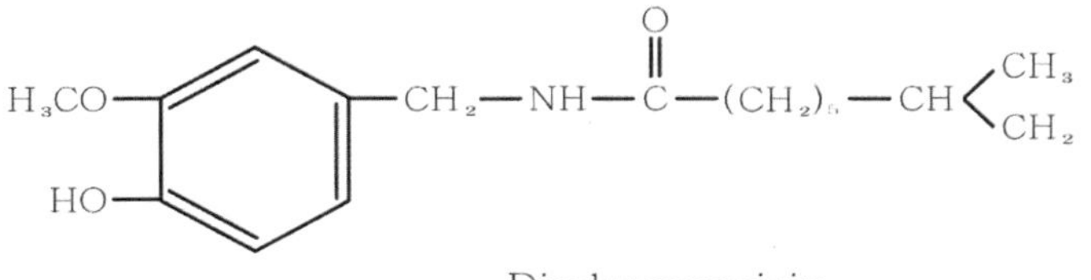

Diydrocapsaicin

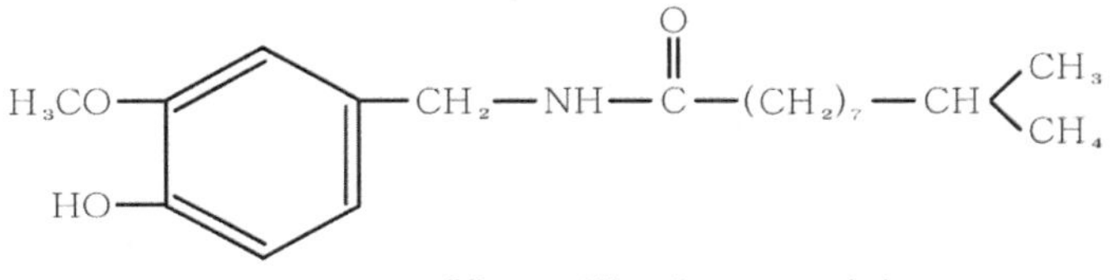

Homodihydrocapsaicin

11. 떫은맛

떫은맛은 입안에서 말초신경의 단백질 응고작용에 기인된 마비, 수축작용으로 느끼는 맛의 일종이다. Tannin은 떫은맛의 대표성분이며 차의 주요성분으로 알려져 있다. 차 잎에 분포되는 쓴맛 성분으로서 flavanols, theogallin, theaflavin 및 caffein 등을 들 수 있다. 커피의 chlrogenic acid, 녹차의 catechin, gallic acid, 감의 shibuol, 밤의 ellagic acid 등도 떫은맛을 준다. 단백질의 응고를 가져오는 Fe과 같은 중금속의 염류, 일부 aldehyde류, ketone류도 떫은맛을 준다.

12. 감칠맛

Monosodiumglutamate(MSG)와 핵산계 조미료인 sodium−5′−inosinate(5′−IMP)와 sodium−5′−guanylate(5′−GMP) 및 유기산인 sodium succinate 등이 대표적 조미료로서 사용 되고 있다. 이들을 혼합 사용하면 맛의 상승 작용(synergy effect of taste)이 일어나 맛이 한층 더 강하게 느껴진다. MSG는 1908년 Ikeda에 의해서 다시마 맛의 주성분으로서 다시마를 끓여 처음 분리되었다. 먼저, 밀, 옥수수 등의 gluten을 산으로 가수분해하여 L−glutamic acid hydrochloride을 얻은 후 다시 glutamic acid로 유리한 후에 탄산소오다로 부분적으로 중화시켜 제조할 수 있었다. 최근에는 미생물에 의해 발효법으로 만들고 있으며, 합성법으로도 제조할 수 있다. Nucleotide계 조미료는 MSG보다 감칠맛이 더 강하고 맛을 온화하게 하며 신맛과 쓴맛을 억제하는 역할을 한다. 향미의 순서는 다음과 같다.

guanosine 5'−monophosphate, 5'−GMP>inosine 5'·monophosphate, 5'−lMP>
xanthine 5'−monophosphate, 5'−XMP.

Chapter 13

식품의 냄새(Odor of Foods)

제1절 후각과 냄새

1. 후각의 작용 메카니즘

냄새 성분이나 냄새를 가진 물질이 후각기관에 도달하면 냄새 물질 분자와 화학접수체(chemoreceptor) 사이에 상호 반응이 일어나며, 이 반응은 결국 뇌에 전달되는 신경 자극(neural impulse)의 직접적인 원인이 된다. 냄새 물질과 화학접수체 사이의 정확한 작용 메카니즘은 아직 확실히 규명되어 있지 않다.

후각 기관 내의 냄새 접수체의 수는 수억개나 되며 한 번 들여마시는 약 20ml의 공기 중의 강력한 mercaptan류의 최소감응농도에 해당하는 분자수는 1×10^{10} 개에 달한다. 이들 중의 일부만이 접수체와 상호 작용을 하겠지만 신경 반응을 일으키기 위해서는 많은 수의 상호 작용이 일어나야 한다.

Dravnieks(1966)의 정보설(information theory)에 의하면 10,000종의 냄새를 식별하는 데에는 13종의 감응 부위(sensor)가 준비된다고 한다. 그러나 오차 없이 신속하게 반응하기 위해서는 20종 이상이 필요하다고 한다.

각종 냄새 중 관련이 있는 냄새를 묶어 비교적 소그룹으로 분류하여 소위 기본 냄새(primary odor)로서 냄새의 본질을 규명하려고 하는 많은 시도가 이루어지고 있다. 현재 여러 확설이 제안되어 있으나 분자의 크기와 형태를 기본으로 한 Amoore들(1964)의 입체 화학부위설(stereochemical site theory)이 가장 유력한 것으로 알려져 있다. 이 학설에 의하면, 사람의 후각 기관의 끝에는 7개의 화학접수체가 존재하며, 어떤 화합물이 이 중의 어떤 접수체에 자물쇠와 열쇠(lock and key)의 모양으로 꼭 들어맞을 때 그 주변의 물리화학적 변화가 신경자극으로서 뇌에 전달되어 냄새로 지각된다고 한다.

이것은 효소 작용의 "자물쇠와 열쇠" 이론과 유사하다. 각종 냄새는 7가지의 기본 냄새 즉 장뇌냄새(camphoraceous), 사향(musky), 꽃향(floral), 박하향(pepper minty), ether냄새(etheral) 매운 냄새(pungent), 썩은 냄새(putrid)에 의하여 이루어진다고 하였다. 이들 기본 냄새 중 장뇌 냄새, 사향, 꽃향, 박하향, ether 냄새의 5가지는 그 분자의 입체적 크기와 형태에 따라 받아들이는 후각의 5개의 접수체 부위에 의한 것이고 매운 냄새, 썩은 냄새의 2가지는 특정한 물리화학적 성질인 음, 양의 전하 상태에 의한 것이다.

Amoore들의 후각의 입체 화학설에 의한 후각의 접수체 부위의 크기와 형태 또는 성질 그리고 여기에 들어맞는 냄새를 가진 물질의 분자 형태를 보면 그림13-1과 같다.

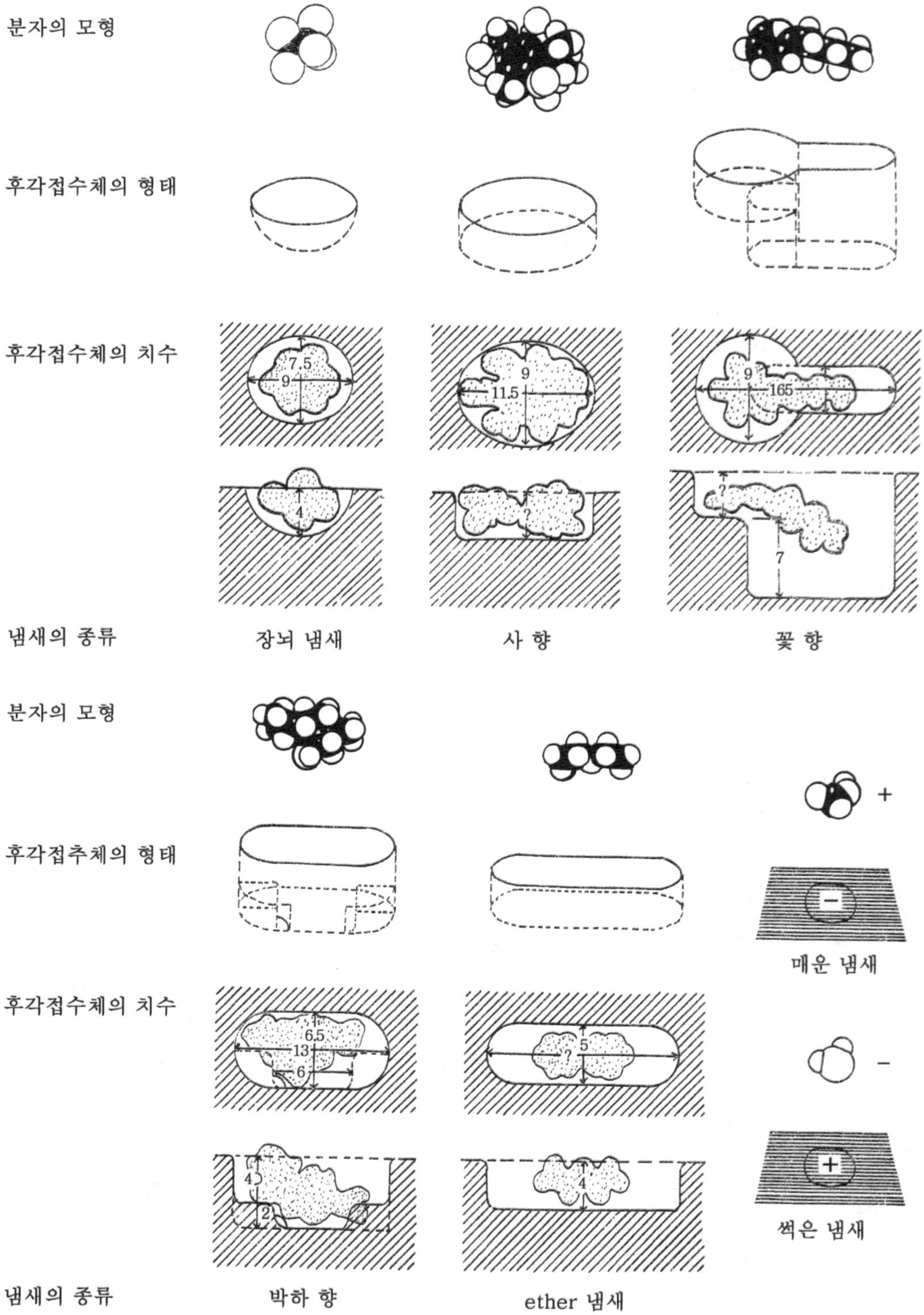

〈그림 13-1〉 Amoore의 후각의 입체화학설에 의한 7종의 기본냄새의 분자 모형과 각 후각 접수체의 형태 및 기능

2. 냄새와 화학 구조

냄새와 냄새 물질의 화학 구조간에는 많은 유사성이 있다. 일반적으로 alcohol기 (−OH), carbonyl기(=C=O), aldehyde기(−CHO), ester기(−COOR), carboxyl기 (−COOH), lactone기(−CH_2 · · · CO), phenyl기(−C_6H_5), nitro기(−NO_2), amino기
└── O ┘
(−NH_2),−N=C=S 등의 원자단이 향기를 내는 발향단(發香團)으로 알려져 있다. 그러나 각종의 냄새 물질의 냄새 강도는 그 범위가 넓다. 예를 들면 표 13−1에서 보는 바와 같이 냄새의 물질에 따른 최소 감응 농도의 차이라 10^8 범위를 나타낸다. 이것은 휘발성의 냄새 물질이 극히 미량에서부터 비교적 다량에 이르기까지 현저하게 다른 양으로 존재하고 있다는 사실을 나타낸다.

[표 13-1] 냄새 성분들의 최소감응농도 범위

냄 새 성 분	최소감응농도(㎍ / l의 물)
Ethanol	100,000
Butyric acid	240
Nootkatone	170
Humulene	160
Myrcene	15
n−Amyl acetate	5
n−Decanal	0.0
α− 및 β−Sinensal	0.05
Methyl mercaptan	0.02
β−Ionone	0.007
2−Methoxy−3−isobutylpyrazine	0.002

사향류(musks)는 서로 다른 구조를 가진 화합물이면서 모두 유사한 냄새를 가지는 대표적인 예이다.

여기에 속하는 것으로 3환(tricyclic) 화합물, 거대환(macrocyclic)의 ketones및 lactones, steroids, nitrocyclohexanes, indans, tetrahydronaphthalenes과 acetophenoses등이 있다.

이들의 분자 구조가 약간 변화되면 모두가 사향을 가지므로 질에 있어서는 변화가 없으나 강도에 있어서는 큰 변화를 가져온다.

또한 유사한 구조를 가진 화합물이면서 아주 다른 냄새를 가지는 예도 있다.

예로서 Nootatone과 그 관련 화합물이 있다. Nootatone은 grapefruit oli에서 얻은 향

기 성분이다. 이 화합물과 1,10-dihydronootkatone은 grapefruit향을 가지고 있으나. 몇 가지 다른 관련 화합물은 나무향을 가지고 있다(그림 13-2).

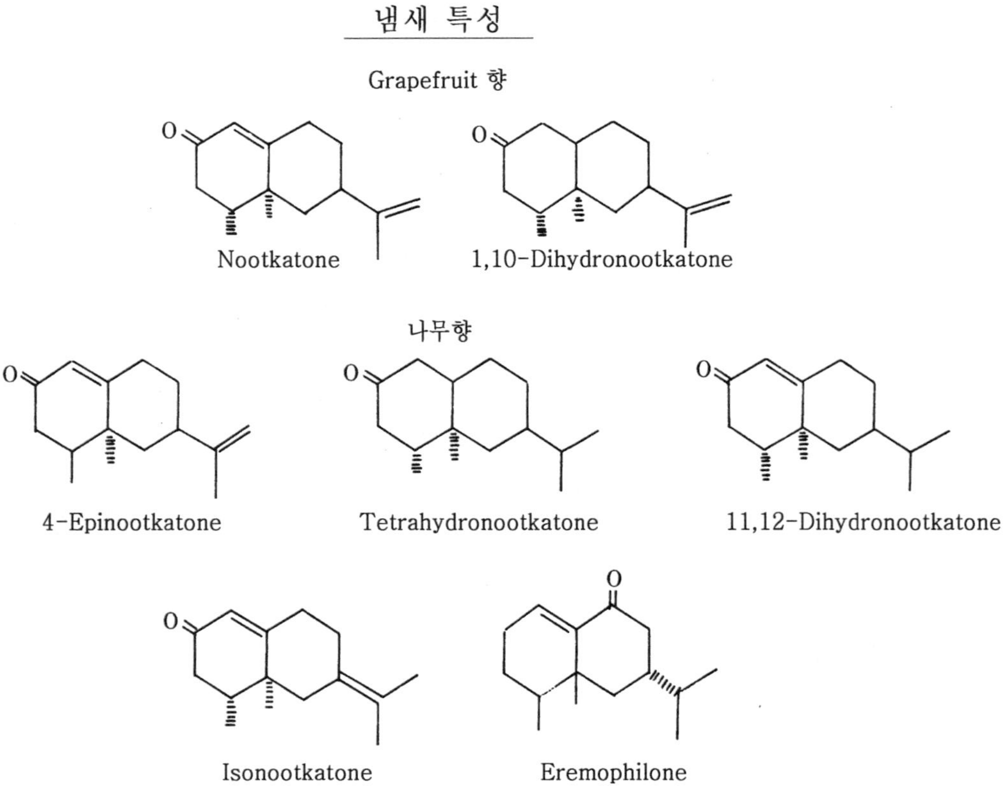

〈그림 13-2〉 Nootkatone과 그 관련 화합물의 냄새와 특성

입체 이성체의 냄새 특성은 아주 다르나 Menthol의 이성체들 중 (−) 및 (+)mentol 만이 박하향을 가지고 있다. Iso, neo 및 neoiso-menthol류는 곰팡이 냄새를 나타낸다. 또한 3-hexenol($CH_2OH-CH_2-CH=CH-CH_2-CH_3$)의 cis- 이성체는 신선한 풋냄새를 내는데 반해서 trans- 이성체는 국화의 향과 유사한 향을 나타낸다.
2-trans-6-cis-nonadienal은 오이냄새를 내며 그 이성체인 2-trans-6trans-nonadienal($CHO-CH=CH-(CH_2)_2-CH=CH-H_2-CH_3$)의 냄새와는 전혀 다르다
탄소 사슬이 길어지면 냄새 특성이 크게 달라진다. 포화된 산의 냄새는 사슬 길이가 증가함에 다라 현저하게 변한다. 저급 지방산 특히 butyric acid는 매우 강력하고 불쾌한 냄새를 가지며 사슬 길이가 증가함에 따라서 냄새의 특성이 변하고 강도가 감소한다(표 13-2).

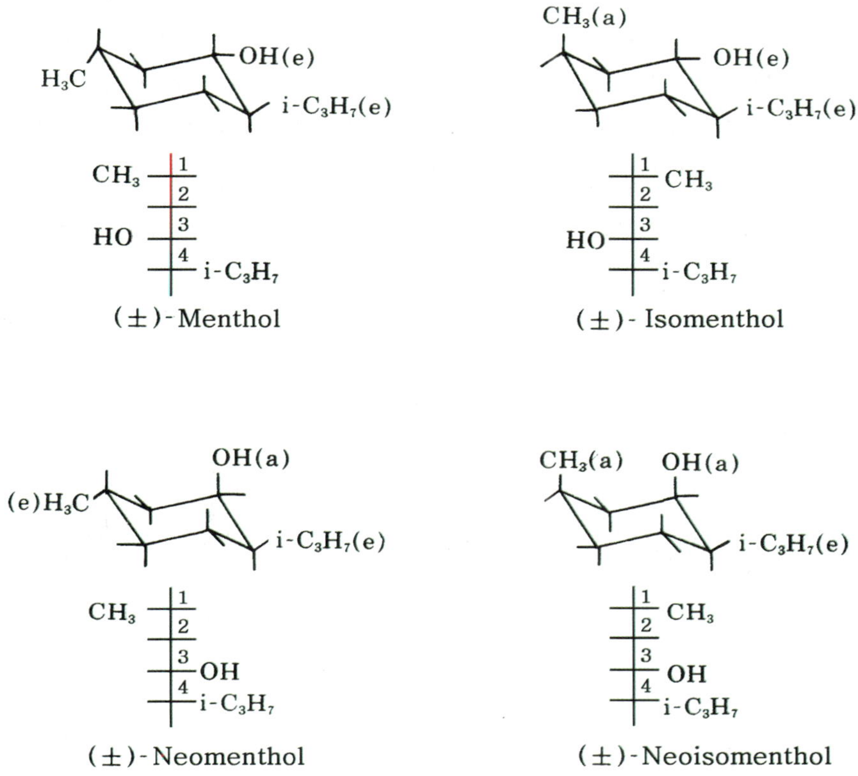

〈그림 13-3〉 Menthol과 그 이성체

탄소 원자 16 또는 18개를 가진 지방산류는 아주 약한 정도의 냄새를 가지고 있다.

[표 13-2] n-Carboxylic acid의 탄소소에 따른 냄새특성

산 류	냄 새 특 성
Formic	산, 매운냄새
Acetic	산, 식초, 매운냄새
Propionic	산, 매운냄새, 산패취, 치즈냄새
Butyric	산, 산패취
Hexanoic	땀냄새, 노린내
Octanoic	산패취
Decanoic	왁스냄새
Lauric	쇠기름냄새
Myristic	비누냄새, 마분자냄새
Palmitic	비누냄새

한편, γ-nonalactone은 강한 코코넛향을 가지고 있으나 γ-undecalactone은 복숭아향을 가지고 있다. 탄소 원자 한 개의 증가로 사슬 길이가 길어 지면 냄새의 특성은 복숭아-사향으로 된다. Lactone류는 구조와 냄새 특성에 차이가 많고 각종 식품의 냄새 성분으로 알려져 있다. 탄소 원자 10~16개를 가진 γ-와 δ-lactone류는 버터의 냄새 성분으로서, 단지 ppm단위의 저농도에서도 그 냄새를 나타낸다고 한다. 약간의 γ-lactone류의 냄새 특성을 화학 구조와 관련시켜 표시하면 그림 13-4와 같다. 이들 중의 하나인 탄소 원자 10개를 가진 γ-lactone은 복숭아향을 가진다. α-hydroxy-β-methyl-r-carboxy-△α-β-r-hexeno-lactone은 단백질 가수분해물에 존재하며 매우 강한 쇠고기즙의 냄새를 가진다.

$R=C_5H_{11}$(코코넛)
$R=C_6H_{13}$(복숭아)
$R=C_7H_{15}$(복숭아)
$R=C_8H_{17}$(복숭아-사향)

쇠고기 육즙

〈그림 13-4〉 일부 γ-lactone의 냄새특성

셀러리의 휘발성 향기 성분은 3-isobutylidene-3a, 4-dihydrophthalide, 3-isovalidene-3a, 4-dihydrophthalide, 3-isobutylidene phthalide 및 3-isovalidene phthalide를 포함한 각종 phthalide류이다(그림 13-5). 이들 화합물은 물에서 0.1ppm 농도에서 셀러리와 유사한 향기를 나타낸다.

〈그림 13-5〉 셀러리 휘발성분 중의 phthalide류
(1) : 3-isobutylidene-3a, 4-dihydrophthalide,
(2) : 3-isovalidene-3a, 4-dihydrophthalide,
(3) : 3-isobutylidene phthalide,
(4) : 3-isovalidene phthalide,

Pyrazine류는 풋후추 특유의 강한 냄새를 가진 화합물로서 알려져 있다. 표 13-3에서보는 바와 같이 각종 Pyeazine류의 유도체에 대한 냄새의 최사 감응 농도의 차이가 10^8의 넓은 범위에 걸쳐있다.

2-methoxy-3-isobutylpyrazine이 풋후추 냄새의 대표적인 화합물인 것 같다. 약간의 Pyrazine류의 구조는 그림 13-6과 같다. Methoxy또는 alkyl기를 제거하면 2-methoxypyrazine, 2-isobutylpyrazine 및 2,5-dimethylpyrazine의 경우와 같이 냄새의 강도가 10^5~10^6배 감소된다. 이와 같이 분자 구조에 있어서 작은 변화는 냄새의 강도에 크게 영향을 미친다.

[표 13-3] Pyrazine과 그 유도체들의 냄새의 최소감응농도

화 합 물	냄새의 최소감응농도 (parts/ 10_{12} parts의 물)
2-methoxy-3-hexylpyrazine	1
2-methoxy-3-isobutylpyrazine	2
2-methoxy-3-propylpyrazine	6
2-methoxy-3-isopropylpyrazine	2
2-methoxy-3-ethylpyrazine	400
2-methoxy-3-methylpyrazine	4,000
2-methoxypyrazine	700,000
2-isobutylpyrazine	400,000
2-5-dimethylpyrazine	1,800,000
pyrazine	175,000,000

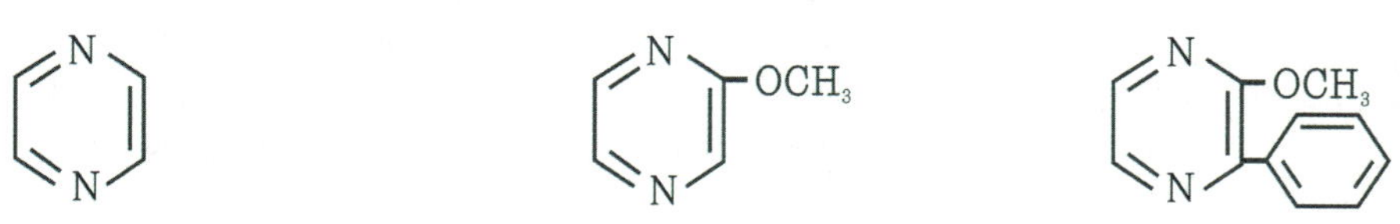

pyrazine　　2-methoxypyrazine　　2-methoxy-3-hexylpyrazine

〈그림 13-6〉 일부 pyrazine류의 구조

Pyrazine류는 또한 가공 과정 중 정상적으로 가열처리된 많은 식품의 냄새 성분으로도 알려져 있다. 예를 들면, 초콜렛향에는 7종의 alkyl치환 pyrazine류가 들어있으며 커피향으로부터는 24종의 pyrazine과 pyridine류가 분리 확인되었다.

제2절 냄새의 분류

1. 감각적 분류

냄새의 종류는 대단히 많고 적합하게 표현하기도 곤란하다. 고소하다, 비리다 등의 냄새를 묘사하는 말도 있으나 대부분은 된장 냄새, 마늘 냄새, 장미 향기 등과 같이 냄새를 발생하는 물질로서 냄새의 종류를 표시한다.

이와 같이 냄새는 매우 복잡하여 4가지 기본 맛으로 분류하는 맛이나 3원색으로 분류하는 색과 같이 정확한 분류 방법이 아직 있지 않다.

지금까지 시도된 냄새의 분류 방법 중 대표적인 것으로 Linnaeus, Henning을 비롯한 몇 사람의 분류 기준은 표 13-4와 같다.

[표 13-4] 냄새의 분류

Henning(1916)	Haller (1763)	Zwaardemaker (1895)	Linnaeus (1752)	Crokerand Henderson(1927)
매운 냄새(spicy)	–	나프탈린과 같은 향기(aromatic)	1. 나프탈린과 같은 향기(aromatic)	–
꽃향기(fragnant)	–	꽃향기(fragnant)	2. 꽃향기(fragnant)	꽃향기(fragnant)
수지냄새(resinous)	달콤한 또는 감미로운 냄새(sweet or ambrosiac)	감미로운 냄새 (ambrosiac)	3. 감미로운 냄새 (ambrosiac)	–
–	–	마늘과 같은 냄새 (alliaceous)	4. 마늘과 같은 냄새 (alliaceous)	–
–	–	염소같은 냄새 (hircine)	5. 염소같은 냄새 (hircine)	
썩은 냄새(putrid)	고약한 냄새(stencher)	썩은 냄새(foul)	6. 썩은 냄새(foul)	썩은 냄새(caprylic)
–	–	메스꺼운 냄새 (nauseous)	7. 메스꺼운 냄새 (nauseous)	–
에테르 냄새(etheral)	중간냄새(intermediate)	에테르 냄새(etheral)	8. –	–
탄 냄새(burnt)	–	탄냄새(empyreumatic)	9. –	탄 냄새(burnt)

1) Henning의 분류

Henning은 냄새를 다음과 같이 6종류의 기본 냄새로 분류하여 그 냄새의 상호 관계를 냄새의 3면체(smell prism)로 표시하여 설명하였으며, 모든 단일 냄새는 이 prism 속의 점으로서 표현될 수 있다고 하였다(그림 13-7).

(1) 꽃 향기(fragnant) : 장미, 쟈스민 등의 향기

(2) 과일 향기(etheral) : 오렌지유, 레몬유 등의 향기

(3) 매운 냄새(spicy) : 후추, 계피, 마늘 등의 향기

(4) 수지 향기(resinous) : Terpene유, 송진 등의 향기

(5) 탄 냄새(burnt) : 커피, 캐러멜 등 냄새
(6) 썩은 냄새(putrid) : 부패육, H_2S 등의 냄새

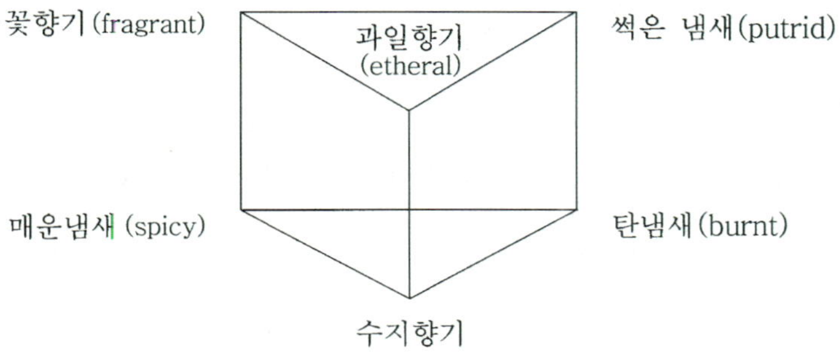

〈그림 13-7〉 Henning의 냄새 prism

2) Crocker와 Henderson의 분류

Crocker와 Henderson은 냄새를 다음과 같이 4종류의 기본 냄새로 분류하고, 각 기본냄새의 강도를 1~8의 수치로 표현하도록 제안하였다. 모든 냄새는 이 4종류의 기본 냄새의 혼합으로 보고 혼합 비율을 수치로서 표현한다는 것이다. 예를 들면, 식초는 3803, vanillin은 7122로 표시되고 있으나 이와 같이 냄새 자체가 4단위 숫자로 표현될 수 있다는 데에는 의문이 많다.

(1) 꽃 향기(fragrant) : Methyl salicylate 등의 냄새
(2) 신 냄새(acid) : 20% Acetic Acid 등의 냄새
(3) 탄 냄새(burnt) : Guaiacol 등의 냄새
(4) 썩은 냄새(caprylic) : 2, 7-Dimethyl octane 등의 냄새

3) Amoore의 분류

Amoore는 후각의 작용 메카니즘에서 논의한 바와 같이 냄새를 표 13-5와 같이 7종류의 기본 냄새로 분류하여, 모든 냄새를 이들 기본 냄새의 복합된 냄새로 표시될 수 있다고 하였다.

[표 13-5] Amoore(1964)에 의한 7종의 기본냄새와 그 성분

기본냄새	냄새성분
① 장뇌냄새(camphoraceous)	borneol, tert-butyl alcohol d-camphor, cineol, pentamethyl ethyl alcohol
② 매운냄새(pungent)	ally alcohol, cyanogen, formaldehyde, formic acid, methylisothiocyanate
③ 에텔냄새(ethereal)	acetylene, carbon tetrachloride, chloroform, ethylene dechloride, propyl alcohol
④ 꽃향기(floral)	benzyl acitate, geraniol, α-ionone, phenyletyhl alcohol, terpineol
⑤ 박하향(pepperminty)	tert-butylcarbinol, cyclohexanone, menthone, piperitol, 1, 1, 3-trimethylcyclo-5-hexanone
⑥ 사향(musky)	androstan-3α-ol(냄새가 강함), cyclohexadecanone, ethylene cebacate, 17- methylandrostan-3α-ol, pentadecanolactone
⑦ 썩은냄새(putride)	amylmercaptan, cadaverine, hydrogen sulfide, indole(희석하면 꽃향기), skatole

2. 화학적 분류

식품의 냄새는 냄새와 화학 구조에서 논의한 바와 같이 그들이 화학 구조와 일관성을 갖고 있지 않는 사례가 많다. 그러나 같은 원자단을 갖는 화합물은 비교적 같은 냄새를 나타내는 것으로 알려져 있다. 일반적으로 냄새는 ① 원자단의 종류, ② 그 원자단에 붙은 탄화수소 부위의 모양, ③ 분자의 입체적 모양(감각 접수체에 꼭 맞는 모양과 크기를 갖고 있는가), ④ 분자량(휘발성이며 분자량이 작을수록 발향단의 영향을 받기가 쉽다) 등의 분자 전체의 구조와 관계가 있다고 생각한다.

1) 탄화수소류

향기는 특징이 없고 약하지만 terpene계 탄화수소는 정유(essential oil : 식물체를 수증기 증류할 때 얻어지는 방향성의 유상 물질)류에 들어있는 여러 가지 향기의 주성분이다.

Terpene류는 isoprene($CH_2=C(CH_3)-CH=CH_2$)의 중합체로서(그림 13-8) 향기와 관계가 있는 것은 주로 monoterpene($C_{10}H_{16}$) 및 sesquiterpene($C_{15}H_{24}$)이다. 일반적으로 terpene류는 향기를 갖는 동시에 약간의 자극적인 맛이 있으므로 식품 중에서는 매운맛 성분으로도 작용한다.

한편, ethylene($CH_2=CH_2$)은 단맛을 가지는 기체로서 과실, 채소류에 함유되어 있으며 그들의 숙성과 깊은 관계가 있다.

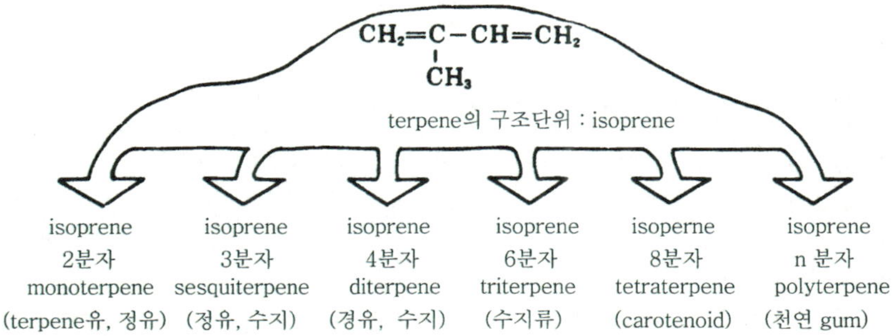

〈그림 13-8〉 Isoprene의 중합생성물

[표 13-6] 식품 중의 각종 terpene류의 향기성분

명 칭	구조식	소 재	명 칭	구조식	소 재
		monoterpene			
myrcene		미나리	menthol	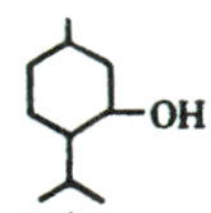	박하
limonene		grape fruit, 레몬	1, 8−cineole	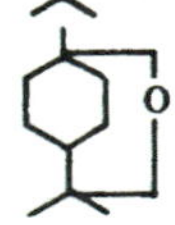	cardamon
α−phellandrene		후추	β−citral	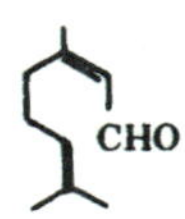	레몬
camphene	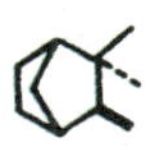	레몬	carvone	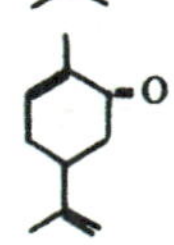	caraway油
linalool	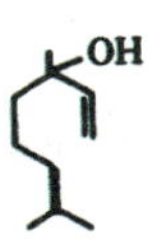	橙花油	menthone	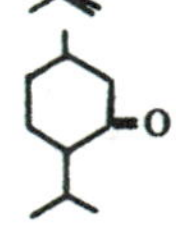	박하
geraniol	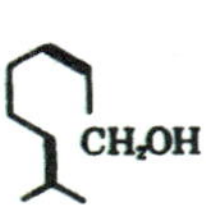	오렌지, 장미油	thujone	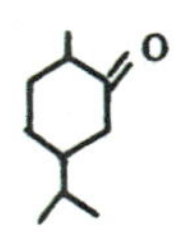	쑥
		sesquiterpene			
zingiberene	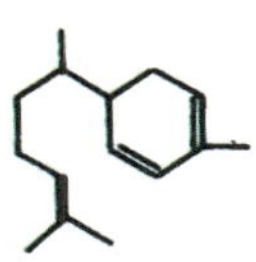	생강	humulene	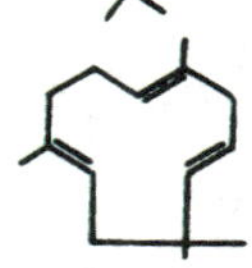	hop
β−selinene	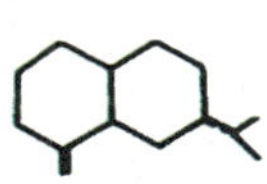	셀러리 종자油	farmesol	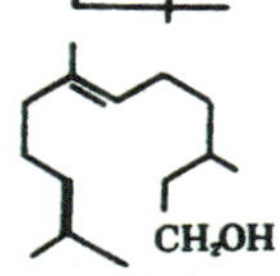	사향초油 보리수꽃油

2) Alcohol류

탄소수 C_5 이하의 쇄상구조의 저급 alcohol은 채소, 과일 등 대부분의 식품의 향기 성분으로 들어있으며 특히 청주의 향기 성분으로 중요하다. 불포화 결합을 가지는 C_6의 cis-3-hexenol은 차, 토마토 등을 비롯한 식물체의 어린잎의 풋내의 주성분으로 존재하여 청엽 alcohol이라고도 한다.

한편, 환상 구조의 benzyl alcohol, phenylethyl alcohol 등은 꽃향기 등의 방향 성분을 가지고 있다(표 13-7)

[표 13-7] 식품중의 alcohol류의 향기성분

명 칭	구조식	소 재
ethanol	CH_3CH_2OH	주류
propanol	$CH_3CH_2CH_2OH$	양파
pentanol	$CH_3CH_2CH_2CH_2CH_2OH$	감자
hexenol	$CH\ CH_2CH=CHCH_2CH_2OH$	차잎, 푸른잎
linalool	$(CH_3)_2C=CH(CH)_2CCH_3OHCH=CH_2$	차잎, 복숭아
1-octen-3-ol	$CH_3(CH_2)_4CHOHCH=CH_2$	송이버섯
2, 6-nonadienol	$CH_3CHCH=CH(CH_2)_2CH=CHCH_2OH$	오이
frufuryl alcohol		커피
eugenol	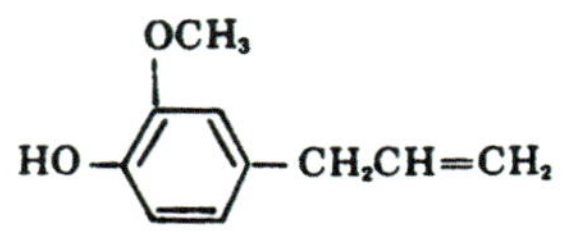	계피

3) Aldehyde류

탄소수 C_5 정도까지는 소량씩이나마 동·식물성 식품에 널리 분포되어 있다. 쇄상구조의 저급 aldehyde는 대응하는 alcohol에 비하여 불쾌한 냄새가 많으며 최소 감량도 0.1~0.01로 감도가 높다. C_6~C_9의 aldehyde는 유지의 산화 등에 의하여 생성된다.

한편, 환상 구조의 방향족 aldehyde는 향기가 진하여 향신료의 주요 성분을 이루는 경우가 많다(표 13-8).

[표 13-8] 식품 중의 aldehyde류의 향기성분

명 칭	구조식	소 재
hexenal	$CH_3CH_2CH_2CH=CHCHO$	차잎
benzaldehyde	CH_6CH_5CHO	almond 향
cinnamic aldehyde	$CH_6H_5CH=CHCHO$	계피
vanillin	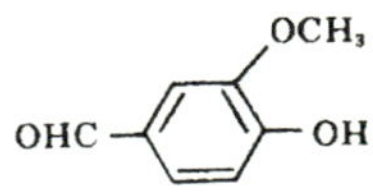	vanilla 향

4) Ketone류

쇄상구조의 저분자 ketone은 가벼운 과일향기를 가진다. Ketone기 2개를 가지는 diacetyl은 진한 버터 특유의 냄새를 나타내며, 실제로 유제품 특히 발효 제품의 향기의 주체를 이룬다.

한편, acetophenone, benzophenone 등의 방향족의 ketone은 과일향기를 가지며, terpene류의 ketone은 식물체의 방향 성분을 이룬다(그림 13-9).

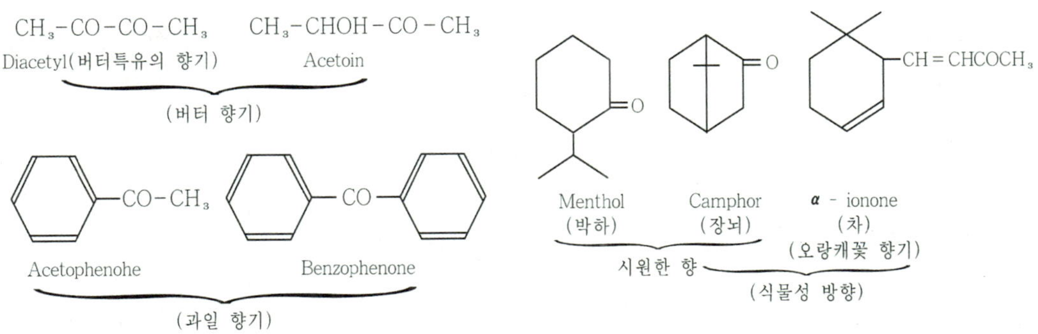

〈그림 13-9〉 일부 ketone류의 향기성분의 구조

5) Acid류

쇄상 구조의 저분자 휘발성 산 중에서 C_2의 acetic acid는 자극적인 산냄새를 가진다. 저급 지방산인 propionic acid, butyric acid, caproic acid 등은 우유, 버터, 치즈 등의 냄새의 주체를 이룬다. 탄소수의 증가에 따라 땀냄새(C_4~C_6)에서 양고기 냄새와 같은 지방 냄새(C_7~C_{12})를 나타낸다. 이들은 유지 제품의 대표적인 냄새이다.

6) Ester류

Ester류는 carboxylic acid와 alcohol의 결합으로 생성되기 때문에 그 종류가 대단히 많으며 과일 향기의 주성분을 이룬다.

쇄상 구조의 ester류는 탄소수 C_2~C_{10}까지의 화합물은 과일향기를 가지나 분자량이 커지면 향기가 진해지고 과일 향기에서 꽃향기로 되며 또한 benzene핵을 가져도 꽃향기가 강해지는 경향이 있다.

Ester를 구성하는 산이나 alcohol의 탄소수가 달라도 분자 중의 탄소수가 같으면 대개 비슷한 향기를 나타낸다. 과일이나 꽃향기 중에 널리 분포되어 있으며 향료로서 합성된 것도 많다(표 13-9).

[표 13-9] 식품 중의 ester류의 향기성분

명 칭	구조식	소 재
amyl formate	$HCO \cdot O \cdot CH_2(CH_2)_3CH_3$	사과, 복숭아
isomyl formate	$HCO \cdot O \cdot CH_2CH_2CH(CH_3)_2$	배
ethyl acetate	$CH_3CO \cdot O \cdot CH_2CH_3$	파인애플
isoamyl acetate	$CH_3CO \cdot O \cdot CH_2CH_2CH(CH_3)_2$	배, 사과
methyl butyrate	$CH_3CH_2CH_2CO \cdot O \cdot CH_3$	사과
methyl valerate	$CH_3CH_2CH_2CH_2CO \cdot O \cdot CH_2CH_3$	청주
isoamyl isovalerate	$(CH_3)_2CHCH_2CO \cdot O \cdot CH_2CH_2CH(CH_3)_2$	바나나
methyl cinnamate	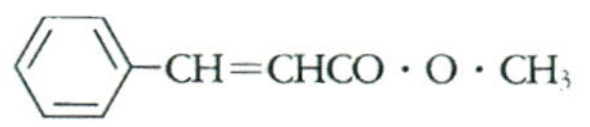	송이버섯
Sedanolide	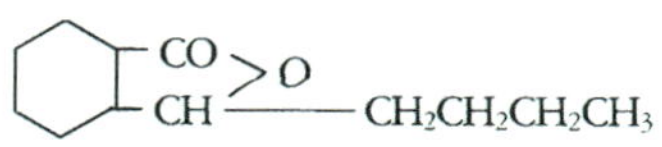	셀러리
apiol	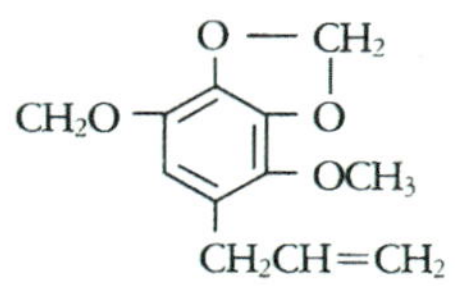	파슬리

한편, 분자 내에서 carboxyl기와 alcohol기가 탈수되어 생긴 분자내 ester를 lactone이라고 하며, γ- 및 δ-lactone이 안정하다.

Lactone은 식물체의 방향 성분으로서 ester보다 특징적인 향기를 가지며 분자 구조 전체가 향기에 관여하는 것으로 생각된다. benzene 핵을 가지는 lactone인 coumalin은 o-hydroxy cinnamic acid의 lactone으로서 벚꽃, 복숭아꽃의 향기를 나타낸다(그림 13-10).

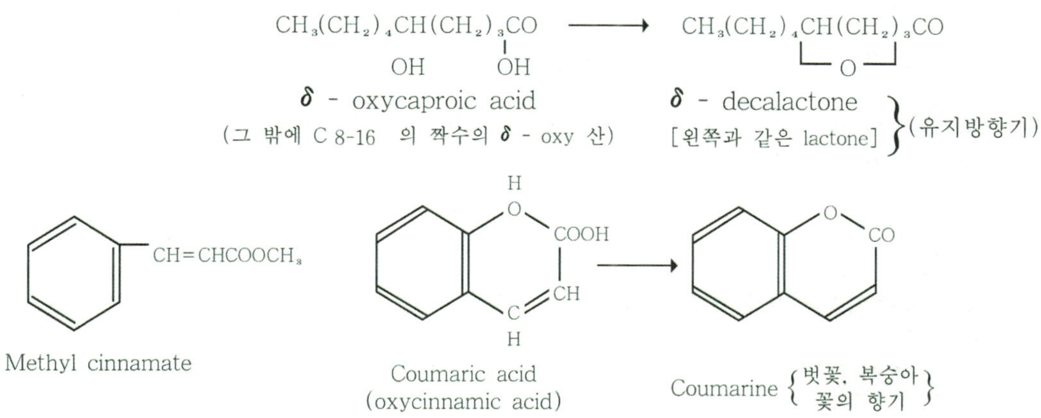

〈그림 13-10〉 일부 ester류의 향기성분의 구조

7) 유황 화합물

휘발성의 유황 화합물은 일반적으로 악취를 내지만 극히 미량으로 존재할 때에는 식품의 향기를 강하게 하여 주는 것이 많다.

(1) 황화수소(H_2S)

가장 저분자이고 휘발성인 H_2S는 유독하며 자극성의 악취를 내지만 농도가 극히 낮을 때에는 식품의 향기를 좋게 한다. 예를 들면, 미량의 H_2S는 축육이나 삶은 달걀 등에서 느낄 수 있으나 더욱 미량의 H_2S는 더운밥의 구수한 냄새를 이루는 한 요인이 된다.

(2) Thioalcoho (R-SH, mercaptane)

Thioalcohol 역시 악취가 있지만 미량으로서 식품의 향기를 산뜻하게 하여 주는 역할을 한다. Methyl mercaptane(CH_3SH)과 같은 유리형은 주로 채소의 자극성의 냄새를 가지며, methyl mercaptopropyl alcohol, methyl mercaptoethyl propionate 등의 결합형은 단백질 발효 식품, 즉 된장, 간장, 치즈 등의 특유한 냄새의 원인이 된다.

(3) Alkyl sulfide[R-S-R(sulfide, thioether), R-S-S-R(disulfide)]

Methyl propyl disulfide, allyl propyl disulfide 등의 alkyl sulfide는 양파에서와 같이 온화한 매운 향기와 약한 매운맛을 가지고 있다. 또한 dimethyl sulfide(CH_3SCH_3)는 황화물 특유의 강한 냄새를 가지고 있으나 극히 미량으로 희석하였을 때는 김의 향기가 된다.

(4) Alkyl isothiocyanate(R−N=C=S)

겨자과 식물에 들어있는 alkyl isothiocyanate(CH_2=CH−CH_2−N=C=S), p−oxybenzyl isothiocyanate 등의 alkyl isothiocyanate는 강한 매운맛과 매운 향기를 가지고 있다.

식품의 향기 성분으로 알려진 유황 화합물을 보면 표 13−10과 같다.

[표13-10] 식품 중의 유황화합물들의 향기성분

명 칭	구 조 식	소 재
Methylmercaptane Propylmercaptane	CH_3SH $CH_3CH_2CH_2SH$	무 양파
Dimethylmercaptane	SCH_3 CH_3CH SCH_3	단무지
S−Methylcysteine sulfoxide	$CH_3SCH_2CHCOOH$ (S=O, NH_2)	양배추, 순무
Methyl β−methylmercaptopropionate β−Methylmercaptopropyl alcohol	$CH_3SCH_2CH_2COOCH_3$ $CH_3SCH_2CH_2CH_2OH$	파인애플 간장
Furfuryl mercaptane		커피
Alkylisothiocyanate(겨자유) Alkyl sulfide	R−N=C=S R−S−R'	겨자, 무, 고추냉이, 파, 마늘, 양파, 무, 고추냉이, 아스파라거스

8) 질소 화합물

일반적으로 어류, 육류 등의 동물성 식품에 많다.

(1) Ammonia(NH_3)

육류나 어류의 선도가 어느 정도 저하하였을 때 발생하는 자극성의 냄새의 원인 성분으로서, 단백질, 아미노산, urea 등의 세균의 작용으로 분해됨으로서 생기며 가열에 의해서도 생성된다.

(2) Amine

Ammonia의 수소가 alkyl기로 치환된 형으로서, 선도가 저하된 어류나 육류에서 나는 비린내의 본체는 trimethyl amine[TMA$(CH_3)_3N$]이다.

(3) 환상 화합물(cyclic compounds)

민물고기의 냄새의 본체인 piperidine이나 식품을 가열하였을 때 나타나는 향기 성분인 pyrrole, pyridine, pyrazine류는 환상구조의 질소 화합물이다.

제3절 식물성 식품의 냄새 성분

1. 과실의 향기 성분

과실의 향기는 그 과실의 특성이나 선도를 알아내는 데 매우 중요하다. 과실의 향기 성분에 대해서는 비교적 많이 연구되어 있으며 terpene류와 지방산의 ester류가 주체로 알려져 있다.

세계적으로 본 과실의 생산량은 포도, 사과, 감귤류, 바나나 등이 가장 많다.

이들을 시료로 하여 수증기 증류를 통하여 정유(essential oil) 성분을 분리시켜 gas chromat ograghy(GC) 또는 gas chromatograghy-mass spectrometry(GC-MS) 등으로 분석하면 수십 여종 이상의 성분을 분리 동정할 수 있다.

이들 성분이 적당히 조합되어 각각의 과실의 특징적인 향기를 발생하게 되는 것이다.

그러나 이와 같이 분석된 향기 성분들은 특정한 품종의 과실과 특정한 시간에 시험에 제공된 것들에게 검출된 성분들이다.

과실은 저장 중에도 그 세포 내에서는 끊임없이 생화학 반응이 진행되기 때문에 향기 성분들도 항시 변화하고 있다고 생각하여야 한다.

1) 포도의 향기성분

Webb(1962)은 두 품종의 포도(Muscut of Alexandria 및 Concord)의 휘발성 성분을 추출하여 각종 alcohol, aldehyde, 지방산 및 그 ester 등을 동정하였다(표 13-11 및 표 13-12).

특히 Concord 품종의 포도에는 Muscut 품종의 포도에 함유되어 있지 않는 aceto ne, methyl anthranilate 등의 중요 향기 성분으로서 함유되어 있다.

따라서 포도라도 그 품종이 다르면 일부 향기성분의 종류나 함량이 다소 다른 것으로 생각된다.

[표 13-11] Muscat of Alexandria 품종의 포도의 향기성분

향기성분	함량(mg/ml)	향기성분	함량(mg/ml)
methyl alcohol	3.7	methyl acetate	0.08
ethyl alcohol	111.0	ethyl caproate	0.4
butyl alcohol	0.03	butyrate ester	
3-methylbutanol	0.01	valerate ester	
n-hexanol	0.49	caproate ester	
cis-3-hexanol	0.26	caprylate ester	
acetaldehyde	0.85	caprate ester	0.16
n-hexenal	0.03	laurate ester	
2-hexenal	0.05	ethyl ester	
2-butanone	0.01	acetals	
2-pentanone	0.01		

[표 13-12] Concord 품종의 포도의 향기성분

향기성분	함량(mg/ml)
ethanol	35.0
methanol	1.5
ethyl acetate	3.5
methyl acetate	0.15
acetone	0.3
acetaldehyde	0.03
methyl anthranilate	0.033
acetic acid	–

2) 사과의 향기 성분

사과의 향기 성분으로서는 대략 40여 종 이상의 화합물이 실제로 동정되어 있다. Schultz(1967)는 사과의 향기 성분 농축물을 gas-liquid chromatography로 분석하여 표 13-13과 같은 향기 성분을 동정하였다.

즉, 사과는 탄소수 C_2~C_6의 alcohol류, 탄소수 C_2~C_6의 aldehyde류, 그리고 이상의 alcohol류와 acetic acid, propionic acid, butyric acid들과의 ester류가 주요 향기 성분으로 생각된다.

[표 13-13] 사과의 향기 성분

Alcohol류	Aldehyde류	propyl acetate
ethanol	acetaldehyde	ethyl butyrate
1-propanol	hexanal	butyl acetate
isobutanol	2-hexenal	methylbutyl acetate
butanol		hexyl acetate
2-methylbutan-1-ol	Ester류	2-hexenyl acetate
1-hexanol	ethyl acetate	diethyl ether
2-hexan-1-ol	ethyl propinate	isopentane

3) 감귤류의 향기 성분

감귤류는 오렌지, 레몬, 자몽 등 종류가 많다.

감귤류의 향기 성분은 주로 과피에 함유되어 있으며, 일반적으로 ethyl acetate, ethyl butyrate, ethyl caproate, ethyl caprylate 등의 ester류와 limonene, citral, copaene, cubebene 등의 terpenoid 화합물이 중요 향기 성분으로서 분리 동정되어 있다.

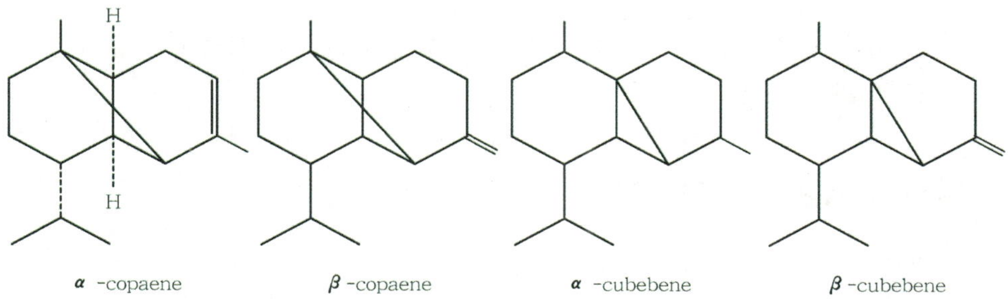

〈그림 13-11〉 감귤류 중의 향기성분

4) 바나나의 향기 성분

바나나의 향기 성분에 대해서는 많은 연구가 되어 있으며 isoamyl acetate, isoamyl butyrate 등의 ester류가 주체인 것으로 알려져 있다.

Hultin(1961)은 gas chromatography에 의해서 미숙 바나나, 반성숙 바나나, 완숙 바나나, 과숙 바나나의 휘발성 성분을 분석하여 acetic acid, methyl alcohol, ethyl alcohol, isoamyl alcohol, methyl acetate, ethyl acetate, isoamyl acetate, 2-hexenal, 2-pentanone, 2-octanone 등을 동정하였으며, 이들 향기 성분의 숙성 과정에서의 변화를 조사하였다.

[표 13-14] Gros Michel 품종의 바나나의 향기성분과 여러 성숙단계에서의 그 함량변화

(함량 mg/100g pulp)

향기성분 \ 성숙단계	미숙 바나나	반성숙 바나나	완숙 바나나	과숙 바나나
acetic acid	0.26	0.56	0.48	1.57
methyl alcohol	2.2	18.5	1.5	5.6
ethyl alcohol	1.1	0.4	0.5	22.6
isoamyl alcohol	0.3	0.4	0.1	5.6
methyl acetate	4.5	9.5	1.3	5.0
ethyl acetate	22.4	9.5	0	16.9
isoamyl acetate	0.02	0.1	0.02	1.2
2-hexenal	2.2	4.6	7.6	1.9
2-pentanone	2.1	1.4	2.7	1.1
2-octanone	0.3	0.2	0.8	0.8

5) 복숭아의 향기 성분

복숭아의 향기 성분은 사과 등의 예에서와 같이 주로 탄소수가 적은 각종 ester류, alcohol류, 유기산, aldehyde, ketone 등으로 구성되어 있다. 복숭아에서 분리 동정된 향기 성분은 표 13-15와 같으며, 주로 lactone류가 복숭아 특유의 향기 성분에 기여하는 것으로 알려져 있다.

[표 13-15] 복숭아의 향기 성분

acetaldehyde	acetic acid	caproic acid
methyl acetate	2-hexen-1-ol	benzyl alcohol
ethyl acetate	benzaldehyde	γ-octalactone
ethanol	iso-valeric acid	γ-nonalactone
hexyl formate	ethyl benzoate	hexyl benzoate
hexy acetate	γ-caprolactone	γ-decalactone
2-hexenyl acetate	benzyl acetate	α-pyrone
hexyl alcohol	γ-heptalactone	δ-decalactone

6) 파인애플의 향기 성분

파인애플의 향기 성분에 대한 연구도 많이 되어 있으며, 각종 ester류, alcohol류, carbonyl 화합물 등 100여 종 이상의 향기 성분이 검출되고 있다.

파인애플의 향기 추출물에서 분리 확인된 대표적인 향기 성분은 표 13-16과 같으며, 그 외에 파인애플의 특징적인 향기 성분으로서 2, 5-dimethyl-4-hydroxy-3(2H)-furanone, γ-caprolactone, chavicol 등이 알려져 있다.

[표 13-16] 파인애플의 향기성분

ethanol	methyl 2-methylbutyrate	linalool
methyl acetate	diethyl carbonate	methyl octanoate
ethyl acetate	ethyl butyrate	ethyl 3-hydroxyhexanoate
2-methyl-3-buten-ol	methyl pentanoate	ethyl benzoate
methyl propionate	ethyl 2-methylbutyrate	ethyl octanoate
2-methyl-1-1propanol	ethyl 3-methylbutyrate	terpinen-4-ol
2-propyl acetate	3-methyl-1-butyl acetate	methyl 3-acetoxyhexanoate
benzene	2-methyl-1-butyl acetate	α-terpineol
methyl 2-methyl propionate	ethyl pentanoate	ethyl 3-acetoxyhezanoate
3-pentanone	methyl hexanoate	methyl-β-methylthiopropionate
ethyl-propionate	dimethyl malonate	methyl-β-methylthiopropionate
1-propyl acetate	ethyl hexanoate	methyl-β-hydroxycaproate
methyl butyrate	methyl heptanoate	methyl-β-acetoxycaproate
1-1-diethoxyethane	methyl 3-methylthiopropionate	2, 5-dimethyl-4-hydroxy-3-(2H)-furanone
3-methyl butan-1-ol	methyl 3-hydrohexanoate	γ-caprolactone
2-methyl butan-1-ol	ehtyl heptanoate	ρ-ollyiphenol
2-methyl-1-propyl acetate	methyl 3-methylthiopropionate	

2. 채소의 향기 성분

채소의 향기 성분도 과실의 경우와 마찬가지로 휘발성의 ester류, aldehyde류, ketone류, 산류, terpenoid 화합물 등이나 그 이외에 채소에 함유되어 있는 휘발성 유황 화합물(volatile sulfur compounds) 또는 유황 화합물들의 분해 생성물들이 채소 특유의 향기 성분에 기여하는 것으로 알려져 있다.

1) 양배추의 향기 성분

양배추, 배추, 무 등의 채소들은 신선한 생야채 상태에서는 냄새가 비교적 약하나 끓이거나 기타의 가열 조리를 할 때는 특징 있는 강한 냄새를 갖게 된다.

신선한 양배추의 특유한 향기 성분을 이루고 있는 것은 휘발성 유황 화합물들이며, 이들 중 대표적인 것은 isothiocyanate류이다. isothiocyanate류는 양배추 조직 중에 함유되어 있는 sinigrin이 효소 thioglycosidase(myrosinase)의 작용에 의하여 생성된 것이다.

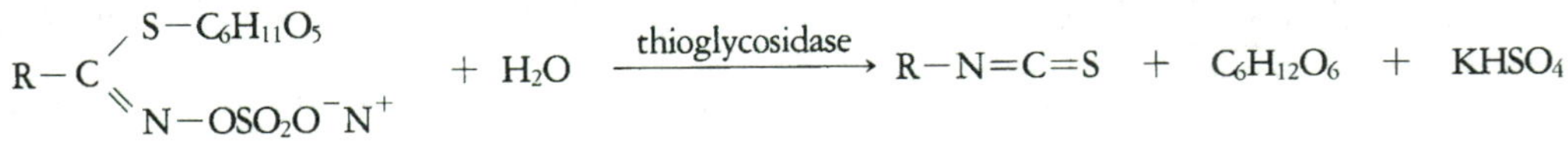

sinigrin　　　　　　　　isothiocyanate

한편, isothiocyanate 는 가수분해되어 carbonyl sulfide(COS), 황화수소(H_2S), 이황환탄소(CS_2) 등을 생성한다.

$$RCNS+H_2O \rightarrow RNH_2+COS$$
$$COS+H_2O \rightarrow CO_2+H_2S$$
$$2RCNS+2H_2O \rightarrow 2RNH_2+CS_2+CO_2$$

양배추를 가열 조리하였을 때 냄새가 더 강해지는 것은 이상과 같이 양배추 중에 함유되어 있는 유황 화합물들이 분해되어 형성된 황화수소나 기타 휘발성 유황 화합물에 기인하는 것으로 생각된다.

Baily(1961)가 gaschromatography, massspectrometry를 이용하여 신선한 양배추로부터 분리 동정한 휘발성 유황 화합물은 표 13-17과 같으며, 이들 유황 화합물은 건조 가공 중 거의 전부가 손실된다고 한다.

[표 13-17] 신선한 양배추의 휘발성 유황 화합물

methyl isothiocyanate	dimethyl disulfide
n-butyl isothiocyanate	methyl ethyl disulfide
butenyl isothiocyanate	diethyl disulfide
allyl isothiocyanate	ethyl propyl disulfide
methyl thiopropyl isothiocyanate	dipropyl disulfide
hydrogen sulfide	propyl butyl disulfide
carbonyl sulfide	propyl allyl disulfide
dimethyl sulfide	diallyl disulfide
diethyl sulfide	methyl thiomethyl isothiocyanate
dibutyl sulfide	methyl thiobutyl isothiocyanate
carbon sulfide	diethyl trisulfide

2) 샐러리의 향기 성분

샐러리는 특유한 향기를 가진 미나리과에 속하는 채소로서 표 13-18과 같이 각종 aldehyde류, alcohol류, ester류, 산류 외에 phthalide류 중 sedanolide(3-butylidene-5, 6, 7, 7α-tetrahydrophthalide)가 샐러리 향기의 주요성분으로 알려져 있다.

[표 13-18] 샐러리의 향기성분

Aldehyde류	octanol	탄화수소
formaldehyde	nonanol	d-limnoen
acetaldehyde	decanol	Ketone류
propionaldehyde	undecanol	carvone
veleraldehyde	Ester류	diacetyl
hexenal	ethyl iso-valerate	phenol류
heptanal	cis-3-hexen-1-yl-pyrubate	guaicol
octanal	decyl acetate	Phthalide류
undecanal	linalyl acetate	sedanolide
neral	terpinyl acetate	sedanoic anhydride
geanial	geranyl acetate	3-iso-butyliden-3α,
cittronellal	cittonellyl acetate	-4-dihydrophthalide
Alcohol류	neryl acetate	3-iso-validene-3α,
iso-amylalcohol	carvyl acetate	-4-dihydrophthalide
hexanol	geranyl butyrate	3-iso-butylidene phthalide
heptanol	benzyl benzoate	3-iso-validene phthalide
butanol	2-methyl hexanyl acetate	

3) 토마토의 향기 성분

신선한 토마토나 그 즙 속의 주요 향기 성분으로는 휘발성 유기산(volatile organic acids)과 methyl alcohol이 있으며, 그 외에도 휘발성 성분으로 acetaldehyde, ethyl acetate, isovaleraldehyde, isoamyl alcohol, pentanol, 3-hexenol-1, eugenol, 2-heptenal, deca-2, 4-dienal, 2-methylhept-2-ene-6-one 등이 존재하는 것으로 알려져 있다.

4) 오이의 향기 성분

오이의 주요 향기 성분은 청엽 alcohol과 유사한 향기를 갖는 2, 6-nonadienal (nona-trans-2-cis-6-dienal)이다.

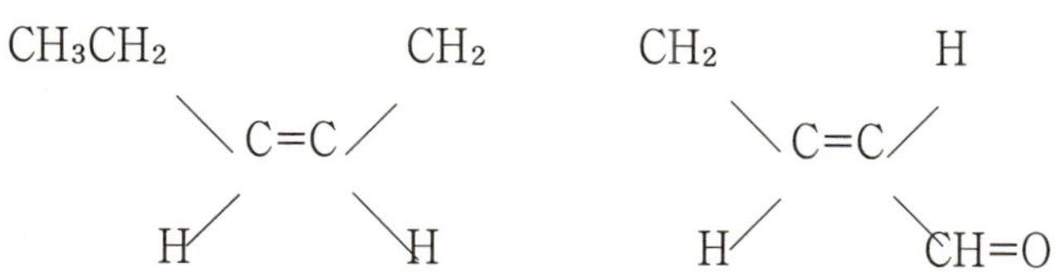

cis trans

이 외에도 2-nonenal, hexenal, 2-hexenal, propanal, ethenal 등의 휘발성 carbonyl 화합물이 알려져 있다.

5) 당근의 향기 성분

당근의 주요 향기 성분으로서 terpinolens,, γ−bisabolene, sabinene, caryophllene 등의 휘발성 terpenoid 화합물과 myristicin, α−terpinol, terinene−4−ol, falcarinol, 2−nonenal, octanal, bornyl acetate 등의 terpenoid 화합물의 산화 생성물이 검출되어 있다.

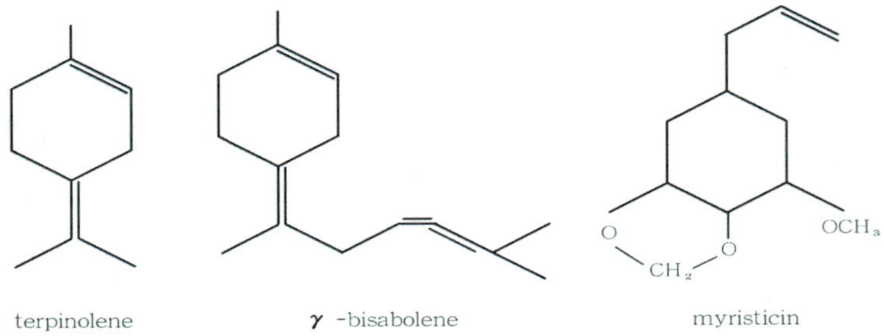

〈그림 13−12〉 당근의 일부 휘발성 성분의 구조

6) 버섯의 향기 성분

송이버섯의 주요 향기 성분은 methyl cinnamate이며, 여기에 1−octene−3−ol 이 가해져서 독특한 향기를 형성한다.

한편, 표고버섯의 향기 성분은 유황 함유 화합물들이며, 이들 중 lenthionine (1,2,3,5,6, −pentathiepane)이 중요한 특징적인 향기 성분으로 알려져 있다.

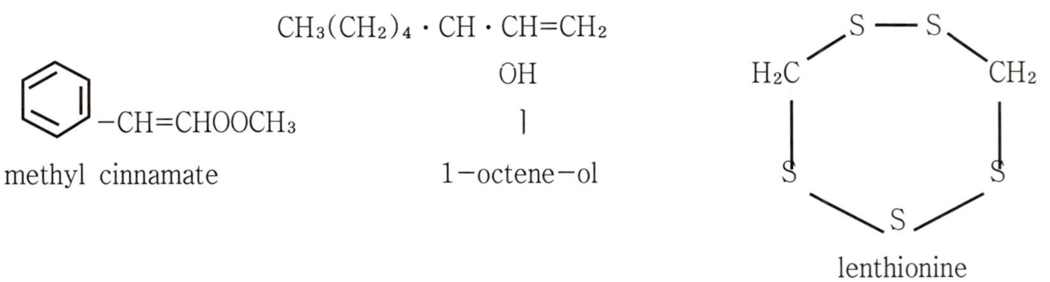

〈그림 13−13〉 버섯의 향기성분

7) 양파의 향기 성분

양파의 특유한 휘발성 향기 성분의 주성분을 이루는 것은 휘발성 유황 화합물들이며, 이들은 그 전구물질(precusor)인 alliin(S−allyl cysteinesulfoxide)이 효소 alliinase에 의하여 분해되어 형성되는 것으로 생각되고 있다.

Brodnitz(1969)가 유상의 양파 추출물로부터 분리 동정한 휘발성 우황 화합물은 표 13−19와 같다.

[표 13-19] 양파의 휘발성 유황화합물

methyl disulifde	ally propyl disulfide
methyl propyl disulfide	dimethyl trisulfide
3, 4−dimethylthiophene	methyl propyl trisulfide
methyl propyl disulfide	methyl propenyl trisulfide
allyl methyl disulfide	methyl propenyl trisulfide
propyl disulfide	dipropyl trisulfide
propenyl propyl disulfide	propenyl propyl trisulfide

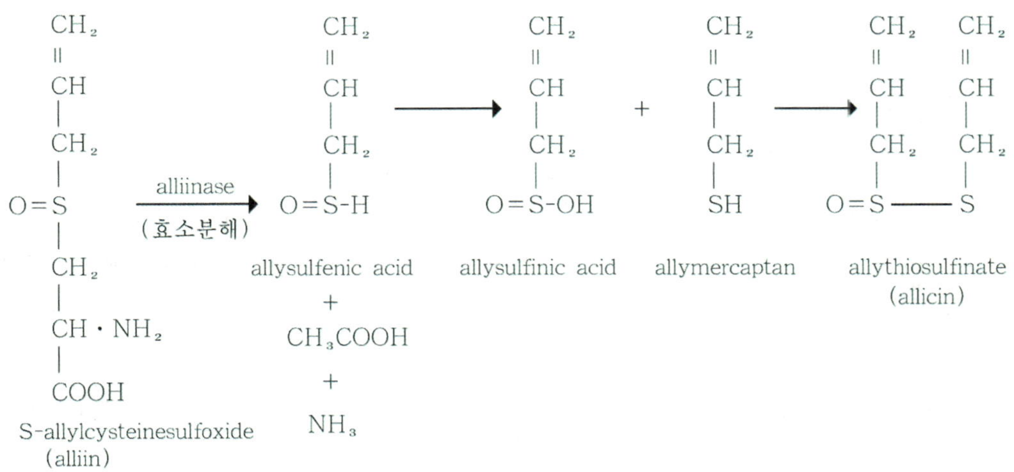

〈그림 13−14〉 양파에서 alliin의 효소분해에 의한 allicin의 형성과정

한편, 양파의 매운 성분인 최루성의 성분에 대해서는 아직 확실하지는 않으나, Virtanen(1962)에 의하면 그 주요 성분은 양파를 자르거나 마쇄할 때 유리 peptide류의 하나인 S−(1−propenyl)−cysteine sulfoxide가 효소에 의해 분해되어 형성된 1−propenyl sulfenic acid 이며, 이것은 다시 propenyl alcohol, propionaldehyde 및 그 중합체를 형성한다고 한다.

또한, Kohman(1952)은 양파의 최루성의 성분은 thiopropionaldehyde(CH_3-CH_2

–CH=S)라고 하였으며, Niegisch(1956) 등은 3–hydroxy thiopropionaldehyde ($HO-CH_2-CH_2-CH=S$)라고 하였다.

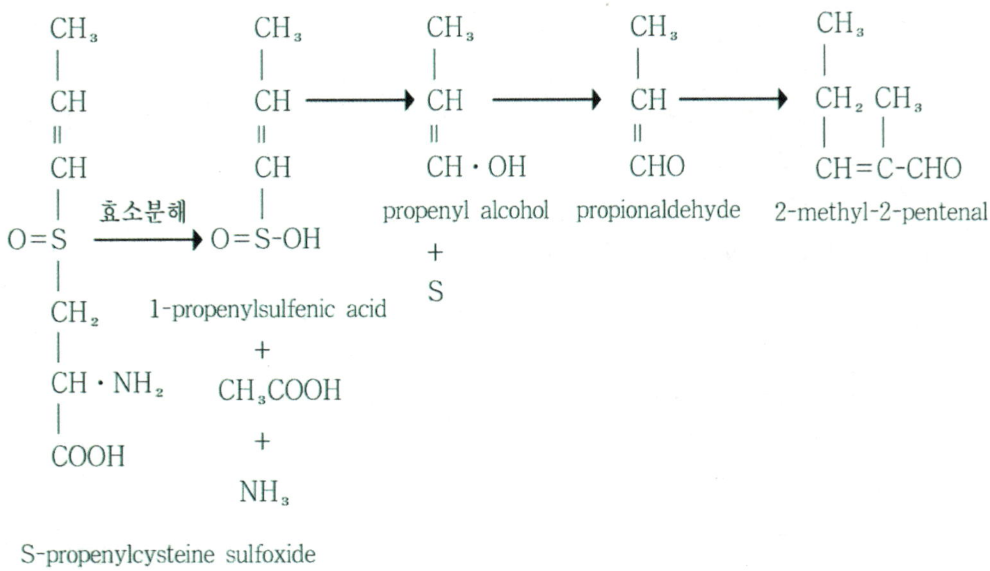

〈그림 13–15〉 효소작용에 의한 양파의 최루성분의 형성과정

8) 마늘의 향기 성분

마늘의 향기 성분도 양파와 마찬가지로 diallyl sulfide, diallyl disulfide, dially trisulfide, divinyl sulfide 등의 휘발성이 매우 강한 유황 함유 화합물이다.

그러나 양파, 파, 마늘 등의 자극적이고 강한 냄새는 배추나 무의 경우와는 반대로 가열 조리 후에는 거의 완전히 사라진다.

한편, 양파, 파, 마늘 등의 식물의 조직에는 일반적으로 thiosulfinate, thiosul fonate 등의 매우 특징적인 냄새를 가진 유황 화합물이 존재하는 것으로 알려져 있다. 이들 화합물의 형성 과정은 양파의 경우와 같이 먼저 S–alkyl cysteine sulfoxide가 효소에 의해 분해되어 S–alkyl sulfenic acid가 되고 이것은 불안정하여 냄새의 주성분인 휘발성인 hydrocarbonyl thiosulfinate(R–S–S–OR), hydro carbonyl thiosulfonate(R–S–SO2–R) 등으로 변한다고 한다.

$$\underset{\text{S-alkylcysteine sulfoxide}}{R-\overset{\overset{O}{\uparrow}}{S}-CH_2\underset{\underset{NH_2}{|}}{C}HCOOH} + H_2O \rightleftharpoons \underset{\text{1-alkylsulfenic acid}}{R-\overset{\overset{O}{\uparrow}}{S}-OH} + \underset{\text{pyruvic acid}}{CH_3COCOOH} + \underset{\text{ammonia}}{NH_3}$$

R=allyl기($CH_2=CH-CH_2-$)…마늘
R=methyl기(CH_3-)
=propenyl기($CH_3-CH=CH-$)
=propyl기($CH_3-CH_2-CH_2-$)
]…파, 양파

9) 겨자의 향기 성분

겨자, 배추, 양배추, 순무 등의 겨자과(crucifer plant family)에 속하는 채소들은 중요한 향기 성분으로서 일반적으로 glucosinolate 또는 thioglucoside로 알려진 일군의 화합물을 함유하고 있다.

겨자씨에 존재하는 주요 glycosinolate인 sinigin(ally glucosinolate)은 겨자씨를 마쇄할 때 그 조직 내에 존재하는 thioglucosidase에 의하여 가수분해되어 겨자 특유의 강한 자극성의 향기 성분인 allyl isothiocyanate와 그 유도체인 allyl nitrile, allyl thiocynate 등을 형성한다(그림 13-16).

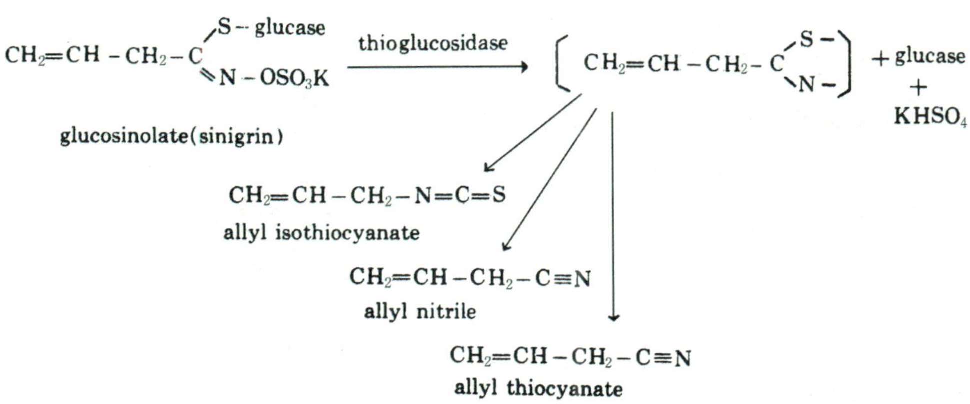

〈그림 13-16〉 Glucosinolate의 효소에 의한 가수분해 과정과 그 분해 생성물들

제4절 동물성 식품의 냄새 성분

1. 우유 및 유제품의 향기 성분

1) 우유의 향기 성분

신선한 우유의 향기 성분으로서 acetaldehyde, pentanal, hexanal, 2-hexanal, 2, 4-nonadienal, acetone, butanone-2, pentanone-2 등의 carbonyl 화합물, propionic acid, butyric acid, caproic acid 등의 유황 화합물들이 주요 성분으로 생각되고 있다. 그러나 신선한 우유를 장시간 방치하거나 또는 균질유(homogenized milk)를 할 때 우유 속의 지방질 성분의 산화에 의해서 신선한 우유에는 존재하지 않았던 휘발성 carbonyl 화합물이 형성되며 그 함량이 신선한 우유에 비하여 급증한다.

한편, 시유를 제조할 때 강하게 가열된 우유에 형성되는 냄새 성분으로서는 formic acid, acetic acid, propionic acid, lactic acid, furfural, hydroxymethyl furfural, mercapto 화합물, H_2S, δ-decalactone 등이 알려져 있다.

2) 유제품의 향기 성분

신선한 버터의 향기 성분으로서 표 13-20에 표시된 바와 같이 휘발성 지방산, diacetyl, acetoin, aldehyde, ketone류가 검출되고 있으며, 이 중에서 streptococcus 속의 세균의 작용에 의해서 생성되는 diacetyl은 버터의 바람직한 특징적인 향기의 주성분으로 중요하다.

[표 13-20] 신선한 버터의 향기 성분

휘발성 지방산(8~11mg%) C_2, $_nC_3$, $_nC_4$, $_nC_5$, $_nC_6$, $_nC_8$, $_{iso}C_4$, $_{iso}C_5$	
diacetyl(0.0146mg%)	acetoin(0.0447mg%)
formaldehyde	acetaldehyde
propionaldehyde	iso - butanal
n - butanal	iso - valeral
n - valeral	n - hexanal
octanal	n - nonanal$_n$
acetone	pentanone - 2
hexanone - 2	heptanone - 2
octanone - 2	nonanone - 2
undecanone - 2	tridecanone - 2

버터 중에서 diacetyl과 acetoin은 다음과 같이 평형 상태를 유지하고 있다.

$$\underset{\text{acetoin}}{CH_3CHOHCOCH_3} \underset{+H_2}{\overset{-H_2}{\rightleftharpoons}} \underset{\text{diacetyl}}{CH_3COCOCH_3}$$

그러나 diacetyl의 양은 많아질수록 불쾌한 냄새를 나타낸다.

치즈의 향기 성분은 주로 발효에 의하여 형성되는 것으로 매우 복잡하며, 사용하는 미생물의 종류와 숙성 기간에 따라 그 향기 성분은 아주 다양하다.

일반적으로 치즈의 향기 성분으로는 ethanol, butanol 등의 alcohol류, diacetone, methyl ketone, 2−pentanone, 2−heptanone, 2−nonanone 등의 ketone류, acetic acid, propionic acid, butyric acid, caproic acid, capric acid 등의 산류와 이들의 ester류, dimethyl sulfide, ethyl β − methyl mercaptopropionate 등의 유황 화합물, methylamine 등의 amine류 등이 검출되고 있으며, 이 중에서 치즈 고유의 향기 성분으로서는 methionine으로부터 형성된 ethyl β−methyl mercaptopro− pionate가 알려져 있다.

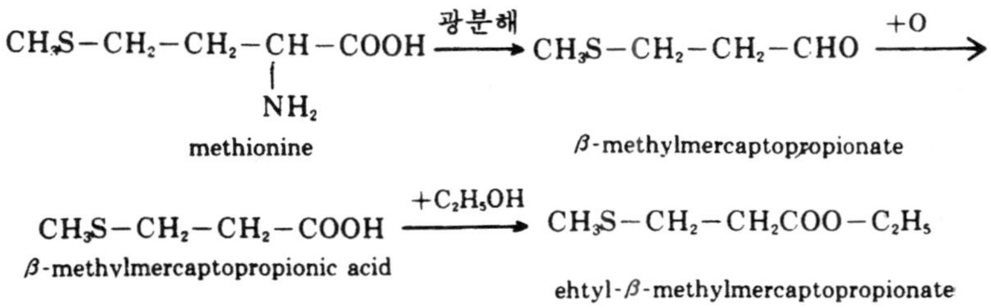

한편, blue cheese의 특유한 냄새 성분은 주로 탄소수 C_3~C_{15} 인 홀수 탄소의 각종 methyl ketone류에 의한다. Methyl ketone류는 Pen. roqueforti 포자에 의한 지방산류의 β−산화에 의해서 형성되며, 이들 중 가장 중요한 것은 2−heptanone과 2−nonanone이다.

가열처리된 우유나 연유, 분유 형태로 가공처리된 유제품의 특유한 향기는 각종의 carbonyl 화합물의 종류와 그 함량의 차이 이외에도 이들 가공 제품 속에 함유된 고급 지방산의 lactone류의 존재에 기인한다.

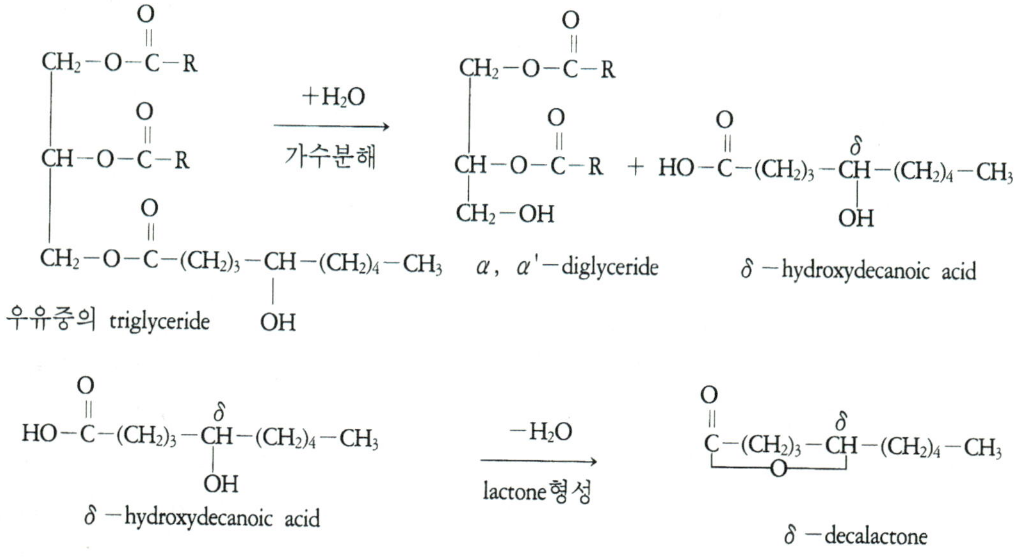

〈그림 13-17〉 우유의 가공처리에 의한 δ-lactone류의 형성과정

이 lactone류 중 대표적인 것은 δ-decalactone이며, 이것은 샐러리와 유사한 향기를 가지고 있다.

Dimick(1969) 등에 의하면, 젖소 체내에서 지방산 대사 과정에서 포화 지방산의 δ-산화가 일어나 δ위치에 수산기(-OH)나 ketone기(=CO)를 가진 δ-hydroxy fatty acid 또는 δ-keto fatty acid가 형성된다. 이 지방산들은 신선한 우유 중에서는 triglyceride의 일부를 형성하고 있으나 장기 저장 또는 가공 과정에서 가수분해되어 δ-lactone을 형성한다(그림 13-17).

2. 육류의 냄새 성분

신선한 육류 살코기의 냄새는 주로 혈액에서 오는 냄새이며 acetaldehyde가 주요 성분이다. 도살 후 장시간 방치한 육류에서는 자기소화와 세균에 의한 오염이 진행되어 불쾌한 냄새가 난다. 이것은 선도 저하의 특징으로서 주로 아미노산이나 단백질이 세균의 작용에 의하여 ammonia, 황화수소, mercaptane류 등이 형성되기 때문이다.

3. 어류의 냄새 성분

어류는 신선하다 하더라도 상당히 특유한 비린 냄새를 가지고 있다. 더욱이 이 냄새는 시간이 경과함에 따라 강해지며, 신선도를 추정하는 데 있어서 하나의 척도가 된다. 선도(degree of freshness)가 저하된 어류의 특유한 비린 냄새의 본체는 trimethyla mine(TMA)이며, 이것은 원래 무취였던 trimethylamine oxide가 어류가 죽은 후 세균의 작용 으로 환원되어 생성된 것이다. 따라서 trimethylamine oxide의 함량이 많은 바닷고기가 그 함량이 적은 민물고기보다 더 빨리 상한 냄새가 발생한다. 즉, trimethylamine 함량은 선도의 저하를 나타내는 하나의 지표가 되며, 1mg에서 맛이 저하되고 2~3mg이 존재하면 불량 식품으로 간주한다.

Trimethylamine oxide(무취)　　　　Trimethylamine(비린냄새)

민물고기에는 trimethylamine oxide가 매우 적거나 거의 없으므로 죽은 후에 발생되는 강한 냄새는 바닷고기와는 달리 piperidine, δ−aminovaleraldehyde, δ−aminovaleric acid에 기인한다. 이들 amine류는 lysine 등의 아미노산이 세균의 작용에 의하여 생성된 것이다(그림 13−18).

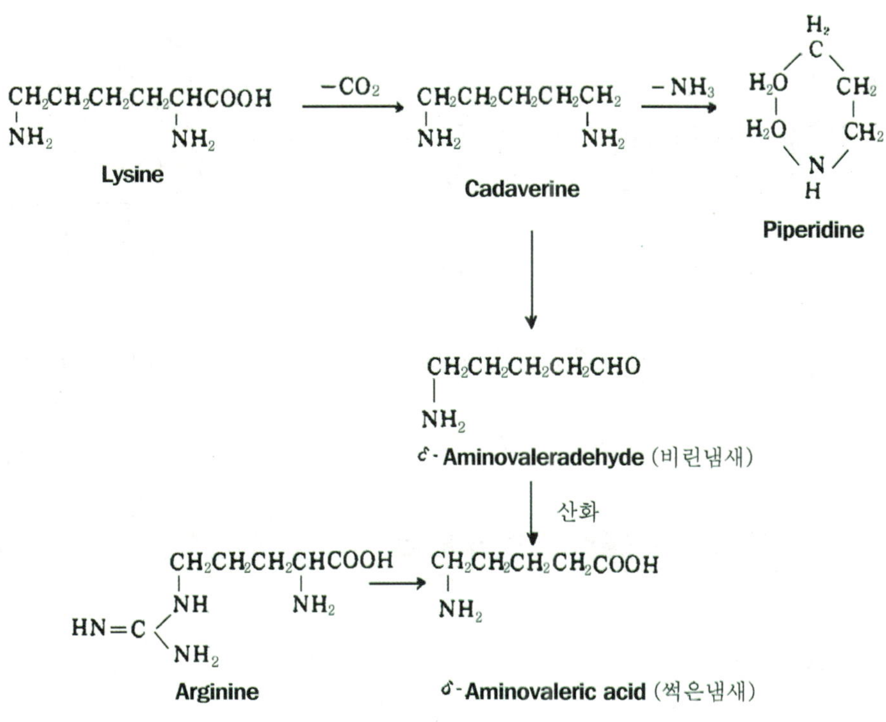

〈그림 13−18〉 Lysine 또는 arginine의 분해에 의한 δ−aminovaleric acid 형성과정

한편, ammonia는 어류의 선도가 어느 정도 저하되었을 때 발생하는 자극적인 냄새이며 요소로부터 세균의 작용으로 생성된 것이다.

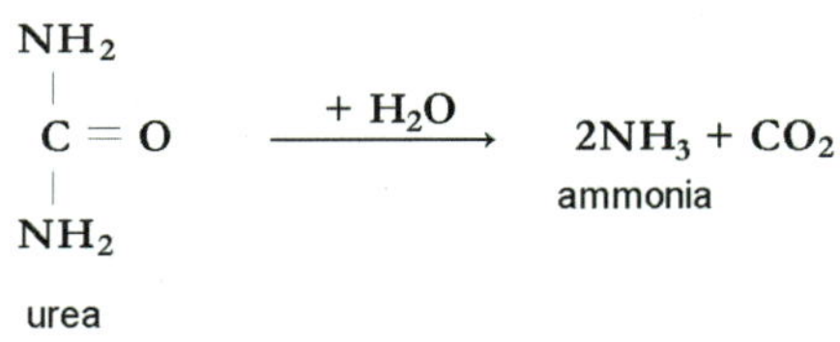

또한 어류가 부패되었을 때 발생하는 냄새는 주로 아미노산이 분해되어 생성된 황화수소, indole, methyl mercaptane, methyl sulfide, skatole 등에 기인된 것이다.

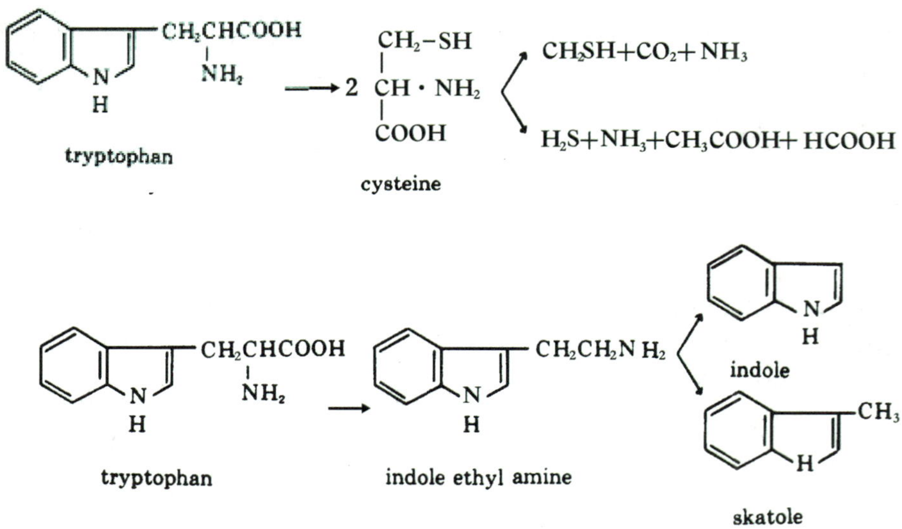

〈그림 13-19〉 Aimino acid의 분해에 의한 methyl mercaptane, indol, skatole 등의 형성과정

제5절 냄새 성분의 변화

1. 가열 조리에 의한 향기성분의 생성

1) Amino-carbonyl 반응에 의한 향기의 생성

비효소적 갈변 반응에서 논의한 바와 같이 아미노산과 당을 가열하면 aminocarbonyl 반응이 일어나며, 이 반응의 최종 단계에서 Strecker 반응으로 알려진, 즉 dicarbonyl 화합물과 α-amino산과의 산화적 분해 반응에 의하여 본래의 아미노산보다 탄소수가 하나 적은 aldehyde와 enaminol, CO_2가 생성한다. 이때 생성되는 aldehyde는 가열 온도, 아미노산과 당의 종류나 비율 등에 따라 다르나 식품을 가열하였을 때의 냄새 성분에 주로 관여한다.

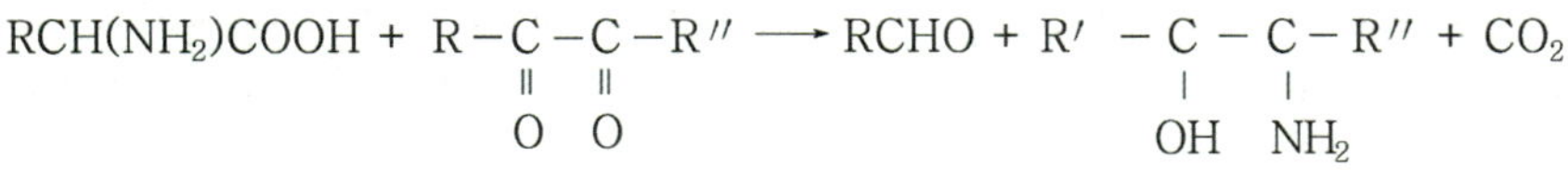

dicarbonyl compound　　aldehyde　　enaminol

한편, enaminol은 2분자가 고리화 되어 pyrazine류가 생성된다. Pyrazine류는 커피, 땅콩, 참깨, 등과 같이 볶거나 가열한 식품의 향기 성분으로 중요하다.

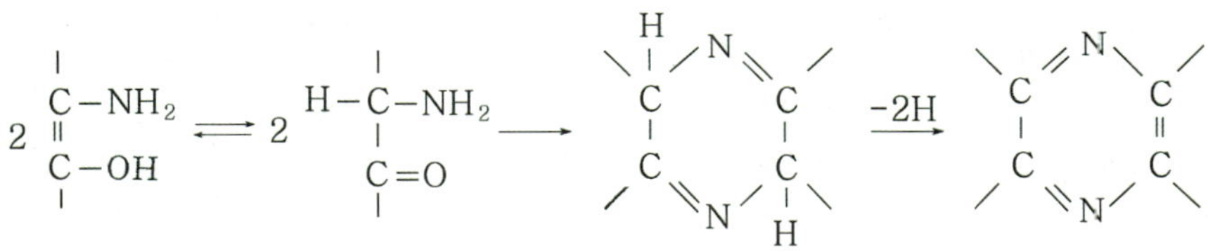

enaminol　　pyrazines

2) Caramel화 반응에 의한 향기의 생성

당류 등의 탄수화물은 160℃ 이상의 고온으로 가열하면 여러 가지 향기가 발생한다. 예를 들면, glucose를 250℃로 가열하면 표 13-21과 같은 각종의 향기 물질이 생성된다.

따라서 당이 함유된 식품을 가열하거나 당을 가하여 구운 과자를 만들 때 발생하는 향기는 매우 다양하고 복잡하다.

[표 13-21] Glucose를 250℃로 가열하였을 때 생성되는 향기성분

furan	5-methyl-2-acetylfuran
2-methylfurandiacetyl	4-oxy-2-pentenoic acid의 ϒ-lactone
acetic acid	1-(2-furyl)-propane-1, 2-dione(acetylfuroyl)
2-n-propylfuran	3-methyl cyclopentane-1, 2-dione
furfural	phenol
2-acetyl furan	methyl furanic acid
3-furylaldehyde-5-methyl-2-furylaldehyde	

3) 밥의 향기 성분

쌀로 밥을 지을 때 약간 발생하는 향기에는 ammonia, acetaldehyde, acetone 및 C_3, C_4, C_6의 저급 aldehyde가 주성분으로 존재하며 또한 극소향의 H_2S도 확인되고 있다. H_2S는 그 양이 많으면 불쾌한 냄새를 주나 미량의 경우는 독특한 향기를 나타낸다.

한편, 누른 밥에서 유도된 숭늉의 향기는 쌀을 구성하고 있는 특정 성분이 열에 의하여 분해 또는 분해물의 중합 반응에 의해 생성된 가열 향기이며, 주성분으로서는 2,3-dimethyl pyrazine, 2-ethyl pyrazine, 2-methoxy-3methyl pyrazine, 2-methoxy-5methyl pyazine 등의 pyrazine류와 isovaleraldehyde, n-caproaldehyde 등의 carbonyl 화합물로 알려져 있다(표 13-22).

[표 13-22] 숭늉의 휘발성 pyrazine 및 carbonyl 화합물

carbonyl 화합물	pyrazine 화합물
Acetaldehyde	pyrazine
Piopionaldehyde	2-Methylpyrazine
Acetone	2, 3-Dimethylpyrazine
iso-Butyraldehyde	2-Ethylpyrazine
Methylethylketone	2, 5-Dimethylpyrazine
iso-Valeraldehyde	2-Methoxy-3-methylpyrazine
n_Valeraldehyde	2-Ethyl-5-methylpyrazine
n-Caproaldehyde	2-Ethyl-3-methylpyrazine
	2-Methoxy-3-ethylpyrazine or 2-Methoxy-3-isopropylpyrazine

4) 식빵의 향기 성분

식빵의 향기는 반죽의 발효와 굽는 과정에서 생성된다. 바로 구어낸 신선한 빵은 구미를 당기는 좋은 향기를 가지나 그것은 냉각하고 저장하는 동안 쉽게 소실되고 만다. 이 향기의 소실은 휘발성 성분의 증발과 산화와 같은 화학 반응에 의하여 일어나는 것으로 믿어지고 있으나 빵을 다시 가열하면 부분적으로 향기가 재생되는 것으로 보아 그 사실은 아직 확실하지 않다.

빵의 발효 중에 생성되는 향기 성분은 표 13-23에서와 같이 각종 alcohol, 유기산, ester들이다. 그러나 이것들은 오븐에서 굽는 동안 대부분이 소실되기 때문에 실제로 빵의 향기 성분에 크게 기여하지는 못한다.

이들 alcohol, 유기산, ester 이외에 빵으로부터 검출되고 있는 각종의 aldehyde 및 ketone 등의 carbonyl 화합물이 빵의 향기 성분으로 중요한 것임이 확인되었다(표

13-24). 예를 들면, glucose를 사용한 빵에서 가장 많이 들어있는 carbonyl 화합물은 hydroxymethyl furfural 이다.

[표 13-23] 빵의 발효과정 중에 생성되는 alcohol, 유기산 및 ester류

ethanol	levulinic acid	caprylic acid
n-propanol	ethyl pyruvate	lactic acid
formic acid	ethyl levulinate	hydrocinnamic acid
propionic acid	ethyl hydrocinnamate	Itaconic acid
valeric acid	isobutanol	ethyl acetyate
heptanoic acid	amyl alcohol	ethyl lactate
capric acid	acetic acid	ethyl succinate
pyruvic acid	butyric acid	ethyl itaconate
benzilic acid	caproic acid	

[표 13-24] 빵에서 검출된 aldehyde 및 ketone류

formaldehyde	butanone	2-ethyl hexanal
propionaldehyde	diacetyl	pyruvaldehyde
valeraldehyde	maltol	hydroxymethyl furfural
n-hexanal	acetaldehyde	acetone
crotonaldehyde	butylaldehyde	3-heptanpne
furfural	2-methylbutanal	acetoin

식빵을 구울 때 빵껍질(crust)의 형성과 갈변은 빵의 향기의 생성에 크게 기여한다. 식빵의 갈변은 caramel화 반응보다는 Maillard 반응에 의하여 주로 일어난다. Maillard 반응의 최종 단계에서 Strecker 반응에 의하여 아미노산들로부터 aldehyde가 생성되어 빵의 향기에 관여하는 것으로 생각된다.

5) 차(tea)의 향기 성분

홍차(black tea)의 향기는 신선한 차잎을 가공하는 동안에 형성된 각종의 화합물에 의하며, 주로 발효 후 건조 과정에서 향기 성분이 생성되는 것으로 알려져 있다. 홍차에서 분리 동정된 향기 성분에는 acrolein, n-butyric aldehyde, ethanol, n-butanol, isobutanol, hexanal, pentanal, 2-hexanol, 3-hexene-1-ol, benzaldehyde, linalool, terpeneol, methyl salicylate, benzyl alcohol, β-phenylethanol, isobutyric aldehyde, geraniol 및 acetophenone 등이 있다.

6) 커피의 향기 성분

커피(coffee)의 향기는 신선한 커피원두를 볶는 동안에 생성된다. 그림 13-20에서와 같이 커피원두를 볶는 강도가 증가할수록 휘발성 성분은 증가한다. 커피에서 gas-liquid chromatograohy를 이용하여 400여 종 이상의 휘발성 성분이 분리 동정되어 있다.

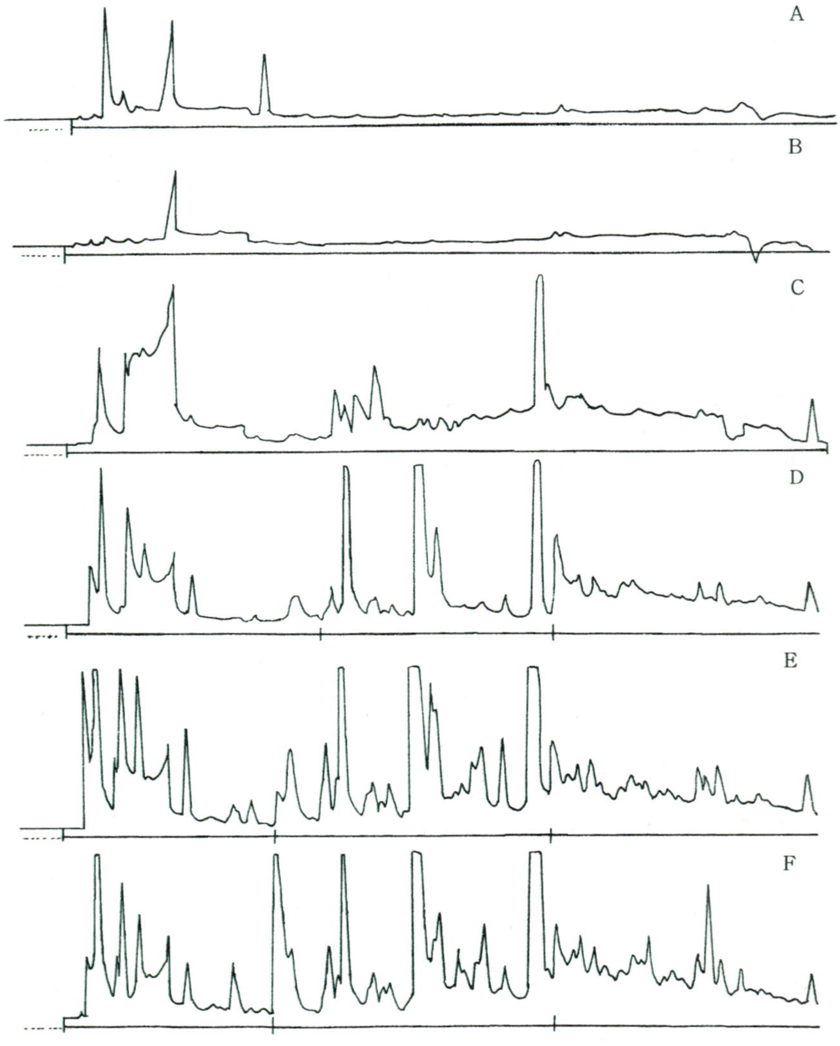

〈그림 13-20〉 커피원두를 볶을 때의 가열시간에 따른 휘발성 성분의 증가
(휘발성 성분의 농도를 나타내는 gas chromatogram)
A : tlstjsgks 커피원두, B : 2분 볶음, C : 6분볶음, D : 8분 볶음, E : 11분 볶음, F : 15분 볶음

탄수화물의 열분해(pyrolytic decomposition)로 인하여 탄소수가 2,3,4 및 5개인 많은 화합물이 형성된다. 그 외에도 탄수화물에 기인하여 16종의 furan 화합물(furanic compounds), 고리상의 diketone 및 maltol이 형성된다.

커피원두의 단백질은 볶을 때 아미노산류, ammonia, amine류, 황화수소, methyl mercaptane, dimethyl sulfide, dimethyl disulfide 등과 같은 저분자량의 물질로 된다.

동정된 일련의 furan 및 pyrrole 화합물에는 furan, furfural, acetyl furan, 5-methyl furan, 5-methyl furfural, 5-methyl-2-acetylfuran 및 pyrrole, 2-pyrrole aldehyde, 2-acetyl pyrrole, N-methyl pyrrole, N-methyl-2-pyrrole-aldehyde 및 N-methyl-2-acetyl pyrrole 등이 있다.

각종 커피류의 향기의 차이는 약간의 휘발성 화합물들의 함량과 비율에 있어서의 차이와 관계가 있다. Pyrazine류, furan류, pyrrole류 및 thiophen 유도체들이 커피 향기 성분에 특히 많다.

한편, furfuryl methyl sulfide와 그 동족체도 커피 향기에 크게 기여한다. 커피 향기에 기여하는 몇 가지 중요한 성분의 구조는 그림 13-21과 같다.

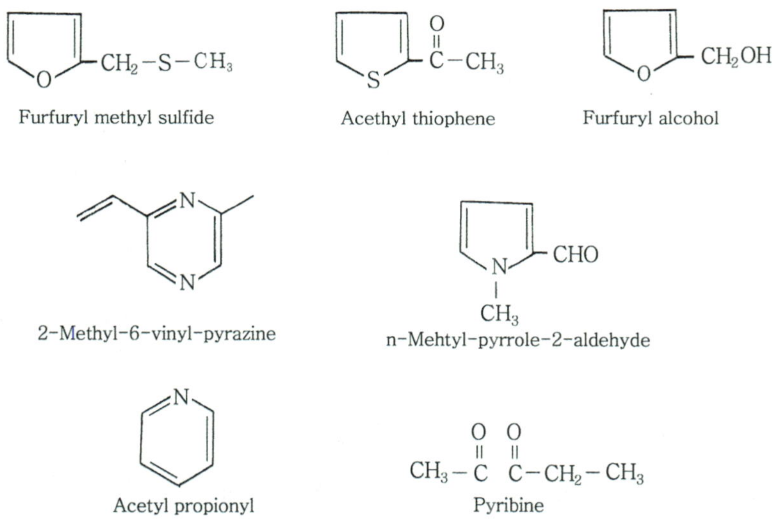

〈그림 13-21〉 커피의 일부 주요 향기성분과 그 구조

커피 향기 성분 중에서 분리 동정된 화합물을 기능기(functional group)를 기준으로 구별하여 표시하면 표 13-25와 같다.

7) 코코아의 향기 성분

코코아(cocoa)또는 초콜렛의 주된 향기 성분은 코코아콩을 볶는 과정에서 그 속에 함유되어 있는 아미노산과 당류의 Maillard 반응에 의하여 형성된 휘발성 carbonyl 화합물로 생각되고 있다.

Baily는 볶은 코코아 콩의 증기를 mass-spectrometry를 이용하여 분석하였는데 그 결과는 표 13-26과 같다.

[표 13-25] 볶은 커피향기 중의 휘발성 화합물의 수

화합물의 종 류	기 능 기								
	없는것	$-OH$	$-O-$	$-C(=O)OH$	$C=O$	$-CO$	$-C(=O)OR$	$-S-$	기 타
Aliphatic	17	19	—	13	30	10	16	9	25
Isocyclic	3	1	—	—	6	6	—	—	—
Benzencic	20	—	6	4	5	1	5	2	16
Furanic	15	1	4	3	13	4	11	7	3
Thiophenic	6	1	—	2	6	2	3	20	—
Pyrrolic	10	—	—	8	5	1	—	—	—
Pyrazinic	27	—	—	—	—	—	—	—	—
기 타	5	2	8	—	7	—	1	5	13
합 계	103	24	18	30	72	24	36	43	57

[표 13-26] 볶은 코코아 콩의 증기중의 휘발성 화합물

휘발성 화합물	함량(mol%)	휘발성 화합물	함량(mol%)
iso-Valeraldehyde	42.0	Acetaldehyde	7.0
Simethy sulfide	0.3	Toluene	0.1
iso-Butylaldehyde	15.4	Methyl acette	6.3
Dimethyl disulfide	0.2	Benzene	0.1
Propionaldehyde	13.0	n-Butylaldehyde	3.0
Ethanol	0.2	Methyl furan	흔적량
Methanol	9.1	Diacetyl	2.8
Furan	0.2	ceton	흔적량

8) 가열 조리된 채소의 향기 성분

가열 조리된 양배추에서는 비교적 다량의 dimethyl sulfide가 검출된다. 이 화합물은 methionine sulfoxide, S-methyl cystein sulfoxide에서 형성된 것으로서 향기가 매우 강하다.

또한 가열한 무, 양파, 파 등이 달게 느껴지는 것은 이들 채소의 주요 향기 성분인 dimethyl disufide, methyl propyl disufide 등의 유황화합물이 환원되어 형성된 methyl mercaptane, propyl mercaptane 등에 기인한 것이다.

$$CH_3-S-S-CH_2CH_2CH_3 \xrightarrow[+2H]{\text{가열}} CH_3SH-CH_3CH_2CH_2SH$$

methyl propyl disufide　　　　methyl mercaptane, propyl mercaptane

한편, 삶은 green pea에서는 acetals, aldehyde, ester, 유황 화합물 등이 검출된다. 이와 같이 가열 조리된 채소의 주요 향기 성분으로서는 이들 채소 중에 함유되어 있는 유황 함유 단백질이 분해되어 형성된 황화수소(H_2S), formaldehyde, acetal dehyde, dimethyl sulfide, mercaptane, ethyl mercaptane, propyl mercap- tane 등이 알려져 있다.

9) 가열된 육류의 향기 성분

신선한 육류는 냄새가 비교적 약하고 휘발성 물질도 적으나 가열 조리하면 많은 휘발성 물질이 생성되고 특유한 향기가 발생된다.

가열된 육류의 향기 성분으로서는 acetaldehyde, n-hexanal, 2-methyl propanal, heptan2-enal, deca-2, 4-doenal, octan-2-enal 등의 aldehyde류, acetone, butanone, diacetyl, acetoin 등의 ketone류, 수 종의 aldohol류, 유기산류를 비롯하여 methyl mercaptane, ethyl mercaptane 등의 mercaptane류, dimethyl sulfide, 황화수소 등의 유황 화합물, ammonia 등이 검출된다.

이와 같은 화합물들은 원래의 생육에서는 발견할 수 없는 것으로서 육류를 가열하였을 때 육즙이나 조직 중에 존재하는 전구체들의 화학적인 변화에 의하여 생성된 것이다. 즉, 가열 조리된 육류의 향기 성분은 주로 육류 중의 아미노산이나 단백질의 가열분해 또는 다른 성분들과의 상호작용에 의해 형성되는 휘발성 성분들, 육류 중의 지방질 성분의 자동 산화에 의해 형성되는 carbonyl 화합물들에 기인한다. 또한 육류 단백질의 구성 아미노산 중 유황 함유 아미노산의 분해에 의해서 dimethyl sulfide, 황화수소를 비롯한 다양한 휘발성 유황 화합물들이 가열된 육류의 향기에 기여하는 것으로 생각된다.

쇠고기, 돼지고기, 양고기 등의 살코기 냄새는 지방질의 조성의 차이로 인하여 다르게 나타나나 육즙 중에 아미노산과 당류가 비슷하게 들어있기 때문에 유사하게 느껴진다.

10) 가열된 어류의 향기 성분

조미하여 구운 생선의 향기 성분은 생선의 비린 냄새성분인 trimethyl amine이나 piperidine, 어유 중의 지방산, 조미료의 성분인 당분, 아미노산 등이 상호 반응하여 생성되는 것으로 생각된다.

또 생선을 지나치게 구울 때 발생하는 자극성의 냄새는 주로 지방의 glycerol이 분해하여 생긴 acrolrin에 기인한다.

한편, 오징어나 문어를 삶거나 구울 때 생기는 향기는 감칠맛 성분인 taurin이 다른 질소 화합물과 반응하여 생성된 것으로 알려져 있다.

2. 훈연에 의한 향기 성분의 생성

훈연은 육류나 어패류 등을 나무를 불완전 연소시켜 발생하는 연기에 쏘여 어느 정도 건조시켜 독특한 풍미와 보존성을 갖도록 하는 저장 방법의 하나이다.

햄, 베이컨, 소시지 등과 같은 훈연 육류 제품 또는 청어, 연어, 오징어 등의 훈연 어류 제품은 훈연에 사용한 나무의 연기 성분에 유래되는 훈연 제품 특유의 향기를 갖는다. 이 연기 성분은 유기산류(39.9%), carbonyl 화합물류(24.6%)와 각종 phenol류(15.7%) 등으로 이루어져 있으며, 이들 중 훈연 제품 특유의 향기에 크게 기여하는 것으로서는 나무가 탈 때 그 속의 lignin 성분이 가열 분해되어 형성된 4-vinyl guaiacol을 비롯한 각종 휘발성 phenol 화합물로 생각되고 있다(그림13-22).

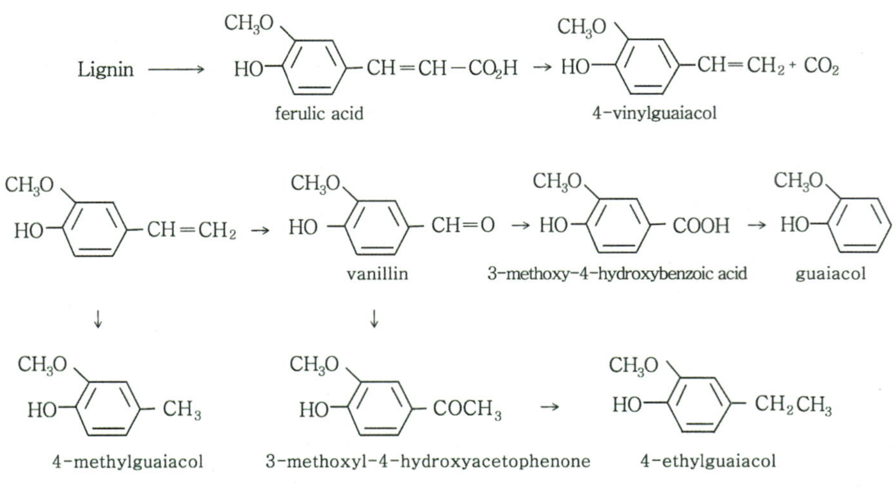

〈그림 13-22〉 Lignin의 가열분해에 의해 형성되는 각종 화합물들

3. 발효에 의한 향기 성분의 생성

미생물의 작용을 이용하여 제조된 발효 식품들, 예를 들어 청주, 맥주, 포도주, 간장, 된장, 김치 등은 독특한 향기를 가지고 있다.

이들 식품의 향기는 각각 원료 중의 탄수화물, 단백질, 아미노산 등의 성분이 발효 과정 중 미생물의 대사에 의하여 분해되어 생성된 각종 유기산류, aldohol류, ester류, aldehyde류, ketone류 등이 혼합되어 이루어진 것이다. 따라서 발효 식품의 향기는 발효 조건, 숙성기간 등에 따라 그 차이가 크며 이들 식품의 품질을 좌우한다.

한편, 동물성 단백질로서 우유단백질을 이용한 치즈나 식물성 단백질로서 대두단백질을 이용한 간장이나 된장 등과 같이 고단백질의 원료를 사용한 발효 식품은 발효과정 중 단백질과 아미노산의 심한 분해로 인하여 보다 특징적인 향기를 가진다. 이들 향기 성분 중 alcohol 및 aldehyde는 대응하는 아미노산에서 생성된 것이다. 예를 들면, 간장의 특유한 향기 성분의 하나인 methionol(r−Methyl mercaptopropyl alcohol)은 간장 중에 존재하는 L−methionine이 탈아미노, 탈탄산되어 형성된 것이다.

$$\underset{\text{L-methionine}}{CH_3SCH_2CH_2-\underset{\displaystyle NH_2}{\underset{|}{CH}}-COOH} \xrightarrow[-CO_2]{-NH_2} \underset{\text{methionol}}{CH_3SCH_2CH_2CH_2OH}$$

4. 부패에 의한 냄새 성분의 생성

식품이 미생물에 의하여 부패되면 여러 가지 악취를 내게 된다. 밥이 쉬었을 때 나는 신냄새는 탄수화물의 분해에 의하여 생긴 butyric acid 등의 유기산에 의한 것이고, 오래된 지방질 식품이 발생하는 자극성의 냄새는 지방산의 분해에 의하여 생긴 ketone의 냄새이다. 또 신선도가 저하된 단백질 식품의 부패취는 단백질이나 아미노산의 분해로 생긴 황화수소, methyl mercaptane, indole, skatole, δaminovaleraldehyde, ammonia 등의 혼합된 냄새이다.

한편, 단백질 이외의 함질소 유기화합물도 여러 가지 냄새를 내는 분해산물을 만든다. 예를 들면, lecithin에서 trimethylamine, ammonia, 탄산가스(CO_2), 메탄가스(CH_4) 등이 생성된다.

Chapter 14

식품의 효소

효소(enzyme)란 모든 생물체의 조직과 세포에 존재하며 생체 내부에서 촉매작용을 하는 단백질로서 계속적인 화학반응을 진행하게 함으로서 식품 보존(storage), 식품 조리(preparation), 가공저장과정(processes and preservation), 발효과정(fermentation) 등에 있어서 그 역할이 여러모로 지대하다. 따라서 식품자체나 조리된 식품의 질적인 향상을 위해서는 효소의 특성을 잘 이해하여야 한다.

효소는 생화학 역사의 대부분을 차지하며 1680년경 Antony van Leeuwenhoek에 의해 만들어진 현미경에 의해서였다. 그 후 많은 학자들에 의해 효소에 관한 연구가 이루어졌으며, 1859년 프랑스 학자 Louis Pasture는 알코올 발효가 살아 있는 효모에 의해서 이루어진다는 사실을 처음으로 실험을 통하여 입증하였다.

Eduard Buchner는 1897년 효소가 생세포의 구조로부터 분리되어도 촉매작용은 계속되며, 1926년 James Sumner는 우레아 가수분해 효소의 순수분해에 성공하였고 효소의 결정이 단백질로만 되어 있으므로 효소를 단백질로 가정하였다.

1930년대 J.B.S. Haldane는 기질과 효소간의 약한 결합으로 인한 상호작용이 기질의 형을 변화, 촉매반응을 진행한다고 밝혔고, 20C 후반 세포대사의 여러 반응을 촉매 하는 효소에 대해 광범위한 연구가 진행 중에 있다.

제1절 효소의 성질

효소는 생물학적 반응에서 촉매로 작용하는 거대한 구형 단백질로서 분자량이 12,000~1,000,000 범위로 구조적으로는 단백질이고 기능적으로는 촉매이다.

효소는 가수분해효소와 같이 단백질로만 구성된 것도 있으나 대부분 당, 지질, 금속, 인산등과 같은 비단백질 부분이 더 많이 결합되어 있다.

따라서 단백질만으로 이루어진 단순 단백질과, 단백질 부분과 비단백질 부분인 보결분자단(prosthetic group)이 결합된 복합 단백질로 구분된다.

단순 단백질에 속하는 효소에는 단백질 분자 자체에 기질을 흡착하는 구조와 활성기가 존재한다.

복합 단백질로 되어 있는 경우는 그 기질 특이성이 단순단백질 부분인 아포효소(apoenzyme)이고 활성기는 보결 분자단(prosthetic group)에 존재하여 이들 두 부분이 결합된 형태를 홀로효소(holoenzyme)라 하며 비로소 활성을 나타낸다(그림 14-1. Holo enzyme의 모형).

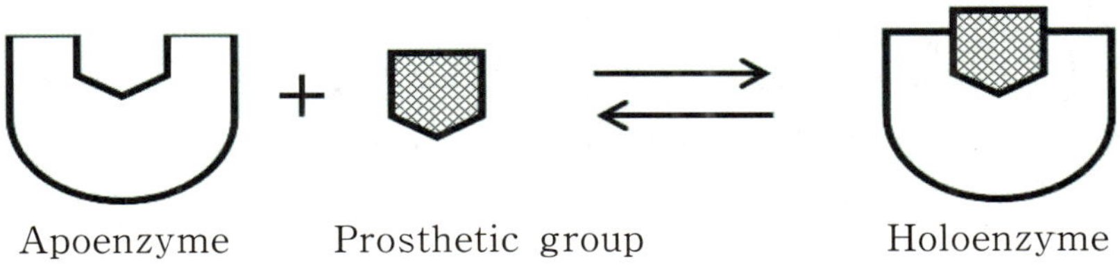

〈그림 14-1〉 Holoenzyme의 모형

1. 효소작용의 특이성

효소가 작용하는 물질을 기질(substrate)라 하며, 효소는 아무것이나 기질로 받아들이지 않고, 기질결합부위와 상보적인 구조를 갖는 것만 받아들인다(그림 14-2. 효소와 기질의 반응 특이성). 또한 기질이 효소의 기질복합부위에 결합하였다고 하여 모두 효소의 촉매작용을 받는 것은 아니다.

촉매작용을 받아 생산물을 생산할 수 있는 결합을 생산성 결합, 그렇지 않은 결합을 비생산성결합이라 하며, 이를 기질 특이성이라 한다. 또한 효소는 반응물로서 기질을 선택한다. 즉, 아밀라아제는 녹말과 결합하여 가수분해 반응을 촉매 할 수는 있어도 산화환원 반응을 촉매 할 수는 없다. 이와 같이 효소는 각기 촉매 할 수 있는 반응이 정해져 있는데 이를 작용특이성(촉매특이성) 이라고 한다.

즉, 동일한 기질이라도 여러 가지의 다른 효소가 작용하면 각각의 효소마다 다른 반응이 촉진된다. 또한 L-아미노산산화효소는 L형 아미노산만 기질로 하며 D형 아미노산과는 결합하지 않는다.

트립토판, 티로신, 페닐알라닌 등의 L형은 모두 좋은 기질로 기질이 효소와 반응 하는 친화성 값인 K_m 값도 적다. 그러나 D형은 모두 K_m 값이 작아 L형의 K_m 값과 거의 같은데도 불구하고 촉매작용을 거의 받지 않는다. 이와 같이 효소가 광학적 또는 기하학적인 이성체를 구별하여 선택적으로 받아들이는 것은 구조특이성이라고 한다.

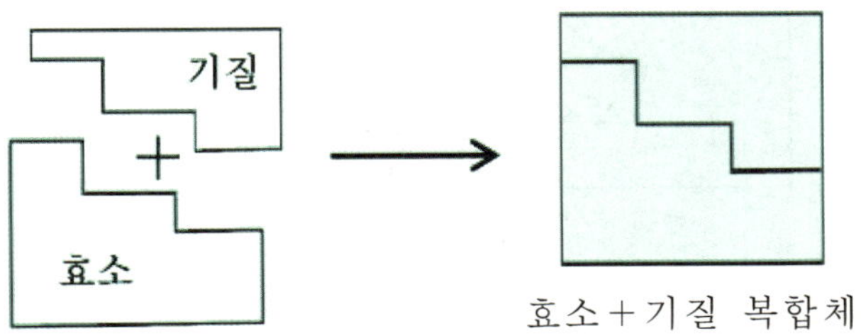

〈그림 14-2〉 효소와 기질의 반응 특이성

제2절 효소활성에 영향을 주는 인자

효소반응의 최적 조건이란 효소 반응의 속도가 최대가 될 수 있는 최적 조건을 말한다. 효소 반응의 속도 측정은 어느 경우에든지 최적조건에서 하여야하며, 최적 조건으로는 온도, pH, 효소 농도 및 기질농도 등을 들 수 있다.

1. 온도

화학 반응의 속도는 일반적으로 온도의 상승에 따라서 증가한다. 효소 반응도 일반적으로 이에 따르지만 온도가 어느 정도 이상으로 상승하면 단백질의 열에 의한 변성이 일어나 반응 속도는 감소한다. 이 때문에 온도 상승에 의한 반응 속도의 증대와 변성에 의한 감소의 두 가지 인자의 상호 관계에서 최대 반응 속도를 나타내는 온도를 최적 온도(optimum temperature)라고 한다.

일반적으로 효소는 30~40℃의 온도 범위에서 최적 활성을 가지며 45~50℃에서는 변성되기 시작하여 50℃ 이상에서는 열에 의한 불활성화가 신속히 일어난다. 그러나 α-amylase는 60~70℃에서 최적 활성을 나타내며, 식혜제조에 사용되는 β-amylase는 60℃ 전후에서 최적반응을 일으킨다. 식품 중의 효소는 보통 식품원료를 70℃ 또는 그 이상에서 수 분간 가열함으로써 불활성화된다.

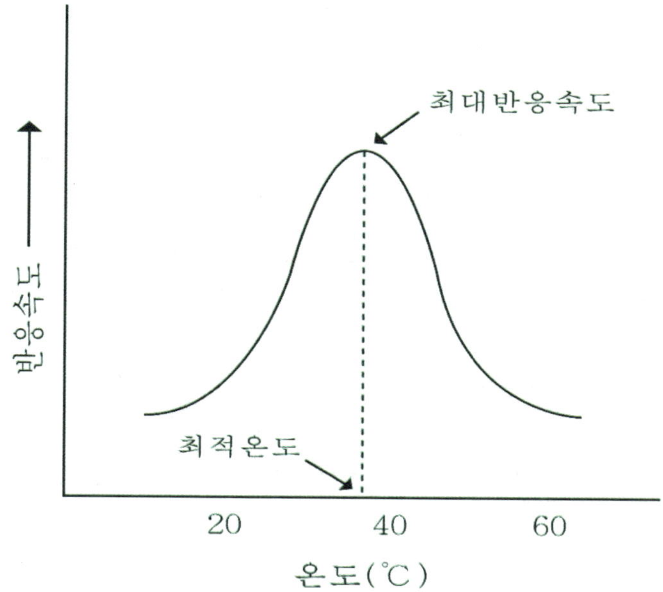

〈그림 14-3〉 효소의 온도활성곡선

2. pH

효소의 작용은 반응용액의 pH가 변하는데 따라 크게 영향을 받는데 효소의 본체는 단백질이므로 강산이나 강알카리에 의하여 단백질이 변성되게 되며 불활성화된다.

어떤 pH에 있어서 효소가 기질과 가장 결합하기 쉬운 상태로 되어 최대의 반응 속도를 내는데 이 pH를 최적 pH(optimum pH)라고 한다.

따라서 이들 효소는 특유의 pH범위 내에서 활성이 가장 크며 그 pH 이하에서는 작용이 약해지거나 전혀 작용하지 않게 된다. 이러한 최적 pH는 동일한 효소라 하여도 원료, 온도, 농도 등에 따라 다르며, 대부분의 효소는 작용 최적 pH가 보통 pH 4.5~8.0의 범위에 있다. 그러나 예외인 것으로 pepsin은 pH 1.5, trypsin은 pH 7.7, arginase는 pH 9.7이 최적 조건이다. 그러므로 위에서는 pepsin, 소장에서는 trypsin이 작용하게 된다.

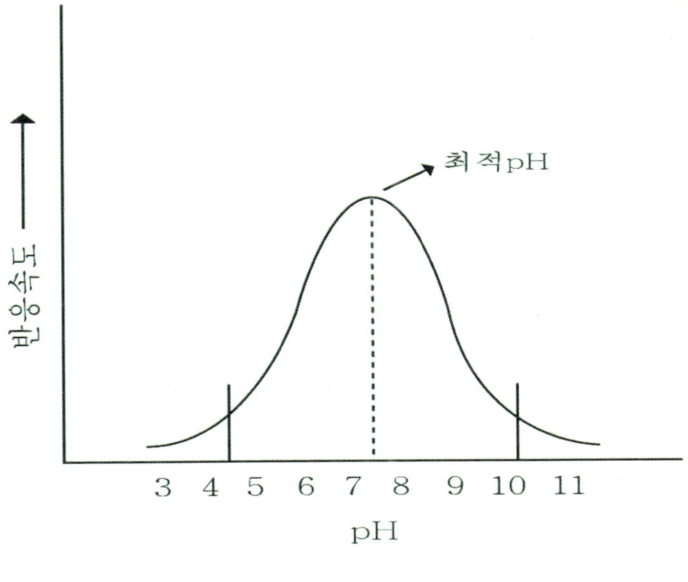

〈그림 14-4〉 효소활성과 pH와의 관계

3. 효소농도와 기질농도

효소 반응의 속도는 효소의 농도에 의존한다. 즉, 기질(반응을 일으키는 물질)의 농도가 일정하면 초기에는 효소의 농도에 직선적으로 비례하여 속도는 증가한다. 그러나 반응이 진행됨에 따라 반응생성물에 의해 효소의 작용이 저해를 받아 정비례하지 않고 반응속도가 일정해 진다.

효소의 반응에 있어서 효소의 농도를 일정하게 하고 기질의 농도를 증가시키는 데에 따라 반응속도가 달라진다. 즉 기질농도를 증가시키면 처음에는 반응속도가 점점 커지며(그림 14-5. b), 계속해서 더욱 증가시켜도 반응속도는 거의 증가되지 않는다.

따라서 기질농도가 낮으면 효소의 활성중심이 기질로 포화되어있지 않기 때문에 반응속도는 기질농도에 따라서 증감되지만 기질 분자의 수가 어느 정도를 넘으면 활성중심은 기질로 포화되어서 반응속도는 그 이상 커지지 않는다(그림 14-5. c). 이것은 효소가 기질에 의하여 포화되는 현상이라고 한다.

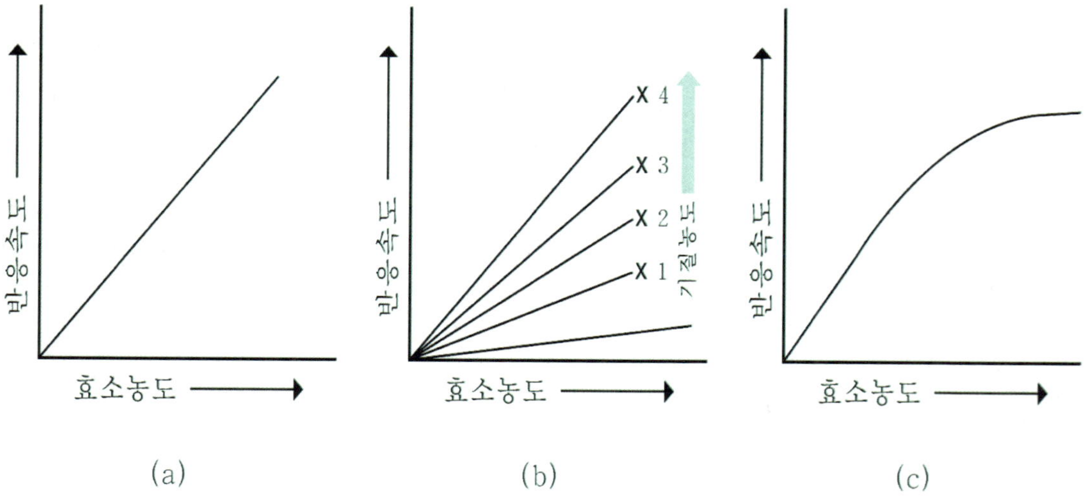

〈그림 14-5〉 효소 활성과 효소 농도 및 기질의 농도

4. 효소 활성 및 저해제

효소의 촉매 작용에 의한 반응 속도가 어떤 물질의 첨가에 의해 증대하는 현상 즉, 효소가 불활성이거나 또는 활성이 낮을 때 어떤 물질을 주면 효소가 활성화되거나 효소반응이 촉진된다. 이와 같이 효소반응을 활성화하는 물질을 부활제라 하고 이러한 역할을 가진 물질을 활성제(activator)라고 한다. 효소작용을 촉진하는 것으로는 Fe^{2+}, Mn^{2+}, Co^{2+} 등의 금속이온이 있다. 또한 -SH기를 가진 효소는 cystein, glutathion 등의 -SH기를 가진 화합물에 의해서 활성화된다.

반면 효소는 활성제와는 반대로 어떤 물질을 첨가함으로써 반응 속도가 떨어지는 현상을 저해라고 하며 그러한 물질을 저해제(inhibitor)라고 한다. 따라서 효소반응의 인위적인 작용을 통해 식품의 저장과 가공에 크게 기여할 수 있다. 효소활성의 저해는 비가역적 저해(irreversible inhibitor)와 가역적 저해(reversible inhibitor)로 나눌 수 있다.

비가역적 저해는 저해제가 효소의 활성과 관련이 있는 특정한 원자단이나 효소의 활성 중심 근처의 아미노산 잔기에 비가역적으로 공유결합 함으로써 효소와 기질이 결합할 수 없게 하여 효소의 작용을 저해하는 경우이다. 가역적 저해는 효소의 어떤 결합부위에 저해제가 가역적으로 결합하여 효소의 작용을 저해하는 것을 말한다.

제3절 효소의 분류와 특성

지금까지 알려진 효소는 그 종류가 대단히 많고, 성질과 기능이 복잡하기 때문에 여러 가지 분류법이 사용되어 왔으나, 1961년 국제생화학 연합회(International Union of Biochemistry. IUB) 효소 위원회(Commission on Enzymes)에서 정한 체계적 분류법에 따라 산화 환원 효소(oxidoreductase), 전이 효소(transferase), 가수분해 효소(hydrolase), 제거 효소(lyase), 이성화 효소(isomerase), 합성 효소(ligase, synthetase)의 6가지 종류로 구분하였다. 또한 일반적인 효소의 명은 기질명을 들어 촉매하는 반응을 나타내며 trypsin, pepsin과 같이 예부터 사용되어온 관용명과 어미에 「ase」를 붙인다.

[표 14-1] 효소의 분류

주분류	반응형식	부분류	촉매화된 반응형태
Oxidoreductase (산화환원 효소)	산화반응, 탈수소반응, 수소첨가반응, 환원반응	Dehydrogenase, Oxidase Reductase	수소원자나 전자의 이동 또는 산소 원자의 기질로의 첨가 반응을 촉매
Hydrolase (가수분해 효소)	ester결합, glucoside결합, peptide결합, amid 결합 등의 가수분해반응	Esterase Peptidase amylase	H_2O 분자가 작용하여 복잡한 유기화합물을 분해
Transferase (전이 효소)	methyl기, acetyl기, glucose기, amino기 인산기 등의 전이반응	Kinase Transaminase	기 또는 원자단을 한 화합물로부터 다른 화합물로 전달하는 반응을 촉매
Lyase (제거 효소)	비가수분해적으로 기의 이탈반응, 즉 탈탄산, 탈알데하이드, 탈암모니아 반응	Glutamate decarboxylase Pyruvate decarboxylase	기질로부터 carboxyl기, aldehyde기, H_2O, NH_3 등을 분리하여 이중 결합을 만들거나 이중 결합에 이들을 첨가하는 반응을 촉매
Isomerase (이성질화 효소)	입체 이성화 반응, cis-trans 전환반응, 분자 내 산화환원 분자 내 전이 반응	phosphoglucomutase xylose isomerase	기질분자의 분해, 전위, 산화 반응이 따르지 않는 분자내 상호 변화, 즉 이성화 반응을 촉매
Ligase (합성 효소)	ATP→AMP+PP 반응과 공영한 합성반응 X+Y+AMP→X−Y+AMP+PP	Carboxylase Synthetase	ATP 등의 pyrophosphoric acid 결합의 분해와 함께 2개의 분자를 결합시키는 반응 촉매

제4절 식품과 관계되는 효소

식품과 관계되는 효소는 식품의 품질에 영향을 미치는 중요한 성분으로서 식품 중에서 바람직하거나 바람직하지 못한 변화를 일으킨다. 신선한 식품 조직 중에는 각종의 효소가 함유되어 있으며 또 미생물에는 특정의 효소를 다량으로 생산하는 것이 있다. 따라서 신선한 식품을 그대로 방치하거나 식품에 미생물이 오염된 경우에는 여러 가지 변화가 일어난다. 이들의 변화에는 식품 가공에 중요한 역할을 하는 것도 있으나 일부는 식품의 품질을 저하시키므로 주의해야 한다. 따라서 어떤 효소들은 시품 공업에 있어서 가공 수단으로 이용된다. 예를 들면, rennin은 치즈 제조에 이용되고, pectin 분해효소는 과실주스의 청징제로 이용된다. 또 간장이나 된장제조에 있어서 미생물이 생산한 protease, amylase 등이 간접적으로 이용된다. 표 14-2는 식품과 관계된 효소들을 나타내었다.

[표 14-2] 식품에 관계있는 효소의 종류

효소	식품	작용
Amylase	빵, 과자 맥주 곡류 초콜렛, 코코아 사탕류 과일쥬스 젤리 Pectin 시럽, 당류 채소류	효모 발효성 당의증가 전분→발효성 당, 전분의 혼탁제거 전분→덱스트린, 당, 수분 흡수증대 유동성을 위한 전분의 액화 당의회수 발포성 증진을 위한 전분의 제거 발포성 증진을 위한 전분의 제거 사과즙을 짜고난 찌꺼기에서Pectin 제조도움 전분→저분자 dextrin(콘시럽) 완두의 연화처럼 전분의 가수분해
Cellulase	맥주 커피 과실류	세포벽 성분인 복합탄수화물의 가수분해 원두 건조시 섬유소의 가수분해 배의 촉감 개선, 살구, 토마토의 박피촉진
Dextran-sucrase	당시럽 아이스크림	시럽의 종점 증점제로서 Dextran 첨가
Invertase	인조꿀 캔디	sucrose→glucose+fructose 초콜렛을 입힌 연질크림캔디 제조
Lactase	아이스크림 사료	껄끄름한 촉감을 주는 lactose의 결정화 방지 lactose→galactose+glucose

	우유	동결우유에서 lactose를 제거하여 우유단백질 안정화
Tannase	맥주	poiyhenol성 화합물의 제거
Pentosannase	도정, 제분	밀가루에서 전분의 회수
Naringinase	감귤류	narin 가수분해로 쓴맛 제거
Pectic enzymes (유용)	초콜렛-코코아 커피 과실류 과실쥬스류 올리브 포도주류	코코아 발효시 가수분해 작용 원두커피 발효시 점성의 종피 가수분해 연화 착즙수율 증진, 혼탁방지, 농축조작 개선 유지추출 청징
Pectic enzymes (변패)	감귤쥬스 과실류	쥬스에서 Pectin질의 파괴 분리 과조한 연화작용
Proteases (유용)	빵 과자류 맥주 곡류 치즈 초콜렛-코코아 달걀가공품 사료 육어류 우유 단백질 가수분해물 포도주	반죽의 연화작용, 혼합시간 단축, 신장도 증가 가공, texture, 체적개선,β-anylase 방출 발효 중 영양소, 향미생성, 여과 청징 촉진, 냉각혼탁방지 단백질변성으로 건조속도 단축, 취급 용이케 함, 된장*두부제조 casein응고, 숙성중 특유향 생성 발효중 원두에 작용 건조특성 개선 폐기물→사료 연화, 뼈, 찌꺼기에서 단백질 회수, 기름의 유리 두유제조 간장, 특수식품 육즙, 건조스프, 가공육 등의 조미 청징
Proteases (변패)	달걀 게류 밀가루	신선 및 건조 전란의 선도 유지기간 단축 빨리 불활성화하지 않으면 과도한 연화 활성이 너무 강하면 용적, Texture에 영향
Lipase (유용)	치즈 유지 우유	숙성, 일반적인 향미 특성 lipids→glycerol+지방산 우유초콜릿에 사용되는 약간 숙성된 향미생성

Lipase (변패)	곡류 우유*유제품 유지	과도한갈변 가수분해적 변패 가수분해적 변패
Phosphatases	유아식 맥주 우유	유용한 인산염의 증가 인산염 화합물의 가수분해 저온살균 효과의 검정
Nucreoses	향미증진제	nucleotide와 nucleoside류의 생산
Peroxidases (유용)	채소류 포도당 정량	데치기의 효과의 검정 Glucose oxidase와 혼용
Peroxidases (변패)	채소류 과실류	불쾌취 갈변반응촉진
Catalase	우유 각종 제품	냉살균시 H_2O_2파괴 포도당이나 산소를 제거하여 갈변 또는 산화를 억제함, glucose oxidase와 함께 사용
Glucose oxidase	각종 식품	맥주, 치즈, 탄산음료, 건조달걀, 과실쥬스, 육어류, 분유, 포도주 중 산소나 포도당을 제거하여 산화, 또는 갈변방지, catalase와 함께 사용
Ployphenol oxidase (유용)	포도당 정량 차, 커피, 담배	포도당 정량, Peroxidase와 병용 성숙, 발효, 숙성 중 갈변
Ployphenol oxidase (변패)	과실채소류	갈변, 불쾌취 발생, Vitamin 손실
Lipoxygenase	채소류	필수지방산과 Vitamin A의 파괴, 불쾌취생성
Ascorbic acid oxidase	채소류, 과실류	Vitamin C 파괴
Thiaminase	육류, 어류	thiamine 파괴

Chapter 15

식품의 물리성

제1절 서론

1. 정의

식품물성(physical properties of foods)은 식품이나 식품재료의 물리적인 성질을 중심으로, 그 성질이나 구조 등을 연구하는 식품과학의 한 분야이다.

식품물성 분야에는 식품의 역학적 물성, 열 물성, 광학적 물성, 전기적 물성 등이 포함되며, 현재에는 거의 역학적 성질에 대한 연구가 집중되고 있지만 기타 열물성이나 광학적. 전기적 물성에 대해서도 관심이 고조되고 있다.

이 장에서는 식품이 외부로부터 어떤 힘을 받았을 때 어떠한 흐름이나 변형을 나타내어 식품의 구조와 조직에 영향을 미치는가를 연구하는 학문분야인 역학적 물성에 대해 설명한다.

이러한 역학적 물성을 2가지 다른 방법으로 평가 할 수 있다.

첫 번째는 식품을 만지고, 누르고, 씹는 등 그 결과 무엇을 지각했는지를 표현하는 소위 감각적 접근 방법이다. 물론 사람에 따라 감각적 반응을 나타내지만, 얻어진 결과를 통계학적으로 정리하여 사용되는지 훈련된 패널을 이용하여 수치적으로 감각과 무관하게 기계 장치를 이용해서 측정하기 때문에 객관적이라 할 수 있다.

얻은 결과는 물리적 단위를 이용해서 표현된다. 또한 이 두 접근 방법 즉, 주관적. 감각적 평가와 객관적. 물리적 평가의 상관관계를 연구하는 분야의 심리리올로지(psychorheo logy)라는 학문분야도 있다.

또한 식품 물성학을 배우는 목적은 다음과 같다.

1) 식품의 분자론적 연구의 뒷받침
2) 식품의 조직구조 해명
3) 식품의 품질특성 및 기호특성으로서의 물성 해명
4) 식품의 기능성 향상을 위한 개량과 개발
5) 식품의 품질관리

제2절 식품의 텍스처

1. 정의

텍스처라는 용어는 프랑스어의 texo(짜다. 역다)에서 유래 되었고, 영어의 textile에서 유래된 직물을 가르키고, 식품뿐만 아니라 직물이나 회화, 목재, 석재 등에서도 널리 사용되고 있으며, 표면의 곱기나 손 감촉의 질감 및 물체의 미세한 구성성분의 크기나 조직구조를 나타내는 말로서 사용되고 있다.

한편 식품에서의 텍스처의 정의에 대하여 메츠(Matz)에 의하면 "식품의 텍스처란 온도감각과 통각을 제외한 식품의 물리적 성질로 주로 구강내의 피부나 근육의 감촉에 의해 결정되는 것이다."라고 정의하였다. 한편 크래머(Kramer)는 손에 와 닫는 감촉도 포함된다고 하였다. 요즈음 일반적으로 인식되고 있는 식품의 텍스처란 ① 식품을 손으로 만졌을 때의 촉감, ② 눈에 들어온 시각적 감각, ③ 입 속에서의 피부감각이나 씹음에 의한 경도, 찰기, 매끄러움, 무름 등의 입 감촉에 관여하는 식품의 물리적 성질을 말한다.

세스냑(Szczesniak) 등은 남여 100명에게 74종의 식품명을 제시하고 그 식품에 관련되어 연상되는 말들을 조사 분류하였다. 식품의 품질 특성과 관련 있는 말이 23.7%이었는데, 이중 텍스처에 관한 것이 가장 높은 32.1%를 차지하였다.

마츠모토(Matsumoto) 등은 식품의 맛에 관여하는 품질특성을 물리적 인자와 화학적 인자로 구분하여 설문조사한 결과, 16종류의 조사대상 중 약 2/3가 화학적 인자보다도 물리적 인자의 비율이 맛을 판단하는 기준으로 높은 비중을 차지하였다.

2. 텍스처 프로필(texture profile)

1) 텍스처 프로필이란 텍스처를 어떤 요소(특성)로 표현 할 수 있는가를 나타낸 것으로 식품의 상태론 또는 현상론적 특징으로 대치시킬 수 있는 것이다.

   세스냑은 과학적 차원에서 평가하기 어려운 식품의 감각적 성질을 객관적 측정이 가능한 요소로 분류하여(표 15-1) 텍스처 프로필을 제시하였다. 즉, 식품의 텍스처에 대한 감각적 표현을 기계적 특성, 기하학적 특성 및 기타 특성으로 분류하고, 각 특성에 속하는 구체적 항목을 세분하였다. 또한 그는 인간의 씹는(mastication) 곡선을 해석하여 텍스처 프로필에 나타낸 기계적 특성중 경도, 응집성, 부착성을 수량적으로 평가하여 턱스처 프로필에 실용적인 의미를 부여하였다.

[표 15-1] 세스냑의 텍스처 프로필

특성	1차 특성	2차 특성	일반용어	특성의 정의
기계적 특성	hardness	brittleness	soft→firm→hard crumbly→crunchy→brittle	식품의 일정변형 시키는데 필요한 힘 식품을 파쇄할 때의 힘 경도와 응집성에 관계
	cohesiveness	chewiness	tender→chewy→tough	고형식품을 삼킬 수 있는 상태까지 씹히는데 필요한 에너지, 경도, 응집성, 탄성에 관계
		gumminess	short→mealy→pasty→gummy	반고형식품을 삼킬 수 있는 상태까지 부스는데 필요한 에너지. 응집성에 관계
	viscosity		thin→viscous	단위 힘으로 유동되는 정도
	elasticity		plastic→thick	외력에 의한 변형이 외력을 제거한 후 회복되는 비율
	adhesiveness		sticky→tacky→gooey	식품표면과 혀, 치아, 이천장간에 인력을 극복하는데 필요한 힘
기하학적 특성	particle size, shape particle shape, orientation		gritty, grainy, coarse, fibrous, cellular, crystalline	
기타 특성	moisture content fat content	 oiliness greasiness	dry→moist→wet→watery oily greasy	

2) 셔먼(Sherman)의 텍스처 프로필

[표 15-2] 셔먼의 텍스처 프로필

먹기 전의 느낌	(씹음 이외의 역학적 성질, 3차 특성에 포함) 외관, 조리특성, 사용특성, 외관, 아로마 등
입에 넣었을 때 첫 느낌	1차 특성 : 성분 조성, 입자의 크기. 분포. 형상, 기포의 함량, 크기, 2분포
	2차 특성 : 탄성, 점성, 입안 점착성
삼킨 때의 느낌 (강한 전단응력)	3차 특성 : (씹을 때의 역학적 성질) hard, soft, brittle, crisp, plastic, rubbery, spongy, smooth, coarse, powdery, lumpy, pasty, creamy, watery, soggy, sticky, tacky
씹은 후 입안에 남는 느낌	(입안에서의 느낌, 3차 특성에 포함) greasy, gummy, stringy, cool, warm, melting, property

세스냑의 각 카테고리에 배치된 특성이 너무 정적으로 취급 되었다고 비판하고 식품에 대한 인간의 감각적 평가는 조리를 포함한 일련의 먹는 동작 중에 행해지고, 또한 식품의 역학적 특성의 지각도 동적인 흐름 중에 행해진다고 지적하고 표 8-2과 같은 텍스처 프로필을 제시하였다.

3. 텍스처 인식 및 한계값(감각 역치)

1) 텍스처 인식

식품 텍스처의 해명에는 텍스처를 인식, 식별하는 메카니즘을 밝히는 것이 중요하다. 식품의 텍스처는 보통 보거나, 누르거나하여 인지, 식별할 수 있다. 즉, 식품을 손가락으로 누르거나, 집거나, 손바닥으로 쥐거나 하는 경우에 주로 피부의 촉각이나 압각에 의해 인지된다. 그러나 구강에 넣어진 식품을 인지하는 기작은 상당히 복잡하며 대략 다음과 같이 행해진다.

(1) 식품은 먼저 입술로 취해져서 이에 의해 씹히고, 부서지고, 마쇄된다.

(2) 혀는 식품을 집어 씹는 위치로 운반하고, 식품은 혀와 뺨 사이나 혀와 입천장 사이에서 압박을 받고, 깨물린 식품은 잇몸에 접촉된다.

(3) 식품을 씹을 때 그 식품의 텍스처에 상응하는 진동이 턱 뼈에 전달되고, 또 씹힌 식품을 삼킬 때 구협부의 점막이나 식도상부의 점막이 자극된다.

한편 식품이 구강에 덜어 가면 씹는 힘, 혀의 운동, 타액의 분비, 등이 반사적으로 조절된다. 또한 구강감각에 의해 삼킬까, 내뱉을까의 판단도 행해진다.

2) 감각역치

일반적으로 구강 전방부분은 자극에 민감하고 중앙부는 비교적 둔하고 구강 안쪽의 점막은 다시 예민해진다. 표 15-3에 구강 점막 및 피부의 2점식별 역치를 나타내었다.

[표 15-3] 구강점막 및 피부의 2점식별 역치

구강 전방부	구강 전방부 감각은 식품을 입에 넣을지 여부 또는 씹을지 여부를 선택, 판단이 이루어지기 때문에 생체방어적인 역할을 가진 생리적으로 중요한 감각이다.
구강 중앙부	구강 중앙부의 감각이 비교적 둔한 것은 강력한 힘으로 식품을 부수고, 깨뜨리고 갈아야하기 때문이다.
구협부와 인후부	구협부나 목구멍 등 구강 안쪽의 점막은 재차 감각이 예민하게 된다. 이것은 파쇄된 음식물을 그 상태로 넘길까, 내뱉을까를 결정하는 관문이기 때문이다.

4. 식품의 텍스처 측정

1) 기기측정

식품의 텍스처는 본래 인간의 감각으로 평가되는 것이나, 주관적인 측정은 개인의 판단에 의한 것으로 보편성이 없고 패널을 구성하여 행하는 관능검사는 노력이나 시간을 요하는 단점이 있다. 따라서 세스냑이 제안한 텍스처 프로필을 바탕으로 객관적으로 측정하기도 한다.

텍스처 측정기는 구강내의 씹는 동작을 모델화해서 식품의 텍스처를 객관적으로 측정할 수 있는 장치이다. 텍스처 프로필 중 1차 특성인 경도, 응집성, 부착성 등을 수치로 표현할 수 있고, 많은 식품에 대하여 관능검사한 주관적인 측정치와 아주 높은 상관성을 가지는 결과를 얻을 수 있는 측정기기이다. 턱스처 측정기로 측정 시 기록되는 곡선의 형태와 해석법을 그림 15-1에 나타내었다. 이러한 원리를 응용한 다양한 측정기기들이 많이 개발되어 사용되고 있다.

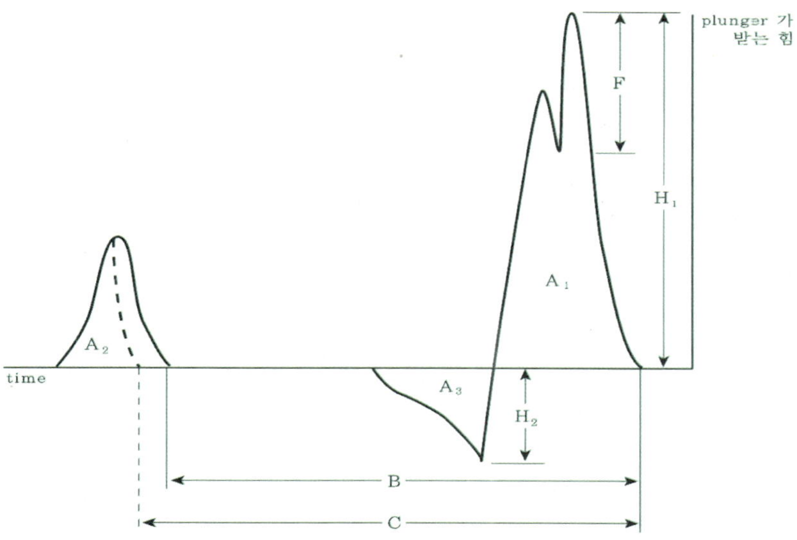

경　도 (hardness) : H_1

응집성 (cohesiveness) : $\frac{A_2}{A_1}$

탄력성 (springness) : C − B

점착성 (adhesiveness) : A_3

부착성 (stickiness) : H_2

파쇄성 (brittleness) : F

검　성 (gumminess) : 경도×응집성(반고체 식품)

〈그림 15-1〉 텍스처 측정기에 의한 기록곡선과 해석법

제3절 식품의 리올로지

1. 정의

리올로지(rheology, 유변학)란 물질의 변형과 흐름에 관한 연구 분야이며 식품을 구성하는 화학적 조성, 분자구조, 분자내 결합, 분자간 결합, 분산 상태, 조직구조 등에 의해 영향을 받는다. 리올로지를 분류하면 다음과 같다.

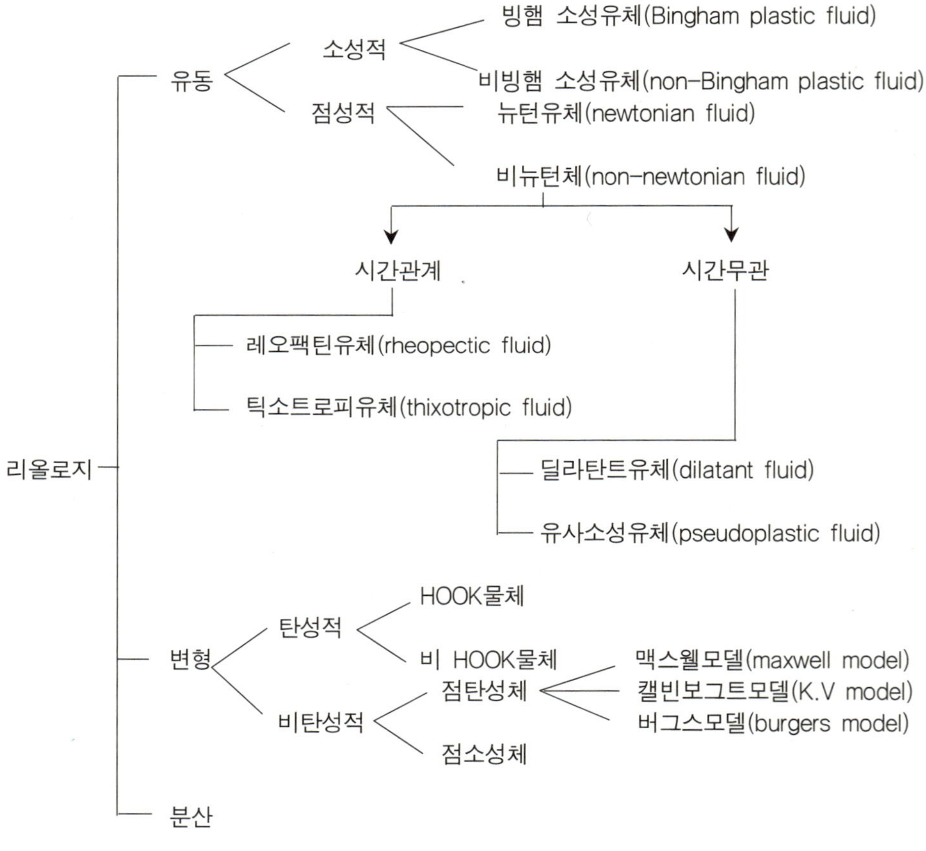

2. 점성적 유동

1) 뉴턴 유통(Newtonian flow)

유체의 흐름에 저항하는 성질을 점성이라 하고 이 점성의 정도를 점도라 한다. 예를 들면 물엿은 물과 같은 액체이지만 유리판 위에 부었을 때 퍼져 흐르는 속도는 물보다 아주 느리다. 이러한 물엿의 흐름을 방해하고 저항하는 힘은 유체의 내부

마찰력에 의한 것으로 이것이 물보다 강하며 점도가 높다고 할 수 있다.

점성유동의 모식도를 그림 15-2에 나타내었다. 가상면 ①은 ②면과 아주 가까운 면인데 ②면이 ①면과 간이 움직이지 않는 것은 액체의 저항력(내부 마찰력) f_1이 작용하기 때문이다. 이런 근소한 차이를 확대하여 가상한 그림을 그려보면 다음과 같다.

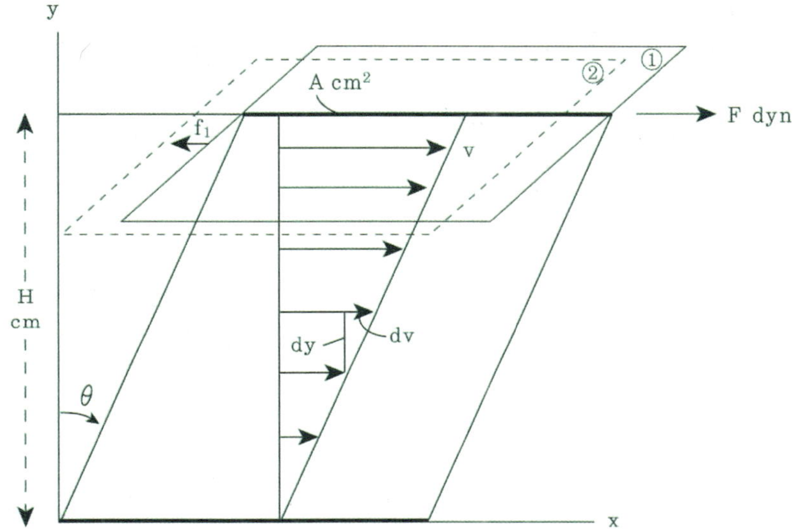

〈그림 15-2〉 점성유동의 모식도

여기에서 ①과 ②에서 유추해 보듯이 관속의 가상면들의 속도구배는 D=$\frac{dv}{dy}$로 나타낼 수 있다. 이때 dy는 자상면 사이의 미세한 거리이며 dv는 속도의 차이다. 이 속도구배는 가상면 ①을 당기는 힘 F에 비례하고 면적에 반비례한다. 즉 $\frac{f}{a} \propto D$ 라는 식이 성립된다. 여기에 비례상수 η를 넣어 다음 식으로 나타낼 수 있다.

$$\frac{f}{a} \propto D, \quad F = \eta D = \eta \frac{dv}{dy}$$

η : 점성계수(점도)

F : 전단응력(shear stress)

D, $(\frac{dv}{dy})$: 전단속도(shear rate)

그런데 뉴턴 유동에서 유도된 식을 그림으로 나타내면 다음과 같다.

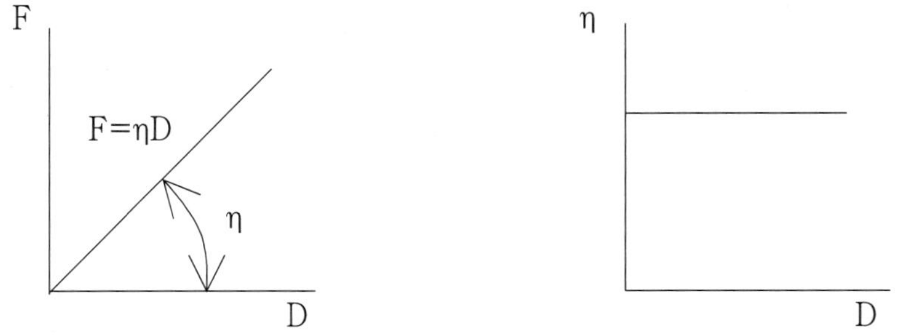

(a) 전단속도와 전단응력 (b) 전단속도와 점도

〈그림 15-3〉 뉴턴유동

2) 비뉴턴 운동(non-Netonian flow)

실제로 유동식품에 있어서 대부분이 전단속도와 전단응력이 비례하지 않는 비뉴톤 유동을 나타낸다. 이것을 일반화된 식으로 나타내면 다음과 같다.

$$F = \eta D^n + \tau_0$$

n : 유동지수(flow behavior index), τ_0 : 항복응력(yield stress)

(1) 유사소성 유동(pseudo plastic flow)

전단응력 또는 전단속도가 증가함에 따라 겉보기 점도(apparent viscosity)가 감소하는 유동을 유사소성 유동 또는, 전단 묽어짐 유동(shear-thinning flow)라 한다.

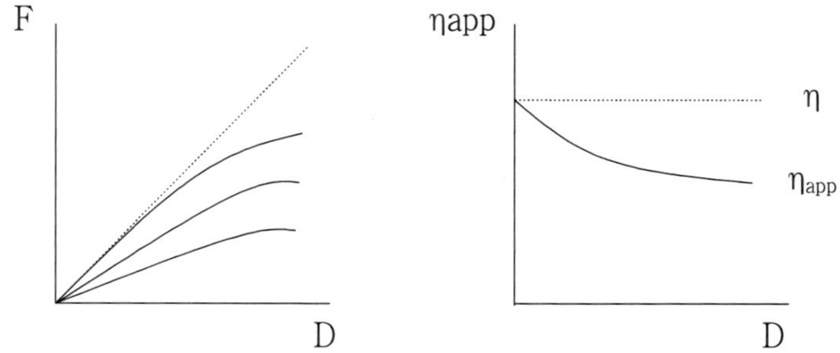

(a)전단속도와 전단응력 (b)전단속도와 점도

〈그림 15-4〉 유사 소성유동

유사소성 유동을 $F=\eta_{app}D^{n\,(0<n<1)}$으로 나타낼 수 있으며 유동지수 n이 작을수록, 즉 전단속도 증가비율에 대한 전단응력의 증가비율이 작아지고 내부구조의 파괴가 심하다 할 수 있다. 온도가 높아지면 n에는 변화 없고 점도는 낮아진다. 여기에 속하는 식품으로 오렌지 주스, 토마토 주스, 케첩, 퓨레, 마요네즈, 사과소스, 쵸크렛(40℃), 야채주스, 연유 등이다.

(2) 딜라탄트 유동(dilatant flow)

전단응력과 전단속도의 관계유동 곡선이 원점을 통과하고 전단응력의 F 축에 대한 오목한 형의 곡선을 나타내는 유동을 딜라탄트 유동이라 한다.
전단응력 또는 전단 속도의 증가와 함께 겉보기 점도(η_{app})가 증가하는 유동으로 전단 진해짐 유동(shear thickening flow)이라고도 한다.

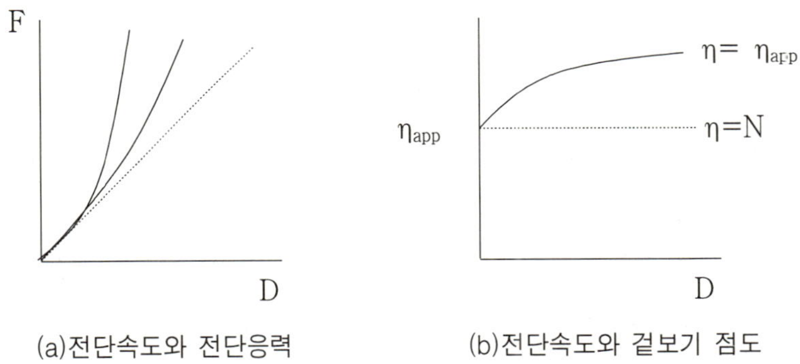

〈그림 15-5〉 딜라탄트 유동

$F=\eta_{app}D^n$ 식에서 n이 1보다 큰 지수를 갖는다.
딜라탄트 유동의 예는 해변의 물기 머금은 모래를 손으로 팔 때 물기 머금은 상태에서는 천천히 유동하지만 여기에 큰 외력을 가하면 체적팽창이 일어나 유동성을 잃어버려 연한 고체상으로 단단한 느낌으로 변하는 현상이다. 천천히 저으려고 하면(유동하려면) 작은 힘으로 되지만 빨리 저으려면(D를 증가) 점도가 증가되어 큰 힘이 요구되는 현상, 전분수용액, 도료, 현탁액, 해변의 물기 있는 모래 등이 이와 같은 유동을 한다.

(3) 틱소트로피 유체(thixotropic fluid)

틱소트로피 형상은 진동 또는 교반에 의해 유동성은 증가하지만 정치하면 유동하기 어려운 현상을 말한다. 예를 들면 오랫동안 방치한 토마토 케첩, 마요네즈의 용기를 거꾸로 기울여도 잘 흘러내리지 않지만 용기를 심하게 흔들고 난후 기울이면 쉽게 흘러나온다. 이것을 오랜 시간 정치하면 구조가 회복되어 다시 흐르기 어려운 상태로 돌아간다. 이 현상은 시간에 관계하고 유사소성 유동과 비슷하다.

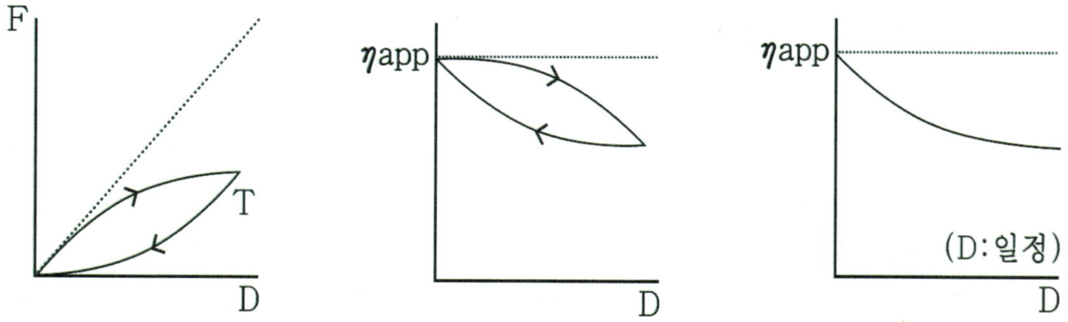

(a)전단속도와 전단응력　　(b)전단속도와 겉보기점도　　c)겉보기 점도와 시간

〈그림 15-6〉 틱소트로피유동

(4) 레오펙틴 유체(rheopectic fluid)

전단속도를 증가시켜 최대치에 도달한 후 감소시키면 하강시의 유동곡선이 상승곡선 위쪽을 통과한다. 이러한 현상은 전단속도를 증가시키면 구조형성이 촉진되어 중후한 액상식품의 식감을 가진다.

레오펙틴 유체에서 일어나는 현상과 틱소트로피 유체에서는 반대 현상이 일어나는데 달걀 흰자나 크림 등을 강하게 저을 때 볼 수 있는 현상이다.

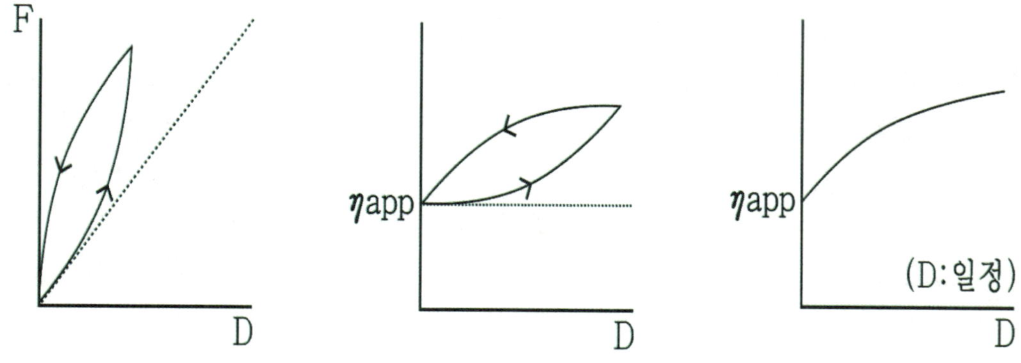

(a)전단속도와 전단응력　　(b)전단속도와 겉보기 점도　　(c)시간과 겉보기 점도

〈그림 15-7〉 레오펙틴유동

3. 소성적 유동

중력장에서는 일정한 형을 유지하지만, 중력보다 큰 힘이 가해지면 액체와 같은 유동하고 힘이 제거되면 유동은 즉시 정지되어 원래 상태의 형을 다시 유지하는 성질이다.

1) 빙햄 소성유체(bingham platic fluid)

항복응력을 갖는 유체 즉, 일정 크기의 전단력이 작용할 때 까지 변형이 일어나지 않으나 그 이상의 전단력이 작용하면 변형이 시작되는 유체를 말한다.

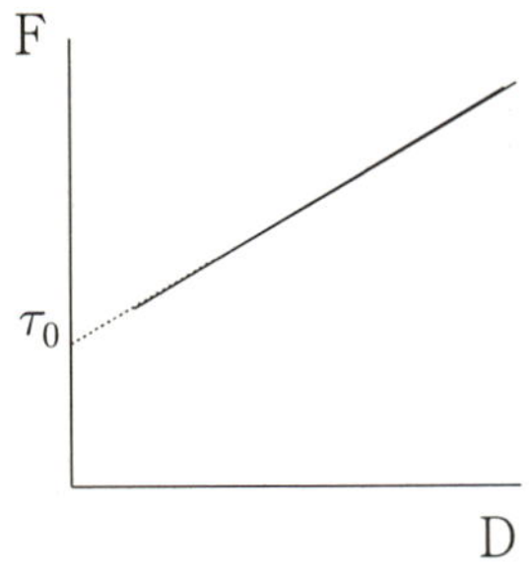

(a)전단속도와 전단응력

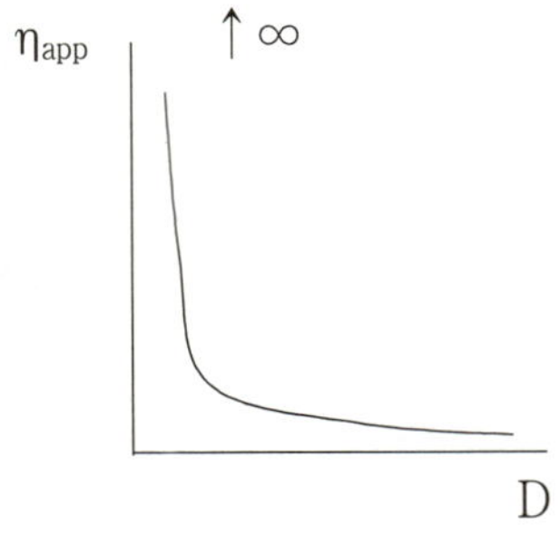

(b)전단속도와 겉보기 점도

〈그림 15-8〉 빙햄 소성유체

빙햄 소성유체를 식으로 나타내면

$F = \eta D^n + \tau_0$ τ_0 : 항복응력(yield stress), n=1

그림 15-9와 같이 일정 항복응력 τ_0이상의 응력을 주어야만 흐르는 유체이다. 여기에 속하는 식품으로는 휘핑크림, 누가(nougat), 토마토 케첩(tomato ketchup), 저어서 으깬 감자(mashed patatoes) 등이다.

2) 비 빙햄 소성유동(non-bing ham plastic flow)

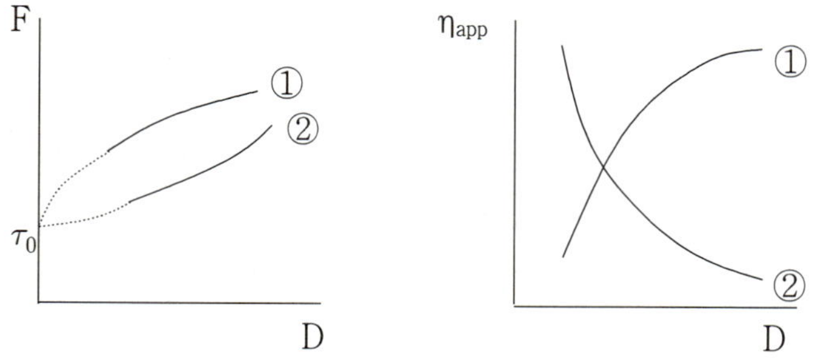

$F = \eta D^n + \tau_0$

① n〉 1 : 항복응력을 가진 딜라이트 유동

② 1〉 n〉 0 : 항복응력을 가진 유사소성 유통

(a)전단속도와 전단응력 (b)전단속도와 겉보기 점도

〈그림 15-9〉 비 빙햄성유체

4. 탄성적 변형

1) 정의

스폰지를 손가락으로 누르면 들어가고 손가락을 때면 원래상태로 돌아오는 현상과 같이 물체에 외력을 가하면 변형이 생기지만 외력을 제거하면 원래대로 회복되는 성질을 탄성이라 한다. 이때 원상태로 회복 되려는 힘을 내부응력(internal stress)라 한다.

2) 후크(hooke) 고체

완전 탄성체로 하중이 걸리는 순간 변형이 일어나고 하중이 제거되면 곧 변형이 소실된다.

응력(P.stress)=탄성률(E. modulus of elasticity)×변형(r. strain)

3) 변형형태에 따른 탄성률

(1) 영률(young's modulus)

어떤 물질을 길이 방향으로 당겼을 때 인장응력과 인장변형과의 비례상수가 영률이며, 이것의 물리적 의미는 단위변형을 일으키는데 필요한 힘을 나타내며 이 값이 클수록 변형을 일으키는데 큰 힘이 필요하다는 의미이다.

(2) 뽀아송비(Poisson's ratio)

봉상탄성체를 길이방향으로 늘일 때 길이방향으로 변화량에 대한 폭 방향으로의 변화량의 비를 뽀아송비라하고, 이것은 물질의 종류에 따라 0~0.5범위(일반

물질 0.2~0.5)의 수치를 갖는 물질정수이다.

(3) 전단탄성률(shear modulus), 강성률(rigidity)

전단응력과 전단변형의 관계를 나타낸 탄성률을 전단탄성률 또는 강성률이라 한다.

(4) 체적탄성률(bulk modulus)

물체를 압축하여 체적이 줄이면 원래 체적으로 돌아가려 하는데, 이와 같은 변형을 체적탄성이라 한다. 스킨스쿠버들이 수중에서 숨을 쉬면 거품이 상승함에 따라 점점 커지는 것과 같이 물체를 압축할 때 압축하기 어려운 정도를 나타내는 상수로 압축률이라고도 한다.

5. 점탄성

점탄성이란 문자 그대로 점성과 탄성이 혼합된 성질이다. 고체의 점탄성에는 크게 나누면 따뜻한 찹쌀떡과 같이 일정하중에 대해 일정속도의 유동이 계속해서 진행되는 형의 점탄성과 폴리에칠렌 필름과 같이 일정하중에 대해 차차 신장속도가 줄어들어 정지하여 일정의 평형점에 도달하는 형의 점탄성이 있다. 전자를 맥스웰 모델(maxwell model) 후자를 켈빈 모형(kelvin 모형) 또는 보그트 모델(voigt model)이라 한다.

1) 맥스웰 모델

일정한 힘을 받는 떡이나 껌, 엿, 밀가루 반죽 등이 일정한 속도로 길게 늘어지는 현상이 보일 때 맥스웰 물체라 하고 외부에서 힘을 주면 순간적으로 후크의 탄성체와 같이 행동한 후 그 이후에는 뉴턴의 점성체와 같이 변형이 일어나는 특징이 있다.

2) 켈빈 모형

이 모형은 일정 변형을 일으키기 위해 시간이 걸리고, 응력을 제거해도 곧바로 변형이 없어 지지 않고 시간이 경과해야지 원래위치로 돌아오는 현상이다. 손을 빰에 대고 낮잠 자면 손모양이 얼굴에 남는데 일정시간이 경과해야 자국이 없어진다. 식품에서의 예는 딱딱한 젤라틴 젤과 같이 점성을 가진 고체에서 볼 수 있다.

제4절 식품의 콜로이드(colloid)

1. 콜로이드의 정의

콜로이드란 말은 19세기 중순 그레암(Graham)이 처음으로 사용하였다. 그는 수용액 속의 물질 확산속도에 대해 연구 하다가 알부민이나 카제인 등과 같은 확산속도가 느린 물질은 결정화되기 어렵고, 식염이나 설탕 등과 같은 확산속도가 빠른 물질은 결정화되기 쉬운 성질이 있는 것을 발견하여 전자를 colloid(비결정질), 후자를 crystalloid(결정질)로 각각 구별하였다. 이때부터 콜로이드라는 말이 널리 사용되기 시작하였다.

입자의 크기에 따른 분류와 특징은 표 15-4에 나타내었다. 입자의 크기가 10~1,000nm인 것을 콜로이드 입자라고 하며, 광학현미경으로는 볼 수 없으나 전자현미경으로는 볼 수 있다.

콜로이드 입자가 존재하는 용액이 나타내는 특징 중 한 가지가 틴달현상이다. 즉, 전분에 물을 가하고 가열한 호화액을 투명용기에 담아 암실에서 강한 빛을 비추면 용매인 물보다 전분입자의 크기가 커서 빛을 산란시키기 때문에 빛이 통과하는 길을 볼 수 있다. 반면에 식염이나 설탕용액에서는 빛이 통과하는 길을 볼 수 없다.

식품 물성의 대부분은 식품이 하나의 콜로이드라는 개념을 바탕으로 생각할 때 쉽게 이해할 수 있는 경우가 많다.

[표 15-4] 입자의 분류와 특징

	원자, 분자, 이온	콜로이드 입자	광학현미경적 입자
입자의 크기	〈1.0nm	1.0~1,000nm	1000nm이상
보는 수단	전자현미경(존재확인)	전자현미경(형태확인) 한외현미경(존재확인)	광학현미경(형태확인)
여과성	반투막 통과	역과 통과, 반투막 불통과	여과지 통과
용액의 광학적 성질	투명. 틴달현상 없음	틴달현상 나타냄	강하게 흐려짐

2. 식품 콜로이드계의 분류

콜로이드입자의 분산상태를 분산계라 하며, 분산계에서 콜로이드입자를 분산질 또는 분산상이라 하고 이를 분산시키는 매체를 분산매 또는 연속상이라 한다. 한편, 식품 콜로이드계를 콜로이드 입자가 어떠한 상태의 물질 즉, 분산매 중에 존재하는 가에 따라 표 15-5와 분류 할 수 있다.

[표 15-5] 식품콜로이드계의 분류

분산매	분산질	분산계	식품 예
기체	액체	에어러졸	방향제, 안개, 구름
	고체	분말	밀가루, 전분, 설탕, 스킴밀크, 코코아, 인스턴트 커피
액체	기체	거품	소프트 크림, 맥주 거품, 휘핑크림
	액체	에멀션	우유, 생크림, 난황,마요네즈
	고체	서스펜션	된장국, 주스, 수프, 잉크
		졸	소스, 전분 페이스트
		겔	젤리, 바바루아, 물양갱
고체	기체	고체 거품	빵, 스펀지 케이크, 쿠키, 스티로폼
	액체	고체 겔	얼린두부, 과육, 버터

1) 분산매가 기체인 콜로이드

기체 중에 액체나 고체가 분산된 계에는 에어러졸(aerosol)과 분말식품이 있다. 에어러졸은 향료나 훈제의 향기 등을 식품에 분무할 때 사용되기도 한다.

분말식품은 고체미립자가 공기 중에 분산되어 있는 경우와 침적되어 집합상태로 되어 있는 경우가 있다. 분말식품의 집합상태를 나타내는 다음과 같은 것들이 있다.

(1) 겉보기 비체적

단위질량의 분말이 충전 되었을 때 차지하는 체적을 비체적이라 한다. 즉, 분말의 체적이 V㎤이고, 물의 체적이 m ㎤일 경우에 V/m을 그 분말의 겉보기 비체적이라 한다.

(2) 겉보기 밀도

분체가 단위체적에 충전되어 있을 때에는 공극이 항상 존재하므로 이 공극을 포함한 단위체적당 분체의 질량을 겉보기 밀도라 한다.

따라서 겉보기 밀도는 충전 방법에 딸 달라지며 겉보기 비체적의 역수이다.

표 15-6에 분말식품의 겉보기 비체적과 밀도를 나타내었다.

[표 15-6] 분말식품의 겉보기 비체적과 밀도

식품명	겉보기 비체적(물=1)	겉보기 밀도
밀가루(박력분)	2.00	0.50
밀가루(강력분)	1.90	0.53
전분(감자)	1.82	0.55
전분(옥수수)	2.22	0.45
치즈분말	2.50	0.40
후추	2.00	0.50
카레분말	2.35	0.43
겨자분말	2.50	0.40
탈지분유	2.50	0.40
젤라틴분말	1.54	0.65
코코아	2.85	0,35

(3) 공극률

충전된 분체가 차지하는 체적 V에 대한 분체 중의 공극체적 V0의 비율, 즉 충전된 분말의 진체적을 V'로 하면 V=V0+V'이기 때문에 공극률은 다음 식으로 구할 수 있다.

$$\text{공극률} = \frac{V_0}{V} = \frac{V - V}{V} = 1 - \frac{\frac{1}{V}}{\frac{1}{V}} = 1 - \text{겉보기 밀도/분체입자의 진밀도}$$

2) 분산매가 액체인 콜로이드

액체 중에 기체, 액체 및 고체가 분산된 계에는 거품, 에멀션, 서스펜션, 졸, 및 겔 등이 있다. 그러나 식품에서는 보통 분산질이 단일계가 아닌 경우가 많다. 예를 들면 마요네즈의 경우 분산매는 물이지만 분산질은 작은 기름방울, 응집단백질, 기포로 구성되어 있어 3상(相) 모두 분산되어 있다. 이 경우는 기름방울의 비율이 상대적으로 높아 액체/액체 분산계로 분류한다.

(1) 거품

거품은 액체 중에 다량의 기체가 분산된 기체분산계이다. 일반적으로 액체 중에서 얇은 막으로 둘러싸인 기체입자 하나하나를 기포라고 하며, 액체 중에 다수의 미세한 기포가 존재하는 상채를 기포졸이라 한다.

무수히 적은 공기 기포가 분산되어 있는 물이 희게 흐려 보이는 것이 기포졸의 예이다. 한편 맥주거품과 같이 액 중에서 생긴 기포가 액면까지 떠올라도 없어지지 않고 그대로 남아 거품층을 형성하는 경우가 있다. 이것은 얇은 액체 막으로 둘러싸인 기포가 상호 접하여 존재하는 상태인데, 이를 포말이라 한다.

(2) 에멀션(emulsion)

에멀션이란 물과 기름처럼 상호 녹아 합쳐지지 않는 두 액체의 한쪽에 다른 쪽이 작은 입자가 되어 분산된 계를 말하며, 물, 기름 및 유화제로 형성되어 있다. 에멀션에는 분산매가 물이고 분산질이 기름인 수중유적형(O/W형)과 그 반대인 유중수적형(W/O형)이 있다. 우유, 생크림, 마요네즈는 O/W형이고, 버터 마가린은 W/O형이다.

(3) 서스펜션(suspension)

서스펜션이란 액체 중에 고체입자가 분산된 계(界)로 고체입자의 크기는 콜로이드 입자부터 육안으로 볼 수 있는 크기까지 있다. 분산입자는 중력의 작용으로 침강하지만 입자가 미세한 만큼 침강속도가 느리고 비교적 장기간 분산상태가 유지된다. 된장국, 주스, 수프, 소스류가 이 분산계에 속한다.

(4) 졸(sol)

분산매가 액체이고 유동성을 가진 콜로이드 용액을 졸이라 한다. 한천용액, 젤라틴용액, 전분호화액, 난액, 우유, 생크림 등과 같은 에멀션이나 서스펜션 중에도 졸 상태를 나타내는 것이 많다.

(5) 겔(gel)

겔이란 졸이 유동성을 잃은 상태, 즉 다량의 용매를 포함한 채로 고체와 같이 일정형태를 유지하는 상태를 말한다. 겔에는 한천, 젤라틴, 펙틴젤리 등과 같은 열가역성 겔과 어묵과 같은 열불가역성 겔이 있다.

대부분의 겔은 직쇄상 고분자가 얽히거나 분자간 가교에 의한 3차원의 망상구조를 만들어서 형성되며, 액체는 이 망상구조의 내부에 보유된다.

3) 분산매가 고체인 콜로이드

고체 중에 기체나 액체가 분산된 계에는 고체 거품과 고체 겔이 있다.

(1) 고체거품

고체 거품은 고체 중에 다량의 기체가 분산된 기체분산계이고, 안정한 두꺼운 막으로 기체입자가 둘러싸여져 있는 상태이다. 연질의 고체거품에는 빵, 스펀지 케이크, 튀김 등이 있고, 경질의 고체거품에는 쿠키, 비스킷, 전병 등이 있다.

(2) 고체겔

고체 중에 액체가 분산된 계이다. 건조한천, 동두부, 두류 등이 흡수하여 팽윤된 상태와 과실의 육질도 고체겔에 포함된다. 팽윤속도는 고체겔의 종류, 용매의 종류, 온도, 침지시간 등에 따라 달라지는 것으로 알려져 있다.

한편 과실의 경우 껍질만 벗기면 과즙이 떨어지지는 않지만 압착하면 다량의 수분이 함유되어 있는 것을 알 수 있다.

3. 유화와 에멀션

1) 유화

유화란 물과 기름처럼 상호 녹아 섞이지 않는 액체를 혼합하고 격렬하게 진탕하면 한쪽의 액체(분산질)가 다른 쪽의 액체(분산매) 중에서 미립자로 분산되는 현상을 말한다.

그 결과 생성된 분산계를 유탁액 또는 에멀션이라 한다. 유화되기 위해서는 유화제가 필요하며, 에멀션은 기름, 물, 유화제의 3성분으로 구성된다.

유화제를 사용하여 유화시키는 방법에는 교반법, 주사법, 진탕법 및 초음파법 등이 있으며, 물리적으로 유화시키는 기기로는 믹서, 콜로이드 밀, 고압분사의 호모게나이져 등이 사용되고 있다.

2) 유화제

(1) 친수성과 소수성기

유화제는 그림 15-10과 같이 물에 대하여 친화성을 가진 친수성기와 기름에 대하여친화성을 가진 소수성기로 이루어져 있으며 이들이 적당한 균형을 이루고 있다. 따라서 유화제는 그림 15-10과 같이 기름과 물의 계면에 쉽게 흡착되어 계면장력을 현저하게 감소시켜 기름 또는 물을 분산시키고 일단 분산된 입자를 안정하게 유지하는 역할을 한다.

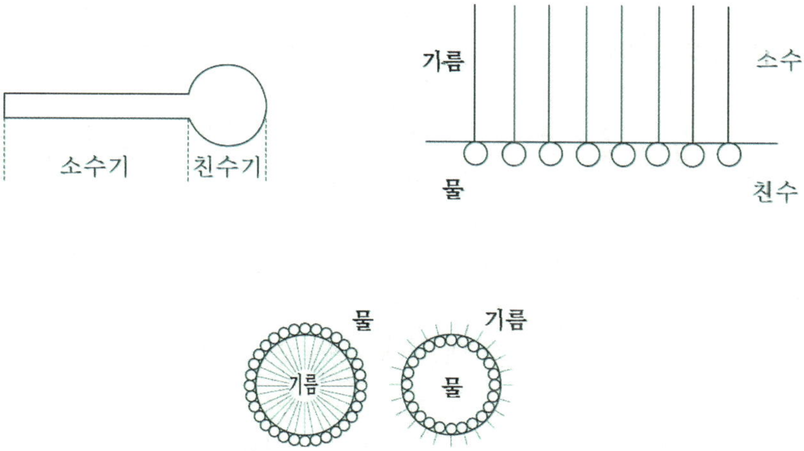

〈그림 15-10〉 유화제의 구조와 배열

(2) 유화제의 종류

유화제에는 표 15-7에 나타낸 바와 같이 천연물과 식품첨가물로 허가된 화학합성품이 있다.

[표 15-7] 식품용 유화제의 종류

분 류	유 화 제
천 연 물	난황, 대두인지질(레시틴), 우유단백질(카제인), 겨자분말
화학합성품	자당지방산에스텔, 글리세린지방산에스텔, 솔비탄지방산에스텔, 프로필렌글리콜지방산에스텔, 폴리솔베이트 20, 60, 65, 80

(3) H.L.B.

H.L.B.(hydrophile lipophile balance)는 유화제의 친수성과 친유성의 상대적 비율이다. 유화제는 종류에 따라 친수성과 친유성 강도의 균형이 달라, 친수성이 보다 강한 것은 수중유적형(O/W형), 친유성이 강한 것은 유중수적형(W/O형) 에멀션을 만들기 쉬운 성질이 있다. 그림 15-11에 나타낸 것과 같이 W/O형에는 3.5~6.0, O/W형에는 8~18의 H.L.B. 값을 가진 것이 적합하다.

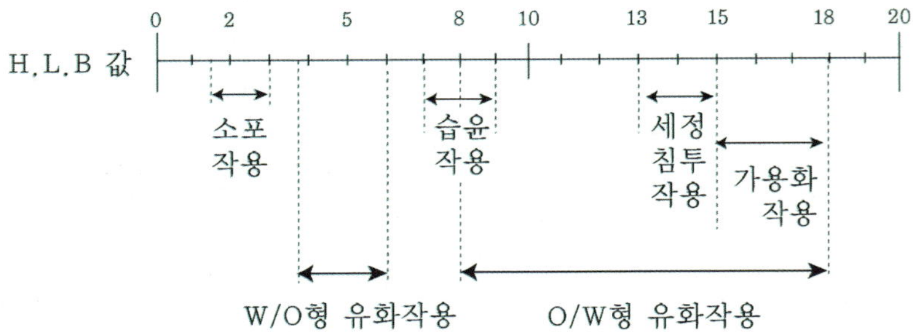

〈그림 15-11〉 HLB값과 계면활성제의 작용

H.L.B.는 일반적으로 다음 식으로 구할 수 있다.

$$\text{H.L.B.} : 7+11.7\log\frac{M_W}{M_O}$$

M_W : 친수성기의 분자량, M_O : 친유성기의 분자량

$M_W > M_O$ 일 경우는 H.L.B.>7로 친수성이 강하고, $M_W < M_O$ 일 경우에는 H.L.B.<7 로 소수성이 강하다고 말할 수 있다.

3) 에멀션

(1) 에멀션의 형태

① O/W와 W/O형

에멀션은 분산매와 분산질의 관계로부터 두 가지 형으로 구분된다. 즉, 물과 기름으로 구성된 에멀션에서 물이 분산매이고 기름이 분산질인 경우를 수중유적형 에멀션 또는 O/W형 에멀션이라 하고 이와 반대인 것을 유중수적형 에멀션 또는 W/O형 에멀션이라고 한다.

② 에멀션형의 변화

에멀션형은 물과 기름이 분리되지 않고 그림 15-12와 같이 O/W형에서 W/O형으로 또는 W/O형에서 O/W형으로 변화되는 경우가 있다. 예를 들면, 우유에서 채취한 O/W형 에멀션인 생크림을 계속 교반하면 W/O형 에멀션인 버터로 되는 경우이다.

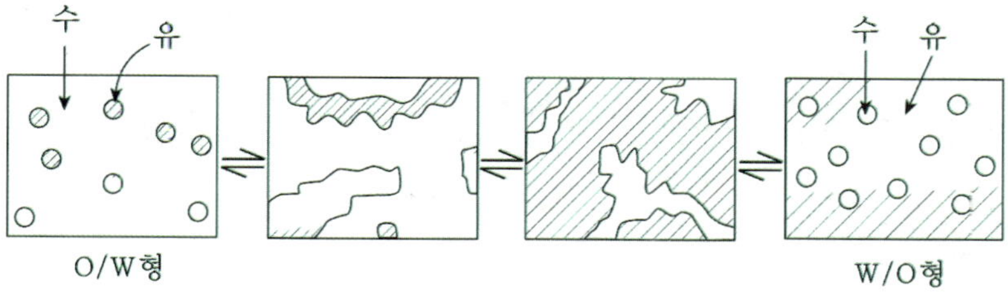

〈그림 15-12〉 에멀션의 전상

③ 다상 에멀션

O/W형 또는 W/O형 에멀션 전체를 하나의 물 또는 기름으로 보고 여기에 친유성 또는 친수성 유화제를 첨가하고 교반하면 각각의 물 또는 기름이 분산매로 되어 그림 15-13과 같은 W/O/W형 또는 O/W/O형 에멀션이 생성된다. 또한 W/O형 에멀션이 O/W형으로 변하는 과정에서도 W/O/W형 에멀션의 형성을 볼 수 있다.

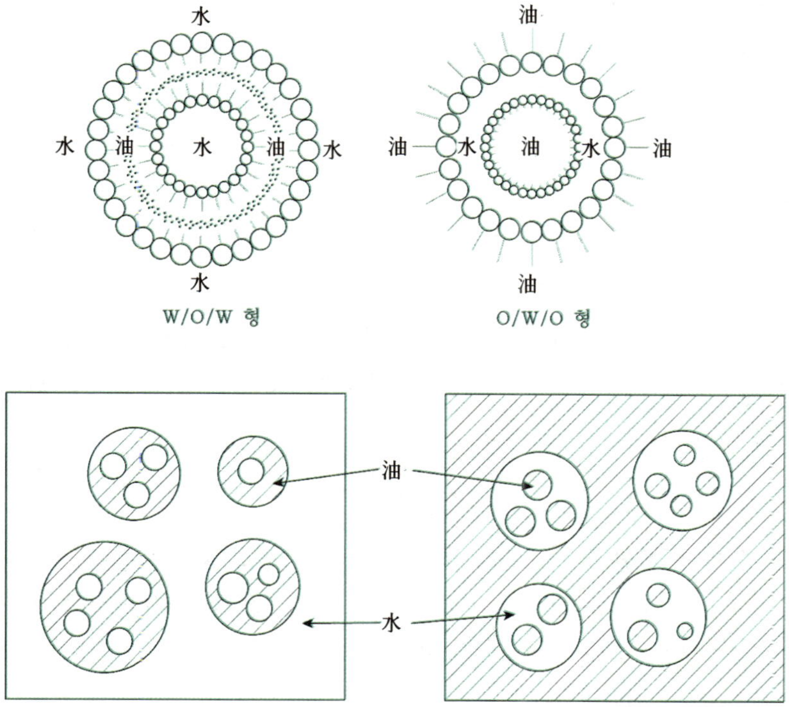

〈그림 15-13〉 다상 에멀션

(2) 에멀션의 판정법

에멀션형의 판정은 분산매가 물인 경우와 기름인 경우의 차이를 조사하는 방법이다.

① 희석법

에멀션이 분산매와 같은 성질의 용제에 희석되는 성질을 이용하여 판정하는 방법으로, O/W형은 물에, W/O형은 기름에 비교적 쉽게 분산된다. 즉, 에멀션 한 방울을 물속에 떨어뜨렸을 때에 그것이 전체로 넓게 퍼지는 경우는 O/W형이고 반대인 경우는 W/O형이다.

② 전기전도도법

물과 기름의 전기전도도 차이를 이용한 방법으로 에멀션 속에 전류계의 전극을 넣은 회로를 만들어 전원을 넣었을 때 램프가 점화되면 O/W형이고 점화되지 않으면 W/O형으로 판정한다.

③ 색소법

색소가 분산매에 녹는 여부로 판정하는 방법이다. 예를 들면 수용성으로 기름에 녹지 않는 메틸오렌지와 같은 색소는 O/W형에는 녹지만 W/O형에는 녹지 않는다.

4. 졸과 겔

1) 졸(sol)

콜로이드 입자가 액체 중에 분산되어 있는 상태를 콜로이드 용액이라 하고, 유동성이 있는 상태를 졸이라 부른다. 한편, 식품과 같이 콜로이드 입자의 분산매가 물인 것을 친수졸(hydrosol)이라 한다.

2) 겔(gel)

소량의 용매에 분산된 콜로이드 입자나 고분자 용질이 집합된 구조를 가져 유동성을 잃어버린 상태, 또는 어떤 다량의 용매를 포함한 채로 고화된 상태를 겔이라 한다. 겔에는 열불가역성겔과 열가역성겔이 있으며, 전자의 대표는 단백질 겔, 후자의 대표는 다당 겔이다.

대부분의 겔은 사상 고분자가 꼬이거나 분자간 가교에 의해 3차원 망상 구조를 만들어서 형성되고 용매는 망상구조 중에 보유하게 된다. 겔을 방치하면 망상이 점차 수축하여 망상 내의 물이 압출되는 경우가 있다.

3) 건조겔

겔 속에 존재하는 액체량이 감소되어 건조 상태로 된 것을 건조겔이라 하며, 건조 한천이 이에 속한다.

졸과 겔의 분산 상태를 그림 15-14에 나타내었다.

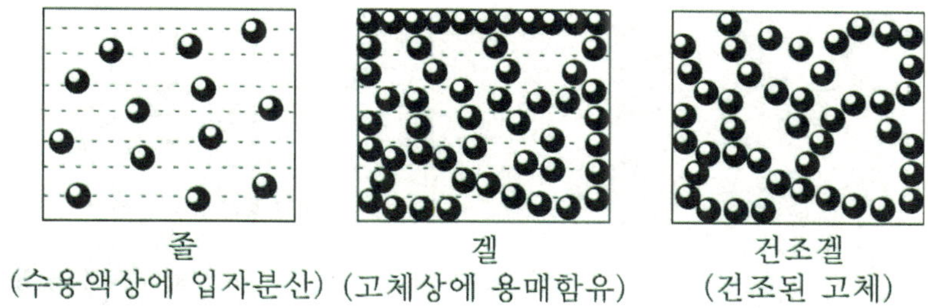

〈그림 15-14〉 졸과 겔의 분산상태

4) 졸-겔 전이

(1) 단백질의 졸-겔 전이

단백질 졸을 가열하면유백색 또는 투명한 겔이 된다. 유백색으로 되는 경우에 단백질이 저분자이고 저농도이면 응집물을 생성하고, 고분자이고 고농도이면 열적으로 불가역성의 강고한 겔인 응고물을 만든다. 여기에 난알부긴 겔이 속한다. 또한 가열에 의해 용해된 투명한 졸은 냉각에 의해 단백질이 저분자이고 저농도이면 졸 그대로 있지만 고분자이고 고농도이면 열가역적인 겔을 만든다. 여기에 젤라틴 겔이 속한다.

이러한 현상은 소수성 아미노산의 소수성의 정도에 의한 것으로 소수도 31.5%를 경계로 하여 이상인 것을 응고형으로 이하인 것을 겔화형 단백질로 나눌 수 있다.

(2) 다당류의 졸-겔 전이

대부분의 다당류 겔은 1~5% 다당과 95~99%의 용매로 구성되는데, 다당으로는 한천, 카라기난, 알긴산 등의 해조류 추출물, 감귤이나 사과 등의 과실에서 추출한 펙틴 그리고 각종 검류가 널리 사용되고 있다.

일반적으로 다당 졸은 액체인 분산매에 쇄상분자인 다당이 분산되어 콜로이드 상태이지만 농도, 첨가물, 온도 등의 조건에 의해 그림 15-15에 나타낸 바와 같이 쇄상분자는 접합영역과 풀린 영역의 조합으로 망상구조를 만들고 분산매가 이 구조의 빈틈에 끼여 겔을 만든다. 망상구조를 형성하는 접합영역에는 그림의 (a), (b), (c), (d)와 같은 형식이 있다.

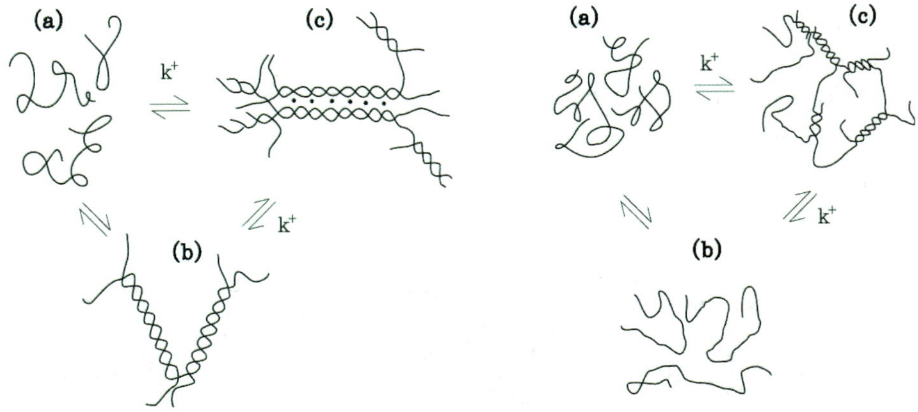

(a) 랜덤코일
(b) 이중나선
(c) 이중나선의 응집
• : + 이온

(Ⅰ) 이중나선

(a) 랜덤코일
(b) 일중나선
(c) 일중나선의 응집
• : + 이온

(Ⅱ) 일중나선

〈그림 15-15〉 다당류의 졸-겔 전이와 겔 접합구조

① 카라기난의 겔화기구

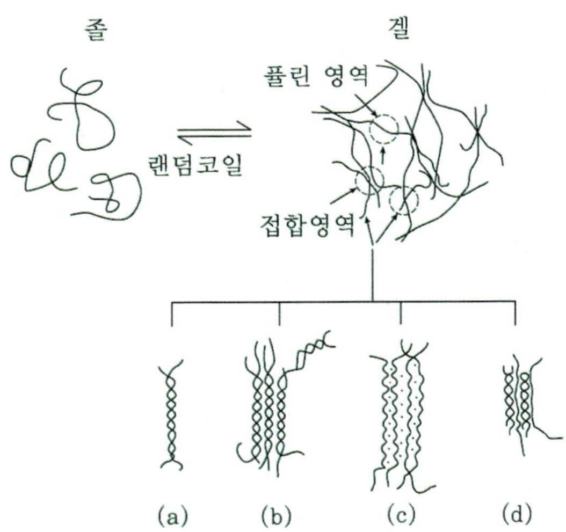

(a) 이중나선의 형성 (예 : 카라지난)
(b) 이중나선의 회합 (예 : 한천)
(c) 킬레이트착염 형성에 의한 분자와 분자의 회합
(예 : 알긴산염과 Ca^{2+}이온, LMP와 Ca^{2+}이온)
(d) 다른 hydrocolloid간의 나선 회합
(예 : 한천과 galactomannan, 산탄검과 galactomannan)

〈그림 15-16〉 카라기난의 겔화기구의 모형도

카라기난은 홍조류에서 추출한 다당류이며 분자의 골격구조는 D-galactose와 3,6-anhydro-D-galactose이고 황산기 함량에 따라 표 15-8과 같이 분류된다.

카라기난의 겔화 기구는(그림 15-16에 나타낸 바와 같이) 이중나선의 형성과 회합(I)과 일중나선의생성과 회합(Ⅱ)의 두 가지 설이 있다. (I)설은 가온용액 중의 랜덤코일을 냉각시키면 부분적으로 이중나선의 형성이 시작되어 K^+ 이온과 같은 알카리 금속 이온의 존재 하에서 응집된 영역을 만들거나, 또는 양이온(cation)의 존재 하에서 그림 (b)를 경유하지 않고 직접 이중나선의 응집을 일으킨 다는 설이다. 한편, (Ⅱ)설은 가온용액 중의 랜덤코일을 냉각시키면 그 일부가 일중나선을 형성하고 K이온과 같은 알칼리 금속이온의 존재 하에서 겔을 형성한다는 것이다.

[표 15-8] 주요 카라기난과 특징

종 류	구 성 성 분(%)			성 질
	황산기	3,6-anhydro기	galactose	
κ-카라기난	28	28	29	고온(70℃)에서 용해되고, 겔 형성능 강함
ι-카라기난	32	30	20	냉수에 일부 녹지만 가열(40~50℃)이 필요함, 겔 형성능 약함
λ-카라기난	35	0	45	냉수에 쉽게 용해되고, 겔 형성능 없음

② 펙틴의 겔화기구

펙틴 분자의 기본 골격은 α-D-galacturonic acid가 부분적으로 methyl ester화된 블록이 rhamnose 잔기로 연결된 모양이다. 이론적으로 완전히 methyl ester화된 펙틴의 methoxyl(CH3O-)기 함량은 16% 이지만, 일반적으로 7% 이상의 것을 high methoxyl pectin(HMP), 7% 이하의 것을 low methoxyl pectin (LMP)이라 부른다. 두 펙틴수용액은 일정조건하에서 겔을 그림 15-16과 같이 1,2 결합의 rhamnose에 의해 분자에 꼬임이 생기고, 산은 pH을 저하시켜 카복실기의 해리를 억제시키고, 첨가한 고농도의 당에 의해 탈수되고, 수소결합에 의한 접합영역이 형성되어 안정한 망상구조가 된다.

※ 참고문헌

권용주외 5인. 식품화학. 영지문화사. 2002.

김관우, 유영균, 위성언, 이극로, 강갑석, 식품화학, 광문각, 1998.

김광수, 김순동, 서권일, 신승렬, 윤광섭, 조영수, 식품화학, 학문사, 2000.

김대곤외 5인. 최신식품학. 삼광출판사. 1996.

김동훈, 식품화학, 탐구당, 1995.

김을양, 이성동, 이규한. 최신영양학. 형설출판사. 1997.

식품성분표, 농촌진흥청 농촌자원개발연구소, 2007.

심상국, 양종범. 식품학. 고문사. 1998.

안명수. 식품화학. 신광출판사. 2004.

안승요, 구난숙, 김향숙, 신말식, 이경애, 최은옥, 황인경, 식품화학, 교문사, 2002.

장현기. 남궁석. 식품학개론. 유림문화사. 1997.

주현규, 김덕웅, 성하진, 조원대, 최신식품저장학, 수학사, 1996.

채수규, 김수희, 신두호, 오현근, 이송주, 장명호, 최용, 표준식품화학, 도서출판 효일, 2001.

한명규, 최신식품화학, 형설출판사, 2003.

Acker, L. Water activity and enzyme activity. *Food Technol.* 23: 1257-1270. 1969.

Belitz HD, Grosch W. Food Chemistry Springer Verlag Berlin, Heidelberg, 1987.

Bushuk, W. and Winkler, C.A. Sorption of water vapor on wheat flour, starch and gluten. *Cereal Chem.* 34: 73-86. 1957.

David L. Nelson, Michael M. Cox. Principles of Biochemistry. Worth Publisher. 2000.

deMan J.M. Principles of Food Chemistry(2nd ed,), An AVI book, 1990.

Dziezak, J.D. Application of food colorants, Food Technol. 41(4): 78-88. 1987.

Fennema, O. R. Food chemistry. 3rd edition, Marcel Dekker, New York. 1996.

Food Lipids, casimir. C. Akoh, David B. Min, Marcel Dekker (2002)

Food Chemistry, Owen R. Fennema, Marcel Dekker (1996)

Katz, F. 1997. The changing role of water binding. *Food Technol.* 51(10): 64. 1997.

Lubert Stryer. Biochemistry. W.H. Freeman and Company. 1981.

Martinez, F. and Labuza, T.P. Effect of moisture content on rate of deterioration of freeze-dried salmon. *J. Food Sci.* 1968.

Owen R. Fennema. Food chemistry. Marcel Dekker,Inc. 1985.

Saravacous, G.D. Effect of the drying method on the water sorption of dehydrated apple and potato. *J. Food Sci.* 32:81-84. 1967.

Solberg, M. The chemistry of color stability in meat: A review. *Can. Inst. Food Technol. J.* 344-62. 1970.

やさしいレオロジ, 産業圖書, 村上 謙吉, 1988.

食品機能學, 和田俊, 丸善株式會社, 2004.

食品物性學, 川 端 晶子, 建帛社, 1989.

食品用乳化劑, 日高 徹, 幸書房, 1987.

食品の物性とは何か, 松本 幸雄, 弘學出版, 1991.

食品の物理, 種谷眞一 , 槇書店, 1989.

油脂用語辭典, 日本油化學協會, 辛書房, 1987.

食品の物性, 山野善正, 松本幸雄, 食品資材研究會

油脂化學の智識, 原田一郎 , 莘書房, 1986.

油脂化學入門, 黑旗富裕 八木知久, 産業圖書, 199.5

食品化學 用語辭典, 岡本奬, 建帛社, 199.1

食品化學 ハンドブック, 日本食品工學會, 朝食書店, 2005.

※ 찾아보기